ESTATÍSTICA BÁSICA

VOLUME ÚNICO

PROBABILIDADE E INFERÊNCIA

Pearson Education
EMPRESA CIDADÃ

Luiz Gonzaga Morettin

ESTATÍSTICA BÁSICA

VOLUME ÚNICO

PROBABILIDADE E INFERÊNCIA

Pearson

abdr
Respeite o direito autoral

© 2010 by Luiz Gonzaga Morettin
Todos os direitos reservados. Nenhuma parte desta publicação poderá ser reproduzida ou transmitida de qualquer modo ou por qualquer outro meio, eletrônico ou mecânico, incluindo fotocópia, gravação ou qualquer outro tipo de sistema de armazenamento e transmissão de informação, sem prévia autorização, por escrito, da Pearson Education do Brasil.

Diretor editorial: Roger Trimer
Gerente editorial: Sabrina Cairo
Supervisor de produção editorial: Marcelo Françozo
Editora: Thelma Babaoka
Preparação: Arlete Sousa Zebber
Revisão: Érica Alvim
Capa: Alexandre Mieda
Projeto gráfico e diagramação: ERJ Composição Editorial

Dados Internacionais de Catalogação na Publicação (CIP)
(Câmara Brasileira do Livro, SP, Brasil)

Morettin, Luiz Gonzaga
  Estatística básica : probabilidade e inferência, volume único / Luiz Gonzaga Morettin. -- São Paulo : Pearson Prentice Hall, 2010.

  Bibliografia
  ISBN 978-85-7605-370-5

  1. Estatística – Estudo e ensino I. Título.

09-09445   CDD-519.507

Índice para catálogo sistemático:
1. Estatística : Estudo e ensino   519.507

Direitos exclusivos cedidos à
Pearson Education do Brasil Ltda.,
uma empresa do grupo Pearson Education
Avenida Francisco Matarazzo, 1400
Torre Milano – 7o andar
CEP: 05033-070 -São Paulo-SP-Brasil
Telefone 19 3743-2155
pearsonuniversidades@pearson.com

Distribuição
Grupo A Educação
www.grupoa.com.br
Fone: 0800 703 3444

*À minha esposa Dinalva
e aos meus filhos Eduardo, Adriana e Alexandre*

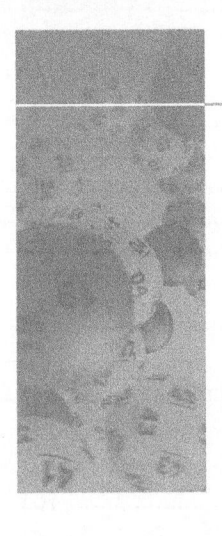

Sumário

Parte 1 — Probabilidade 1
1. **Espaço amostral** 3
   1.1 Introdução 3
   1.2 Espaço amostral 4
   1.3 Classe dos eventos aleatórios 6
   1.4 Operações com eventos aleatórios 6
   1.5 Propriedades das operações 8
   1.6 Partição de um espaço amostral 10
   Exercícios propostos 10
2. **Probabilidade** 12
   2.1 Função de probabilidade 12
   2.2 Teoremas 12
   2.3 Eventos equiprováveis 15
   2.4 Probabilidade condicional 19
   2.5 Eventos independentes 22
   Exercício resolvido 23
   2.6 Teorema de Bayes 24
   Exercícios resolvidos 28
   Exercícios propostos 38
3. **Variáveis aleatórias discretas** 45
   3.1 Definições 45
   3.2 Esperança matemática 48
   3.3 Variância 52
   3.4 Distribuição conjunta de duas variáveis aleatórias 57
   3.5 Função de distribuição 70
   Exercícios resolvidos 73
   Exercícios propostos 86
4. **Distribuições teóricas de probabilidades de variáveis aleatórias discretas** 92
   4.1 Distribuição de Bernoulli 92
   4.2 Distribuição geométrica 93
   4.3 Distribuição de Pascal 96

4.4 Distribuição hipergeométrica...97
4.5 Distribuição binomial..99
4.6 Distribuição polinomial ou multinomial..103
4.7 Distribuição de Poisson..105
Exercícios resolvidos..109
Exercícios propostos..120

5. Variáveis aleatórias contínuas...125
5.1 Definições...125
5.2 Principais distribuições teóricas de probabilidades de variáveis aleatórias contínuas.....131
Exercícios resolvidos..146
Exercícios propostos..157

6. Aplicações da distribuição normal..161
6.1 Distribuições de funções de variáveis aleatórias normais..........................161
6.2 Aproximação da distribuição binomial pela distribuição normal..............166
Exercícios resolvidos..169
Exercícios propostos..177

Parte 2 — Inferência 181

7. Amostragem..183
7.1 Conceitos..183
7.2 Tipos de amostragem..185

8. Análise exploratória dos dados de uma amostra............................189
8.1 Conceitos..189
Exercício resolvido...200
Exercícios propostos..204

9. Distribuição amostral dos estimadores..206
9.1 Distribuição amostral da média..206
9.2 Distribuição amostral das proporções..215
Exercícios resolvidos..217
Exercícios propostos..218

10. Estimação..219
10.1 Inferência estatística..219
10.2 Estimação de parâmetros..219
10.3 Tipos de estimação..220

11. Intervalos de confiança para médias e proporções........................225
11.1 Intervalos de confiança (IC) para a média μ de uma população normal com variância σ^2 conhecida..225
11.2 Intervalos de confiança para grandes amostras..229
Exercícios resolvidos..234
Exercícios propostos..237

12. Testes de hipóteses para médias e proporções 240
12.1 Introdução..240
12.2 Testes de hipóteses para a média de populações normais com variâncias (σ^2) conhecidas...241
12.3 Testes de hipóteses para proporções..245

Exercícios resolvidos 247
Exercícios propostos 253

13. Erros de decisão 255

13.1 Probabilidade de cometer os erros dos tipos I e II..255
13.2 Função poder de um teste ou potência de um teste..257
Exercícios propostos 265

14. Distribuição de t de student IC e TH para a média de população normal com variância desconhecida 266

14.1 Distribuição de t de Student 266
14.2 IC e TH para a média μ de uma população normal com σ^2 desconhecida....................268
Exercícios propostos 1 273
14.3 Resumo: IC e TH para μ 274
Exercícios propostos 2 275

15. Comparação de duas médias: TH para a diferença de duas médias 277

15.1 Dados emparelhados 277
15.2 Dados não emparelhados 279
Exercícios propostos 287

16. Distribuição de χ^2 (qui-quadrado), IC e TH para a variância de populações normais 290

16.1 Distribuição de χ^2 (qui-quadrado) 290
16.2 IC e TH para a variância σ^2 de uma população normal com média μ conhecida...........297
16.3 IC e TH para a σ^2 de população normal com μ desconhecida....................................300
Exercícios resolvidos 302
Exercícios propostos 306
16.4 Resumo 307

17. Testes de aderência e tabelas de contingência...308

17.1 Testes de aderência...308
17.2 Tabelas de contingência 311
Exercícios resolvidos 313
Exercícios propostos 320

18. Distribuição de F de Fisher-Snedecor, IC e TH para quociente de variâncias 323

18.1 Distribuição F de Fisher-Snedecor 323
18.2 Intervalos de confiança para um quociente de variâncias...326
18.3 Testes de hipóteses para quociente de variâncias..330
Exercícios propostos 332
18.4 Resumo 333

Tabelas 335
Tabelas de distribuições 337

Respostas...357

Referências bibliográficas 374

Sobre o autor 376

Prefácio

Este livro é resultado de experiências vividas a partir de 1967, primeiro no Colégio de Aplicação Fidelino de Figueiredo da Faculdade de Filosofia, Ciências e Letras (FFCL-USP), depois no Departamento de Estatística do Instituto de Matemática e Estatística (IME-USP), na Faculdade de Economia São Luis, na Escola de Administração de Empresas de São Paulo da Fundação Getulio Vargas (FGV), na Faculdade de Engenharia Industrial (FEI) e, por fim, na Pontifícia Universidade Católica de São Paulo (PUC-SP). Além disso, seu conteúdo foi testado em cursos de especialização para professores de matemática, sendo apresentado como um modo didático de ensinar estatística.

Essa soma de cursos e experiências mostrou que a melhor forma de apresentar a matéria consiste em expor os assuntos para o caso discreto, em que os conceitos são mais facilmente assimiláveis pelos alunos, passando a seguir para o caso contínuo, em que esses mesmos conceitos ficam sedimentados.

Nesta edição, essa fórmula pode ser vista e comprovada, bem como é reforçada pelo fato de o livro agora reunir os dois volumes anteriores. De fato, com essa mudança, a obra ganha não apenas em aspectos gráficos, mas principalmente em didática.

O sistema de ensino/aprendizagem

Em grande parte do livro, os conceitos são apresentados por meio de problemas e somente depois são definidos. São apresentados também exemplos de aplicação, bem como exercícios resolvidos e propostos para cada assunto abordado. No final do livro, podem ser encontradas as tabelas das distribuições normal, de Poisson, binomial, t de Student, χ^2 de qui-quadrado e F de Fisher-Snedecor.

Um ponto importante: por todo o livro, são usados os mais diversos recursos para apoiar o processo de ensino/aprendizagem, ajudando o professor em sala de aula e o estudante em sua busca por conhecimento. Esses recursos podem ser vistos nas seções a seguir.

Destaques

As principais **definições** ① da área da estatística e os **exemplos-chave** ② para ilustrar a teoria estão destacados ao longo do texto para aumentar o entendimento do estudante e contribuir para a didática do livro.

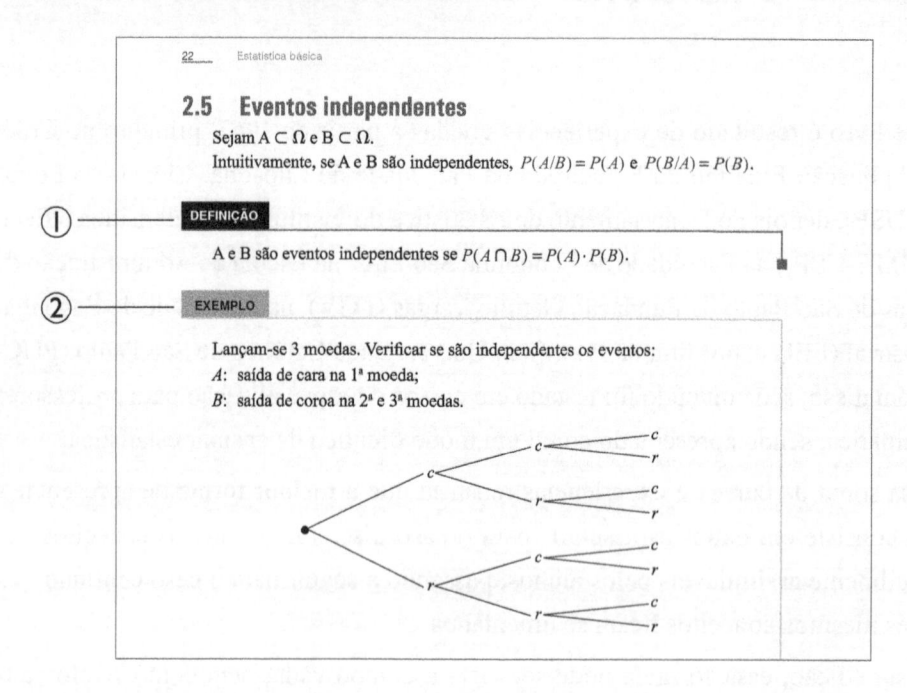

---

22 Estatística básica

2.5 Eventos independentes

Sejam $A \subset \Omega$ e $B \subset \Omega$.
Intuitivamente, se A e B são independentes, $P(A/B) = P(A)$ e $P(B/A) = P(B)$.

DEFINIÇÃO

① A e B são eventos independentes se $P(A \cap B) = P(A) \cdot P(B)$.

EXEMPLO

② Lançam-se 3 moedas. Verificar se são independentes os eventos:
A: saída de cara na 1ª moeda;
B: saída de coroa na 2ª e 3ª moedas.

As **fórmulas** ③ mais importantes estão em destaque para auxiliar na aprendizagem do estudante.

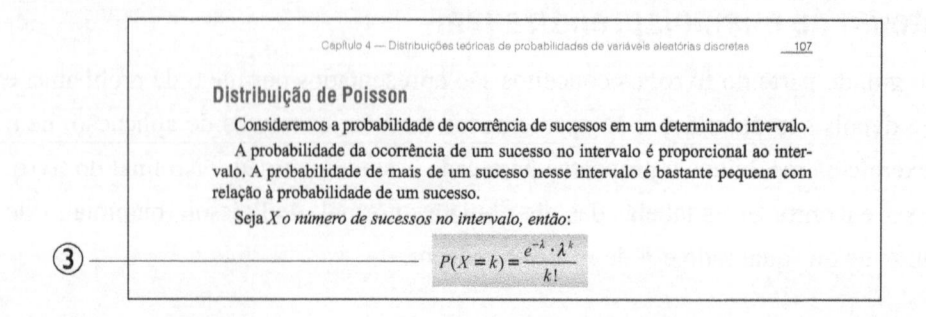

Capítulo 4 — Distribuições teóricas de probabilidades de variáveis aleatórias discretas **107**

Distribuição de Poisson

Consideremos a probabilidade de ocorrência de sucessos em um determinado intervalo.

A probabilidade da ocorrência de um sucesso no intervalo é proporcional ao intervalo. A probabilidade de mais de um sucesso nesse intervalo é bastante pequena com relação à probabilidade de um sucesso.

Seja X o número de sucessos no intervalo, então:

③ $$P(X = k) = \frac{e^{-\lambda} \cdot \lambda^k}{k!}$$

Exercícios resolvidos

São apresentados diversos **exercícios resolvidos** dos mais variados níveis de dificuldade, com sua resolução passo a passo, para auxiliar no desenvolvimento lógico do estudante.

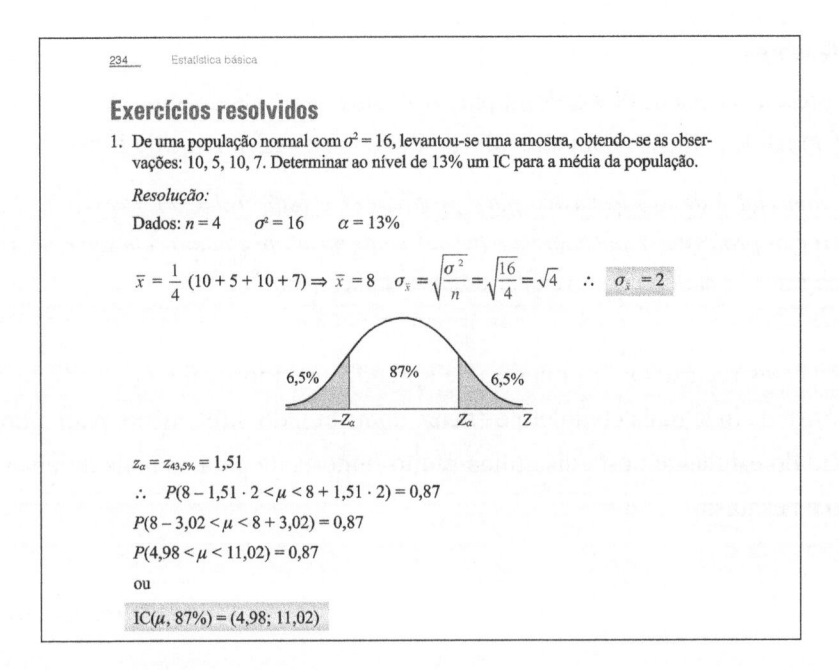

> 234 Estatística básica
>
> ### Exercícios resolvidos
> 1. De uma população normal com $\sigma^2 = 16$, levantou-se uma amostra, obtendo-se as observações: 10, 5, 10, 7. Determinar ao nível de 13% um IC para a média da população.
>
> *Resolução:*
>
> Dados: $n = 4 \quad \sigma^2 = 16 \quad \alpha = 13\%$
>
> $$\bar{x} = \frac{1}{4}(10 + 5 + 10 + 7) \Rightarrow \bar{x} = 8 \quad \sigma_{\bar{x}} = \sqrt{\frac{\sigma^2}{n}} = \sqrt{\frac{16}{4}} = \sqrt{4} \quad \therefore \quad \boxed{\sigma_{\bar{x}} = 2}$$
>
> [curva normal: 6,5% | 87% | 6,5%; $-z_\alpha$, z_α, Z]
>
> $z_\alpha = z_{43,5\%} = 1,51$
>
> $\therefore \quad P(8 - 1,51 \cdot 2 < \mu < 8 + 1,51 \cdot 2) = 0,87$
>
> $P(8 - 3,02 < \mu < 8 + 3,02) = 0,87$
>
> $P(4,98 < \mu < 11,02) = 0,87$
>
> ou
>
> $\boxed{IC(\mu, 87\%) = (4,98; 11,02)}$

Exercícios propostos

Vários **exercícios propostos**, também de diferentes níveis de dificuldade, são apresentados para que o estudante aplique a teoria na prática, aprofundando seu conhecimento e desenvolvendo seu raciocínio.

> Capítulo 12 — Testes de hipóteses para médias e proporções   253
>
> $RC \rightarrow P(\bar{x} \leq 1.576,48 \text{ ou } \bar{x} \geq 1.623,52) = 0,05$
>
> $\boxed{\text{Como } \bar{x} = 1.570, \bar{x} \in RC \therefore \text{ rejeita-se } H_0.}$
>
> ### Exercícios propostos
>
> 1. Testar $\begin{cases} H_0: \mu = 50 \\ H_1: \mu > 50 \end{cases}$
>
>   Dados:
>
> $\sigma^2 = 4 \quad \alpha = 5\% \quad n = 100 \quad e \quad \bar{x} = 52$
>
> 2. Testar $\begin{cases} H_0: \mu = 36 \\ H_1: \mu < 36 \end{cases}$

Material adicional

Na Sala Virtual do livro (sv.pearson.com.br), professores podem acessar materiais adicionais em qualquer dia, durante 24 horas.

Para professores

- Apresentações em PowerPoint para utilização em sala de aula
- Manual de soluções com a resolução de todos os exercícios do livro

Esse material é de uso exclusivo para professores e está protegido por senha. Para ter acesso a eles, os professores que adotam o livro devem entrar em contato com seu representante Pearson ou enviar e-mail para universitarios@pearson.com.br.

Todos esses recursos e ferramentas de aprendizagem tornam a nova edição de *Estatística básica* ainda mais completo e eficaz, contribuindo diretamente para o bom entendimento do estudante nesta disciplina muito importante para as mais diversas áreas de ensino e pesquisa.

Luiz Gonzaga Morettin

PARTE 1

Probabilidade

1. Espaço amostral
2. Probabilidade
3. Variáveis aleatórias discretas
4. Distribuições teóricas de probabilidades de variáveis aleatórias discretas
5. Variáveis aleatórias contínuas
6. Aplicações da distribuição normal

Espaço amostral

1.1 Introdução

Encontramos na natureza dois tipos de fenômenos: determinísticos e aleatórios.

Os fenômenos determinísticos são aqueles em que os resultados são sempre os mesmos, qualquer que seja o número de ocorrências verificadas.

Se tomarmos um determinado sólido, sabemos que a uma certa temperatura haverá a passagem para o estado líquido. Este exemplo caracteriza um fenômeno determinístico.

Nos fenômenos aleatórios, os resultados não serão previsíveis, mesmo que haja um grande número de repetições do mesmo fenômeno.

Por exemplo: se considerarmos um pomar com centenas de laranjeiras, as produções de cada planta serão diferentes e não previsíveis, mesmo que as condições de temperatura, pressão, umidade, solo etc. sejam as mesmas para todas as árvores.

Podemos considerar os *experimentos aleatórios* como fenômenos produzidos pelo homem.

Nos experimentos aleatórios, mesmo que as condições iniciais sejam sempre as mesmas, os resultados finais de cada tentativa do experimento serão diferentes e não previsíveis.

Exemplos

a) lançamento de uma moeda honesta;
b) lançamento de um dado;
c) lançamento de duas moedas;
d) retirada de uma carta de um baralho completo de 52 cartas;
e) determinação da vida útil de um componente eletrônico.

A cada experimento aleatório está associado o resultado obtido, que não é previsível, chamado *evento aleatório*.

No exemplo *a* os eventos associados são cara (c) e coroa (r); no exemplo *b* poderá ocorrer uma das faces 1, 2, 3, 4, 5 ou 6.

1.2 Espaço amostral

Espaço amostral de um experimento aleatório é o conjunto dos resultados do experimento. Os elementos do espaço amostral serão chamados também de *pontos amostrais*.

Representaremos o espaço amostral por Ω.

Nos exemplos dados na seção anterior, os espaços amostrais são:

a) $\Omega = \{c, r\}$

b) $\Omega = \{1, 2, 3, 4, 5, 6\}$

c) $\Omega = \{(c, r), (c, c), (r, c), (r, r)\}$

d) $\Omega = \{A_0...K_0, A_p...K_p, A_E...K_E, A_c...K_c\}$

e) $\Omega = \{t \in \mathbb{R} \mid t \geq 0\}$

O evento aleatório pode ser um único ponto amostral ou uma reunião deles, como veremos no exemplo a seguir:

Lançam-se dois dados. Enumerar os seguintes eventos:

A: saída de faces iguais;

B: saída de faces cuja soma seja igual a 10;

C: saída de faces cuja soma seja menor que 2;

D: saída de faces cuja soma seja menor que 15;

E: saída de faces onde uma face é o dobro da outra.

Determinação do espaço amostral: podemos determiná-lo por uma tabela de dupla entrada (produto cartesiano).

D1 \ D2	1	2	3	4	5	6
1	(1, 1)	(1, 2)	(1, 3)	(1, 4)	(1, 5)	(1, 6)
2	(2, 1)	(2, 2)	(2, 3)	(2, 4)	(2, 5)	(2, 6)
3	(3, 1)	(3, 2)	(3, 3)	(3, 4)	(3, 5)	(3, 6)
4	(4, 1)	(4, 2)	(4, 3)	(4, 4)	(4, 5)	(4, 6)
5	(5, 1)	(5, 2)	(5, 3)	(5, 4)	(5, 5)	(5, 6)
6	(6, 1)	(6, 2)	(6, 3)	(6, 4)	(6, 5)	(6, 6)

Os eventos pedidos são:

A = $\{(1, 1), (2, 2), (3, 3), (4, 4), (5, 5), (6, 6)\}$

B = $\{(4, 6), (5, 5), (6, 4)\}$

C = ϕ (evento impossível)

D = Ω (evento certo)

E = $\{(1, 2), (2, 1), (2, 4), (3, 6), (4, 2), (6, 3)\}$

Uma outra maneira de determinar o espaço amostral desse experimento é usar o diagrama em árvore, que será útil para a resolução de problemas futuramente.

Eis o processo:

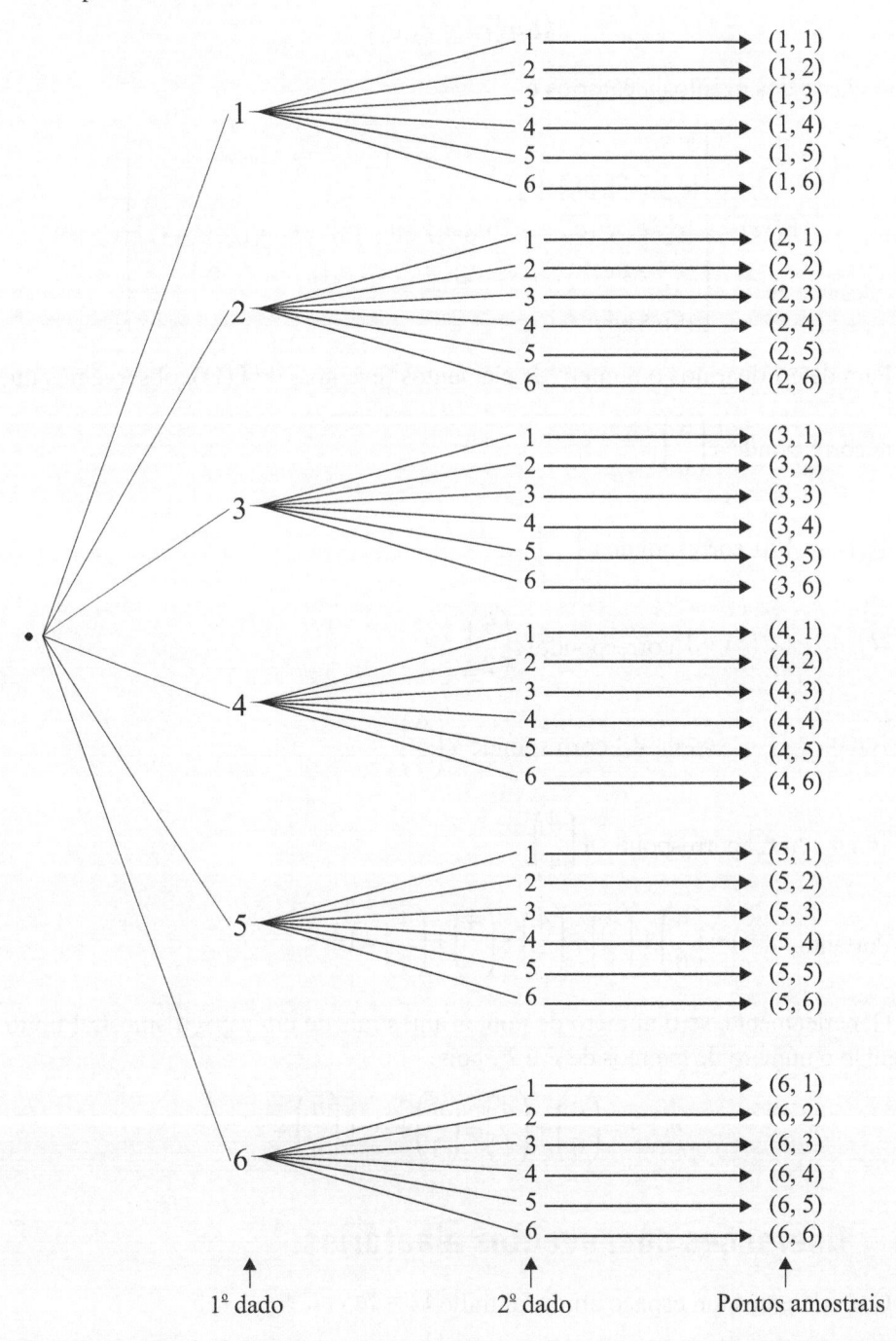

```
                    1 ──→ (1, 1)
                    2 ──→ (1, 2)
              1 ◄── 3 ──→ (1, 3)
                    4 ──→ (1, 4)
                    5 ──→ (1, 5)
                    6 ──→ (1, 6)

                    1 ──→ (2, 1)
                    2 ──→ (2, 2)
              2 ◄── 3 ──→ (2, 3)
                    4 ──→ (2, 4)
                    5 ──→ (2, 5)
                    6 ──→ (2, 6)

                    1 ──→ (3, 1)
                    2 ──→ (3, 2)
              3 ◄── 3 ──→ (3, 3)
                    4 ──→ (3, 4)
                    5 ──→ (3, 5)
                    6 ──→ (3, 6)

                    1 ──→ (4, 1)
                    2 ──→ (4, 2)
              4 ◄── 3 ──→ (4, 3)
                    4 ──→ (4, 4)
                    5 ──→ (4, 5)
                    6 ──→ (4, 6)

                    1 ──→ (5, 1)
                    2 ──→ (5, 2)
              5 ◄── 3 ──→ (5, 3)
                    4 ──→ (5, 4)
                    5 ──→ (5, 5)
                    6 ──→ (5, 6)

                    1 ──→ (6, 1)
                    2 ──→ (6, 2)
              6 ◄── 3 ──→ (6, 3)
                    4 ──→ (6, 4)
                    5 ──→ (6, 5)
                    6 ──→ (6, 6)
```

↑ 1º dado   ↑ 2º dado   ↑ Pontos amostrais

1.3 Classe dos eventos aleatórios

DEFINIÇÃO

É o conjunto formado de todos os eventos (subconjuntos) do espaço amostral.
Para efeito de exemplo, consideremos um espaço amostral finito:

$$\Omega = \{e_1, e_2, e_3, e_4\}$$

A classe dos eventos aleatórios é:

$$F(\Omega) = \begin{cases} \phi \\ \{e_1\}, \{e_2\}, \{e_3\}, \{e_4\} \\ \{e_1, e_2\}, \{e_1, e_3\}, \{e_1, e_4\}, \{e_2, e_3\}, \{e_2, e_4\}, \{e_3, e_4\} \\ \{e_1, e_2, e_3\}, \{e_1, e_2, e_4\}, \{e_1, e_3, e_4\}, \{e_2, e_3, e_4\} \\ \{e_1, e_2, e_3, e_4\} \end{cases}$$

Para determinarmos o número de elementos (eventos) de $F(\Omega)$, observamos que:

ϕ corresponde a $\binom{4}{0}$

$\{e_1\}, ..., \{e_4\}$ corresponde a $\binom{4}{1}$

$\{e_1, e_2\}, ..., \{e_3, e_4\}$ corresponde a $\binom{4}{2}$

$\{e_1, e_2, e_3\}, ..., \{e_2, e_3, e_4\}$ corresponde a $\binom{4}{3}$

$\{e_1, e_2, e_3, e_4\}$ corresponde a $\binom{4}{4}$

Portanto, $n(F) = \binom{4}{0} + \binom{4}{1} + \binom{4}{2} + \binom{4}{3} + \binom{4}{4} = 16$

Genericamente, se o número de pontos amostrais de um espaço amostral finito é n, então o número de eventos de F é 2^n, pois

$$n(F) = \binom{n}{0} + \binom{n}{1} + \binom{n}{2} + \cdots + \binom{n}{n} = 2^n$$

1.4 Operações com eventos aleatórios

Consideremos um espaço amostral finito $\Omega = \{e_1, e_2, e_3, ..., e_n\}$.

Sejam A e B dois eventos de F(Ω).

As seguintes operações são definidas:

a) Reunião

DEFINIÇÃO

$A \cup B = \{e_i \in \Omega \mid e_i \in A \text{ ou } e_i \in B\}$, $i = 1, 2, ..., n$. O *evento reunião* é formado pelos pontos amostrais que pertencem a pelo menos um dos eventos.

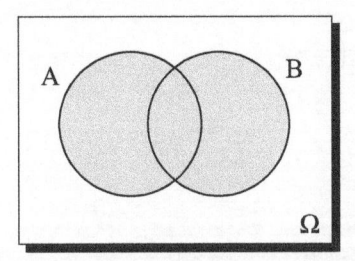

b) Intersecção

DEFINIÇÃO

$A \cap B = \{e_i \in \Omega \mid e_i \in A \text{ e } e_i \in B\}$, $i = 1,...,n$. O *evento intersecção* é formado pelos pontos amostrais que pertencem simultaneamente aos eventos A e B.

Obs. Se $A \cap B = \phi$, A e B são eventos *mutuamente exclusivos*.

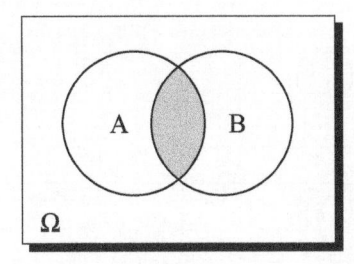

c) Complementação

DEFINIÇÃO

$\Omega - A = \overline{A} = \{e_i \in \Omega \mid e_i \notin A\}$.

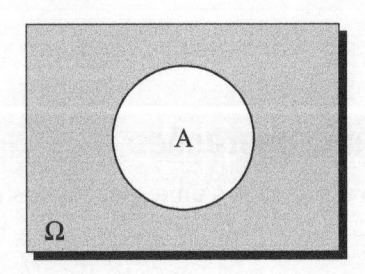

EXEMPLO

Lançam-se duas moedas. Sejam A: saída de faces iguais; e B: saída de cara na primeira moeda.

Determinar os eventos:

$A \cup B, A \cap B, \overline{A}, \overline{B}, (\overline{A \cup B}), (\overline{A \cap B}), \overline{A} \cap \overline{B}, \overline{A} \cup \overline{B}, B - A, A - B, \overline{A} \cap B \text{ e } \overline{B} \cap A$.

Resolução:

$\Omega = \{(c, c), (c, r), (r, c), (r, r)\}$

$A = \{(c, c), (r, r)\}$

$B = \{(c, c), (c, r)\}$

$A \cup B = \{(c, c), (c, r), (r, r)\}$

$A \cap B = \{(c, c)\}$

$\overline{A} = \{(c, r), (r, c)\}$

$\overline{B} = \{(r, c), (r, r)\}$

$(\overline{A \cup B}) = \{(r, c)\}$

$(\overline{A \cap B}) = \{(c, r), (r, c), (r, r)\}$

$\overline{A} \cap \overline{B} = \{(r, c)\}$

$\overline{A} \cup \overline{B} = \{(c, r), (r, c), (r, r)\}$

$B - A = \{(c, r)\}$

$A - B = \{(r, r)\}$

$\overline{A} \cap B = \{(c, r)\}$

$\overline{B} \cap A = \{(r, r)\}$

1.5 Propriedades das operações

Sejam A, B e C eventos associados a um espaço amostral Ω. As seguintes propriedades são válidas:

a) Idempotentes

$A \cap A = A$

$A \cup A = A$

b) Comutativas

$A \cup B = B \cup A$

$A \cap B = B \cap A$

c) Associativas

$A \cap (B \cap C) = (A \cap B) \cap C$

$A \cup (B \cup C) = (A \cup B) \cup C$

d) Distributivas

$A \cup (B \cap C) = (A \cup B) \cap (A \cup C)$

$A \cap (B \cup C) = (A \cap B) \cup (A \cap C)$

e) Absorções

$A \cup (A \cap B) = A$

$A \cap (A \cup B) = A$

f) Identidades

$A \cap \Omega = A$

$A \cup \Omega = \Omega$

$A \cap \phi = \phi$

$A \cup \phi = A$

g) Complementares

$\overline{\Omega} = \phi$

$\overline{\phi} = \Omega$

$A \cap \overline{A} = \phi$

$A \cup \overline{A} = \Omega$

$\overline{(\overline{A})} = A$

h) "Leis das dualidades" ou "Leis de Morgan"

$\overline{(A \cap B)} = \overline{A} \cup \overline{B}$

$\overline{(A \cup B)} = \overline{A} \cap \overline{B}$

Essas propriedades são facilmente verificadas.

1.6 Partição de um espaço amostral

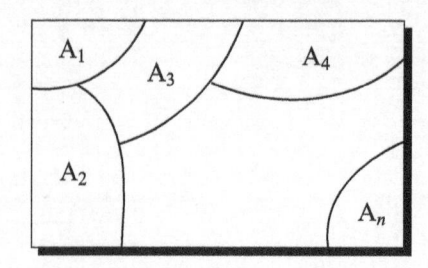

DEFINIÇÃO

Dizemos que os eventos $A_1, A_2, ..., A_n$ formam uma *partição* do espaço amostral Ω se:

a) $A_i \neq \phi$, $i = 1, ..., n$

b) $A_i \cap A_j = \phi$, para $i \neq j$

c) $\bigcup_{i=1}^{n} A_i = \Omega$

Exercícios propostos

1. Lançam-se três moedas. Enumerar o espaço amostral e os eventos:
   a) faces iguais;
   b) cara na 1ª moeda;
   c) coroa na 2^a e 3ª moedas.

2. Considere a experiência que consiste em pesquisar famílias com três crianças, em relação ao sexo delas, segundo a ordem do nascimento. Enumerar os eventos:
   a) ocorrência de dois filhos do sexo masculino;
   b) ocorrência de pelo menos um filho do sexo masculino;
   c) ocorrência de no máximo duas crianças do sexo feminino.

3. Um lote contém peças de 5, 10, 15,..., 30 mm de diâmetro. Suponha que 2 peças sejam selecionadas no lote. Se x e y indicam respectivamente os diâmetros da 1^a e 2ª peças selecionadas, o par (x, y) representa um ponto amostral. Usando o plano cartesiano, indicar os seguintes eventos:
   a) $A = \{x = y\}$
   b) $B = \{y < x\}$

c) $C = \{x = y - 10\}$

d) $D = \left\{\dfrac{x+y}{2} < 10\right\}$

4. Sejam A, B e C três eventos de um espaço amostral. Exprimir os eventos abaixo usando as operações reunião, intersecção e complementação:
   a) somente A ocorre;
   b) A e C ocorrem, mas B não;
   c) A, B e C ocorrem;
   d) pelo menos um ocorre;
   e) exatamente um ocorre;
   f) nenhum ocorre;
   g) exatamente dois ocorrem;
   h) pelo menos dois ocorrem;
   i) no máximo dois ocorrem.

CAPÍTULO 2

Probabilidade

2.1 Função de probabilidade

DEFINIÇÃO

É a função P que associa a cada evento de F um número real pertencente ao intervalo [0, 1], satisfazendo os axiomas:

I) $P(\Omega) = 1$

II) $P(A \cup B) = P(A) + P(B)$, se A e B forem mutuamente exclusivos.

III) $P\left(\bigcup_{i=1}^{n} A_i\right) = \sum_{i=1}^{n} P(A_i)$, se $A_1, A_2, ..., A_n$ forem, dois a dois, eventos mutuamente exclusivos.

Observamos pela definição que $\boxed{0 \leq P(A) \leq 1}$ para todo evento $A, A \subset \Omega$.

2.2 Teoremas

Teorema 1 "Se os eventos $A_1, A_2, ..., A_n$ formam uma partição do espaço amostral, então:

$$\sum_{i=1}^{n} P(A_i) = 1.\text{"}$$

Demonstração: Pela definição de partição, os eventos $A_1, A_2, ..., A_n$ são mutuamente exclusivos e

$$\bigcup_{i=1}^{n} A_i = \Omega.$$

Logo $P\left(\bigcup_{i=1}^{n} A_i\right) = P(\Omega)$. Usando os axiomas I e III da definição, temos: $\sum_{i=1}^{n} P(A_i) = 1$.

Teorema 2   "Se ϕ é o evento impossível, então $P(\phi) = 0$."

Demonstração: Como $\phi \cap \Omega = \phi$ e $\phi \cup \Omega = \Omega$, temos

$$P(\phi \cup \Omega) = P(\Omega)$$
$$P(\phi) + P(\Omega) = P(\Omega)$$
$$P(\phi) = 0$$

Obs: A recíproca não é verdadeira, pois o fato de $P(A) = 0$ não implica que A seja impossível.

Teorema 3   Teorema do evento complementar: "Para todo evento $A \subset \Omega$, $P(A) + P(\overline{A}) = 1$."

Demonstração: Como

$$A \cap \overline{A} = \phi \text{ e}$$
$$A \cup \overline{A} = \Omega,$$

temos:

$$P(A) + P(\overline{A}) = P(\Omega)$$
$$P(A) + P(\overline{A}) = 1$$

Teorema 4   Teorema da soma: "Sejam $A \subset \Omega$ e $B \subset \Omega$. Então, $P(A \cup B) = P(A) + P(B) - P(A \cap B)$."

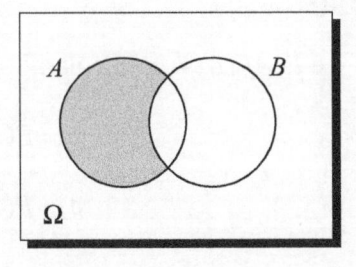

Demonstração: Escreveremos os eventos $(A \cup B)$ e A como reuniões de eventos mutuamente exclusivos, como segue:

$$\begin{cases} A \cup B = (A - B) \cup B \\ A = (A - B) \cup (A \cap B) \end{cases}$$

Usando o axioma, temos:

$$P(A \cup B) = P(A - B) + P(B) \qquad \mathbf{1}$$

e

$$P(A) = P(A - B) + P(A \cap B) \qquad \mathbf{2}$$

De **2** tiramos: $P(A - B) = P(A) - P(A \cap B)$.

Substituindo-se esse resultado em **1**, chegamos a:

$$P(A \cup B) = P(A) + P(B) - P(A \cap B).$$

Se $A \cap B = \phi$, então $P(A \cap B) = 0 \Rightarrow$ vale o axioma II.

Teorema 5   "Para $A \subset \Omega$ e $B \subset \Omega$, temos: $P(A \cup B) \leq P(A) + P(B)$."

(A demonstração fica a cargo do leitor.)

Teorema 6   "Dado o espaço amostral Ω e os eventos $A_1, A_2, ..., A_n$, então:

$$P\left(\bigcup_{i=1}^{n} A_i\right) = \sum_{i=1}^{n} P(A_i) - \sum_{i \neq j}^{n} P(A_i \cap A_j) + \sum_{i \neq j \neq k}^{n} P(A_i \cap A_j \cap A_k) - ... +$$

$$+ (-1)^{n-1} \cdot P(A_1 \cap ... \cap A_n)."$$

Demonstração: Por indução finita.

Teorema 7 "Dados os eventos $A_1, A_2, ..., A_n$, então: $P\left(\bigcup_{i=1}^{n} A_i\right) \leq \sum_{i=1}^{n} P(A_i)$."

Exemplos de aplicação

1. Sendo $P(A) = x$, $P(B) = y$ e $P(A \cap B) = z$, calcular:

   a) $P(\overline{A} \cup \overline{B})$;
   b) $P(\overline{A} \cap \overline{B})$;
   c) $P(\overline{A} \cap B)$;
   d) $P(\overline{A} \cup B)$.

Resolução:

a) $P(\overline{A} \cup \overline{B}) = P(\overline{A \cap B}) = 1 - P(A \cap B) = 1 - z$

b) $P(\overline{A} \cap \overline{B}) = P(\overline{A \cup B}) = 1 - P(A \cup B) =$
$1 - \{P(A) + P(B) - P(A \cap B)\} = 1 - x - y + z$

c) $P(\overline{A} \cap B) = P(B - A) = P(B) - P(A \cap B) = y - z$

d) $P(\overline{A} \cup B) = P(\overline{A}) + P(B) - P(\overline{A} \cap B) = (1 - x) + y - (y - z) = 1 - x + z$

2. Demonstrar que $P(A \cup B \cup C) = P(A) + P(B) + P(C) - P(A \cap B) -$
$- P(A \cap C) - P(B \cap C) + P(A \cap B \cap C).$

Demonstração:

$P(A \cup B \cup C) = P\bigl[(A \cup B) \cup C\bigr] = P(A \cup B) + P(C) -$

$- P\bigl[(A \cup B) \cap C\bigr] = P(A) + P(B) - P(A \cap B) +$

$+ P(C) - P\bigl[(A \cap C) \cup (B \cap C)\bigr] = P(A) + P(B) +$

$+ P(C) - P(A \cap B) - \bigl\{P(A \cap C) + P(B \cap C) - P\bigl[(A \cap C) \cap (B \cap C)\bigr]\bigr\} \therefore$

$P(A \cup B \cup C) = P(A) + P(B) + P(C) - P(A \cap B) - P(A \cap C) -$

$- P(B \cap C) + P(A \cap B \cap C)$

3. Sejam A, B e C eventos tais que

$P(A) = P(B) = P(C) = \dfrac{1}{5}$, $A \cap B = \phi$, $A \cap C = \phi$ e $P(B \cap C) = \dfrac{1}{7}$.

Calcule a probabilidade de que pelo menos um dos eventos A, B ou C ocorra.

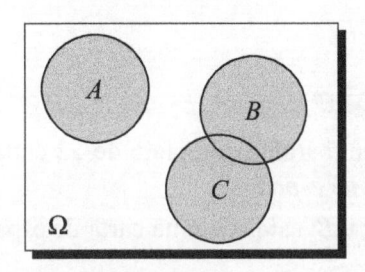

Resolução: Pelo diagrama vemos que $A \cap B \cap C = \phi$, logo $P(A \cap B \cap C) = 0$. Aplicando o resultado do problema anterior, temos:

$$P(A \cup B \cup C) = \dfrac{1}{5} + \dfrac{1}{5} + \dfrac{1}{5} - 0 - 0 - \dfrac{1}{7} + 0 = \dfrac{16}{35}$$

2.3 Eventos equiprováveis

Consideremos o espaço amostral $\Omega = \{e_1, e_2, e_3, ..., e_n\}$ associado a um experimento aleatório.

Chamemos $P(e_i) = p_i$, $i = 1, ..., n$.

Temos $\sum_{i=1}^{n} P(e_i) = \sum_{i=1}^{n} p_i = 1$.   **1**

DEFINIÇÃO

Os eventos e_i, $i = 1, ..., n$ são *equiprováveis* quando $P(e_1) = P(e_2) = ... = P(e_n) = p$, isto é, quando todos têm a mesma probabilidade de ocorrer.

1 fica: $\sum_{i=1}^{n} p = 1 \Rightarrow np = 1 \therefore \boxed{p = \dfrac{1}{n}}$

Logo, se os n pontos amostrais (eventos) são equiprováveis, a probabilidade de cada um dos pontos amostrais é $\dfrac{1}{n}$.

Vamos calcular a probabilidade de um evento $A \subset \Omega$. Suponhamos que A tenha K pontos amostrais:

$A = \{e_1, e_2, ..., e_k\}$, $1 \leq k \leq n \therefore$

$\therefore P(A) = \sum_{i=1}^{k} P(e_i) = \sum_{i=1}^{k} p = K \cdot p = K \cdot \dfrac{1}{n} \therefore$

$\therefore \boxed{P(A) = \dfrac{K}{n}}$

Exemplos de aplicação

1. Retira-se uma carta de um baralho completo de 52 cartas. Qual a probabilidade de sair um *rei* ou uma *carta de espadas*?

   Seja A: saída de um rei; e B: saída de uma carta de espada.
   Então:

   $A = \{R_o, R_e, R_c, R_p\} \rightarrow P(A) = \dfrac{4}{52}$

   $B = \{A_e, 2_e, ..., R_e\} \rightarrow P(B) = \dfrac{13}{52}$

   Observamos que $A \cap B = \{R_e\} \therefore$

   $\therefore P(A \cap B) = \dfrac{1}{52}$

Logo:

$$P(A \cup B) = P(A) + P(B) - P(A \cap B)$$

$$P(A \cup B) = \frac{4}{52} + \frac{13}{52} - \frac{1}{52} \therefore$$

$$\therefore P(A \cup B) = \frac{16}{52}$$

2. O seguinte grupo de pessoas está numa sala: 5 rapazes com mais de 21 anos, 4 rapazes com menos de 21 anos, 6 moças com mais de 21 anos e 3 moças com menos de 21 anos. Uma pessoa é escolhida ao acaso entre as 18. Os seguintes eventos são definidos:

   A: a pessoa tem mais de 21 anos;

   B: a pessoa tem menos de 21 anos;

   C: a pessoa é um rapaz;

   D: a pessoa é uma moça.

   Calcular:

   a) $P(B \cup D)$;

   b) $P(\overline{A} \cap \overline{C})$.

   Resolução:

   $$\Omega = \{5R,\ 4r,\ 6M,\ 3m\} \therefore p = \frac{1}{18}$$

   $$A = \{5R,\ 6M\} \rightarrow P(A) = \frac{11}{18}$$

   $$B = \{4r,\ 3m\} \rightarrow P(B) = \frac{7}{18}$$

   $$C = \{5R,\ 4r\} \rightarrow P(C) = \frac{9}{18}$$

   $$D = \{6M,\ 3m\} \rightarrow P(D) = \frac{9}{18}$$

   a) $P(B \cup D) = P(B) + P(D) - P(B \cap D)$

   Como $B \cap D = \{3m\}$, temos que $P(B \cap D) = \frac{3}{18}$.

   Logo:

   $$P(B \cup D) = \frac{7}{18} + \frac{9}{18} - \frac{3}{18} = \frac{13}{18}$$

b) $P(\bar{A} \cap \bar{C}) = P(\overline{A \cup C}) = 1 - P(A \cup C) = 1 - \{P(A) + P(C) - P(A \cap C)\}$

Como $A \cap C = \{5R\}$ e $P(A \cap C) = \dfrac{5}{18}$, temos que:

$p(\bar{A} \cap \bar{C}) = 1 - \left\{\dfrac{11}{18} + \dfrac{9}{18} - \dfrac{5}{18}\right\} = \dfrac{3}{18} = \dfrac{1}{6}$ ou

Como $\bar{A} = B$ e $\bar{C} = D$, temos:

$\bar{A} \cap \bar{C} = B \cap D = \{3m\}$ ∴

∴ $P(\bar{A} \cap \bar{C}) = \dfrac{3}{18} = \dfrac{1}{6}$

Nem sempre é possível enumerar o espaço amostral. Nesses casos, deveremos usar a análise combinatória como processo de contagem. Veremos isso nos próximos exemplos.

3. Em um congresso científico existem 15 matemáticos e 12 estatísticos. Qual a probabilidade de se formar uma comissão com 5 membros, na qual figurem 3 matemáticos e 2 estatísticos?

Resolução: A: comissão de 3 matemáticos e 2 estatísticos.

$n = \dbinom{27}{5}$: comissões

$k = \dbinom{15}{3} \cdot \dbinom{12}{2}$: comissões com 3 matemáticos e 2 estatísticos

$P(A) = \dfrac{\dbinom{15}{3} \cdot \dbinom{12}{2}}{\dbinom{27}{5}}$

4. Qual a probabilidade de, num baralho com 52 cartas, ao se retirarem 4 cartas, ao acaso, sem reposição, se obter uma quadra?

Resolução: A: saída de uma quadra.

$n = \dbinom{52}{4}$ ← número de quádruplas

$K = 13$ ← número de quadras ∴ $P(A) = \dfrac{13}{\dbinom{52}{4}}$

5. Calcular a probabilidade de se obter exatamente 3 caras e 2 coroas em 5 lances de uma moeda.

   Resolução: A: saída de 3 caras e 2 coroas.

   $n = 2^5 = 32$: número de quíntuplas

   $k = \binom{5}{3} = 10$: números de quíntuplas com 3 caras e 2 coroas

   $P(A) = \dfrac{10}{32} = \dfrac{5}{16}$

6. Uma urna contém as letras A, A, A, R, R, S. Retira-se letra por letra. Qual a probabilidade de sair a palavra *araras*?

   Resolução: A: saída de palavra *araras*.

   $n = (PR)^6_{3,2,1} = \dfrac{6!}{3!\,2!\,1!} = 60$

   $k = 1 \therefore$

   $\therefore P(A) = \dfrac{1}{60}$

   Obs.:

   $$(PR)^n_{n_1,n_2,n_3,\ldots,n_n} = \dfrac{n!}{n_1!\,n_2!\ldots n_n!}, \text{ com } n_1 + n_2 + \ldots + n_n = n$$

2.4 Probabilidade condicional

Introduziremos a noção de *probabilidade condicional* através do seguinte exemplo:

Consideremos 250 alunos que cursam o primeiro ciclo de uma faculdade. Destes alunos, 100 são homens (H) e 150 são mulheres (M); 110 cursam física (F) e 140 cursam química (Q). A distribuição dos alunos é a seguinte:

Disciplina / Sexo	F	Q	Total
H	40	60	100
M	70	80	150
Total	110	140	250

Um aluno é sorteado ao acaso. Qual a probabilidade de que esteja cursando química, dado que é mulher?

Pelo quadro vemos que esta probabilidade é de $\frac{80}{150}$ e representamos:

$P(Q/M) = \frac{80}{150}$ (probabilidade de que o aluno curse química, condicionado ao fato de ser mulher).

Observamos, porém, que $P(M \cap Q) = \frac{80}{250}$ e $P(M) = \frac{150}{250}$. Para obtermos o resultado do problema, basta considerar que:

$$P(Q/M) = \frac{\frac{80}{250}}{\frac{150}{250}} = \frac{80}{150}$$

Logo:

$$P(Q/M) = \frac{P(M \cap Q)}{P(M)}$$

Sejam $A \subset \Omega$ e $B \subset \Omega$. Definimos a **probabilidade condicional de A, dado que B ocorre** (A/B) como segue:

$$P(A/B) = \frac{P(A \cap B)}{P(B)}, \text{ se } P(B) \neq 0$$

Também:

$$P(B/A) = \frac{P(B \cap A)}{P(A)}, \text{ se } P(A) \neq 0$$

EXEMPLO

Sendo $P(A) = \frac{1}{3}$, $P(B) = \frac{3}{4}$ e $P(A \cup B) = \frac{11}{12}$, calcular $P(A/B)$.

Resolução:

Como $P(A/B) = \frac{P(A \cap B)}{P(B)}$, devemos calcular $P(A \cap B)$.

Como $P(A \cup B) = P(A) + P(B) - P(A \cap B)$, temos:

$$\frac{11}{12} = \frac{1}{3} + \frac{3}{4} - P(A \cap B) \therefore P(A \cap B) = \frac{2}{12} = \frac{1}{6}$$

Logo, $P(A/B) = \dfrac{1/6}{3/4} = \dfrac{2}{9}$

Tiramos da definição da probabilidade condicional o chamado *TEOREMA DO PRODUTO*: Sejam $A \subset \Omega$ e $B \subset \Omega$. Então, $P(A \cap B) = P(B) \cdot P(A/B)$ ou $P(A \cap B) = P(A) \cdot P(B/A)$.

EXEMPLO

Duas bolas vão ser retiradas de uma urna que contém 2 bolas brancas, 3 pretas e 4 verdes. Qual a probabilidade de que ambas
a) sejam verdes?
b) sejam da mesma cor?

Resolução:

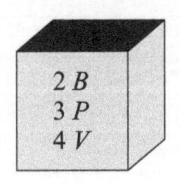

$$\begin{array}{c} 2\,B \\ 3\,P \\ 4\,V \end{array}$$

a) $P(V \cap V) = P(V) \cdot P(V/V) = \dfrac{4}{9} \cdot \dfrac{3}{8} = \dfrac{1}{6}$

b) $P(MC) = P(B \cap B) + P(P \cap P) + P(V \cap V)$

$P(MC) = \dfrac{2}{9} \cdot \dfrac{1}{8} + \dfrac{3}{9} \cdot \dfrac{2}{8} + \dfrac{4}{9} \cdot \dfrac{3}{8}$

$P(MC) = \dfrac{20}{72} = \dfrac{5}{18}$

A generalização do teorema do produto é:

$$P(\bigcap_{i=1}^{n} A_i) = P(A_1) \cdot P(A_2/A_1) \cdot P(A_3/A_1 \cap A_2) \ldots P(A_n/A_1 \cap A_2 \cap \ldots \cap A_{n-1})$$

Resolvendo o *Problema 6 da Seção 2.3*, usando essa generalização, temos:

$P(A \cap R \cap A \cap R \cap A \cap S) = P(A) \cdot P(R/A) \cdot P(A/A \cap R) \cdot$

$\cdot P(R/A \cap R \cap A) \cdot P(A/A \cap R \cap A \cap R) \cdot P(S/A \cap R \cap A \cap$

$\cap R \cap A) = \dfrac{3}{6} \cdot \dfrac{2}{5} \cdot \dfrac{2}{4} \cdot \dfrac{1}{3} \cdot \dfrac{1}{2} \cdot 1 = \dfrac{1}{60}$

2.5 Eventos independentes

Sejam $A \subset \Omega$ e $B \subset \Omega$.

Intuitivamente, se A e B são independentes, $P(A/B) = P(A)$ e $P(B/A) = P(B)$.

DEFINIÇÃO

A e B são eventos independentes se $P(A \cap B) = P(A) \cdot P(B)$.

EXEMPLO

Lançam-se 3 moedas. Verificar se são independentes os eventos:

A: saída de cara na 1ª moeda;
B: saída de coroa na 2^a e 3ª moedas.

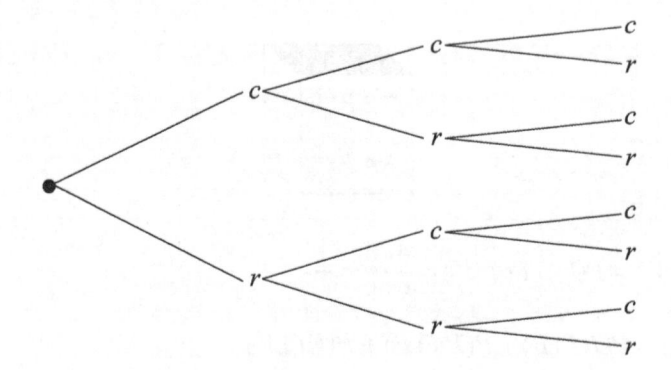

$\Omega = \{(ccc), (ccr), (crc), (crr), (rcc), (rcr), (rrc), (rrr)\}$

$A = \{(ccc), (ccr), (crc), (crr)\} \therefore P(A) = \dfrac{4}{8} = \dfrac{1}{2}$

$B = \{(crr), (rrr)\} \therefore P(B) = \dfrac{2}{8} = \dfrac{1}{4}$

Logo:

$P(A) \cdot P(B) = \dfrac{1}{2} \cdot \dfrac{1}{4} = \dfrac{1}{8}$

Como

$A \cap B = \{(crr)\}$ e $P(A \cap B) = \dfrac{1}{8}$,

temos que A e B são eventos independentes, pois $P(A \cap B) = P(A) \cdot P(B)$.

Obs. 1: Para verificarmos se 3 eventos A, B e C, são independentes, devemos verificar se as 4 proposições são satisfeitas:

1: $P(A \cap B \cap C) = P(A) \cdot P(B) \cdot P(C)$

2: $P(A \cap B) = P(A) \cdot P(B)$

3: $P(A \cap C) = P(A) \cdot P(C)$

4: $P(B \cap C) = P(B) \cdot P(C)$

Se apenas uma não for satisfeita, os eventos não são independentes.

Obs. 2: Se A e B são *mutuamente* exclusivos, então A e B são *dependentes*, pois se A ocorre, B não ocorre, isto é, a ocorrência de um evento condiciona a não ocorrência do outro.

Resolveremos um problema que mostrará bem a distinção entre eventos mutuamente exclusivos e independentes.

Exercício resolvido

Sejam A e B eventos tais que $P(A) = 0,2$, $P(B) = P$, $P(A \cup B) = 0,6$. Calcular P considerando A e B:

a) mutuamente exclusivos;

b) independentes.

Resolução:

a) A e B mutuamente exclusivos $\Rightarrow P(A \cap B) = 0$, como

$P(A \cup B) = P(A) + P(B) - P(A \cap B)$ vem $0,6 = 0,2 + P - 0$ ∴ $\boxed{P = 0,4}$

b) A e B independentes $\Rightarrow P(A \cap B) = P(A) \cdot P(B) = 0,2 \cdot P$, como

$P(A \cup B) = P(A) + P(B) - P(A \cap B)$ vem $0,6 = 0,2 + P - 0,2P$ ∴

∴ $0,4 = 0,8P$ $\boxed{P = 0,5}$

Obs. 3: Se os eventos $A_1, A_2, ..., A_n$ são independentes, então:

$$P\left(\bigcap_{i=1}^{n} A_i\right) = \prod_{i=1}^{n} P(A_i),$$

onde $\prod_{i=1}^{n} P(A_i) = P(A_1) \cdot P(A_2) ... P(A_n)$.

EXEMPLO

A probabilidade de que um homem esteja vivo daqui a 30 anos é 2/5; a de sua mulher é de 2/3. Determinar a probabilidade de que daqui a 30 anos:

a) ambos estejam vivos;
b) somente o homem esteja vivo;
c) somente a mulher esteja viva;
d) nenhum esteja vivo;
e) pelo menos um esteja vivo.

Resolução: Chamaremos de   *H*: o homem estará vivo daqui a 30 anos;
                              M: a mulher estará viva daqui a 30 anos.

$$P(H) = \frac{2}{5} \therefore P(\bar{H}) = \frac{3}{5}$$

$$P(M) = \frac{2}{3} \therefore P(\bar{M}) = \frac{1}{3}$$

a) $P(H \cap M) = P(H) \cdot P(M) = \frac{2}{5} \cdot \frac{2}{3} = \frac{4}{15}$

b) $P(H \cap \bar{M}) = P(H) \cdot P(\bar{M}) = \frac{2}{5} \cdot \frac{1}{3} = \frac{2}{15}$

c) $P(\bar{H} \cap M) = P(\bar{H}) \cdot P(M) = \frac{3}{5} \cdot \frac{2}{3} = \frac{2}{5}$

d) $P(\bar{H} \cap \bar{M}) = P(\bar{H}) \cdot P(\bar{M}) = \frac{3}{5} \cdot \frac{1}{3} = \frac{1}{5}$

e) $P(H \cup M) = P(H) + P(M) - P(H \cap M) = \frac{2}{5} + \frac{2}{3} - \frac{4}{15} = \frac{12}{15} = \frac{4}{5}$

ou *X*: pelo menos um vivo

$$P(X) = 1 - P(\bar{X}) = 1 - \frac{1}{5} = \frac{4}{5}$$

2.6 Teorema de Bayes

Teorema da probabilidade total

"Sejam A_1, A_2, ..., A_n eventos que formam uma partição do espaço amostral.
Seja *B* um evento desse espaço. Então

$$P(B) = \sum_{i=1}^{n} P(A_i) \cdot P(B/A_i)."$$

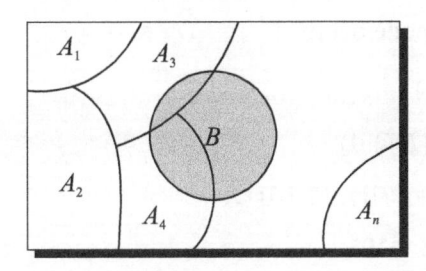

Demonstração: Os eventos $(B \cap A_i)$ e $(B \cap A_j)$, para $i \neq j$, $i = 1, 2, ..., n$ e $j = 1, 2, ..., n$, são mutuamente exclusivos, pois:

$$(B \cap A_i) \cap (B \cap A_j) = B \cap (A_i \cap A_j) = B \cap \phi = \phi$$

O evento B ocorre como segue:

$$B = (B \cap A_1) \cup (B \cap A_2) \cup (B \cap A_3) \cup ... \cup (B \cap A_n) \therefore$$

$$\therefore P(B) = P(B \cap A_1) + P(B \cap A_2) + P(B \cap A_3) + ... + P(B \cap A_n)$$

E usando o teorema do produto, vem:

$$P(B) = P(A_1) \cdot P(B/A_1) + P(A_2) \cdot P(B/A_2) + ... + P(A_n) \cdot P(B/A_n)$$

ou $P(B) = \sum_{i=1}^{n} P(A_i) \cdot P(B/A_i)$.

EXEMPLO

Uma urna contém 3 bolas brancas e 2 amarelas. Uma segunda urna contém 4 bolas brancas e 2 amarelas. Escolhe-se, ao acaso, uma urna e dela retira-se, também ao acaso, uma bola. Qual a probabilidade de que seja branca?

Resolução:

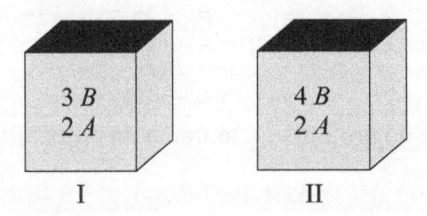

$P(I) = \dfrac{1}{2}$ $P(B/I) = \dfrac{3}{5}$

$P(II) = \dfrac{1}{2}$ $P(B/II) = \dfrac{4}{6} = \dfrac{2}{3}$

Logo, a bola branca pode ocorrer:

$B = (B \cap I) \cup (B \cap II)$

$P(B) = P(B \cap I) + P(B \cap II)$

$P(B) = P(I) \cdot P(B/I) + P(II) \cdot P(B/II) \therefore$

$\therefore P(B) = \dfrac{1}{2} \cdot \dfrac{3}{5} + \dfrac{1}{2} \cdot \dfrac{2}{3} = \dfrac{19}{30}$

O problema também pode ser resolvido usando-se o diagrama em árvore:

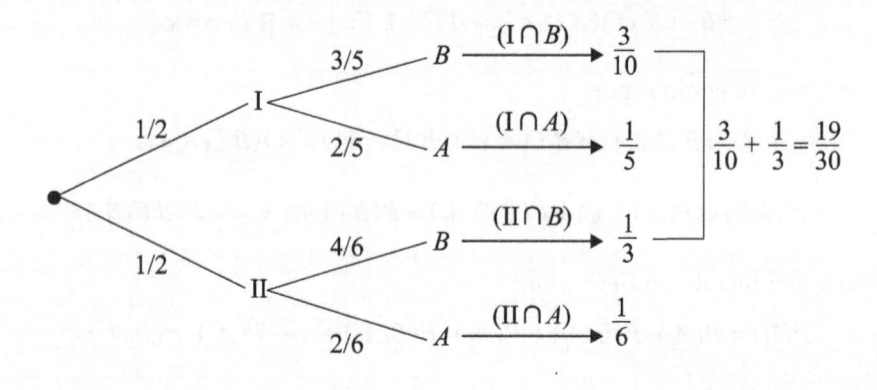

```
                3/5     B  ──(I∩B)──▶  3/10
         1/2 ─I<
                2/5     A  ──(I∩A)──▶  1/5      3/10 + 1/3 = 19/30
  ●<
                4/6     B  ──(II∩B)──▶ 1/3
         1/2 ─II<
                2/6     A  ──(II∩A)──▶ 1/6
```

Teorema de Bayes

"Sejam $A_1, A_2, ..., A_n$ eventos que formam uma partição do Ω. Seja $B \subset \Omega$. Sejam conhecidas $P(A_i)$ e $P(B/A_i)$, $i = 1, 2, ..., n$. Então:

$$P(A_j/B) = \dfrac{P(A_j) \cdot P(B/A_j)}{\sum_{i=1}^{n} P(A_i) \cdot P(B/A_i)}, j = 1, ..., n."$$

Demonstração:

$$P(A_j/B) = \dfrac{P(A_j \cap B)}{P(B)}$$

Usando-se o teorema do produto e o teorema da probabilidade total, temos:

$$P(A_j/B) = \dfrac{P(A_j) \cdot P(B/A_j)}{\sum_{i=1}^{n} P(A_i) \cdot P(B/A_i)}, j = 1, ..., n.$$

O teorema de Bayes é também chamado de *teorema da probabilidade a posteriori*. Ele relaciona uma das parcelas da probabilidade total com a própria probabilidade total.

EXEMPLO

A urna A contém 3 fichas vermelhas e 2 azuis, e a urna B contém 2 vermelhas e 8 azuis. Joga-se uma moeda "honesta". Se a moeda der cara, extrai-se uma ficha da urna A; se der coroa, extrai-se uma ficha da urna B. Uma ficha vermelha é extraída.

Qual a probabilidade de ter saído cara no lançamento?

Resolução:

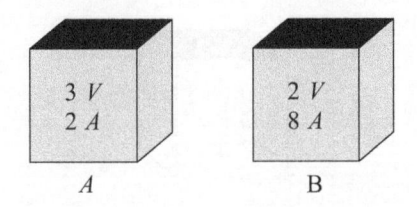

$$\begin{array}{cc} 3\,V & 2\,V \\ 2\,A & 8\,A \\ A & B \end{array}$$

Queremos: $P(C/V)$

$P(C) = \dfrac{1}{2}$ $P(V/C) = \dfrac{3}{5}$

$P(r) = \dfrac{1}{2}$ $P(V/r) = \dfrac{2}{10}$

Como:
$$P(V) = P(C \cap V) + P(r \cap V),$$

temos:
$$P(V) = P(C) \cdot P(V/C) + P(r) \cdot P(V/r)$$

$$P(V) = \frac{1}{2} \cdot \frac{3}{5} + \frac{1}{2} \cdot \frac{2}{10} = \frac{4}{10}$$

Calculamos agora $P(C/V)$:

$$P(C/V) = \frac{P(V \cap C)}{P(V)} = \frac{\frac{3}{10}}{\frac{4}{10}} = \frac{3}{4}$$

O problema também pode ser resolvido pelo diagrama em árvore, como segue:

$$P(V) = \frac{3}{10} + \frac{2}{20} = \frac{4}{10}$$

$$P(C/V) = \frac{3/10}{4/10} = \frac{3}{4}$$

Exercícios resolvidos

1. Uma urna contém 5 bolas brancas, 4 vermelhas e 3 azuis. Extraem-se simultaneamente 3 bolas. Achar a probabilidade de que:
   a) nenhuma seja vermelha;
   b) exatamente uma seja vermelha;
   c) todas sejam da mesma cor.

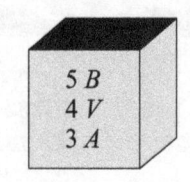

   $$\begin{array}{c} 5\,B \\ 4\,V \\ 3\,A \end{array}$$

   Resolução:

   a) $P(N.S.V) = P(\bar{V} \cap \bar{V} \cap \bar{V}) = \dfrac{8}{12} \cdot \dfrac{7}{11} \cdot \dfrac{6}{10} = \dfrac{14}{55}$

   b) $P(E.U.S.V) = P(V \cap \bar{V} \cap \bar{V}) \cdot (PR)_{2,1}^{3} = \dfrac{4}{12} \cdot \dfrac{8}{11} \cdot \dfrac{7}{10} \cdot 3 = \dfrac{28}{55}$

   c) $P(T.S.M.C.) = P(B \cap B \cap B) + P(V \cap V \cap V) + P(A \cap A \cap A) =$
   $= \dfrac{5}{12} \cdot \dfrac{4}{11} \cdot \dfrac{3}{10} + \dfrac{4}{12} \cdot \dfrac{3}{11} \cdot \dfrac{2}{10} + \dfrac{3}{12} \cdot \dfrac{2}{11} \cdot \dfrac{1}{10} = \boxed{\dfrac{3}{44}}$

2. As probabilidades de 3 jogadores, A, B e C, marcarem um gol quando cobram um pênalti são $\dfrac{2}{3}, \dfrac{4}{5}$ e $\dfrac{7}{10}$, respectivamente. Se cada um cobrar uma única vez, qual a probabilidade de que pelo menos um marque um gol?

   Resolução:

   $P(A) = \dfrac{2}{3}, P(B) = \dfrac{4}{5}$ e $P(C) = \dfrac{7}{10}$

   $P(A \cup B \cup C) = 1 - P(\overline{A \cup B \cup C}) = 1 - P(\bar{A} \cap \bar{B} \cap \bar{C}) =$

   $= 1 - P(\bar{A}) \cdot P(\bar{B}) \cdot P(\bar{C}) = 1 - \dfrac{1}{3} \cdot \dfrac{1}{5} \cdot \dfrac{3}{10} = 1 - \dfrac{1}{50} = \boxed{\dfrac{49}{50}}$

3. Em uma indústria há 10 pessoas que ganham mais de 20 salários mínimos (s.m.), 20 que ganham entre 10 e 20 s.m., e 70 que ganham menos de 10 s.m. Três pessoas desta indústria são selecionadas. Determinar a probabilidade de que pelo menos uma ganhe menos de 10 s.m.

Resolução:

A: a pessoa ganha mais de 20 s.m. → $P(A) = 0{,}10$

B: a pessoa ganha entre 10 e 20 s.m. → $P(B) = 0{,}20$

C: a pessoa ganha menos de 10 s.m. → $P(C) = 0{,}70$

$P(C \cup C \cup C) = 1 - P(\overline{C \cup C \cup C}) =$

$= 1 - P(\overline{C}) \cdot P(\overline{C}) \cdot P(\overline{C}) =$

$= 1 - 0{,}30 \cdot 0{,}30 \cdot 0{,}30 =$

$= 1 - 0{,}027 = \boxed{0{,}973}$

4. *A* e *B* jogam 120 partidas de xadrez, das quais *A* ganha 60, *B* ganha 40 e 20 terminam empatadas. *A* e *B* concordam em jogar 3 partidas. Determinar a probabilidade de:

   a) *A* ganhar todas as três;

   b) duas partidas terminarem empatadas;

   c) *A* e *B* ganharem alternadamente.

Resolução:

$P(A) = \dfrac{60}{120} = \dfrac{1}{2}$

$P(B) = \dfrac{40}{120} = \dfrac{1}{3}$

$P(E) = \dfrac{20}{120} = \dfrac{1}{6}$

a) $P(A \cap A \cap A) = \dfrac{1}{2} \cdot \dfrac{1}{2} \cdot \dfrac{1}{2} = \dfrac{1}{8}$

b) $P(2E) = P(E \cap E \cap \overline{E}) \cdot (PR)_{2,1}^{3} = \dfrac{1}{6} \cdot \dfrac{1}{6} \cdot \dfrac{5}{6} \cdot 3 = \dfrac{5}{72}$

c) $P(A \text{ e } B \text{ alternadamente}) = P(A \cap B \cap A) + P(B \cap A \cap B) =$

$= \dfrac{1}{2} \cdot \dfrac{1}{3} \cdot \dfrac{1}{2} + \dfrac{1}{3} \cdot \dfrac{1}{2} \cdot \dfrac{1}{3} = \dfrac{1}{12} + \dfrac{1}{18} = \boxed{\dfrac{5}{36}}$

5. São retiradas uma a uma, aleatoriamente, bolas de uma urna até obter-se a primeira bola branca. Mas a cada tentativa dobra-se a quantidade de bolas azuis colocadas na urna. Sabendo que inicialmente a urna contém 4 bolas azuis e 6 brancas, calcular a probabilidade de obter-se a primeira bola branca no máximo na 3ª tentativa.

Resolução:

1ª tentativa $\begin{cases} 4A \\ 6B \end{cases}$

2ª tentativa $\begin{cases} 8A \\ 6B \end{cases}$

3ª tentativa $\begin{cases} 16A \\ 6B \end{cases}$

P(Primeira Branca no máximo na 3ª tentativa) =
= $P(B_{1ª}) + P(A_{1ª} \cap B_{2ª}) + P(A_{1ª} \cap A_{2ª} \cap B_{3ª}) =$

$\dfrac{6}{10} + \dfrac{4}{10} \cdot \dfrac{6}{14} + \dfrac{4}{10} \cdot \dfrac{8}{14} \cdot \dfrac{6}{22} = \boxed{0,8338}$

6. Um lote de 120 peças é entregue ao controle de qualidade de uma firma. O responsável pelo setor seleciona 5 peças. O lote será aceito se forem observadas 0 ou 1 defeituosas. Há 20 defeituosas no lote. a) Qual a probabilidade de o lote ser aceito? b) Admitindo-se que o lote seja aceito, qual a probabilidade de ter sido observado só um defeito?

Resolução:

$$P(d) = \dfrac{20}{120} = \dfrac{1}{6} \qquad P(\bar{d}) = \dfrac{5}{6}$$

a) $P(A) = P(0d \text{ ou } 1d) = P(5\bar{d}) + P(1d \text{ e } 4\bar{d}) =$

$= P(\bar{d}\ \bar{d}\ \bar{d}\ \bar{d}\ \bar{d}) + P(d\ \bar{d}\ \bar{d}\ \bar{d}\ \bar{d}) \cdot PR_{1,4}^5 =$

$= \left(\dfrac{5}{6}\right)^5 + \dfrac{1}{6} \cdot \left(\dfrac{5}{6}\right)^4 \cdot 5 = 0,4019 + 0,4019$

$P(A) = 0,8038$

b) $P(1d/A) = \dfrac{P(1d \cap A)}{P(A)} = \dfrac{0,4019}{0,8038} = \boxed{0,5}$

7. A caixa A tem 9 cartas numeradas de 1 a 9. A caixa B tem 5 cartas numeradas de 1 a 5. Uma caixa é escolhida ao acaso e uma carta é retirada. Se o número é par, qual a probabilidade de que a carta sorteada tenha vindo de A?

Resolução:

$P(A) = \dfrac{1}{2} \to P(P/A) = \dfrac{4}{9}$

$P(B) = \dfrac{1}{2} \to P(P/B) = \dfrac{2}{5}$

$$P(P) = P(A \cap P) + P(B \cap P)$$

$$P(P) = P(A) \cdot P(P/A) + P(B) \cdot P(P/B)$$

$$P(P) = \frac{1}{2} \cdot \frac{4}{9} + \frac{1}{2} \cdot \frac{2}{5} = \frac{19}{45} \therefore$$

$$\therefore P(A/P) \frac{P(A \cap P)}{P(P)} = \frac{2/9}{19/45} = \boxed{\frac{10}{19}}$$

8. Num certo colégio, 4% dos homens e 1% das mulheres têm mais de 1,75 de altura. 60% dos estudantes são mulheres. Um estudante é escolhido ao acaso e tem mais de 1,75 m. Qual a probabilidade de que seja homem?

   Resolução:

   A: o estudante tem mais de 1,75 m

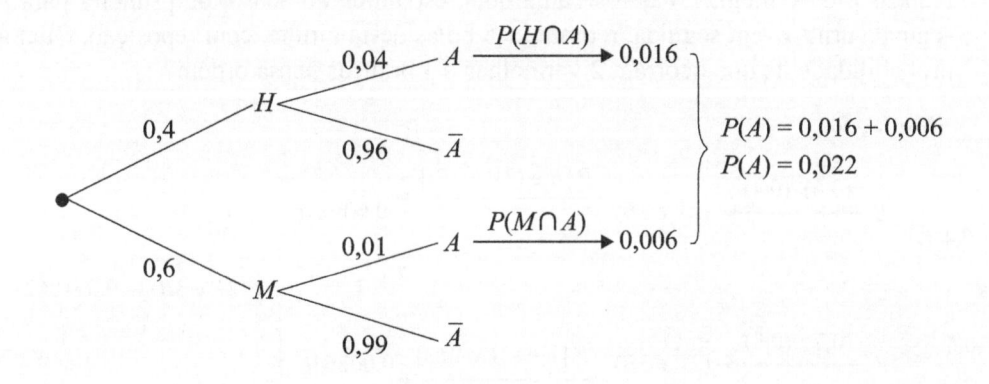

   Logo:

   $$P(H/A) = \frac{P(H \cap A)}{P(A)} = \frac{0,016}{0,022} = \boxed{\frac{8}{11}}$$

9. Uma caixa tem 3 moedas: uma não viciada, outra com 2 caras e uma terceira viciada, de modo que a probabilidade de ocorrer cara nesta moeda é de 1/5. Uma moeda é selecionada ao acaso na caixa. Saiu cara. Qual a probabilidade de que a 3ª moeda tenha sido a selecionada?

   Resolução:

   A: primeira moeda
   B: segunda moeda
   C: terceira moeda

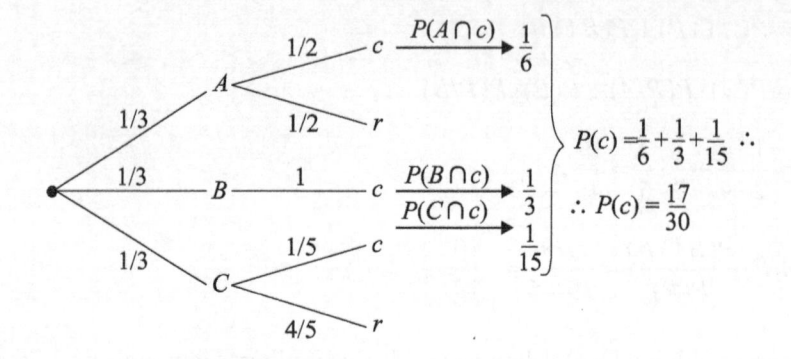

Logo:

$$P(C/c) = \frac{P(C \cap c)}{P(c)} = \frac{1/15}{17/30} = \boxed{\frac{2}{17}}$$

10. Uma urna contém 4 bolas brancas e 6 bolas vermelhas; outra urna contém 3 bolas brancas e 6 vermelhas. Passa-se uma bola, escolhida ao acaso, da primeira para a segunda urna, e, em seguida, retiram-se 5 bolas desta última, com reposição. Qual a probabilidade de que ocorram 2 vermelhas e 3 brancas nessa ordem?

    Resolução:

11. A probabilidade de um indivíduo da classe A comprar um carro é de 3/4, da B é de 1/5 e da C é de 1/20. As probabilidades de os indivíduos comprarem um carro da marca x são 1/10, 3/5 e 3/10, dado que sejam de A, B e C, respectivamente. Certa loja vendeu um carro da marca x. Qual a probabilidade de que o indivíduo que o comprou seja da classe B?

    Resolução:

$$\therefore P(B/x) = \frac{P(B \cap x)}{P(x)} = \frac{3/25}{21/100} = \boxed{\frac{4}{7}}$$

12. Um certo programa pode ser usado com uma entre duas sub-rotinas A e B, dependendo do problema. A experiência tem mostrado que a sub-rotina A é usada 40% das vezes e B é usada 60% das vezes. Se A é usada, existe 75% de chance de que o programa chegue a um resultado dentro do limite de tempo. Se B é usada, a chance é de 50%. Se o programa foi realizado dentro do limite de tempo, qual a probabilidade de que a sub-rotina A tenha sido a escolhida?

    Resolução:

    $P(A) = 0,4 \rightarrow P(R/A) = 0,75 \rightarrow P(A \cap R) = 0,300$

    $P(B) = 0,6 \rightarrow P(R/B) = 0,50 \rightarrow P(B \cap R) = 0,300$

    Logo: $\quad P(R) = 0,300 + 0,300 = 0,600$

    $$P(A/R) = \frac{P(A \cap R)}{P(R)} = \frac{0,3}{0,6} = \boxed{0,5 \text{ ou } 50\%}$$

13. A urna X contém 2 bolas azuis, 2 brancas e 1 cinza, e a urna Y contém 2 bolas azuis, 1 branca e 1 cinza. Retira-se uma bola de cada urna. Calcule a probabilidade de saírem 2 bolas brancas sabendo que são bolas de mesma cor.

    Resolução:

    $P(\text{mesma cor}) = P(A \cap A) + P(B \cap B) + P(C \cap C)$

    $$= \frac{2}{5} \cdot \frac{2}{4} + \frac{2}{5} \cdot \frac{1}{4} + \frac{1}{5} \cdot \frac{1}{4} = \frac{7}{20}$$

    $P(\text{mesma cor}) = \frac{7}{20}$

    $$P(B \cap B/\text{mesma cor}) = \frac{P(B \cap B)}{P(\text{mesma cor})} =$$

    $$\frac{2/20}{7/20} = \boxed{\frac{2}{7}}$$

    $P(B \cap B)/\text{mesma cor}) = \frac{2}{7}$

14. Num período de um mês, 100 pacientes sofrendo de determinada doença foram internados em um hospital. Informações sobre o método de tratamento aplicado em cada paciente e o resultado final obtido estão no quadro a seguir.

Tratamento\Resultado	A	B	Soma
Cura total	24	16	40
Cura parcial	24	16	40
Morte	12	8	20
Soma	60	40	100

a) Sorteando aleatoriamente um desses pacientes, determinar a probabilidade de o paciente escolhido:

a_1) ter sido submetido ao tratamento A;

a_2) ter sido totalmente curado;

a_3) ter sido submetido ao tratamento A e ter sido parcialmente curado;

a_4) ter sido submetido ao tratamento A ou ter sido parcialmente curado.

b) Os eventos "morte" e "tratamento A" são independentes? Justificar.

c) Sorteando dois dos pacientes, qual a probabilidade de que:

c_1) tenham recebido tratamentos diferentes?

c_2) pelo menos um deles tenha sido curado totalmente?

Resolução:

a) a_1) $P(A) = \dfrac{60}{100} = \boxed{0,6}$

a_2) $P(TC) = \dfrac{40}{100} = \boxed{0,4}$

a_3) $P(A \cap PC) = \dfrac{24}{100} = \boxed{0,24}$

a_4) $P(A \cup PC) = P(A) + P(PC) - P(A \cap PC) = 0,6 + 0,4 - 0,24 = \boxed{0,76}$

b) $\left.\begin{array}{l} P(M) = \dfrac{20}{100} = 0,2 \\ P(A) = 0,6 \end{array}\right\} P(M) \cdot P(A) = 0,2 \times 0,6 = \boxed{0,12}$

Como:

$$P(M \cap A) = \dfrac{12}{100} = 0,12,$$

temos:

$$\boxed{P(M \cap A) = P(M) \cdot P(A)}.$$

Logo, os eventos "morte" e "tratamento A" são independentes.

c) c_1) x = tratamentos diferentes

$$P(x) = P(A \cap B) + P(B \cap A) = 2 \times 0,6 \times 0,4 = \boxed{0,48}$$

c_2) z = curado totalmente

$$P(z_1 \cup z_2) = 1 - P(\overline{z_1 \cup z_2}) = 1 - P(\overline{z}_1) \cdot P(\overline{z}_2) =$$

$$= 1 - 0,6 \cdot 0,6 = 1 - 0,36 = \boxed{0,64}$$

15. A probabilidade de que um atleta A ultrapasse 17,30 m num único salto triplo é de 0,7. O atleta dá 4 saltos. Qual a probabilidade de que em pelo menos num dos saltos ultrapasse 17,30 m?

Resolução:

$$P(u) = 0,7$$
e $P(\overline{u}) = 0,3$

$$P(u_1 \cup u_2 \cup u_3 \cup u_4) = 1 - P(\overline{u}_1 \cap \overline{u}_2 \cap \overline{u}_3 \cap \overline{u}_4) =$$

$$= 1 - P(\overline{u}_1) \cdot P(\overline{u}_2) \cdot P(\overline{u}_3) \cdot P(\overline{u}_4) =$$

$$= 1 - 0,3 \cdot 0,3 \cdot 0,3 \cdot 0,3 = 1 - 0,0081 = \boxed{0,9919}$$

16. Um dado A tem 3 faces brancas e 3 pretas; um dado B possui 2 faces brancas, 2 pretas e 2 vermelhas; um dado C possui 2 faces brancas e 4 pretas, e um dado D, 3 brancas e 3 pretas. Lançam-se os quatro dados. Qual a probabilidade de que:

a) pelo menos uma face seja branca?
b) três sejam pretas?

Resolução:

$$A \begin{cases} 3B \\ 3P \end{cases} \quad B \begin{cases} 2B \\ 2P \\ 2V \end{cases}$$

$$C \begin{cases} 2B \\ 4P \end{cases} \quad D \begin{cases} 3B \\ 3P \end{cases}$$

Cuidado: as probabilidades das cores não são as mesmas nos quatro dados.

a) $P(B_1 \cup B_2 \cup B_3 \cup B_4) = 1 - P(\overline{B}_1) \cdot P(\overline{B}_2) \cdot P(\overline{B}_3) \cdot P(\overline{B}_4) =$

$$= 1 - \frac{3}{6} \cdot \frac{4}{6} \cdot \frac{4}{6} \cdot \frac{3}{6} = 1 - \frac{1}{9} = \boxed{\frac{8}{9}}$$

b) $P(3 \text{ Pretas}) = P(P_1 \cap P_2 \cap P_3 \cap \bar{P}_4) + P(P_1 \cap P_2 \cap \bar{P}_3 \cap P_4) +$

$+ P(P_1 \cap \bar{P}_2 \cap P_3 \cap P_4) + P(\bar{P}_1 \cap P_2 \cap P_3 \cap P_4) =$

$= \dfrac{3}{6} \cdot \dfrac{2}{6} \cdot \dfrac{4}{6} \cdot \dfrac{3}{6} + \dfrac{3}{6} \cdot \dfrac{2}{6} \cdot \dfrac{2}{6} \cdot \dfrac{3}{6} + \dfrac{3}{6} \cdot \dfrac{4}{6} \cdot \dfrac{4}{6} \cdot \dfrac{3}{6} +$

$+ \dfrac{3}{6} \cdot \dfrac{2}{6} \cdot \dfrac{4}{6} \cdot \dfrac{3}{6} = \dfrac{1}{18} + \dfrac{1}{36} + \dfrac{1}{9} + \dfrac{1}{18} = \dfrac{9}{36} = \boxed{\dfrac{1}{4}}$

17. A urna I tem 3 bolas brancas e 2 pretas, a urna II tem 4 bolas brancas e 5 pretas, a urna III tem 3 bolas brancas e 4 pretas. Passa-se uma bola, escolhida aleatoriamente, de I para II. Feito isto, retira-se uma bola de II e retiram-se 2 bolas de III. Qual a probabilidade de saírem 3 bolas da mesma cor?

Resolução:

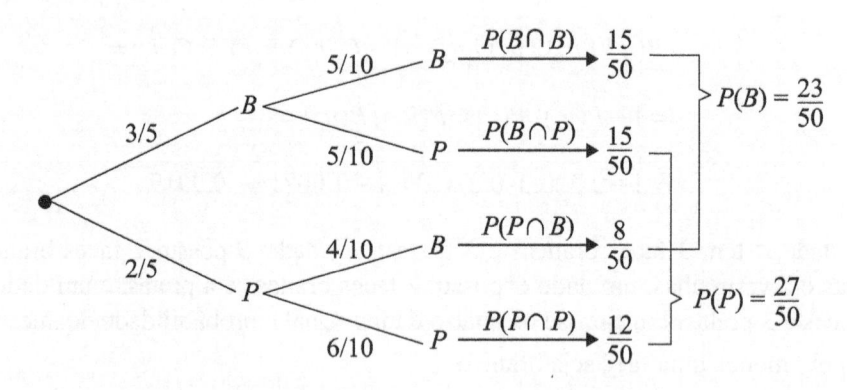

$\text{III} \begin{cases} P(B \cap B) = \dfrac{3}{7} \cdot \dfrac{2}{6} \\ P(P \cap P) = \dfrac{4}{7} \cdot \dfrac{3}{6} \end{cases}$

$P(MC) = P(B \text{ e } 2B) + P(P \text{ e } 2P)$

$P(MC) = \dfrac{23}{50} \cdot \dfrac{3}{7} \cdot \dfrac{2}{6} + \dfrac{27}{50} \cdot \dfrac{4}{7} \cdot \dfrac{3}{6} = \boxed{\dfrac{11}{50}}$

18. Uma urna x tem 8 bolas pretas e 2 verdes. A urna y tem 4 pretas e 5 verdes, e a urna z tem 2 verdes e 7 pretas. Passa-se uma bola de x para y. Feito isto, passa-se uma bola de y para z. A seguir, retiram-se 2 bolas de z, com reposição. Qual a probabilidade de que ocorram duas bolas verdes?

Resolução:

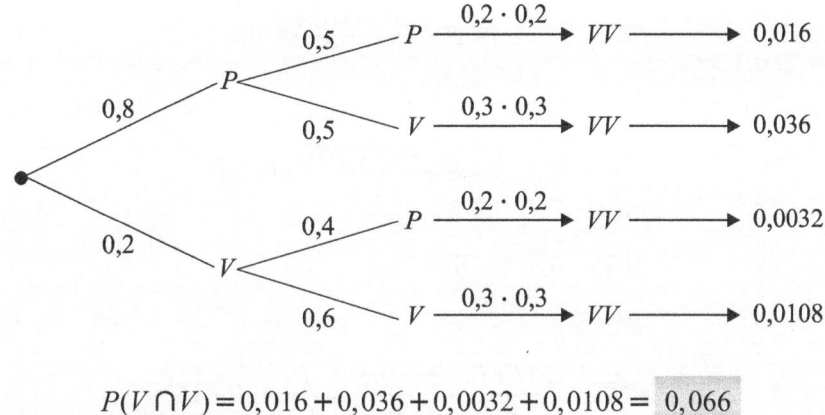

```
            0,5    P  0,2·0,2   VV  →  0,016
       P
  0,8       0,5    V  0,3·0,3   VV  →  0,036

            0,4    P  0,2·0,2   VV  →  0,0032
  0,2
       V
            0,6    V  0,3·0,3   VV  →  0,0108
```

$P(V \cap V) = 0,016 + 0,036 + 0,0032 + 0,0108 =$ $\boxed{0,066}$

19. Um aluno responde a um teste de múltipla escolha com 4 alternativas com uma só correta. A probabilidade de que ele saiba a resposta certa de uma questão é de 30%. Se ele não sabe a resposta, existe a possibilidade de acertar "no chute". Não existe a possibilidade de ele obter a resposta certa por "cola". Se ele acertou a questão, qual a probabilidade de ele realmente saber a resposta?

Resolução:

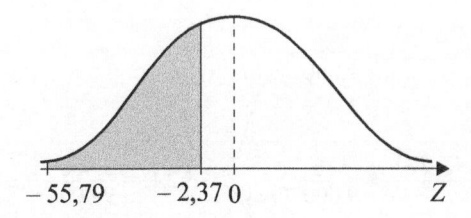

```
         ___
       /     \
      /       \
  ___|_____
  -55,79  -2,37 0       Z
```

$$P(S/A) = \frac{P(S \cap A)}{P(A)} = \frac{0,3}{0,475} = \boxed{0,6316}$$

20. Um analista de uma empresa fotográfica estima que a probabilidade de que uma firma concorrente planeje fabricar equipamentos para fotografias instantâneas dentro dos próximos 3 anos é 0,30. Se a firma concorrente tem tais planos, será certamente construída uma nova fábrica. Se não tem tais planos, há ainda uma probabilidade de 0,60 de que, por outras razões, construa uma nova fábrica. Se iniciou os trabalhos de construção de uma nova fábrica, qual a probabilidade de que tenha decidido entrar para o campo da fotografia instantânea?

Resolução:

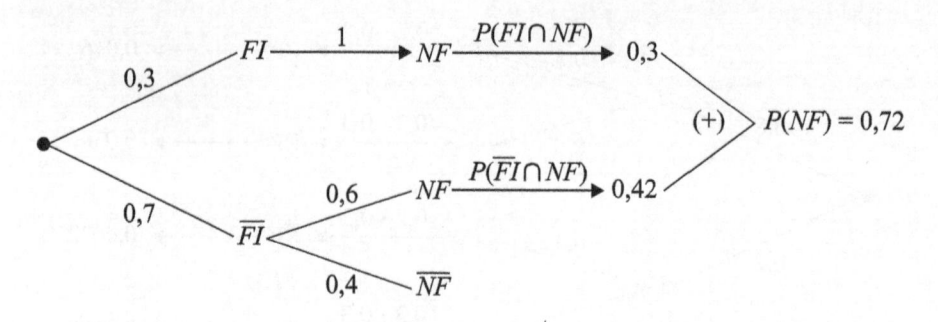

$$P(FI/NF) = \frac{P(FI \cap NF)}{P(NF)} = \frac{0,3}{0,72} = \frac{5}{12} = \boxed{0,4167}$$

21. Uma urna X tem 6 bolas brancas e 4 azuis. A urna Y tem 3 bolas brancas e 5 azuis. Passam-se duas bolas de X para Y e a seguir retiram-se duas bolas de Y, com reposição. Sabendo-se que ocorreram duas bolas azuis, qual a probabilidade que duas azuis tenham sido transferidas de X para Y?

Resolução:

$$P(2A/2A) = P\frac{(2A e 2A)}{P(2A)} = \frac{588/9.000}{3.066/9.000} = \frac{588}{3.066} = \boxed{0,1918}$$

Exercícios propostos

1. A seguinte afirmação trata da probabilidade de que *exatamente* um dos eventos, A ou B, ocorra. Prove que:

$$P\{(A \cap \bar{B}) \cup (\bar{A} \cap B)\} = P(A) + P(B) - 2P(A \cap B)$$

2. Em uma prova caíram dois problemas. Sabe-se que 132 alunos acertaram o primeiro, 86 erraram o segundo, 120 acertaram os dois e 54 acertaram apenas um problema. Qual a probabilidade de que um aluno, escolhido ao acaso:
   a) não tenha acertado nenhum problema?
   b) tenha acertado apenas o segundo problema?

3. Em uma cidade onde se publicam três jornais, A, B e C, constatou-se que, entre 1.000 famílias, assinam: A: 470; B: 420; C: 315; A e B: 110; A e C: 220; B e C: 140; e 75 assinam os três. Escolhendo-se ao acaso uma família, qual a probabilidade de que ela:
   a) não assine nenhum dos três jornais?
   b) assine apenas um dos três jornais?
   c) assine pelo menos dois jornais?

4. A tabela abaixo dá a distribuição das probabilidades dos quatro tipos sanguíneos, numa certa comunidade.

Tipo sanguíneo	A	B	AB	O
Probabilidade de ter o tipo especificado	0,2			
Probabilidade de não ter o tipo especificado		0,9	0,95	

Calcular a probabilidade de que:
   a) um indivíduo, sorteado ao acaso nessa comunidade, tenha o tipo O;
   b) dois indivíduos, sorteados ao acaso nessa comunidade, tenham tipo A e tipo B, nessa ordem;
   c) um indivíduo, sorteado ao acaso nessa comunidade, não tenha o tipo B ou não tenha o tipo AB.

5. Quinze pessoas em uma sala estão usando insígnias numeradas de 1 a 15. Três pessoas são escolhidas ao acaso e são retiradas da sala. Os números de suas insígnias são anotados. Qual a probabilidade de que:
   a) o menor número seja 7?
   b) o maior número seja 7?

6. Uma urna contém bolas numeradas: 1, 2, 3, 4, ..., n. Duas bolas são escolhidas ao acaso. Encontre a probabilidade de que os números das bolas sejam inteiros consecutivos se a extração é feita:
   a) sem reposição;
   b) com reposição.

7. Colocam-se 4 números positivos e 6 negativos em 10 memórias de uma máquina de calcular (um em cada memória). Efetua-se o produto dos conteúdos de 4 memórias selecionadas ao acaso. Qual a probabilidade de que seja positivo?

8. Três cartas vão ser retiradas de um baralho de 52 cartas. Calcular a probabilidade de que:
   a) todas as três sejam espadas;
   b) as três cartas sejam do mesmo naipe;
   c) as três cartas sejam de naipes diferentes.

9. Uma urna contém 10 bolas verdes e 6 azuis. Tiram-se 2 bolas ao acaso. Qual a probabilidade de que as duas bolas:
   a) sejam verdes?
   b) sejam da mesma cor?
   c) sejam de cores diferentes?

10. De uma caixa com 10 lâmpadas, das quais 6 estão boas, retiram-se 3 lâmpadas ao acaso e que são testadas a seguir. Qual a probabilidade de que:
    a) todas acendam?
    b) pelo menos uma lâmpada acenda?

11. Uma urna contém 5 bolas pretas, 3 vermelhas, 3 azuis e 2 amarelas. Extraem-se simultaneamente 5 bolas. Qual a probabilidade de que saiam 2 bolas pretas, 2 azuis e uma amarela?

12. Uma urna contém 4 bolas brancas, 4 vermelhas e 2 pretas. Outra urna contém 5 bolas brancas, 3 vermelhas e 3 pretas. Extrai-se uma bola de cada urna. Qual a probabilidade de que sejam da mesma cor?

13. Uma caixa contém 6 lâmpadas de 40 W, 3 de 60 W e 1 de 100 W. Retiram-se 5 lâmpadas com reposição. Qual a probabilidade de que:
    a) saiam 3 de 40 W, 1 de 60 W e 1 de 100 W?
    b) saiam 4 de 40 W e 1 de 60 W?
    c) não saia nenhuma de 60 W?

14. Numa sala há 4 casais. De cada casal um dos componentes é escolhido. Qual a probabilidade de serem escolhidos 3 homens ou 4 mulheres?

15. As probabilidades de um estudante do curso básico de uma faculdade escolher entre matemática, física e estatística são 0,5, 0,3 e 0,2, respectivamente. Selecionam-se ao acaso 3 estudantes do ciclo básico desta faculdade. Qual a probabilidade de que pelo menos um escolha estatística?

16. Duas pessoas lançam, cada uma, 3 moedas. Qual a probabilidade de que tirem o mesmo número de caras?

17. De um grupo de 12 homens e 8 mulheres, retiram-se 4 pessoas para formar uma comissão. Qual a probabilidade de:
    a) pelo menos uma mulher fazer parte da comissão?
    b) uma mulher fazer parte da comissão?
    c) haver pessoas dos dois sexos na comissão?

18. A e B alternadamente e nessa ordem, lançam independentemente 3 moedas. Ganha o primeiro que tirar faces iguais. O jogo termina com a vitória de um deles. Qual a probabilidade de A ganhar? Qual a probabilidade de B ganhar?

19. Um tabuleiro quadrado contém 9 orifícios dispostos em 3 linhas e 3 colunas. Em cada buraco cabe uma única bola. Jogam-se 3 bolas sobre o tabuleiro. Qual a probabilidade de que os orifícios ocupados não estejam alinhados?

20. Uma urna contém 1 bola azul e 9 brancas. Uma segunda urna contém x bolas azuis e as restantes brancas, num total de 10 bolas. Realizam-se 2 experimentos, separadamente e independentes entre si:

    a) retirar ao acaso uma bola de cada urna;

    b) reunir as bolas das 2 urnas e em seguida retirar 2 bolas ao acaso.

    Calcular o valor mínimo de x, a fim de que a probabilidade de saírem 2 bolas azuis seja maior no 2º que no 1º experimento.

21. Duas lâmpadas ruins são misturadas com 2 lâmpadas boas. As lâmpadas são testadas uma a uma, até que as 2 ruins sejam encontradas. Qual a probabilidade de que a última ruim seja encontrada no:

    a) segundo teste;

    b) terceiro teste;

    c) quarto teste.

22. Da produção diária de peças de uma determinada máquina, 10% são defeituosas. Retiram-se 5 peças da produção dessa máquina num determinado dia. Qual a probabilidade de que:

    a) no máximo duas sejam boas?

    b) pelo menos quatro sejam boas?

    c) exatamente três sejam boas?

    d) pelo menos uma seja defeituosa?

23. Quatro bolsas de estudo serão sorteadas entre 30 estudantes: 12 do primeiro ciclo e 18 do segundo ciclo. Qual a probabilidade de que haja entre os sorteados:

    a) um do primeiro ciclo;

    b) no máximo um do segundo ciclo;

    c) pelo menos um de cada ciclo.

24. A probabilidade de que a porta de uma casa esteja trancada à chave é de 3/5. Há 10 chaves em um chaveiro. Qual a probabilidade de que um indivíduo entre na casa podendo utilizar, se necessário, apenas uma das chaves, tomada ao acaso do chaveiro?

25. Em uma urna estão colocadas 5 bolas azuis e 10 bolas brancas.

    a) Retirando-se 5 bolas, sem reposição, calcular a probabilidade;

    a_1) de as três primeiras serem azuis e as duas últimas brancas;

    a_2) de ocorrer 3 bolas azuis e duas brancas.

b) Retirando-se 2 bolas, sem reposição, calcular a probabilidade:

b_1) de a segunda ser azul;

b_2) de ter sido retirada a primeira branca, sabendo-se que a segunda é azul.

26. Num supermercado há 2000 lâmpadas, provenientes de 3 fábricas distintas, X, Y e Z. X produziu 500, das quais 400 são boas. Y produziu 700, das quais 600 são boas, e Z as restantes, das quais 500 são boas. Se sortearmos ao acaso uma das lâmpadas nesse supermercado, qual a probabilidade de que:

    a) seja boa?
    b) sendo defeituosa, tenha sido fabricada por X?

27. Uma em cada dez moedas apresenta o defeito de ser viciada, isto é, a probabilidade de obtermos cara nessa moeda é 0,8. Sorteamos ao acaso uma moeda e a lançamos 5 vezes, obtendo-se 3 caras e 2 coroas. Qual a probabilidade de termos escolhido a moeda viciada?

28. Uma urna contém 3 bolas brancas e 4 azuis. Uma outra contém 4 brancas e 5 azuis. Passa-se uma bola da primeira para a segunda urna e, em seguida, extrai-se uma bola da segunda urna. Qual a probabilidade de ser branca?

29. Uma pessoa joga um dado. Se sair 6, ganha a partida. Se sair 3, 4 ou 5, perde. Se sair 1 ou 2, tem o direito de jogar novamente. Desta vez, se sair 4, ganha, e se sair outro número, perde. Qual a probabilidade de ganhar?

30. A urna A tem 3 bolas pretas e 4 brancas. A urna B tem 4 bolas brancas e 5 pretas. Uma bola é retirada ao acaso da urna A e colocada na urna B. Retiram-se ao acaso 2 bolas da urna B. Qual a probabilidade de que:

    a) ambas sejam da mesma cor?
    b) ambas sejam de cores diferentes?

31. A fábrica A produziu 4000 lâmpadas, e a fábrica B, 6000 lâmpadas. 80% das lâmpadas de A são boas, e 60% das de B são boas também. Escolhe-se uma lâmpada ao acaso das 10000 lâmpadas. Qual a probabilidade que:

    a) seja boa, sabendo-se que é da marca A?
    b) seja boa?
    c) seja defeituosa e da marca B?
    d) sendo defeituosa, tenha sido fabricada por B?

32. A porcentagem de carros com defeito entregue no mercado por certa montadora é historicamente estimada em 6%. A produção da montadora vem de três fábricas distintas, da matriz, A, e das filiais, B e C, nas seguintes proporções: 60%, 30% e 10%, respectivamente. Sabe-se que a proporção de defeitos na matriz é o dobro da filial B e, a da filial B é o quádruplo da filial C. Determinar a porcentagem de defeito de cada fábrica.

33. Uma urna contém 4 bolas brancas e 5 pretas. Duas bolas são retiradas ao acaso dessa urna e substituídas por 2 bolas verdes. Depois disto, retiram-se 2 bolas. Qual a probabilidade de saírem bolas brancas?

34. A urna I tem 3 bolas brancas e 2 pretas. A urna II tem 4 bolas brancas e 5 pretas, e a urna III tem 3 bolas brancas e 4 pretas. Passa-se uma bola, escolhida aleatoriamente, de I para II. Depois disso, passa-se uma bola da urna II para a urna III e, em seguida, retiram-se 2 bolas de III. Qual a probabilidade de saírem 2 bolas brancas?

35. Uma urna tem 5 bolas verdes, 4 azuis e 5 brancas. Retiram-se 3 bolas com reposição. Qual a probabilidade de que no máximo duas sejam brancas?

36. Num congresso científico, a composição de 4 comissões, A, B, C e D, é a seguinte: 5 homens (h) e 5 mulheres (m); 3 h e 7 m; 4 h e 6 m; e 6 h e 4 m, respectivamente. Uma pessoa é escolhida ao acaso de cada comissão e é formada uma nova comissão, E. Qual a probabilidade de que E seja composta por:
    a) 2 mulheres;
    b) pessoas do mesmo sexo;
    c) somente por homens.

37. A experiência mostra que determinado aluno, A, tem probabilidade 0,9 de resolver e acertar um exercício novo que lhe é proposto. Seis novos exercícios são apresentados ao aluno A para serem resolvidos. Qual a probabilidade de que ele resolva e acerte:
    a) no máximo 2 exercícios;
    b) pelo menos um exercício;
    c) os seis exercícios.

38. A urna I tem 3 bolas brancas e 4 pretas. A urna II tem 4 bolas brancas e 5 pretas. A urna III tem 3 bolas brancas e 2 pretas, e a urna IV tem 4 bolas brancas e 3 pretas. Passa-se uma bola, escolhida ao acaso, de I para II, e também passa-se uma bola, escolhida ao acaso, de III para IV. Feito isto, retira-se uma bola da urna II e uma bola da urna IV. Qual a probabilidade de saírem bolas da mesma cor?

39. Uma urna tem 3 bolas brancas, 3 pretas e 4 azuis. Duas bolas são retiradas ao acaso dessa urna e substituídas por 5 vermelhas. Depois disso, retira-se 1 bola. Qual a probabilidade de sair bola azul?

40. Uma caixa, A, contém 6 bolas azuis e 4 vermelhas, e outra, B, contém 4 bolas azuis e 6 vermelhas. Uma pessoa extrai ao acaso uma bola de uma das caixas. A probabilidade de que seja azul é 0,44. Qual a preferência (probabilidade) da pessoa pela caixa A?

41. São dadas as urnas A, B e C. Da urna A é retirada uma bola e colocada na urna B. Da urna B retira-se uma bola, que é colocada na urna C. Retira-se então uma bola da urna C. A probabilidade de ocorrer bola de cor vermelha é de 0,537. Determinar o valor de x sabendo que as urnas têm as seguintes composições:

$$A\begin{cases} 7 \text{ vermelhas} \\ 3 \text{ brancas} \end{cases} \quad B\begin{cases} 3 \text{ vermelhas} \\ 6 \text{ brancas} \end{cases} \quad C\begin{cases} (9-x) \text{ vermelhas} \\ x \text{ brancas} \end{cases}$$

42. Uma empresa produz o produto X em 3 fábricas distintas, A, B e C, como segue: a produção de A é 2 vezes a de B, e a de C é 2 vezes a de B. O produto X é armazenado em um depósito central. As proporções de produção defeituosa são: 5% de A, 3% de B e 4% de C. Retira-se uma unidade de X do depósito e verifica-se que é defeituoso. Qual a probabilidade de que tenha sido fabricado por B?

43. Três máquinas, A, B e C, produzem, respectivamente, 40%, 50% e 10% da produção da empresa X. Historicamente as porcentagens de peças defeituosas produzidas em cada máquina são: 5%, 3% e 3%, respectivamente. A empresa X contratou um engenheiro para fazer uma revisão nas máquinas e no processo de produção. Tal engenheiro conseguiu reduzir pela metade a probabilidade de peças defeituosas da empresa e, ainda, igualou as porcentagens de defeitos das máquinas A e B, e a porcentagem de defeitos em C ficou na metade da conseguida para B. Quais são as novas porcentagens de defeitos de cada máquina?

3 Variáveis aleatórias discretas

3.1 Definições

Na prática é, muitas vezes, mais interessante associarmos um número a um evento aleatório e calcularmos a probabilidade da ocorrência desse número do que a probabilidade do evento.

Introduziremos o conceito de variáveis aleatórias discretas com o seguinte problema:

Lançam-se três moedas. Seja X o número de ocorrências da face cara. Determinar a distribuição de probabilidade de X.

O espaço amostral do experimento é:

$\Omega = \{(c, c, c), (c, c, r), (c, r, c), (c, r, r), (r, c, c), (r, c, r), (r, r, c), (r, r, r)\}$

Se X é o número de caras, X assume os valores 0, 1, 2 e 3. Podemos associar a esses números eventos que correspondam à ocorrência de nenhuma, uma, duas ou três caras respectivamente, como segue:

X	Evento correspondente
0	$A_1 = \{(r, r, r)\}$
1	$A_2 = \{(c, r, r), (r, c, r), (r, r, c)\}$
2	$A_3 = \{(c, c, r), (c, r, c), (r, c, c)\}$
3	$A_4 = \{(c, c, c)\}$

Podemos também associar, às probabilidades de X assumir um dos valores, as probabilidades dos eventos correspondentes:

$$P(X = 0) = P(A_1) = \frac{1}{8}$$

$$P(X = 1) = P(A_2) = \frac{3}{8}$$

$$P(X=2) = P(A_3) = \frac{3}{8}$$

$$P(X=3) = P(A_4) = \frac{1}{8}$$

Esquematicamente: Graficamente:

X	P(X)
0	1/8
1	3/8
2	3/8
3	1/8
	1

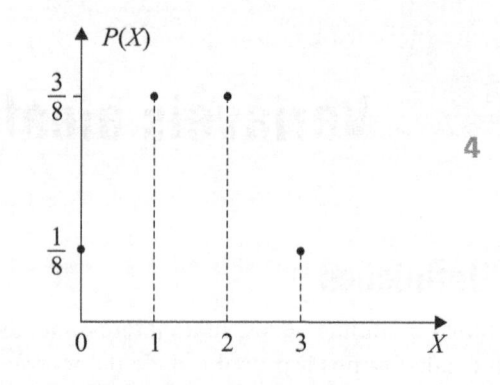

3   **4**

Observamos que em **1** fizemos o seguinte tipo de associação:

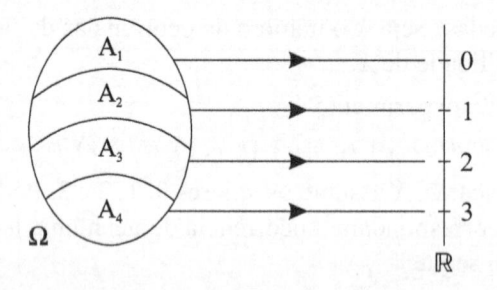

Então podemos dar a seguinte *definição*: *variável aleatória* é a função que associa a todo evento pertencente a uma partição do espaço amostral um único número real.

Notamos que a variável aleatória para ser discreta deve assumir valores em um conjunto finito ou em um conjunto infinito, porém enumerável.

Indicaremos, no caso finito:

$$X: x_1, x_2, ..., x_n$$

Por **2** podemos definir *função de probabilidade*.

DEFINIÇÃO

Função de probabilidade é a função que associa a cada valor assumido pela variável aleatória a probabilidade do evento correspondente, isto é:

$$P(X = x_i) = P(A_i), \; i = 1, 2, ..., n$$

Ao conjunto $\{(x_i, p(x_i)), i = 1, ..., n\}$ damos o nome de *distribuição de probabilidades* da variável aleatória X como no quadro **3** e gráfico **4**.

É importante verificar que, para que haja uma distribuição de probabilidades de uma variável aleatória X, é necessário que:

$$\sum_{i=1}^{n} p(x_i) = 1$$

Exemplos de aplicação

1. Lançam-se 2 dados. Seja X a soma das faces, determinar a distribuição de probabilidades de X.

X	P(X)
2	1/36
3	2/36
4	3/36
5	4/36
6	5/36
7	6/36
8	5/36
9	4/36
10	3/36
11	2/36
12	1/36
	1

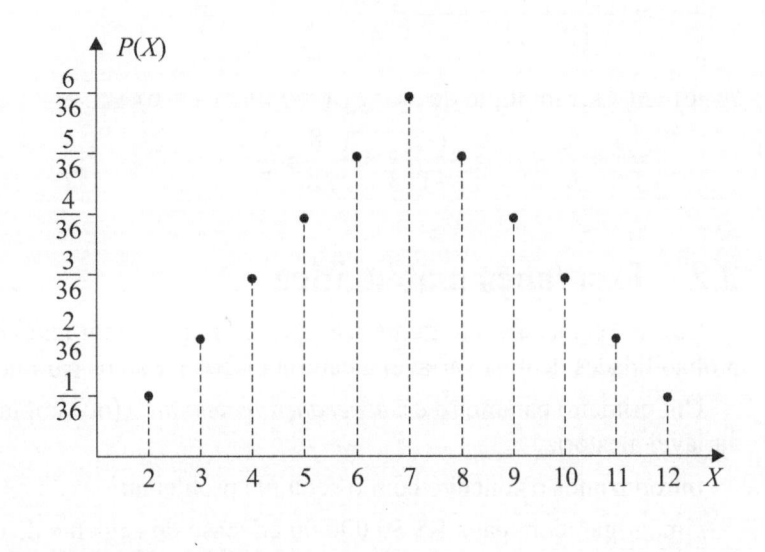

2. Suponhamos que a variável aleatória X tenha função de probabilidade dada por:

$$P(X = j) = \frac{1}{2^j}, j = 1, 2, 3, ..., n, ...$$

Calcular:

a) $P(X \text{ ser par})$;

b) $P(X \geq 3)$;

c) $P(X \text{ ser múltiplo de 3})$.

Resolução:

X	1	2	3	4	5	...	
P(X)	1/2	1/4	1/8	1/16	1/32	...	1

$$\sum_{i=1}^{\infty} P(X = x_i) = \frac{1}{2} + \frac{1}{4} + \frac{1}{8} + \ldots = \frac{1/2}{1-1/2} = \frac{1/2}{1/2} = 1$$

a) $P(X \text{ ser par}) = P(X = 2) + P(X = 4) + P(X = 6) + \ldots =$

$$= \frac{1}{4} + \frac{1}{16} + \frac{1}{64} + \ldots = \frac{1/4}{1-1/4} = \frac{1/4}{3/4} = \frac{1}{3}$$

b) $P(X \geq 3) = P(X = 3) + P(X = 4) + P(X = 5) + \ldots =$

$$= \frac{1}{8} + \frac{1}{16} + \frac{1}{32} + \ldots = \frac{1/8}{1-1/2} = \frac{1/8}{1/2} = \frac{1}{4} \quad \text{ou}$$

$P(X \geq 3) = 1 - P(X < 3) = 1 - \{P(X = 1) + P(X = 2)\} =$

$$= 1 - \left\{\frac{1}{2} + \frac{1}{4}\right\} = 1 - \frac{3}{4} = \frac{1}{4}$$

c) $P(X \text{ ser múltiplo de } 3) = P(X = 3) + P(X = 6) + \ldots =$

$$= \frac{1}{8} + \frac{1}{64} + \ldots = \frac{1/8}{1-1/8} = \frac{1/8}{7/8} = \frac{1}{7}$$

3.2 Esperança matemática

Existem características numéricas que são muito importantes em uma distribuição de probabilidades de uma variável aleatória discreta. São os parâmetros das distribuições.

Um primeiro parâmetro é a *esperança matemática* (ou simplesmente *média*) de uma variável aleatória.

Introduzimos o conceito com o seguinte problema:

Uma seguradora paga R$ 30.000,00 em caso de acidente de carro e cobra uma taxa de R$ 1.000,00. Sabe-se que a probabilidade de que um carro sofra acidente é de 3%. Quanto espera a seguradora ganhar por carro segurado?

Resolução: Suponhamos que entre 100 carros segurados, 97 dão lucro de R$ 1.000,00 e 3 dão prejuízo de R$ 29.000,00 (R$ 30.000,00 − R$ 1.000,00).

Lucro total = 97 · R$ 1.000,00 − 3 · R$ 29.000,00 = R$ 10.000,00

Lucro médio por carro = R$ 10.000,00 : 100 = R$ 100,00

Se chamarmos de X o lucro por carro, e o lucro médio por carro de $E(X)$, teremos:

$$E(X) = \frac{97 \cdot 1.000,00 - 3 \cdot 29.000,00}{100} =$$

$$= \frac{97}{100} \cdot 1.000,00 - \frac{3}{100} \cdot 29.000,00 =$$

$$= 0,97 \cdot 1.000,00 - 0,03 \cdot 29.000,00$$

$$\therefore E(X) = x_1 \cdot p(x_1) + x_2 \cdot p(x_2)$$

Onde $\begin{cases} x_1 = 1.000,00 \text{ e } p(x_1) = 0,97 \\ x_2 = -29.000,00 \text{ e } p(x_2) = 0,03 \end{cases}$

Seja X: $x_1, x_2, ..., x_n$ e $P(X = x_i) = p(x_i)$, $i = 1, ..., n$.

DEFINIÇÃO

$$E(X) = \sum_{i=1}^{n} x_i \cdot p(x_i)$$

A esperança matemática é um número real. É também uma média aritmética ponderada, como foi visto no exemplo. Notação: $E(X)$, $\mu(x)$, μ_x, μ.

Exemplos de aplicação

1. Resolução do problema pela definição.

    X: "lucro" por carro. Fazendo uma tabela, temos:

X	P(X)	X · P(X)
1.000	0,97	970,00
−29.000	0,03	−870,00
	1	100,00

    $\therefore$ $E(X) = R\$ 100,00$

    Isto é, o lucro médio por carro é de R$ 100,00.

2. No problema da página 44, calcular E(X).

    Resolução:

X	P(X)	X · P(X)
0	1/8	0
1	3/8	3/8
2	3/8	6/8
3	1/8	3/8
	1	12/8 = 1,5

    $\therefore$ $E(X) = 1,5$

    Ou o número médio de caras no lançamento de 3 moedas é 1,5 cara.

3. Suponhamos que um número seja sorteado de 1 a 10, inteiros positivos. Seja X o número de divisores do número sorteado. Calcular o número médio de divisores do número sorteado.

Resolução:

X: número de divisores, logo:

Nº	Nº de divisores
1	1
2	2
3	2
4	3
5	2
6	4
7	2
8	4
9	3
10	4

X	$P(X)$	$X \cdot P(X)$
1	1/10	1/10
2	4/10	8/10
3	2/10	6/10
4	3/10	12/10
	1	2,7

∴ $E(X) = 2,7$ Número médio de divisores do número sorteado.

4. Num jogo de dados, A paga R$ 20,00 a B e lança 3 dados. Se sair face 1 em um dos dados apenas, A ganha R$ 20,00. Se sair face 1 em dois dados apenas, A ganha R$ 50,00, e se sair 1 nos três dados, A ganha R$ 80,00. Calcular o lucro líquido médio de A em uma jogada.

Resolução:

	Recebe	Paga	Lucro líquido
A: apenas uma face 1	20	20	0
B: apenas duas faces 1	50	20	30
C: três faces 1	80	20	60
D: nenhuma face 1	0	20	–20

∴ X: –20, 0, 30, 60

Observamos que:

$$P(A) = \frac{1}{6} \cdot \frac{5}{6} \cdot \frac{5}{6} \cdot 3 = \frac{75}{216}$$

$$P(B) = \frac{1}{6} \cdot \frac{1}{6} \cdot \frac{5}{6} \cdot 3 = \frac{15}{216}$$

$$P(C) = \frac{1}{6} \cdot \frac{1}{6} \cdot \frac{1}{6} = \frac{1}{216}$$

$$P(D) = \frac{5}{6} \cdot \frac{5}{6} \cdot \frac{5}{6} = \frac{125}{216}$$

Fazendo o dispositivo prático:

X	P(X)	X · P(X)
–20	125/216	–2.500/216
0	75/216	0
30	15/216	450/216
60	1/216	60/216
	1	–1.990/216

$E(X) = -9,21$

Propriedades da esperança matemática

1. $E(k) = k$, k: constante.

   Demonstração:

   $$E(k) = \sum_{i=1}^{n} k \cdot p(x_i) = k \cdot \sum_{i=1}^{n} p(x_i) = k \cdot 1 = k$$

2. $E(k \cdot X) = k \cdot E(X)$

   Demonstração:

   $$E(k \cdot X) = \sum_{i=1}^{n} k \cdot x_i \cdot p(x_i) = k \cdot \sum_{i=1}^{n} x_i \cdot p(x_i) = k \cdot E(X)$$

3. $E(X \pm Y) = E(X) \pm E(Y)$

   Essa propriedade será demonstrada posteriormente (página 62).

4. $E\left\{\sum_{i=1}^{n} X_i\right\} = \sum_{i=1}^{n} \{E(X_i)\}$

5. $E(aX \pm b) = aE(X) \pm b$, a e b constantes.

   Demonstração:

   $E(aX \pm b) = E(aX) \pm E(b) = aE(X) \pm b$

6. $E(X - \mu_x) = 0$

   Demonstração:

   $E(X - \mu_x) = E(X) - E(\mu_x) = E(X) - \mu_x = 0$

3.3 Variância

O fato de conhecermos a média de uma distribuição de probabilidades já nos ajuda bastante, porém não temos uma medida que nos dê o grau de dispersão de probabilidade em torno dessa média.

Vimos que o desvio médio, $E\{X - \mu_x\}$ é nulo, logo não serve como medida de dispersão.

A medida que dá o grau de dispersão (ou de concentração) de probabilidade em torno da média é a *variância*.

Para efetuarmos o estudo da variância, consideraremos as distribuições das variáveis aleatórias X e Y com as suas respectivas médias.

X	P(X)	X · P(X)
0	1/8	0
1	6/8	6/8
2	1/8	2/8
	1	$\mu_x = 1$

Y	P(Y)	Y · P(Y)
−2	1/5	−2/5
−1	1/5	−1/5
0	1/5	0
3	1/5	3/5
5	1/5	5/5
	1	$\mu_y = 1$

Faremos os gráficos das duas distribuições para termos uma ideia melhor da concentração ou dispersão de probabilidades em torno da média, que é 1.

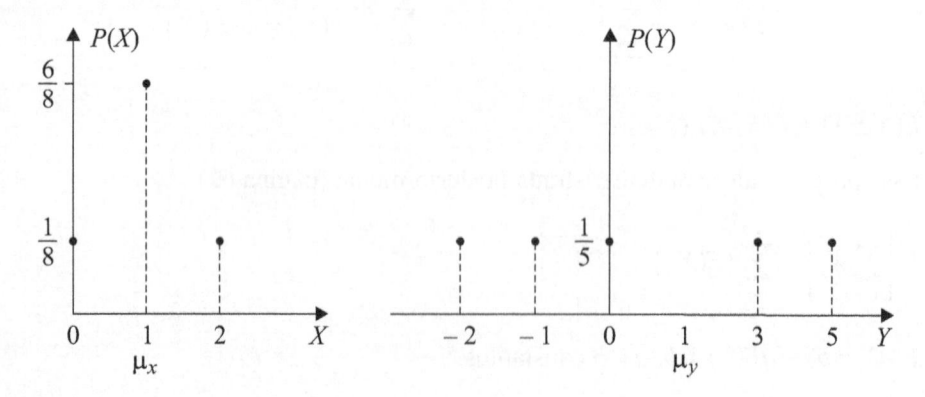

Notamos que há uma *grande concentração* de probabilidades *em X* e uma *grande dispersão em Y*, com relação à média.

Definiremos, agora, *variância*.

$$\text{VAR}(X) = E\{[X - E(X)]^2\}$$

No caso discreto, seja $X: x_1, x_2, ..., x_n$ e $P(X = x_i) = p(x_i)$, $i = 1, 2, ..., n$.

> **DEFINIÇÃO**

$$\mathrm{VAR}(X) = \sum_{i=1}^{n}(x_i - \mu_x)^2 \cdot p(x_i)$$

Notação:

VAR(X), V(X), $\sigma^2(X)$, σ_x^2, σ^2

Calcularemos a VAR(X) do exemplo com essa fórmula:

X	$P(X)$	$X \cdot P(X)$	$(X-\mu_x)$	$(X-\mu_x)^2$	$(X-\mu_x)^2 \cdot P(X)$
0	1/8	0	−1	1	1/8
1	6/8	6/8	0	0	0
2	1/8	2/8	1	1	1/8
	1	$\mu_x = 1$			VAR(X) = 0,25

Deduziremos uma fórmula mais fácil operacionalmente de ser aplicada.

$$\mathrm{VAR}(X) = E\{[X-\mu_x]\}^2 = E\{X^2 + \mu_x^2 - 2\mu_x \cdot X\} =$$

$$= E(X^2) + E(\mu_x^2) - E(2\mu_x \cdot X) =$$

$$= E(X^2) + \mu_x^2 - 2\mu_x \cdot E(X) = E(X^2) + \mu_x^2 - 2\mu_x^2 =$$

$$= E(X^2) - \mu_x^2 \text{ ou}$$

$$\boxed{\mathrm{VAR}(X) = E(X^2) - \{E(X)\}^2}$$

Onde $E(X^2) = \sum_{i=1}^{n} x_i^2 \cdot p(x_i)$.

Calcularemos a VAR(Y) usando essa fórmula.

Y	$P(Y)$	$Y \cdot P(Y)$	$Y^2 \cdot P(Y)$
−2	1/5	−2/5	4/5
−1	1/5	−1/5	1/5
0	1/5	0	0
3	1/5	3/5	9/5
5	1/5	5/5	25/5
	1	$\mu_y = 1$	$E(Y^2) = 39/5$

$$\mathrm{VAR}(Y) = E(Y^2) - \{E(Y)\}^2$$

$$\mathrm{VAR}(Y) = \frac{39}{5} - 1^2$$

$$\text{VAR}(Y) = \frac{34}{5} = 6,8$$

$$\boxed{\text{VAR}(Y) = 6,8}$$

Observando novamente os gráficos e os valores de VAR(X) e VAR(Y), concluímos que: *quanto menor a variância, menor o grau de dispersão de probabilidades em torno da média* e vice-versa; *quanto maior a variância, maior o grau de dispersão da probabilidade em torno da média.*

A variância é um quadrado, e muitas vezes o resultado torna-se artificial. Por exemplo: a altura média de um grupo de pessoas é 1,70 m, e a variância, 25 cm². Fica bastante esquisito cm² em altura.

Contornamos esse "problema" definindo *desvio padrão*.

DEFINIÇÃO

Desvio padrão da variável X é a raiz quadrada da variância de X, isto é:

$$\sigma_x = \sqrt{\text{VAR}(X)}.$$

Nos exemplos $\begin{cases} \sigma_x = \sqrt{0,25} = 0,5 \\ \sigma_y = \sqrt{6,8} = 2,61 \end{cases}$

Usando a tabela da distribuição normal (que será estudada posteriormente), vemos que no intervalo de $(\mu - \sigma)$ a $(\mu + \sigma)$ o grau de concentração de probabilidades em torno da média é de 68%; no intervalo de $(\mu - 2\sigma)$ a $(\mu + 2\sigma)$, o grau de concentração de probabilidades em torno da média é de 95%, e essa concentração é de 99,7% no intervalo de $(\mu - 3\sigma)$ a $(\mu + 3\sigma)$.

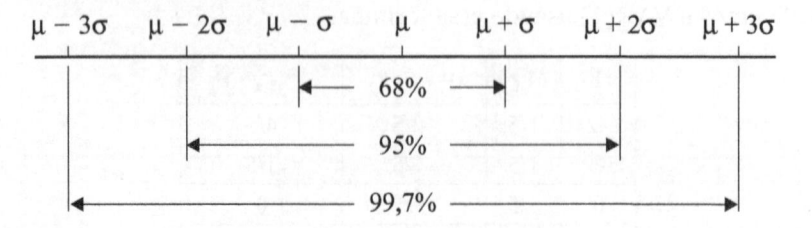

```
μ − 3σ    μ − 2σ    μ − σ     μ     μ + σ    μ + 2σ    μ + 3σ
                      |←—— 68% ——→|
            |←—————— 95% ——————→|
  |←————————————— 99,7% —————————————→|
```

Exemplificando, se dissermos que a altura média (μ) do homem brasileiro adulto é de 1,70 m, e desvio padrão (σ), 5 cm, estaremos dizendo que entre:

1,65 m e 1,75 m encontramos 68% da população masculina adulta brasileira
1,60 m e 1,80 m encontramos 95% da população masculina adulta brasileira
1,55 m e 1,85 m encontramos 99,7% da população masculina adulta brasileira

Exemplo de aplicação

Os empregados A, B, C e D ganham 1, 2, 2 e 4 salários mínimos, respectivamente. Retiram-se amostras com reposição de 2 indivíduos e mede-se o salário médio da amostra retirada. Qual a média e desvio padrão do salário médio amostral?

Resolução:

Amostras	Salário médio
A, A	1,0
A, B	1,5
A, C	1,5
A, D	2,5
B, A	1,5
B, B	2,0
B, C	2,0
B, D	3,0

Amostras	Salário médio
C, A	1,5
C, B	2,0
C, C	2,0
C, D	3,0
D, A	2,5
D, B	3,0
D, C	3,0
D, D	4,0

Seja X: salário médio amostral

X	$P(X)$	$X \cdot P(X)$	$X^2 \cdot P(X)$
1,0	1/16	1/16	1/16
1,5	4/16	6/16	9/16
2,0	4/16	8/16	16/16
2,5	2/16	5/16	12,5/16
3,0	4/16	12/16	36/16
4,0	1/16	4/16	16/16
	1	$\mu = 9/4$	$E(X^2) = 90,5/16$

Logo:

$E(X) = \dfrac{9}{4} = 2,25$, média do salário médio amostral.

$\text{VAR}(X) = \dfrac{90,5}{16} - \left(\dfrac{9}{4}\right)^2 = 0,59375$

$\sigma_x = 0,77$ Desvio padrão do salário médio amostral.

Propriedades da variância

1. VAR $(k) = 0$, k: constante

Demonstração:

$\text{VAR}(k) = E\{[k - E(k)]^2\} = E\{[k - k]^2\} = 0$

2. $\text{VAR}(k \cdot X) = k^2 \cdot \text{VAR}(X)$

$$\text{VAR}(k \cdot X) = E\{[kX - E(kX)]^2\} = E\{[kX - kE(X)^2\} =$$
$$= E\{k^2[X - E(X)]^2\} = k^2 \cdot E\{[X - E(X)]^2\} =$$
$$K^2 \cdot \text{VAR}(X)$$

3. $\text{VAR}(X \pm Y) = \text{VAR}(X) + \text{VAR}(Y) \pm 2\,\text{cov}(X,Y)$

$$\text{VAR}(X \pm Y) = E\{[(X \pm Y) - E(X \pm Y)]^2\}$$

Demonstração:

$$= E\{[(X - E(X)) \pm (Y - E(Y))]^2\} =$$
$$= E\{[(X - E(X)]2 \pm [Y - E(Y)]^2 \pm$$
$$\pm 2[X - E(X)] \cdot [Y - E(Y)]\} =$$
$$= E\{[X - E(X)]^2\} + E\{[Y - E(Y)]^2\} \pm$$
$$\pm 2E\{[X - E(X)] \cdot [Y - E(Y)]\} =$$
$$= \text{VAR}(X) + \text{VAR}(Y) \pm 2\,\text{cov}(X,Y)$$

DEFINIÇÃO

Covariância entre X e Y.
$$\text{cov}(X,Y) = E\{[X - E(X)] \cdot [Y - E(Y)]\}$$

A *covariância* mede o grau de dependência entre as duas variáveis X e Y.

4. $\text{VAR}\left(\sum_{i=1}^{n} X_i\right) = \sum_{i=1}^{n} \text{VAR}(X_i) + 2\sum_{i<j}^{n} \text{cov}(X_i, X_j)$

5. $\text{VAR}(aX \pm b) = a^2 \text{VAR}(X)$, a e b constantes.

Demonstração:

$$\text{VAR}(aX \pm b) = \text{VAR}(aX) + \text{VAR}(b) \pm 2\,\text{cov}(aX, b)$$

Como $\text{cov}(aX, b) = E\{[aX - E(aX)][b - E(b)]\} = 0$, temos:

$$\text{VAR}(aX \pm b) = a^2\,\text{VAR}(X)$$

3.4 Distribuição conjunta de duas variáveis aleatórias

Muitas vezes estaremos interessados em estudar mais de um resultado de um experimento aleatório. Faremos, apenas, o estudo das variáveis aleatórias bidimensionais.

Introduziremos esse assunto com o seguinte problema:

Dado o quadro a seguir, referente ao salário e tempo de serviço de dez operários, determinar a distribuição conjunta de probabilidade da variável X: salário (reais); e da variável Y: tempo de serviço em anos.

Operário	A	B	C	D	E	F	G	H	I	J
X	500	600	600	800	800	800	700	700	700	600
Y	6	5	6	4	6	6	5	6	6	5

Faremos uma tabela de dupla entrada, no corpo da qual colocaremos a probabilidade conjunta das variáveis X e Y.

Assim, por exemplo: $P(X = 500, Y = 4) = 0$, pois não há nenhum operário que ganhe 500 e tenha 4 anos de serviço.

$P(X = 600, Y = 5) = \dfrac{2}{10}$, pois temos dois operários que ganham 600 e têm 5 anos de serviço. De modo análogo, calcularemos as demais probabilidades conjuntas, que aparecem no quadro.

Y \ X	4	5	6	Totais das linhas
500	0	0	1/10	1/10
600	0	2/10	1/10	3/10
700	0	1/10	2/10	3/10
800	1/10	0	2/10	3/10
Totais das colunas	1/10	3/10	6/10	1

Função de probabilidade conjunta

Seja X uma variável aleatória que assume os valores $x_1, x_2, ..., x_m$, e Y uma variável aleatória que assume os valores $y_1, y_2, ..., y_n$.

DEFINIÇÃO

A função de probabilidade conjunta associa a cada par (x_i, y_j), $i = 1, ..., m$ e $j = 1, ..., n$, a probabilidade $P(X = x_i, Y = y_j) = p(x_i; y_j)$.

Damos o nome de *distribuição conjunta de probabilidades da variável bidimensional* (X, Y) ao conjunto:

$$\{(x_i, y_j), p(x_i, y_j), \ i = 1,...,m \text{ e } j = 1,...,n\}$$

Observamos que:

$$\sum_{i=1}^{m}\sum_{j=1}^{n} P(X=x_i, Y=y_j) = 1$$

A representação gráfica da variável bidimensional (X, Y) é:

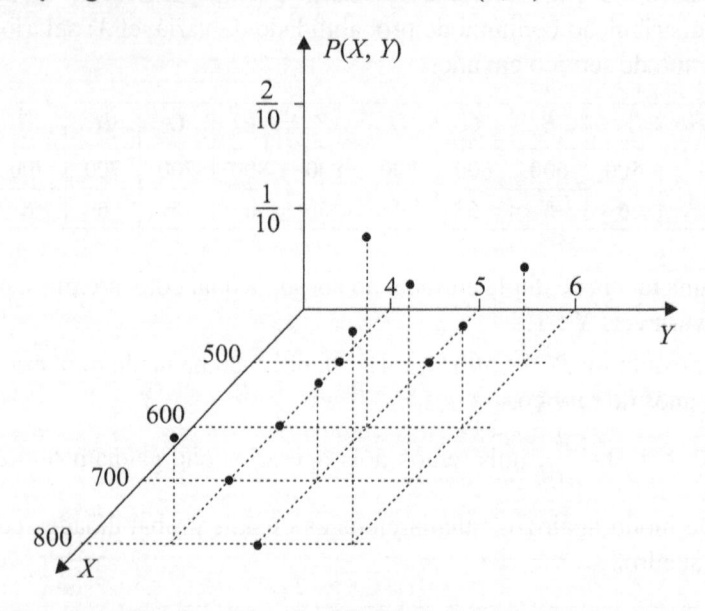

Distribuições marginais de probabilidades

Distribuição marginal de X

Da Tabela 1 tiramos a tabela:

X	P(X)
500	1/10
600	3/10
700	3/10
800	3/10
	1

A probabilidade marginal de $X = 600$ é:

$$P(X=600, Y=4) + P(X=600, Y=5) + P(X=600, Y=6) =$$

$$= 0 + \frac{2}{10} + \frac{1}{10} = \frac{3}{10}$$

Logo, podemos definir *probabilidade marginal* de $X = x_i$, i = fixo.

DEFINIÇÃO

$$P(X = x_i) = \sum_{j=1}^{n} P(X = x_i, Y = y_j), \quad i = 1, 2, ..., m$$

e

$$\sum_{i=1}^{m} P(X = x_i) = \sum_{i=1}^{m} \sum_{j=1}^{n} p(x_i, y_j) = 1$$

Distribuição marginal de Y

Da Tabela 1 tiramos a tabela:

Y	P(Y)
4	1/10
5	3/10
6	6/10
	1

Observamos que a probabilidade marginal de $Y = 6$ é:

$P(X = 500, Y = 6) + P(X = 600, Y = 6) + P(X = 700, Y = 6) +$

$$+ P(X = 800, Y = 6) = \frac{1}{10} + \frac{1}{10} + \frac{2}{10} + \frac{2}{10} = \frac{6}{10}$$

Logo, podemos definir a *probabilidade marginal* de $Y = y_j$, j = fixo.

DEFINIÇÃO

$$P(Y = y_j) = \sum_{i=1}^{m} P(X = x_i, Y = y_j), \quad j = 1, 2, ..., n$$

e

$$\sum_{j=1}^{n} P(Y = y_j) = \sum_{j=1}^{n} \sum_{i=1}^{m} p(x_i, y_j)$$

Podemos, dada a distribuição conjunta de probabilidade mostrada na Tabela 1, calcular $E(X)$: salário médio; e $E(Y)$: tempo médio de serviço.

X	P(X)	X · P(X)
500	1/10	500/10
600	3/10	1.800/10
700	3/10	2.100/10
800	3/10	2.400/10
	1	680

$\therefore \quad E(X) = 680$

O salário médio dos operários é de R$ 680,00

Y	P(Y)	Y · P(Y)
4	1/10	4/10
5	3/10	15/10
6	6/10	36/10
	1	5,5

$\therefore \quad E(Y) = 5,5$

O tempo médio de serviço dos operários é 5,5 anos.

Distribuições condicionais

Poderemos estar interessados em calcular o salário médio dos operários com 5 anos de serviço, por exemplo.

Queremos

$$E(X/Y = 5).$$

DEFINIÇÃO

$$P(X = x_i / Y = y_j) = \frac{p(X = x_i;\ Y = y_j)}{P(Y = y_j)}, \quad \begin{array}{l} j = \text{fixo} \\ i = 1,\ 2,\ ...,\ m \end{array}$$

e $P(Y = y_j) \neq 0$

DEFINIÇÃO

$$P(Y = y_j / X = x_i) = \frac{p(X = x_i;\ Y = y_j)}{P(X = x_i)}, \quad \begin{array}{l} i = \text{fixo} \\ j = 1,\ 2,\ ...,\ n \end{array}$$

e $P(X = x_i) \neq 0$

DEFINIÇÃO

$$E(X/Y = y_j) = \sum_{i=1}^{m} x_i \cdot p(x_i/y_j) = \sum_{i=1}^{m} x_i \cdot \frac{p(x_i; y_j)}{p(y_j)}, \quad \begin{array}{l} j = 1, ..., n \\ j = \text{fixo} \end{array}$$

DEFINIÇÃO

$$E(Y/x = x_i) = \sum_{j=1}^{n} y_j \cdot p(y_j/x_i) = \sum_{j=1}^{n} y_j \cdot \frac{p(x_i; y_j)}{p(x_i)}, \quad \begin{array}{l} i = \text{fixo} \\ i = 1, 2, ..., m \end{array}$$

Assim:

$$P(X = 500/Y = 5) = \frac{P(X = 500, Y = 5)}{P(Y = 5)} = \frac{0}{3/10} = 0$$

$$P(X = 600/Y = 5) = \frac{P(X = 600, Y = 5)}{P(Y = 5)} = \frac{2/10}{3/10} = \frac{2}{3}$$

$$P(X = 700 / Y = 5) = \frac{P(X = 700, Y = 5)}{P(Y = 5)} = \frac{1/10}{3/10} = \frac{1}{3}$$

e

$$P(X = 800 / Y = 5) = \frac{P(X = 800, Y = 5)}{P(Y = 5)} = \frac{0}{3/10} = 0$$

Calculando $E(X/Y = 5)$, temos:

X	P(X/Y = 5)	X · P(X/Y = 5)
500	0	0
600	2/3	1.200/3
700	1/3	700/3
800	0	0
	1	1.900/3

∴ $E(X/Y = 5) = 633{,}33$

∴ o salário médio dos operários com 5 anos de serviço é de R$ 633,33.

Da mesma forma, podemos definir:

$$\text{VAR}(X/Y = y_j) = \sum_{i=1}^{m}(x_i - \mu)^2 \cdot p(x_i/y_j) \text{ ou}$$

$$\text{VAR}(X/Y = y_j) = E\{X^2/Y = y_j\} - \{E(X/Y = y_j)\}^2,$$

onde

$$E(X^2/Y = y_j) = \sum_{i=1}^{m} x_i^2 \cdot p(x_i/y_j). \quad \begin{array}{l} j = 1, 2, ..., n \\ j = \text{fixo} \end{array}$$

Também

$$\text{VAR}(Y/X = x_i) = \sum_{j=1}^{n}(y_j - \mu)^2 \cdot p(y_j/x_i) \text{ ou}$$

$$\text{VAR}(Y/X = x_i) = E(Y^2/X = x_i) - \{E(Y/X = x_i)\}^2,$$

onde

$$E'(Y^2/X = x_i) = \sum_{j=1}^{n} y_j^2 \cdot p(y_j/x_i). \quad \begin{array}{l} i = 1, 2, ..., m \\ i = \text{fixo} \end{array}$$

Como aplicação dessas definições, podemos calcular o tempo médio de serviço e o desvio padrão dos operários com salários de R$ 700,00.

Queremos $E(Y/X = 700)$ e $\text{VAR}(Y/X = 700)$.

Y	$P(Y/X = 700)$	$Y \cdot P(Y/X = 700)$	$Y^2 \cdot P(Y/X = 700)$
4	0	0	0
5	1/3	5/3	25/3
6	2/3	12/3	72/3
	1	17/3	97/3

$$\therefore E(Y/X = 700) = \frac{17}{3} = 5{,}67$$

$$\text{VAR}(Y/X = 700) = \frac{97}{3} - \left(\frac{17}{3}\right)^2 = \frac{2}{9}$$

$$\therefore \sigma(Y/X = 700) = \sqrt{\frac{2}{9}} = 0{,}47$$

Variáveis aleatórias independentes

Sejam $\begin{cases} X: x_1, x_2, ..., x_m \text{ e } P(X = x_i) = p(x_i), i = 1, ..., m \\ Y: y_1, y_2, ..., y_n \text{ e } P(Y = y_j) = p(y_j), j = 1, 2, ..., n \end{cases}$

DEFINIÇÃO

As variáveis aleatórias X e Y são *independentes* se, e somente se, $P(X = x_i, Y = y_j) = P(X = x_i) \cdot P(Y = y_j)$, *para todo par* (x_i, y_j), $i = 1, 2, ..., m$ e $j = 1, 2, ..., n$.

As variáveis X e Y do problema **1** não são independentes, pois, por exemplo,

$$P(X = 500, Y = 4) = 0 \text{ e } P(X = 500) \cdot P(Y = 4) = \frac{1}{10} \cdot \frac{1}{10} = \frac{1}{100}$$

$$\therefore P(X = 500, Y = 4) \neq P(X = 500) \cdot P(Y = 4).$$

Funções de variáveis aleatórias

Conhecidas X, Y e $P(X, Y)$, poderemos estar interessados em calcular $F(X, Y)$, isto é, funções de X e Y como $X + Y$, $X - Y$, $X \cdot Y$, $2X + 3Y$, $3X - 2Y$ etc.

Veremos primeiro alguns resultados importantes.

$X: x_1, x_2, ..., x_m$ e $P(X = x_i) = p(x_i)$, $i = 1, ..., m$
$Y: y_1, y_2, ..., y_n$ e $P(Y = y_j) = p(y_j)$, $j = 1, ..., n$

Logo

$(X, Y): (x_1, y_1), (x_1, y_2), ..., (x_m, y_n)$ e

$P(X = x_1, Y = y_j) = P(x_i, y_j). \begin{matrix} i = 1, ..., m \\ j = 1, ..., n \end{matrix}$

1. $E(X \pm Y) = E(X) \pm E(Y)$

Demonstração:

$$E(X \pm Y) = \sum_{i=j}^{m} \sum_{j=1}^{n} (x_i \pm y_j) \cdot p(x_i, y_j) = \sum_{i=1}^{m} \sum_{j=1}^{n} x_i \cdot p(x_i, y_j) \pm$$

$$\pm \sum_{i=j}^{m} \sum_{j=1}^{n} y_j \cdot p(x_i, y_j) = \sum_{i=1}^{m} x_i \sum_{j=1}^{n} p(x_i, y_j) \pm \sum_{j=1}^{n} y_j \sum_{i=1}^{m} p(x_i, y_j) =$$

$$= \sum_{i=1}^{m} x_i \cdot p(x_i) \pm \sum_{j=1}^{n} y_j \cdot p(y_j) = E(X) \pm E(Y)$$

(Demonstramos a propriedade 3 da Esperança).

2. $\boxed{\text{Cov}(X,Y) = E(X \cdot Y) - E(X) \cdot E(Y)}$

Demonstração:
$$\text{cov}(X, Y) = E\{[X - \mu_x][Y - \mu_y]\} = E\{XY - X \cdot \mu_y - \mu_x \cdot Y +$$
$$+ \mu_x \cdot \mu_y\} = E(X \cdot Y) - E(X \cdot \mu_y) - E(\mu_x \cdot Y) +$$
$$+ E(\mu_x \cdot \mu_y) = E(X \cdot Y) - \mu_y \cdot E(X) -$$
$$- \mu_x \cdot E(Y) + \mu_x \cdot \mu_y = E(X \cdot Y) - \mu_y \cdot \mu_x -$$
$$- \mu_x \cdot \mu_y + \mu_x \cdot \mu_y = E(X \cdot Y) - \mu_x \cdot \mu_y$$

3. Se X e Y são independentes, então $E(X \cdot Y) = E(X) \cdot E(Y)$.

Demonstração:
$$E(X \cdot Y) = \sum_{i=1}^{m} \sum_{j=1}^{n} x_i \cdot y_j \cdot p(x_i, y_j) =$$

$$= \sum_{i=1}^{m} \sum_{j=1}^{n} x_i \cdot y_j \cdot p(x_i) \cdot p(y_j) =$$

$$= \sum_{i=1}^{m} x_i \cdot p(x_i) \cdot \sum_{j=1}^{n} y_j \cdot p(y_j) = E(X) \cdot E(Y)$$

4. Se X e Y são independentes, então $\text{cov}(X, Y) = 0$.
   A recíproca não é verdadeira.
5. Se X e Y são independentes, então $\text{VAR}(X \pm Y) = \text{VAR}(X) + \text{VAR}(Y)$
6. Se $X_1, X_2, ..., X_m$ são independentes, então
$$\text{VAR}\left(\sum_{i=1}^{m} X_i\right) = \sum_{i=1}^{m} \text{VAR}(X_i)$$

Aplicação:

Y \ X	0	1	2	3
0	1/8	2/8	1/8	0
1	0	1/8	2/8	1/8

Dada a distribuição conjunta de probabilidades da variável (X, Y), representada pela tabela acima, calcular:
a) $E(2X - 3Y)$

b) cov(X, Y)
c) VAR(2X − 3Y)
d) E(Y/X = 1)

Resolução:

Y \ X	0	1	2	3	P(X)	X · P(X)	X² · P(X)
0	1/8	2/8	1/8	0	4/8	0	0
1	0	1/8	2/8	1/8	4/8	4/8	4/8
P(Y)	1/8	3/8	3/8	1/8	1	E(x) = 0,5	E(x²) = 0,5
Y · P(Y)	0	3/8	6/8	3/8	E(Y) = 1,5		
Y² · P(Y)	0	3/8	12/8	9/8	E(Y²) = 3		

Observamos que $P(X = 0, Y = 0) = \dfrac{1}{8}, P(X = 0) = \dfrac{4}{8}$ e $P(Y = 0) = \dfrac{1}{8}$.

$P(X = 0, Y = 0) \neq P(X = 0) \cdot P(Y = 0)$

∴ *X e Y não são independentes.*

∴ $E(X) = 0,5$ e $VAR(X) = 0,5 - 0,5^2 = 0,25$ ∴

∴ $VAR(X) = 0,25$ e $\sigma_x = 0,5$ ∴

∴ $E(Y) = 1,5$ e $VAR(Y) = 3 - 1,5^2 = 0,75$ ∴

∴ $VAR(Y) = 0,75$ e $\sigma_y = 0,87$

Calcularemos agora a cov(X, Y). Definiremos a variável $Z = X \cdot Y$ e faremos a distribuição de Z.

Z	P(Z)	Z · P(Z)
0	4/8	0
1	1/8	1/8
2	2/8	4/8
3	1/8	3/8
	1	E(Z) = 1

∴ $E(Z) = E(X \cdot Y) = 1$
Como
$$\text{cov}(X, Y) = E(X \cdot Y) - E(X) \cdot E(Y),$$

temos

$$\text{cov}(X, Y) = 1 - 0{,}5 \cdot 1{,}5 = 0{,}25.$$

a) $E(2X - 3Y) = 2E(X) - 3E(Y) = 2 \cdot 0{,}5 - 3 \cdot 1{,}5 = -3{,}5$
b) $\text{cov}(X, Y) = 0{,}25$
c) $\text{VAR}(2X - 3Y) = \text{VAR}(2X) + \text{VAR}(3 \cdot Y) - 2\text{cov}(2X, 3Y) =$
$= 4\text{VAR}(X) + 9\text{VAR}(Y) - 12\text{cov}(X, Y) =$
$= 4 \cdot 0{,}25 + 9 \cdot 0{,}75 - 12 \cdot 0{,}25 = 4{,}75$

Obs.:
$\text{cov}(2X, 3Y) = E\{[2X - E(2X)][3Y - E(3Y)]\} =$
$= E\{[2X - 2E(X)] \cdot [3Y - 3E(Y)]\}$
$= 6E\{[X - E(X)]\}[Y - E(Y)]\} = 6\,\text{cov}(X, Y)$

d) $E(Y/X = 1)$

Y	P(Y/X = 1)	Y · P(Y/X = 1)
0	0	0
1	1/4	1/4
2	2/4	4/4
3	1/4	3/4
	1	2

∴ $E(Y/X = 1) = 2$

Coeficiente de correlação

Se estivermos estudando a dependência entre as variáveis X: altura do pai em cm, e Y: altura do 1º filho em cm, ao calcularmos a covariância, teremos uma medida ao quadrado (cm²). Além disso, o campo de variação da covariância é muito amplo, isto é, $-\infty < \text{cov}(X, Y) < +\infty$.

Introduziremos o conceito de *coeficiente de correlação*, que supera esses problemas.

Coeficiente de correlação (ρ) entre X e Y

DEFINIÇÃO

$$\rho = \frac{\text{cov}(X,Y)}{\sigma_x \cdot \sigma_y}$$

Também:

$$\rho = \frac{\sigma_{x,y}}{\sigma_x \cdot \sigma_y}$$

e $|\rho| \leq 1 \Rightarrow -1 \leq \rho \leq +1$.

a) Quando $\rho > 0$, cov$(X, Y) > 0$. O diagrama de dispersão é:
   ($\rho \cong +1$)

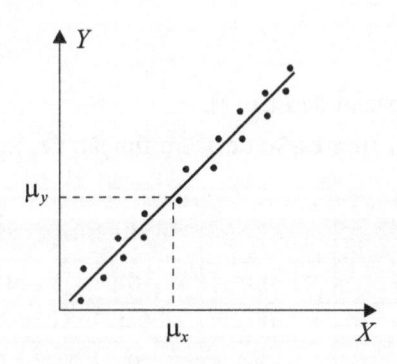

b) Quando $\rho < 0$, cov$(X, Y) < 0$. Graficamente:
   ($\rho \cong -1$)

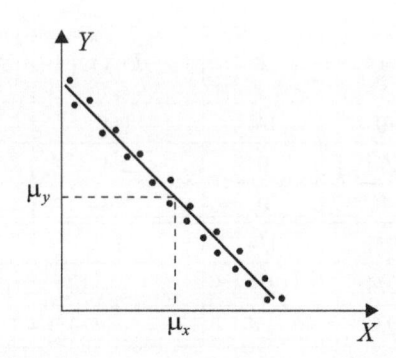

c) Quando $\rho = 0$, cov$(X, Y) = 0$, o que graficamente é:

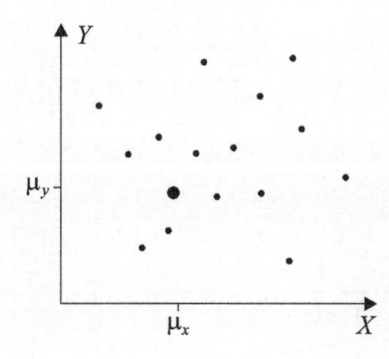

Observamos que quando $\rho > 0$ e $\rho < 0$, as "nuvens" de pontos dos diagramas de dispersão (*a*) e (*b*) apresentam uma "tendência" linear. Quanto mais próximo for ρ de +1 e ρ de –1, maior o grau de dependência entre as variáveis e maior a confiabilidade de se escrever uma variável em função da outra por meio do processo dos mínimos quadrados, por exemplo.

Exemplo de aplicação

Dada a distribuição conjunta bidimensional (X, Y) representada pela tabela de dupla entrada, determinar:

a) ρ;
b) a representação espacial de $P(X, Y)$;
c) se possível, a reta de regressão de Y em função de X.

Y / X	0	1	2
0	0	0	1/4
1	0	2/4	0
2	1/4	0	0

Resolução:

Y / X	0	1	2	$P(X)$	$X \cdot P(X)$	$X^2 \cdot P(X)$
0	0	0	1/4	1/4	0	0
1	0	2/4	0	2/4	2/4	2/4
2	1/4	0	0	1/4	2/4	4/4
$P(Y)$	1/4	2/4	1/4	1	$E(X) = 1$	$E(X^2) = 1,5$
$Y \cdot P(Y)$	0	2/4	2/4	$E(Y) = 1$		
$Y^2 \cdot P(Y)$	0	2/4	4/4	$E(Y^2) = 1,5$		

Verificando se X e Y são independentes.

$P(X = 0, Y = 0) = 0$

$$\begin{cases} P(X = 0) = \dfrac{1}{4} \\ P(Y = 0) = \dfrac{1}{4} \end{cases}$$

$P(X = 0) \cdot P(Y = 0) = \dfrac{1}{4} \cdot \dfrac{1}{4} \cdot \dfrac{1}{16}$ ∴

∴ $P(X=0, Y=0) \neq P(X=0) \cdot P(Y \neq 0)$ ∴

∴ X e Y não são independentes.

Seja $Z = X \cdot Y$. Calcularemos $E(X \cdot Y)$.

Z	P(Z)	Z · P(Z)
0	2/4	0
1	2/4	2/4
2	0	0
4	0	0
	1	0,5

$E(Z) = E(X \cdot Y) = 0,5$

$\text{cov}(X, Y) = 0,5 - 1,1 = 0,5$

$\text{VAR}(X) = 1,5 - 1^2 = 0,5 \qquad \sigma_x = \sqrt{0,5}$

$\text{VAR}(Y) = 1,5 - 1^2 = 0,5 \qquad \sigma_y = \sqrt{0,5}$

$$\therefore \rho = \frac{\sigma_{xy}}{\sigma_x \cdot \sigma_y} = \frac{-0,5}{\sqrt{0,5} \cdot \sqrt{0,5}} = -1$$

Como $\rho = -1$, existirá uma reta de regressão de Y em função de X, $Y = aX + b$. Nesse exemplo específico é fácil determinarmos esta equação, sem o uso do processo dos mínimos quadrados, pois, graficamente:

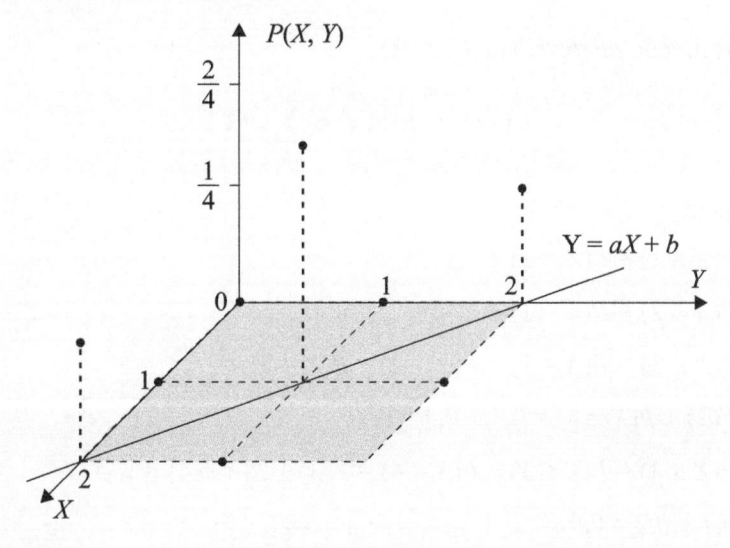

No plano $(X, 0, Y)$, temos:

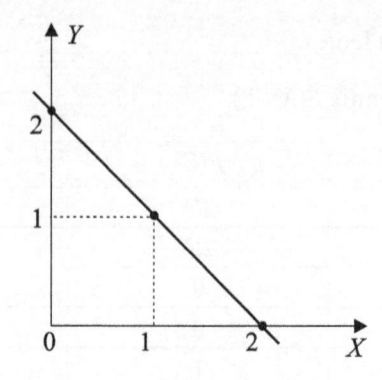

A equação da reta, nesse caso, é:

$$Y = -X + 2$$

3.5 Função de distribuição

Suponhamos que uma variável aleatória discreta X tenha a seguinte distribuição de probabilidades.

X	P(X)
1	0,1
2	0,2
3	0,4
4	0,2
5	0,1

Definimos *função de distribuição de X*:

$$F(x) = P(X \le x) = \sum_{x_i \le x} p(x_i)$$

Temos, então:

$F(1) = P(X \le 1) = P(X = 1) = 0,1$

$F(2) = P(X \le 2) = P(X = 1) + P(X = 2) = 0,3$

$F(3) = P(X \le 3) = P(X = 1) + P(X = 2) + P(X = 3) =$
$= F(2) + P(X = 3) = 0,3 + 0,4 = 0,7$

$F(4) = P(X \le 4) = P(X \le 3) + P(X = 4) = F(3) + P(X = 4) =$
$= 0,7 + 0,2 = 0,9$

$F(5) = P(X \le 4) + P(X = 5) = F(4) + P(X = 5) = 0,9 + 0,1 = 1$

Podemos calcular também:

$F(1,34) = P(X \leq 1,34) = P(X \leq 1) = F(1) = 0,1$

$F(3,98) = P(X \leq 3,98) = P(X \leq 3) = F(3) = 0,7$

$F(7) = P(X \leq 7) = P(X \leq 5) = F(5) = 1$

$F(-3) = P(X \leq -3) = 0$

Com esses resultados podemos escrever:

$$F(x) = \begin{cases} 0 & \text{se } X < 1 \\ 0,1 & \text{se } 1 \leq X < 2 \\ 0,3 & \text{se } 2 \leq X < 3 \\ 0,7 & \text{se } 3 \leq X < 4 \\ 0,9 & \text{se } 4 \leq X < 5 \\ 1 & \text{se } X \geq 5 \end{cases}$$

Fazendo o gráfico de $F(x)$, temos:

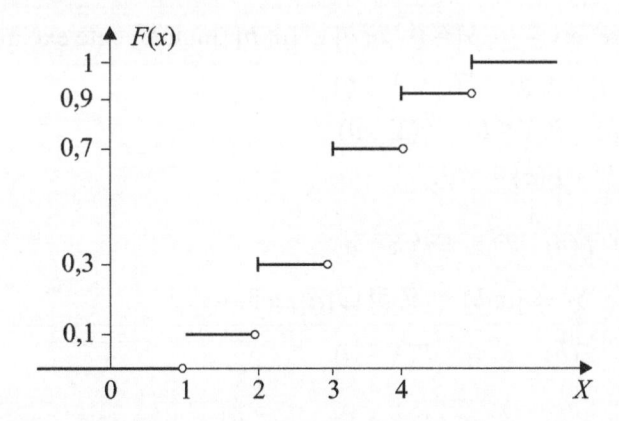

O domínio de $F(x)$ é $\mathbb{R}$ e o contradomínio é o conjunto $\{0,1;\ 0,3;\ 0,7;\ 0,9;\ 1\}$.

Propriedades de F(x)

1. $0 \leq F(x) \leq 1$

   Como $F(x) = P(x \leq x)$ e $0 \leq P(X = x) \leq 1 \Rightarrow 0 \leq F(X) \leq 1$.

2. $F(-\infty) = 0$

   $F(-\infty) = \lim_{x \to -\infty} F(x) = 0$

   Como se pode ver no exercício.

3. $F(+\infty) = 1$

$$F(+\infty) = \lim_{x \to +\infty} F(x) = 1$$

corresponde ao evento certo.

4. $F(x)$ é descontínua nos pontos $X = x_0$, onde $P(X = x_0) \neq 0$.

$$\lim_{x \to x_0^-} F(x) \neq \lim_{x \to x_0^+} F(x) \neq F(x_0)$$

5. $F(x)$ é contínua à direita dos pontos $X = x_0$, onde $P(X = x_0) \neq 0$.

$$\text{Se } p(X = x_0) > 0 \Rightarrow \lim_{x \to x_0^+} F(x) = F(x_0)$$

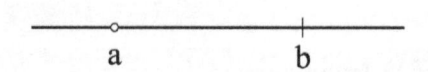

6. $P(a < X \leq b) = F(b) - F(a)$

$$\begin{array}{c} \circ \hspace{2cm} | \\ a \hspace{2cm} b \end{array}$$

Podemos escrever: $(-\infty, b] = (-\infty, a] \cup (a, b]$ (mutuamente exclusivos).

$\therefore P(X \leq b) = P(X \leq a) + P(a < X \leq b)$

$P(a < X \leq b) = P(X \leq b) - P(X \leq a) \therefore$

$\therefore P(a < X \leq b) = F(b) - F(a)$

7. $P(a \leq X \leq b) = F(b) - F(a) + P(X = a)$

Como $(a \leq X \leq b) \Rightarrow [a, b] = (a, b] \cup \{a\}$, temos:

$P(a \leq X \leq b) = F(b) - F(a) + P(X = a)$.

8. $P(a < X < b) = F(b) - F(a) - P(X = b)$

Como $(a, b] = (a, b) \cup \{b\}$,

$P(a < X < b) = F(b) - F(a) - P(X = b)$.

9. $F(x)$ é uma função não decrescente.

Como $P(a < X \leq b) = F(b) - F(a) \geq 0 \Rightarrow F(b) \geq F(a)$,

logo, $F(x)$ é não decrescente.

Exemplo de aplicação

Seja X a variável aleatória discreta com $F(x)$ dada pelo gráfico. Determinar $E(X)$ e VAR(X).

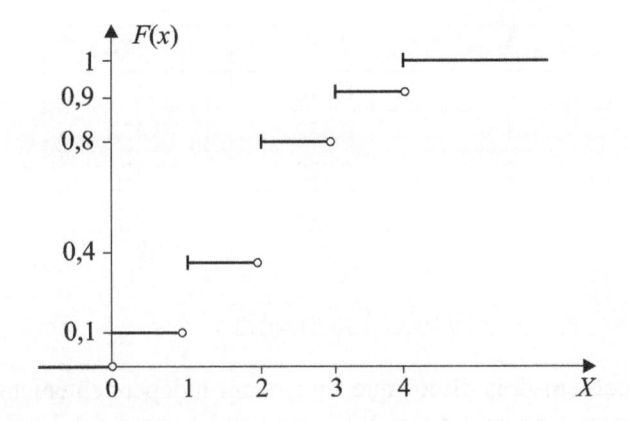

[Gráfico de F(x) em função de X, com degraus em 0,1 (X=0), 0,4 (X=1), 0,8 (X=2), 0,9 (X=3), 1 (X=4)]

Como foi visto no exemplo, o "degrau" em $X = a$ é igual a $P(X = a)$. Logo podemos formar a tabela da distribuição de probabilidades de X.

X	P(X)	X · P(X)	X² · P(X)
0	0,1	0	0
1	0,3	0,3	0,3
2	0,4	0,8	1,6
3	0,1	0,3	0,9
4	0,1	0,4	1,6
	1	1,8	4,4

$$E(X) = 1,8$$

$\text{VAR}(X) = 4,4 - 1,8^2 \quad \therefore \quad \text{VAR}(X) = 1,16$

Exercícios resolvidos

1. Uma urna contém 4 bolas brancas e 6 pretas. Três bolas são retiradas com reposição. Seja X o número de bolas brancas. Calcular $E(X)$.

    $P(X = 0) = P(3P) = 0,6 \cdot 0,6 \cdot 0,6 = 0,216$

    $P(X = 1) = P(1B \text{ e } 2P) = 0,4 \cdot 0,6 \cdot 0,6 \cdot 3 = 0,432$

    $P(X = 2) = P(2B \text{ e } 1P) = 0,4 \cdot 0,4 \cdot 0,6 \cdot 3 = 0,288$

    $P(X = 3) = P(3B) = 0,4 \cdot 0,4 \cdot 0,4 = 0,064$

X	P(X)	X · P(X)
0	0,216	0
1	0,432	0,432
2	0,288	0,576
3	0,064	0,192
	1	1,2

∴ $E(X) = 1,2$

2. Um caça-níquel tem dois discos que funcionam independentemente um do outro. Cada disco tem 10 figuras: 4 maçãs, 3 bananas, 2 peras e 1 laranja. Uma pessoa paga R$ 80,00 e aciona a máquina. Se aparecerem 2 maçãs, ganha R$ 40,00; se aparecerem 2 bananas, ganha R$ 80,00; R$ 140,00 se aparecerem 2 peras; e ganha R$ 180,00 se aparecerem 2 laranjas. Qual a esperança de ganho numa única jogada?

$P(M) = 0,4$; $P(B) = 0,3$; $P(P) = 0,2$ e $P(L) = 0,1$

$P(M \cap M) = 0,4 \cdot 0,4 = 0,16$

$P(B \cap B) = 0,3 \cdot 0,3 = 0,09$

$P(P \cap P) = 0,2 \cdot 0,2 = 0,04$

$P(L \cap L) = 0,1 \cdot 0,1 = 0,01$

Logo,

P(2 frutas diferentes) = 1 − {0,16 + 0,09 + 0,04 + 0,01} = 0,70

Paga	Recebe	X: lucro	P(X)	X · P(X)
80	40	−40	0,16	−6,40
80	80	0	0,09	0,00
80	140	60	0,04	2,40
80	180	100	0,01	1,00
80	0	−80	0,70	−56,00
			1	−59,00

∴ $E(X) = -59,00$

A esperança de a pessoa "lucrar" numa única jogada é *negativa*.

3. Na produção de uma peça são empregadas duas máquinas. A primeira é utilizada para efetivamente produzir as peças, e o custo de produção é de R$ 50,00 por unidade. Das peças produzidas nessa máquina, 90% são perfeitas. As peças defeituosas (produzidas na primeira máquina) são colocadas na segunda máquina para a tentativa de recuperação (torná-las perfeitas). Nessa segunda máquina o custo por peça é de R$ 25,00, mas apenas 60% das peças são de fato recuperadas. Sabendo que

cada peça perfeita é vendida por R$ 90,00, e que cada peça defeituosa é vendida por R$ 20,00, calcule o lucro por peça esperado pelo fabricante.

Custo	Venda	X (lucro)	P(X)	X · P(X)	
50	90	40	0,9	36,00	peças perfeitas na 1ª máquina
50 + 25	90	15	0,06	0,90	peças perfeitas na 2ª máquina
50 + 25	20	–25	0,04	–2,20	peças defeituosas
			1	E(X) = 34,70	

O lucro esperado, por peça, é R$ 34,70.

4. Um supermercado faz a seguinte promoção: o cliente, ao passar pelo caixa, lança um dado. Se sair face 6 tem um desconto de 30% sobre o total de sua conta. Se sair 5 o desconto é de 20%. Se ocorrer face 4 é de 10%, e se ocorrerem faces 1, 2 ou 3 o desconto é de 5%.

   a) Calcular a probabilidade de que num grupo de 5 clientes, pelo menos um consiga um desconto maior que 10%.

   b) Calcular a probabilidade de que o 4º cliente seja o primeiro a conseguir 30%.

   c) Calcular o desconto médio concedido.

   Resolução:

   Face 6: 30% $\rightarrow P(6) = \dfrac{1}{6}$

   Face 5: 20% $\rightarrow P(5) = \dfrac{1}{6}$

   Face 4: 10% $\rightarrow P(4) = \dfrac{1}{6}$

   Face (1, 2 ou 3): 5% $\rightarrow P(1 \text{ ou } 2 \text{ ou } 3) = \dfrac{3}{6}$

   a) $P(\text{Pelo menos } 1 > 10\%) = 1 - P(\text{nenhum} > 10\%) = 1 - \left(\dfrac{4}{6}\right)^5 = 0,8683$

   b) A: conseguir desconto de 30% $\rightarrow P(A) = \dfrac{1}{6}$

   $P(\overline{A}\,\overline{A}\,\overline{A} \text{ e } A) = \left(\dfrac{5}{6}\right)^3 \cdot \left(\dfrac{1}{6}\right) = \dfrac{125}{216} = 0,0965$

   c) X: Desconto

X	P(X)	X · P(X)
30	1/6	30/6
20	1/6	20/6
10	1/6	10/6
5	3/6	15/6
Σ	1	75/6

$$\therefore E(X) = 12,5\%$$
Desconto médio

5. Um banco pretende aumentar a eficiência de seus caixas. Oferece um prêmio de R$ 150,00 para cada cliente atendido além de 42 clientes por dia. O banco tem um ganho operacional de R$ 100,00 para cada cliente atendido além de 41. As probabilidades de atendimento são:

Nº clientes	Até 41	42	43	44	45	46
Probabilidade	0,88	0,06	0,04	0,01	0,006	0,004

Qual a esperança de ganho do banco se este novo sistema for implantado? X: ganho (lucro)

Nº clientes	Paga	Ganha	X	P(X)	X · P(X)
Até 41	0,00	0,00	0,00	0,88	0,00
42	0,00	100,00	100,00	0,06	6,00
43	150,00	200,00	50,00	0,04	2,00
44	300,00	300,00	0,00	0,01	0,00
45	450,00	400,00	−50,00	0,006	−0,30
46	600,00	500,00	−100,00	0,004	−0,40
				1	7,30

$$E(X) = 7,30$$

Logo, o sistema é vantajoso para o banco.

6. Sabe-se que uma moeda mostra a face cara quatro vezes mais do que a face coroa, quando lançada. Esta moeda é lançada 4 vezes. Seja X o número de caras que aparece, determine:
    a) $E(X)$
    b) $VAR(X)$
    c) $P(X \geq 2)$
    d) $P(1 \leq x < 3)$

Resolução:

Seja $P(r) = p$ e $P(c) = 4p$ com $p + 4p = 1 \rightarrow p = \dfrac{1}{5}$, logo

$$P(c) = \dfrac{4}{5} = 0,8$$

$$P(r) = \dfrac{1}{5} = 0,2$$

$P(X = 0) = P(4r) = (0,2)^4 = 0,0016$

$P(X = 1) = P(1c \text{ e } 3r) = (0,8) \cdot (0,2)^3 \cdot 4 = 0,0256$

$P(X = 2) = P(2c \text{ e } 2r) = (0,8)^2 \cdot (0,2)^2 \cdot 6 = 0,1536$

$P(X = 3) = P(3c \text{ e } 1r) = (0,8)^3 \cdot (0,2) \cdot 4 = 0,4096$

$P(X = 4) = P(4c) = (0,8)^4 = 0,4096$.

X	P(X)	X · P(X)	X² · P(X)
0	0,0016	0	0
1	0,0256	0,0256	0,0256
2	0,1536	0,3072	0,6144
3	0,4096	1,2288	3,6864
4	0,4096	1,6384	6,5536
	1	3,20	10,88

a) $E(X) = \boxed{3,20}$

b) $\text{VAR}(X) = 10,88 - 3,20^2 = \boxed{0,64}$

c) $P(X \geq 2) = P(X = 2) + P(X = 3) + P(X = 4) =$

$= 0,1536 + 0,4096 + 0,4096 = 0,9728$ ou

$P(X \geq 2) = 1 - P(X < 2) = 1 - \{P(X = 0) + P(X = 1)\} =$

$= 1 - \{0,0016 + 0,0256\} = 1 - 0,0272 = \boxed{0,9728}$

d) $P(1 \leq x < 3) = P(X = 1) + P(X = 2) = 0,0256 + 0,1536 = \boxed{0,1792}$

7. As probabilidades de que um aluno no período das provas tenha uma ou duas provas, no mesmo dia, são 0,70 e 0,30 respectivamente. A probabilidade de que deixe de fazer uma prova, por razões diversas, é 0,20. O tempo de duração de cada prova é de 90 minutos. Faça X o tempo total gasto, por dia, que ele usa fazendo as provas. Achar em média quantas horas gasta, por dia, resolvendo as provas.

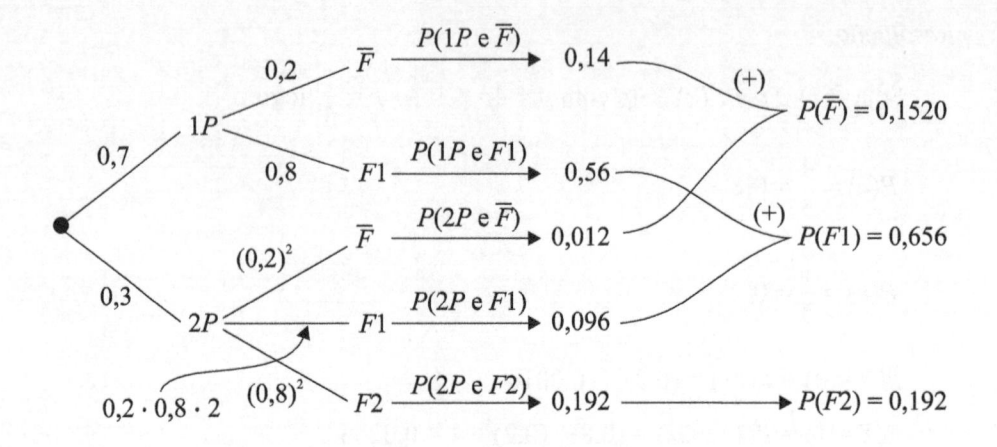

```
                     P(1P e F̄)
          0,2   F̄ ─────────→ 0,14 ──┐
      1P                             (+)
   0,7    0,8        P(1P e F1)      └──→ P(F̄) = 0,1520
              F1 ─────────→ 0,56 ──┐
●                                   
   0,3       (0,2)²  F̄  P(2P e F̄)   
              ─────────→ 0,012 ──┐ (+)
      2P                          └──→ P(F1) = 0,656
                     P(2P e F1)
              F1 ─────────→ 0,096 ──┘
   0,2·0,8·2  (0,8)²  F2  P(2P e F2)
              ─────────→ 0,192 ──────→ P(F2) = 0,192
```

X	P(X)	X · P(X)
0	0,152	0
90	0,656	59,04
180	0,192	34,56
Σ	1	93,6

$E(X) = 93{,}6 \text{ min} \cong 1\text{h } 34 \text{ min.}$

8. Um jogador A aposta com B R$ 100,00 e lança 2 dados, nos quais as probabilidades de sair cada face são proporcionais aos valores da face. Se sair soma 7, ganha R$ 50,00 de B. Se sair soma 11, ganha R$ 100,00 de B; e se sair soma 2, ganha R$ 200,00 de B. Nos demais casos A perde a aposta. Qual a esperança de lucro (ganho) do jogador A em uma única jogada?

Sejam: $P(1) = p$, $P(2) = 2p$, $P(3) = 3p$, $P(4) = 4p$, $P(5) = 5p$ e $P(6) = 6p$.

Como

$$\sum_{i=1}^{6} P(i) = 1 \Rightarrow 21p = 1, \quad p = \frac{1}{21}$$

logo

$P(1) = \frac{1}{21}$ X: soma 7

$P(2) = \frac{2}{21}$ Y: soma 11

$P(3) = \frac{3}{21}$ Z: soma 2
                                     T: outra soma

$$P(4) = \frac{4}{21} \quad X = \{(1, 6), (2, 5), (3, 4), (4, 3), (5, 2), (6, 1)\}$$

$$P(5) = \frac{5}{21} \quad Y = \{(5, 6), (6, 5)\}$$

$$P(6) = \frac{6}{21} \quad Z = \{(1, 1)\}$$

Logo

$$P(X) = \frac{56}{441}, \ P(Y) = \frac{60}{441}, \ P(Z) = \frac{1}{441}.$$

E, portanto,

$$P(T) = 1 - \frac{56}{441} - \frac{60}{441} - \frac{1}{441} = \frac{324}{441}.$$

Paga	Recebe	X: "lucro"	P(X)	X · P(X)
100	50	−50	56/441	−2.800/441
100	100	0	60/441	0
100	200	100	1/441	100/441
100	0	−100	324/441	−32.400/441
				−35.100/441

Logo $E(X) = -\dfrac{35.100}{441} \rightarrow$ $E(X) = -\text{R\$ } 79,59$

Portanto, a esperança de ganho do jogador A em uma única jogada é *negativa*.

9. Seja

$$F(x) = \begin{cases} 0 & \text{para } X < 0 \\ 0,1 & \text{para } 0 \leq X < 1 \\ 0,3 & \text{para } 1 \leq X < 2 \\ 0,5 & \text{para } 2 \leq X < 3 \\ 0,8 & \text{para } 3 \leq X < 4 \\ 0,9 & \text{para } 4 \leq X < 5 \\ 1 & \text{para } X \geq 5 \end{cases}$$

a) Construir o gráfico de $F(x)$.
b) Determinar a distribuição de X, $E(X)$ e VAR(X).
c) Sendo $Y = 3X - 2$, calcular $E(Y)$ e VAR(Y).

Resolução:

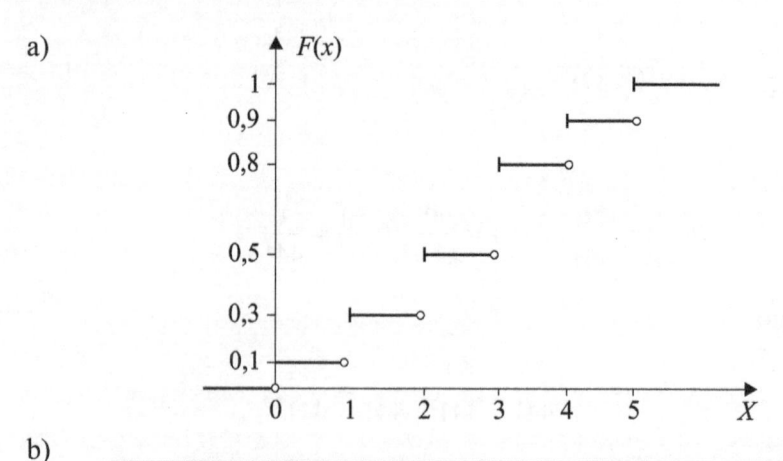

a)

b)

X	$P(X)$	$X \cdot P(X)$	$X^2 \cdot P(X)$
0	0,1	0	0
1	0,2	0,2	0,2
2	0,2	0,4	0,8
3	0,3	0,9	2,7
4	0,1	0,4	1,6
5	0,1	0,5	2,5
	1	2,4	7,8

$E(X) = 2,4$

VAR(X) = $7,8 - 2,4^2$ = 2,04

c) $Y = 3X - 2$

$E(Y) = E(3X - 2) = 3E(X) - E(2) = 3 \cdot 2,4 - 2 =$ 5,2

VAR(Y) = VAR($3X - 2$) = 9 VAR(X) = $9 \cdot 2,04 =$ 18,36

10. Dadas as distribuições das variáveis X e Y, independentes, construir a distribuição conjunta de (X, Y). Sendo $Z = 3X + Y$, calcular a $E(Z)$ e VAR(Z), usando a distribuição de Z.

X	$P(X)$
1	0,2
2	0,2
3	0,6
	1

Y	$P(Y)$
0	0,2
1	0,4
2	0,4
	1

Y\X	0	1	2	P(X)
1	0,04	0,08	0,08	0,2
2	0,04	0,08	0,08	0,2
3	0,12	0,24	0,24	0,6
P(Y)	0,2	0,4	0,4	1

$Z = 3X + Y$

Z	0	1	2
3	3	4	5
6	6	7	8
9	9	10	11

Observando-se os valores de Z e as probabilidades respectivas em ambas as tabelas, fazemos:

Z	P(Z)	Z · P(Z)	$Z^2 \cdot P(Z)$
3	0,04	0,12	0,36
4	0,08	0,32	1,28
5	0,08	0,40	2,00
6	0,04	0,24	1,44
7	0,08	0,56	3,92
8	0,08	0,64	5,12
9	0,12	1,08	9,72
10	0,24	2,40	24,00
11	0,24	2,64	29,04
	1	8,4	76,88

$E(Z) = 8,4$

$VAR(Z) = 76,88 - 8,4^2$

$VAR(Z) = 6,32$

11. Sejam X: renda familiar em R$ 1.000,00
    Y: nº de aparelhos de TV em cores.
    Considere o quadro:

X	1	2	3	1	3	2	3	1	2	3
Y	2	1	3	1	3	3	2	1	2	3

a) Verificar, usando o coeficiente de correlação ρ, se há dependência entre as duas variáveis.

b) Determinar a renda familiar média de quem possui 2 aparelhos de TV (usando distribuição de probabilidade $E(X/Y = 2)$).

Resolução:

Y \ X	1	2	3	P(X)	X · P(X)	X² · P(X)
1	0,2	0,1	0	0,3	0,3	0,3
2	0,1	0,1	0,1	0,3	0,6	1,2
3	0	0,1	0,3	0,4	1,2	3,6
P(Y)	0,3	0,3	0,4	1	2,1	5,1
Y · P(Y)	0,3	0,6	1,2	E(Y) = 2,1		
Y² · P(Y)	0,3	1,2	3,6	E(Y²) = 5,8	E(X)	E(X)²

a) VAR(X) = 5,1 − (2,1)² = 0,69

$\sigma_x = \sqrt{0,69} = 0,83$

VAR(Y) = 5,1 − (2,1)² = 0,69

$\sigma_y = \sqrt{0,69} = 0,83$

Seja $Z = X \cdot Y$

Z	P(Z)	Z · P(Z)
1	0,2	0,2
2	0,2	0,4
3	0	0
4	0,1	0,4
6	0,2	1,2
9	0,3	2,7
Σ	1	4,9

$E(Z) = E(X \cdot Y) = 4,9$

cov(X, Y) = 5,1 − 2,1 · 2,1

cov(X, Y) = 0,49

$\rho = \dfrac{0,49}{0,83 \cdot 0,83}$

$\rho = 0,7113$

Há dependência linear entre X e Y.

b) $E(X/Y=2) = ?$

X	$P(X/Y=2)$	$X \cdot P(X/Y=2)$
1	1/3	1/3
2	1/3	2/3
3	1/3	2/3
Σ	1	2

∴ $E(X/Y=2) = 2$

12. Dada a distribuição conjunta das variáveis X e Y, independentes, seja $Z = 2X - 4Y$. Calcular $E(Z)$ e VAR(Z), usando a distribuição de Z.

Y \ X	0	1	2	$P(X)$
1	0,06			0,2
2	0,15		0,05	
3				
$P(Y)$	0,3			1

Y \ X	0	1	2	$P(X)$
1	0,06	0,12	0,02	0,2
2	0,15	0,30	0,05	0,5
3	0,09	0,18	0,03	0,3
$P(Y)$	0,3	0,6	0,1	1

$Z = 2X - 4Y$

Z	0	4	8
2	2	−2	−6
4	4	0	−4
6	6	2	−2

Logo:

Z	$P(Z)$	$Z \cdot P(Z)$	$Z^2 \cdot P(Z)$
−6	0,02	−0,12	0,72
−4	0,05	−0,20	0,80
−2	0,15	−0,30	0,60
0	0,30	0	0
2	0,24	0,48	0,96
4	0,15	0,60	2,40
6	0,09	0,54	3,24
	1	1,00	8,72

$E(Z) = 1,0$

VAR(Z) = $8,72 - 1^2$ ⇒ VAR(Z) = 7,72

13. Considere a distribuição conjunta das variáveis X e Y. Defina $Z = |X - Y|$ e $W = X + Y$. Construa a distribuição conjunta de probabilidades de Z e W e calcule a cov(Z, W).

Y \ X	1	2	3	P(X)
1	0	0,1	0,2	0,3
2	0,2	0,1	0,1	0,4
3	0,2	0	0,1	0,3
P(Y)	0,4	0,2	0,4	1

X e Y não são independentes.

Z	1	2	3
1	0	1	2
2	1	0	1
3	2	1	0

W	1	2	3
1	2	3	4
2	3	4	5
3	4	5	6

W \ Z	2	3	4	5	6	P(Z)	Z · P(Z)
0	0	0	0,1	0	0,1	0,2	0
1	0	0,3	0	0,1	0	0,4	0,4
2	0	0	0,4	0	0	0,4	0,8
P(W)	0	0,3	0,5	0,1	0,1	1	E(Z) = 1,2
W · P(W)	0	0,9	2,0	0,5	0,6	E(W) = 4,0	

Seja $T = Z \cdot W$

T	P(T)	T · P(T)
0	0,2	0
2	0	0
3	0,3	0,9
4	0	0
5	0,1	0,5
6	0	0
8	0,4	3,2
10	0	0
12	0	0
	1	4,6

$E(T) = E(Z \cdot W) = 4,6$

Logo:
$$\operatorname{cov}(Z, W) = 4{,}6 - 1{,}2 \cdot 4{,}0$$

$$\operatorname{cov}(Z, W) = -0{,}2$$

14. As variáveis aleatórias X e Y são independentes e têm as seguintes distribuições de probabilidades:

X	P(X)
0	0,3
2	0,7
	1

Y	P(Y)
2	0,4
3	0,6
	1

Sejam $\begin{cases} Z = X + 2Y \\ T = |2X - 3Y| \end{cases}$

e $W = Z \cdot T$, calcular $E(W)$.

2X	X	3Y / 2Y / Y	6 / 4 / 2			9 / 6 / 3			P(X)
0	0		4	6	24	6	9	54	0,3
				0,12			0,18		
4	2		6	2	12	8	5	40	0,7
				0,28			0,42		
P(Y)				0,4			0,6		1

Obs.: Para cada célula vale:

Z	T	W
	$P(X) \cdot P(Y)$	

Logo:

W	P(W)	W · P(W)
12	0,28	3,36
24	0,12	2,88
40	0,42	16,80
54	0,18	9,72
	1	32,76

Portanto, $E(W) = 32{,}76$

Exercícios propostos

1. Uma urna tem 4 bolas brancas e 3 pretas. Retiram-se 3 bolas sem reposição. Seja X: número de bolas brancas, determinar a distribuição de probabilidades de X.

2. Fazer o exercício anterior considerando extração com reposição.

3. Dada a tabela:

X	0	1	2	3	4	5
$P(X)$	0	P^2	P^2	P	P	P^2

   a) Ache p;
   b) Calcule $P(X \geq 4)$ e $P(X < 3)$;
   c) Calcule $P(|X-3| < 2)$.

4. As probabilidades de que haja 1, 2, 3, 4 ou 5 pessoas em cada carro que vá ao litoral num sábado são, respectivamente: 0,05; 0,20; 0,40; 0,25 e 0,10. Qual o número médio de pessoas por carro? Se chegam no litoral 4000 carros por hora, qual o número esperado de pessoas, em 10 horas de contagem?

5. Uma urna contém 6 bolas numeradas de 1 a 6. Uma pessoa paga R$ 600,00 e retira aleatoriamente uma bola. Se retirar a bola 6 recebe R$ 1.500,00; se retirar as bolas 2, 3, 4 ou 5 nada recebe; e se retirar a bola 1 irá escolher outra bola, sem repor a primeira, e se esta segunda for a bola 6, recebe R$ 3.600,00; caso contrário, nada recebe. Calcular quanto a pessoa que está jogando espera lucrar.

6. Um produtor de sementes vende pacotes com 15 sementes cada um. Os pacotes que apresentam mais de duas sementes sem germinar são indenizados. A probabilidade de uma semente germinar é de 95%.
   a) Qual a probabilidade de um pacote não ser indenizado?
   b Se o produtor vende 2000 pacotes, qual o número esperado de pacotes que serão indenizados?
   c) Se um pacote é indenizado, o produtor tem um prejuízo de R$ 24,50, e se o pacote não é indenizado, tem um lucro de R$ 50,40. Qual o lucro esperado por pacote?

7. Dois jogadores fazem uma aposta. A paga R$ 100,00 para B e lança duas moedas viciadas não simultaneamente. A probabilidade de sair cara da 1ª moeda é 0,3, e da 2ª; moeda é 0,2. Se sair cara na 1ª moeda tem o direito de lançar a 2ª; se sair cara na 2ª moeda ganha R$ 200,00; e se sair coroa, ganha R$ 100,00. Se sair coroa na 1ª moeda, A nada ganha. Qual a esperança de lucro do jogador A em uma única jogada?

8. Um jogador A paga R$ 5,00 a B e lança um dado. Se sair face 3, ganha R$ 20,00. Se sair faces 4, 5 ou 6, perde. Se sair faces 1 ou 2, tem o direito de jogar novamente. Desta vez lança dois dados. Se sair duas faces 6, ganha R$ 50,00. Se sair uma face 6, recebe o dinheiro pago de volta. Nos demais casos, perde. Seja X o lucro líquido do jogador A nesse jogo.
   Determinar:

a) Distribuição de probabilidade de X;
b) $E(X)$;
c) $VAR(X)$.

9. Calcular a média e a variância da variável X, onde X assume os valores 1, 2, 3, ..., n, equiprovavelmente.

10. A função de probabilidade da variável aleatória X é: $P(X) = \dfrac{1}{5}$, para $X = 1, 2, 3, 4, 5$. Calcular $E(X)$ e $E(X^2)$, e usando esses resultados, calcular:

    a) $E(X + 3)^2$;
    b) $VAR(3X - 2)$.

11. Sendo $P(X = x) = 0,5^x$, $x = 1, 2, 3, ...$, calcular $E(X)$.

12. Um jogador lança um dado. Se aparecerem os números 1, 2 ou 3, recebe R$ 10,00. Se, no entanto, aparecer 4 ou 5, recebe R$ 5,00. Se aparecer 6, ganha R$ 20,00. Qual o ganho médio do jogador?

13. Uma pessoa vende colhedeiras de milho. Visita semanalmente uma, duas ou três propriedades rurais com probabilidades 0,2, 0,5 e 0,3, respectivamente. De cada contato pode conseguir a venda de 1 colhedeira por R$ 120.000,00 com probabilidade 0,3, ou nenhuma venda com probabilidade 0,7. Determinar o valor total esperado (médio) das vendas semanais.

14. Seja X o número de caras, e Y o número de coroas quando são lançadas 2 moedas. Calcular média e variância de $Z = 2X + Y$.

15. Um *sinal* consiste de uma série de vibrações de magnitude X. Um *ruído* consiste de uma série de vibrações de magnitude Y, tendo os valores 2, 0 e –2 com probabilidades 1/6, 2/3 e 1/6, respectivamente. Se ruídos e sinais são combinados de vibrações sincronizadas, a soma consiste de vibrações de magnitude $Z = X + Y$. Construir a função de probabilidade de Z, calcular $E(Z)$ e $VAR(Z)$, admitindo independência entre ruído e sinal. X assume os valores 1, 0 e –1, cada um com probabilidade 1/3.

16. Seja X a renda familiar em R$ 1.000,00, e Y o número de carros da família. Considere o quadro:

X	2	3	4	2	3	3	4	2	2	3
Y	1	2	2	2	1	3	3	1	2	2

    Calcular:
    a) $E(X)$, $E(Y)$;
    b) $VAR(X)$, $VAR(Y)$;
    e) $cov(X, Y)$;
    d) ρ.

17. Num posto de vistoria de carros foram examinados 10 veículos, sendo que o número de irregularidades nos itens de segurança (X) e o número de irregularidades nos documentos (Y) são os dados no quadro a seguir. Calcule o coeficiente de correlação entre as variáveis entre X e Y.

Veículos	1	2	3	4	5	6	7	8	9	10
X	0	1	2	0	1	2	0	2	1	2
Y	0	1	0	1	1	1	0	2	2	2

18. Dada a distribuição conjunta de probabilidades da variável (X, Y), determinar ρ e tentar escrever Y em função de X.

Y \ X	0	2	4
0	0,5	0	0
1	0	0,2	0,05
2	0	0	0,25

19. Sejam X os anos de experiência em vendas e Y as unidades diárias vendidas.

Y \ X	1	2	3
2	0,14	0,04	0,02
4	0,04	0,18	0,08
6	0,02	0,26	0,12
8	0	0,02	0,08

Dada a tabela da distribuição conjunta de X e Y, calcular:
a) cov(X, Y);
b) ρ

20. Dada a tabela da distribuição conjunta, calcular:
a) $E(2X - 3Y)$;
b) $VAR(3X + 2Y)$;
c) ρ;
d) $E(X/Y = 2)$.

Y \ X	1	2	3	4
0	1/24	1/12	1/12	1/24
1	1/12	1/6	1/6	1/12
2	1/24	1/12	1/12	1/24

21. Uma urna contém 3 bolas vermelhas e 2 verdes. Dessa urna, retiram-se 2 bolas sem reposição. Sejam:

$$X = \begin{cases} 0 \text{ se a primeira bola for verde;} \\ 1 \text{ se a primeira bola for vermelha.} \end{cases}$$

$$Y = \begin{cases} 0 \text{ se a segunda bola for verde;} \\ 1 \text{ se a segunda bola for vermelha.} \end{cases}$$

a) Determinar a distribuição conjunta para X e Y;
b) Calcular $E(X)$, $E(Y)$, VAR(X), VAR(Y);
c) $E(X+Y)$ e VAR($X+Y$);
d) ρ.

22. As variáveis aleatórias X e Y são independentes e têm a seguinte distribuição de probabilidades.

X	$P(X)$
1	0,4
2	0,6

Y	$P(Y)$
3	0,2
4	0,8

Considerando a variável aleatória $Z = X + Y$, construir a tabela da distribuição de probabilidades de Z e com ela calcular E(Z) e VAR(Z).

23. A variável aleatória bidimensional (X, Y) tem a seguinte tabela de distribuição de probabilidades:

X \ Y	1	2	3
2	0,10	0,30	0,20
3	0,06	0,18	0,16

Calcular:
a) $E(2X+Y)$;
b) ρ;
c) VAR($Y/X=2$).

24. As variáveis aleatórias X e Y são independentes e têm as seguintes distribuições:

X	$P(X)$
2	0,3
3	0,5
4	0,2

Y	$P(Y)$
1	0,2
2	0,8

Considerando a variável $Z = X \cdot Y$, construir a tabela da distribuição de Z e, usando a tabela, calcular $E(Z)$ e VAR(Z).

25. Dada a distribuição conjunta de (X, Y), determinar a média e variância de:
   a) $X + Y$
   b) $X \cdot Y$

Y \ X	1	2	3
1	5/27	1/27	3/27
2	4/27	3/27	4/27
3	2/27	3/27	2/27

26. As variáveis X e Y são independentes e suas distribuições são:

x	2	3	4
$P(X)$	0,3	0,4	0,3

y	1	2	3
$P(Y)$	0,5	0,3	0,2

Seja $Z = |X - 2Y|$, determine $E(Z)$ usando a distribuição de probabilidade de Z.

27. Suponha que X e Y tenham a seguinte tabela de distribuição conjunta:

Y \ X	1	2	3
1	0,1	0,1	0
2	0,1	0,2	0,3
3	0,1	0,1	0

   a) Determinar a função de probabilidade de $X + Y$ e, a partir daí, $E(X + Y)$. De outra maneira pode-se obter a mesma resposta?
   b) Determinar a função de probabilidade de $(X \cdot Y)$ e, em seguida, calcular $E(XY)$.
   c) Mostrar que, embora $E(XY) = E(X) \cdot E(Y)$ ocorra, X e Y não são independentes.

28. Suponha que (X, Y) tenha a seguinte distribuição de probabilidade:

Y \ X	1	2	3
1	1/18	1/6	0
2	0	1/9	1/5
3	1/12	1/4	2/15

   a) Mostre que a tabela anterior é realmente uma distribuição de probabilidade.
   b) Calcule $E(X/Y = 2)$.
   c) Calcule $VAR(Y/X = 1)$.

29. As variáveis aleatórias X e Y são independentes.
   a) Completar o quadro determinando os valores de a, b e c.
   b) Seja $Z = |3X - 4Y|$, calcular $E(Z)$ usando a distribuição de probabilidade de Z.
   c) Calcular $VAR(3X - 2Y)$.

Y \ X	1	2	3	P(X)
1	0,04		0,08	a
3				b
5				c
P(Y)	a	b	c	1

30. As variáveis X e Y são independentes e têm média e variância iguais a 5 e 6 para X, e 4 e 3 para Y. Calcular a média e variância de:
    a) $X - Y$; b) $2X + 3Y$.

31. Sendo $Z = 5X + 3Y - 4$, onde X e Y são independentes, $E(X) = 3$, $VAR(X) = 2$, $E(Y) = 4$ e $VAR(Y) = 3$. Determinar $E(Z)$ e $VAR(Z)$.

32. Em um pequeno grupo de casais empregados, a renda X do marido e Y da respectiva esposa tem sua distribuição conjunta de probabilidades dada abaixo:

X \ Y	10	15	20
5	p	2p	3p
10	2p	4p	2p
15	3p	2p	p

X e Y em milhares de reais.
a) Seja $W = 0,6X + 0,8Y$ a renda do casal após dedução de impostos, qual sua média e sua variância?
b) X e Y são independentes? Qual é o coeficiente de correlação ρ_{xy}?

33. A função de probabilidade conjunta de duas variáveis X e Y é dada por $P(X = x; Y = y) = 1/32 \cdot (x^2 + y^2)$, para $X = 0, 1, 2, 3$ e $Y = 0, 1$. Verificar que a função de probabilidade de marginal de X é $P(X) = 1/32 (2x^2 + 1)$, $X = 0, 1, 2, 3$ e que a função de probabilidade de marginal de Y é $P(Y) = 1/16 (2y^2 + 7)$, $Y = 0, 1$.

34. a) Complete o quadro abaixo, supondo que X e Y são *independentes*.
    b) Calcule a esperança de Y, dado que $X = 2$.
    c) Seja $Z = 4X - 3Y$, calcule $E(Z)$ e $V(Z)$.
    d) Dê a distribuição de Z e obtenha através dela os valores de $E(Z)$ e $V(Z)$. (Note que esses são os mesmos obtidos no item c.)

Y \ X	2	3	4	P(X)
1	0,08			
2				
3				0,3
P(Y)	0,2		0,5	1

CAPÍTULO 4

Distribuições teóricas de probabilidades de variáveis aleatórias discretas

4.1 Distribuição de Bernoulli

Consideremos uma única tentativa de um experimento aleatório. Podemos ter *sucesso* ou *fracasso* nessa tentativa.

Seja p a probabilidade de sucesso e q a probabilidade de fracasso, com $p + q = 1$.

Seja X o *número de sucessos em uma única tentativa do experimento*. X assume o valor *0* que corresponde ao fracasso, com probabilidade q, ou o valor *1*, que corresponde ao sucesso, com probabilidade p.

$$X = \begin{cases} 0 \text{ fracasso} \\ 1 \text{ sucesso} \end{cases} \quad \text{com} \quad P(X=0) = q \quad \text{e} \quad P(X=1) = p.$$

Nessas condições, a variável aleatória X tem *distribuição de Bernoulli*, e sua função de probabilidade é dada por:

$$P(X=x) = p^X \cdot q^{1-X}$$

Esperança e variância

Calcularemos a média e a variância da variável com distribuição de Bernoulli.

X	$P(X)$	$X \cdot P(X)$	$X^2 \cdot P(X)$
0	q	0	0
1	p	p	p
	1	p	p

$\therefore E(X) = p$

$\text{VAR}(X) = p - p^2 = p(1-p) = pq$

$\text{Logo} \begin{cases} E(X) = p \\ \text{VAR}(X) = pq. \end{cases}$

Exemplo de aplicação

Uma urna tem 30 bolas brancas e 20 verdes. Retira-se uma bola dessa urna. Seja X o número de bolas verdes, calcular $E(X)$ e VAR(X) e determinar $P(X)$.

Resolução:

$$X = \begin{cases} 0 \to q = \dfrac{30}{50} = \dfrac{3}{5} \\ 1 \to p = \dfrac{20}{50} = \dfrac{2}{5} \end{cases} \therefore$$

$$\therefore P(X = x) = \left(\dfrac{2}{5}\right)^x \left(\dfrac{3}{5}\right)^{1-x}$$

e $E(X) = p = \dfrac{2}{5}$

$$\text{VAR}(X) = p \cdot q = \dfrac{2}{5} \cdot \dfrac{3}{5} = \dfrac{6}{25}$$

Resumo:

X tem distribuição de Bernoulli.

$$X = \begin{cases} 0 \to q \\ 1 \to p \end{cases} \to \begin{array}{l} P(X = x) = p^x \cdot q^{1-x} \\ E(X) = p \text{ e VAR}(X) = pq \end{array}$$

4.2 Distribuição geométrica

Consideremos tentativas sucessivas e independentes de um mesmo experimento aleatório. Cada tentativa admite *sucesso* com probabilidade p e *fracasso* com probabilidade q; $p + q = 1$.

Seja X o *número de tentativas necessárias ao aparecimento do primeiro sucesso*.

Logo, X assume os valores:

$X = 1$, que corresponde ao sucesso (S) e $P(X = 1) = p$;

$X = 2$, que corresponde ao fracasso (F) na 1ª tentativa e ao sucesso na 2ª, (FS) e
$P(X = 2) = P(F \cap S) = q \cdot p$;

$X = 3$, que corresponde a (FFS) e $P(X = 3) = P(F \cap F \cap S) = q \cdot q \cdot p = q^2 \cdot p$;

$X = 4$, que corresponde a $(FFFS)$ e $P(X = 4) = q^3 \cdot p$;
  e assim sucessivamente,

$X = x$, que corresponde a $\underbrace{FF \ldots FS}_{x}$ com

$$P(X = x) = q^{x-1} \cdot p$$

A variável *X* tem, então, *distribuição geométrica*.

Observamos que:

$$\sum_{x=1}^{\infty} P(X=x) = \sum_{x=1}^{\infty} p \cdot q^{x-1} = p \sum_{x=1}^{\infty} q^{x-1} = p(1+q+q^2+\ldots)$$

$$= p \cdot \frac{1}{1-q} = p \cdot \frac{1}{p} = 1$$

Exemplos de aplicação

1. A probabilidade de se encontrar aberto o sinal de trânsito numa esquina é 0,20. Qual a probabilidade de que seja necessário passar pelo local 5 vezes para encontrar o sinal aberto pela primeira vez?

   Resolução:

   X: número de vezes necessárias para encontrar o sinal aberto.

   $p = 0,20$

   $q = 0,80$

   $P(X = 5) = (0,80)^4 \cdot (0,20) = \boxed{0,08192}$

2. Qual a probabilidade de que um dado deva ser lançado 15 vezes para que na 15ª vez ocorra a face 6 pela primeira vez?

   Resolução:

   $p = \dfrac{1}{6}$

   $q = \dfrac{5}{6}$

   X: número de lançamentos necessários ao aparecimento da primeira face 6.

   $$P(X=15) = \left(\frac{5}{6}\right)^{14} \cdot \left(\frac{1}{6}\right) = \boxed{0,01298}$$

Esperança e variância

Para determinarmos a média e a variância da distribuição geométrica, usaremos os recursos:

1. $\dfrac{d}{dx}(x^n) = nx^{n-1}$

2. $\dfrac{d}{dx}\left\{\sum_{i=1}^{n} f_i(x)\right\} = \sum_{i=1}^{n} \dfrac{d}{dx}\{f_i(x)\}$, nos pontos onde a função é derivável.

Média

$$E(X) = \sum_{x=1}^{\infty} x \cdot P(X=x) = \sum_{x=1}^{\infty} x \cdot p \cdot q^{x-1} = p \sum_{x=1}^{\infty} x q^{x-1} =$$

$$= p \cdot \sum_{x=1}^{\infty} \frac{d}{dq}(q^x) = p \cdot \frac{d}{dq}\left\{\sum_{x=1}^{\infty} q^x\right\} =$$

$$= p \cdot \frac{d}{dq}\left\{\frac{q}{1-q}\right\} = p \cdot \frac{1}{(1-q)^2} = p \cdot \frac{1}{p^2} = \boxed{\frac{1}{p}}$$

Variância

$$E(X^2) = \sum_{x=1}^{\infty} x^2 \cdot p \cdot q^{x-1} = p \sum_{x=1}^{\infty} x^2 \cdot q^{x-1} = p \sum_{x=1}^{\infty} [x(x-1)+x] q^{x-1} =$$

$$= p \sum_{x=1}^{\infty} x(x-1) \cdot q^{x-1} + p \sum_{x=1}^{\infty} x q^{x-1} =$$

$$= pq \sum_{x=1}^{\infty} x(x-1) q^{x-2} + \frac{1}{p} = pq \sum_{x=1}^{\infty} \frac{d^2}{dq^2}\{q^x\} + \frac{1}{p} =$$

$$= p \cdot q \cdot \frac{d^2}{dq^2}\left\{\sum_{x=1}^{\infty} q^x\right\} + \frac{1}{p} = p \cdot q \cdot \frac{d^2}{dq^2}\left\{\frac{q}{1-q}\right\} + \frac{1}{p} =$$

$$= p \cdot q \cdot \frac{2}{(1-q)^3} + \frac{1}{p} = \frac{2pq}{p^3} + \frac{1}{p} = \frac{2q+p}{p^2} \quad \therefore$$

$$\therefore \text{VAR}(X) = E(X^2) - \{E(X)\}^2 = \frac{2q+p}{p^2} - \left(\frac{1}{p}\right)^2$$

Logo:

$$\text{VAR}(X) = \frac{q}{p^2}$$

Resumo:

X tem distribuição geométrica $\Rightarrow X = 1, 2, ..., n, ...$ e

$$P(X=x) = q^{x-1} \cdot p \text{ e } \begin{cases} E(X) = \dfrac{1}{p} \\ \text{VAR}(X) = \dfrac{q}{p^2} \end{cases}$$

4.3 Distribuição de Pascal

Suponhamos que um experimento aleatório seja repetido independentemente até que um evento A ocorra pela r-ésima vez.

Seja $P(A) = p$ (sucesso)

e $P(\overline{A}) = q$ (fracasso) em cada tentativa do experimento

Seja X: *número de repetições necessárias para que A ocorra pela r-ésima vez.*

Se $r = 1$, X tem distribuição geométrica.

Se $X = x$, o evento A ocorre pela r-ésima vez na repetição de número x. Logo, A ocorre $(r-1)$ vezes nas $(x-1)$ repetições anteriores.

$$\therefore \quad P(X=x) = \binom{x-1}{r-1} p^r q^{x-r}, \qquad x \geq r$$

A variável X assim definida tem *distribuição de Pascal*.

Exemplo de aplicação

A probabilidade de que um sinal de trânsito esteja aberto numa esquina é 0,20. Qual a probabilidade de que seja necessário passar pelo local 10 vezes para encontrá-lo aberto pela 4ª vez?

Resolução:

X: número de passagens pela esquina.

$r = 4$

$p = 0,20$

$q = 0,80$

$$P(X = 10) = \binom{9}{3} \cdot (0,20)^4 \cdot (0,80)^6 = 0,035232$$

Esperança e variância

Usando os resultados de $E(X)$ e VAR(X) da distribuição geométrica, é fácil demonstrar que:

$$E(X) = \frac{r}{p}$$

$$VAR(X) = \frac{rq}{p^2}$$

Resumo:

X tem distribuição de Pascal

$$P(X = x) = \binom{x-1}{r-1} p^r q^{x-r}, \quad x \geq r$$

$$E(X) = \frac{r}{p} \quad \text{e} \quad VAR(X) = \frac{rq}{p^2}$$

4.4 Distribuição hipergeométrica

Consideremos uma população com N elementos, dos quais r têm uma determinada característica (a retirada de um desses elementos corresponde ao *sucesso*). Retiramos dessa população, sem reposição, uma amostra de tamanho n.

Seja X: *número de sucessos na amostra* (*saída do elemento com a característica*).

Qual a $P(X = k)$?

Podemos tirar $\binom{N}{n}$ amostras sem reposição. Os sucessos na amostra podem ocorrer de $\binom{r}{k}$ maneiras e fracassos de $\binom{N-r}{n-k}$ modos.

Logo,

$$P(X = k) = \frac{\binom{r}{k}\binom{N-r}{n-k}}{\binom{N}{n}}, \quad 0 \leq k \leq n \text{ e } k \leq r.$$

A variável X assim definida tem *distribuição hipergeométrica*.

Exemplos de aplicação

1. Pequenos motores são guardados em caixas de 50 unidades. Um inspetor de qualidade examina cada caixa, antes da posterior remessa, testando 5 motores. Se nenhum motor for defeituoso, a caixa é aceita. Se pelo menos um for defeituoso, todos os 50 motores são testados. Há 6 motores defeituosos numa caixa.

Qual a probabilidade de que seja necessário examinar todos os motores dessa caixa?

Resolução:

X: número de motores defeituosos da amostra.

$N = 50$

$r = 6$

$n = 5$

$P(X \geq 1) = 1 - P(X < 1) = 1 - P(X = 0) =$

$$= 1 - \frac{\binom{6}{0}\binom{44}{5}}{\binom{50}{5}} = 1 - 0{,}5126 = \boxed{0{,}4874}$$

2. De um baralho com 52 cartas, retiram-se 8 cartas ao acaso, sem reposição. Qual a probabilidade de que 4 sejam figuras?

Resolução:

X: número de figuras em 8 cartas.

$$P(X = 4) = \frac{\binom{12}{4}\binom{40}{4}}{\binom{52}{8}} = \boxed{0{,}0601}$$

3. Uma firma compra lâmpadas por centenas. Examina sempre uma amostra de 15 lâmpadas para verificar se estão boas. Se uma centena inclui 12 lâmpadas queimadas, qual a probabilidade de se escolher uma amostra com pelo menos uma lâmpada queimada?

Resolução:

X: número de lâmpadas queimadas na amostra.

$P(X \geq 1) = 1 - P(X < 1) = 1 - P(X = 0) =$

$$= 1 - \frac{\binom{12}{0}\binom{88}{15}}{\binom{100}{15}} = \boxed{0{,}8747}$$

Esperança e variância

Demonstra-se que:

$$E(X) = np \quad \text{e} \quad \text{VAR}(X) = np(1-p)\frac{(N-n)}{(N-1)},$$

onde $p = \dfrac{r}{N}$.

Demonstra-se que, assintoticamente (n → ∞),

$$E(X) = np \quad \text{e} \quad VAR(X) = npq.$$

Resumo:

X tem distribuição hipergeométrica (retiradas sem reposição)

$$P(X=k) = \dfrac{\binom{r}{k}\binom{N-r}{n-k}}{\binom{N}{n}}$$

$E(X) = np$ e

$VAR(X) = np(1-p)\dfrac{(N-n)}{(N-1)}$, onde $p = \dfrac{r}{N}$.

4.5 Distribuição binomial

Consideremos n tentativas independentes de um mesmo experimento aleatório. Cada tentativa admite apenas dois resultados: *fracasso* com probabilidades q e *sucesso* com probabilidade p, $p + q = 1$. As probabilidades de sucesso e fracasso são as mesmas para cada tentativa.

Seja X *número de sucessos em* n *tentativas*.

Determinaremos a função de probabilidades da variável X, isto é, $P(X = k)$.

Um resultado particular (RP):

$$\underbrace{SSS\ldots S}_{k}\underbrace{FFF\ldots F}_{n-k}.$$

Logo,

$$P(RP) = P(SSS \ldots SFFF \ldots F) =$$
$$= \underbrace{p \cdot p \ldots p}_{k} \cdot \underbrace{q \cdot q \ldots q}_{n-k} = p^k q^{n-k}.$$

Considerando todas as n-uplas com k sucessos, temos:

$$P(X=k) = \binom{n}{k} p^k q^{n-k}$$

A variável X tem distribuição binomial, com parâmetros *n* e *p*, e a indicaremos pela notação

$$X: B(n, p)$$

Exemplos de aplicação

1. Uma moeda é lançada 20 vezes. Qual a probabilidade de saírem 8 caras?

   Resolução:

   X: número de sucessos (caras)

   $$X = 0, 1, 2, \ldots, 20 \Rightarrow p = P(c) = \frac{1}{2} \Rightarrow$$

   $$\Rightarrow X : B\left(20, \frac{1}{2}\right)$$

   $$P(X = 8) = \binom{20}{8}\left(\frac{1}{2}\right)^8 \left(\frac{1}{2}\right)^{12} = \boxed{0{,}12013} \quad \text{(tabela da página 342)}$$

2. Numa criação de coelhos, 40% são machos. Qual a probabilidade de que nasçam pelo menos 2 coelhos machos num dia em que nasceram 20 coelhos?

   Resolução:

   X: número de coelhos machos (c.m.).

   $$X = 0, 1, \ldots, 20 \rightarrow P(\text{c.m.}) = p = 0{,}40 \rightarrow X: B(20; 0{,}40)$$

   $$P(X \geq 2) = 1 - P(X < 2) = 1 - \{P(X = 0) + P(X = 1)\} =$$

   $$= 1 - \left\{\binom{20}{0}(0{,}40)^0(0{,}60)^{20} + \binom{20}{1}(0{,}40)^1(0{,}60)^{19}\right\} =$$

   $$= 1 - (0{,}00003 + 0{,}00049) = \boxed{0{,}99948}$$

3. Uma prova tipo teste tem 50 questões independentes. Cada questão tem 5 alternativas. Apenas uma das alternativas é a correta. Se um aluno resolve a prova respondendo a esmo as questões, qual a probabilidade de tirar nota 5?

   Resolução:

   X: número de acertos

   X: 0, 1, ..., 50

   $$p = P(\text{acerto}) = \frac{1}{5} \Rightarrow X: B\left(50, \frac{1}{5}\right) \therefore$$

   $$\therefore P(X = 25) = \binom{50}{25}\left(\frac{1}{5}\right)^{25}\left(\frac{4}{5}\right)^{25} = \boxed{0{,}000002}$$

Esperança e variância

Se $X: B(n,p) \to P(X=k) = \binom{n}{k} p^k q^{n-k}$

Esperança

$$E(X) = \sum_{x=0}^{\infty} xp(x) = \sum_{x=0}^{n} x \binom{n}{x} p^x \cdot q^{n-x} =$$

$$= \sum_{x=1}^{n} x \cdot \binom{n}{x} \cdot p^x q^{n-x} =$$

$$= \sum_{x=1}^{n} x \cdot \frac{n!}{x!(n-x)!} \cdot p^x q^{n-x} =$$

$$= \sum_{x=1}^{n} \frac{n!}{(x-1)!(n-x)!} \cdot p^x \cdot q^{n-x} =$$

$$= n \cdot p \sum_{x=1}^{n} \frac{(n-1)!}{(x-1)!(n-x)!} \cdot p^{x-1} q^{n-x} =$$

$$= np \sum_{x=1}^{n} \binom{n-1}{x-1} p^{x-1} q^{n-x}$$

Fazendo $y = x - 1$, temos:

$$E(X) = n \cdot p \cdot \underbrace{\sum_{y=0}^{n-1} \binom{n-1}{y} \cdot p^y \cdot q^{n-y-1}}_{1} = n \cdot p \quad \therefore \quad \boxed{E(X) = n \cdot p}$$

Variância

$$E(X^2) = \sum_{x=0}^{n} x^2 \cdot p(x) = \sum_{x=1}^{n} x^2 \binom{n}{x} \cdot p^x \cdot q^{n-x} =$$

$$= \sum_{x=1}^{n} [x(x-1) + x] \cdot \binom{n}{x} \cdot p^x \cdot q^{n-x}$$

$$E(X^2) = \sum_{x=2}^{n} x(x-1) \cdot \binom{n}{x} \cdot p^x \cdot q^{n-x} + \underbrace{\sum_{x=1}^{n} x \binom{n}{x} \cdot p^x \cdot q^{n-x}}_{n \cdot p}$$

$$E(X^2) = \sum_{x=2}^{n} \frac{n!}{(x-2)! \cdot (n-x)!} \cdot p^x \cdot q^{n-x} + np$$

$$E(X^2) = n(n-1)^2 \cdot p^2 \cdot \sum_{x=2}^{n} \binom{n-2}{x-2} \cdot p^{x-2} \cdot q^{n-x} + np$$

Fazendo $y = x - 2$, temos:

$$E(X^2) = n(n-1) \cdot p^2 \cdot \underbrace{\sum_{y=0}^{n-2} \binom{n-2}{y} \cdot p^y \cdot q^{n-y-2}}_{1} + np \therefore$$

$\therefore \quad \boxed{E(X^2) = n(n-1) \cdot p^2 + np}$

Logo: $\text{VAR}(X) = n(n-1)p^2 + np - n^2 \cdot p^2 = -np^2 + np =$
$= np(1-p) = npq \therefore$

$\therefore \quad \boxed{\text{VAR}(X) = npq}$

Exemplo de aplicação

Achar a média e a variância da variável aleatória $Y = 3X + 2$, sendo $X: B(20; 0{,}3)$.

Resolução:

$E(X) = np = 20 \cdot 0{,}3 = 6$

$\text{VAR}(X) = npq = 20 \cdot 0{,}3 \cdot 0{,}7 = 4{,}2$

Logo: $E(Y) = E(3X + 2) = 3E(X) + 2 = 3 \cdot 6 + 2 = \boxed{20}$

e

$\text{VAR}(Y) = \text{VAR}(3X + 2) = 9\,\text{VAR}(X) = 9 \cdot 4{,}2 = \boxed{37{,}8}$

Resumo:

Se $X: B(n, p) \rightarrow P(X = k) = \binom{n}{k} p^k q^{n-k}$

$E(X) = np$

e

$\text{VAR}(X) = npq$

4.6 Distribuição polinomial ou multinomial

Consideremos um experimento aleatório e k eventos, $A_1, A_2, A_3, ..., A_k$, que formam uma partição do espaço amostral do experimento.

Sejam $P(A_i) = p_i$, $i = 1, 2, ..., k$ (probabilidades de sucessos).

Consideremos n tentativas independentes do mesmo experimento, sendo que os p_i, $i = 1, 2, ..., k$ permanecem constantes durante as repetições, com $\sum_{i=1}^{k} p_i = 1$.

Sejam $X_1, X_2, ..., X_k$ os números de ocorrências de $A_1, A_2, ..., A_k$, respectivamente, com $\sum_{i=1}^{k} X_i = n$.

Nestas condições,

$$P(X_1 = n_1, X_2 = n_2, ..., X_k = n_k) = \frac{n!}{n_1! \, n_2! \, ... \, n_k!} \cdot p_1^{n_1} \cdot p_2^{n_2} \cdot ... \cdot p_k^{n_k}$$

Com $\sum_{i=1}^{n} n_i = n$.

Essa função de probabilidade caracteriza a *distribuição polinomial* ou *multinomial* de X_i, $i = 1, 2, ..., k$.

Quando $k = 2$, temos a distribuição binomial, pois

$$P(X_1 = n_1, X_2 = n_2) = \frac{n!}{n_1! n_2!} p_1^{n_1} \cdot p_2^{n_2}, \text{ com } \begin{cases} n_2 = n - n_1 \\ p_2 = 1 - p_1 \end{cases}$$

Exemplos de aplicação

1. Uma urna tem 6 bolas brancas, 4 pretas e 5 azuis. Retiram-se 8 bolas com reposição. Qual a probabilidade de sair 4 bolas brancas, 2 pretas e 2 azuis?

   Resolução:

   $p_1 = P(B) = \dfrac{6}{15} = \dfrac{2}{5}$ \hspace{2em} X_1: saída de 4 bolas brancas

   $p_2 = P(P) = \dfrac{4}{15}$ \hspace{2em} X_2: saída de 2 bolas pretas

$$p_3 = P(A) = \frac{5}{15} = \frac{1}{3} \quad \therefore \qquad X_3\text{: saída de 2 bolas azuis}$$

$$\therefore P(X_1 = 4, X_2 = 2, X_3 = 2) =$$

$$= \frac{8!}{4!2!2!} \cdot \left(\frac{2}{5}\right)^4 \left(\frac{4}{15}\right)^2 \left(\frac{1}{3}\right)^2$$

2. Lança-se um dado 30 vezes. Qual a probabilidade de que cada face ocorra exatamente 5 vezes?

   Resolução:

   X_1: ocorrência de 5 faces 1.

   X_2: ocorrência de 5 faces 2.

   X_3: ocorrência de 5 faces 3.

   X_4: ocorrência de 5 faces 4.

   X_5: ocorrência de 5 faces 5.

   X_6: ocorrência de 5 faces 6.

   $P(X_1 = 5, X_2 = 5, X_3 = 5, X_4 = 5, X_5 = 5, X_6 = 5) =$

   $$= \frac{30!}{(5!)^6} \cdot \underbrace{\left(\frac{1}{6}\right)^5 \cdot \left(\frac{1}{6}\right)^5 \cdot \ldots \cdot \left(\frac{1}{6}\right)^5}_{6} = \frac{30!}{(5!)^6} \cdot \left(\frac{1}{6}\right)^{30}$$

Esperança e variância

Se X_i, $i = 1, 2, \ldots, k$ tem distribuição multinomial, é fácil ver que:

$$E(X_i) = n_i \cdot p_i$$

$$VAR(X_i) = n_i \cdot p_i \cdot q_i, \ i = 1, 2, \ldots, k$$

Resumo:

X_i tem distribuição multinomial, $i = 1, 2, \ldots, k$

$$P(X_1 = n_1, X_2 = n_2, \ldots, X_k = n_k) =$$

$$= \frac{n!}{n_1! n_2! \ldots n_k!} p_1^{n_1} \cdot p_2^{n_2} \cdot p_k^{n_k}$$

$E(X_i) = n_i\, p_i$ \qquad e \qquad $VAR(X_i) = n_i\, p_i\, q_i$

4.7 Distribuição de Poisson

Aproximação da distribuição binomial pela distribuição de Poisson

Muitas vezes, no uso da binomial, acontece que n é muito grande ($n \to \infty$), e p é muito pequeno ($p \to 0$). Nesses casos, não encontramos o valor em tabelas, ou então o cálculo torna-se muito difícil, sendo necessário o uso de máquinas de calcular sofisticadíssimas ou o uso de computador.

Podemos então fazer uma aproximação da binomial pela distribuição de Poisson.

Consideremos $\begin{cases} 1.\ n \to \infty \text{ (maior que o maior valor tabelado, } n > 30) \\ 2.\ p \to 0\ (p < 0,1) \\ 3.\ 0 < \mu \leq 10 \end{cases}$

Quando isso ocorre, a média $\mu = np$ será tomada como $np = \lambda$.

Nessas condições, se $X: B(n, p)$, queremos calcular $P(X = k) = \binom{n}{k} p^k q^{n-k}$.

Mostraremos que $P(X = k) \cong \dfrac{e^{-\lambda} \lambda^k}{k!}$

Seja $P(X = k) \binom{n}{k} p^k q^{n-k} = \dfrac{n!}{k!(n-k)!} p^k \cdot q^{n-k} = n(n-1)(n-2) \cdot$

$\cdot \ldots \cdot (n - k + 1) \cdot \dfrac{p^k}{k!} \cdot q^{n-k}$

$p = \dfrac{\lambda}{n}$ e $q = 1 - \dfrac{\lambda}{n}$. Quando $n \to \infty$.

$P(X = k) \cong \lim_{n \to \infty} \left\{ n(n-1)(n-2) \cdot \ldots \cdot (n - k + 1) \cdot \left(\dfrac{\lambda}{n}\right)^k \cdot \dfrac{1}{k!} \cdot \left(1 - \dfrac{\lambda}{n}\right)^{n-k} \right\}$

$= \lim_{n \to \infty} \left\{ 1 \cdot \left(1 - \dfrac{1}{n}\right) \cdot \left(1 - \dfrac{2}{n}\right) \cdot \ldots \cdot \left(1 - \dfrac{k-1}{n}\right) \cdot \lambda^k \cdot \dfrac{1}{k!} \cdot \left(1 - \dfrac{\lambda}{n}\right)^n \cdot \left(1 - \dfrac{\lambda}{n}\right)^{-k} \right\}$

$= 1 \cdot 1 \cdot 1 \cdot \ldots \cdot 1 \cdot \lambda^k \cdot \dfrac{1}{k!} \cdot e^{-\lambda} \cdot 1 =$

$= \dfrac{e^{-\lambda} \cdot \lambda^k}{k!} \quad \therefore$

$$\therefore P(X=k) \cong \frac{e^{-\lambda} \cdot \lambda^k}{k!}$$

que é a chamada distribuição de Poisson.

Logo, a binomial tem a distribuição de Poisson como limite, quando $n \to \infty$ e $p \to 0$.

Exemplos de aplicação

1. Seja X: $B(200; 0,01)$. Calcular $P(X = 10)$ usando binomial e aproximação pela Poisson.
   Resolução:

   Binomial:
   $$P(X=10) = \binom{200}{10}(0,01)^{10}(0,99)^{190} = 0,000033$$

   Aproximação pela Poisson:
   $\lambda = np = 200 \cdot 0,01 = 2$
   $$P(X=10) = \frac{e^{-2} \cdot 2^{10}}{10!} = 0,000038 \quad \text{(tabela da página 339)}$$

   Logo, a aproximação é bastante boa, pois o erro é de 0,000005 apenas.

2. A probabilidade de uma lâmpada se queimar ao ser ligada é 1/100. Numa instalação com 100 lâmpadas, qual a probabilidade de 2 lâmpadas se queimarem ao serem ligadas?

   Resolução:

   X: número de lâmpadas queimadas.

   X: $B\left(100, \dfrac{1}{100}\right)$. Logo,

   $$P(X=2) = \binom{100}{2}(0,01)^2(0,99)^{98}.$$

   Usando a aproximação pela Poisson,
   $\lambda = np = 100 \cdot 0,01 = 1$
   $$P(X=2) = \frac{e^{-1} \cdot 1^2}{2!} = 0,183940 \quad \therefore$$

   $$\therefore P(X=2) = \binom{100}{2}(0,01)^2(0,99)^{98} \cong 0,183940.$$

Distribuição de Poisson

Consideremos a probabilidade de ocorrência de sucessos em um determinado intervalo.

A probabilidade da ocorrência de um sucesso no intervalo é proporcional ao intervalo. A probabilidade de mais de um sucesso nesse intervalo é bastante pequena com relação à probabilidade de um sucesso.

Seja X o *número de sucessos no intervalo*, então:

$$P(X = k) = \frac{e^{-\lambda} \cdot \lambda^k}{k!}$$

onde λ é a média.

A variável X assim definida tem *distribuição de Poisson*.

A distribuição de Poisson é muito usada na distribuição do número de:

1. carros que passam por um cruzamento por minuto, durante uma certa hora do dia;
2. erros tipográficos por página, em um material impresso;
3. defeitos por unidade (m^2, m^3, m etc.) por peça fabricada;
4. colônias de bactérias numa dada cultura por 0,01 mm^2, numa plaqueta de microscópio;
5. mortes por ataque de coração por ano, numa cidade. É aplicada também em problemas de filas de espera em geral, e outros.

Esperança e variância

Cálculo da média

$$E(X) = \sum_{x=0}^{\infty} xp(x) = \sum_{x=0}^{\infty} x \cdot \frac{e^{-\lambda} \cdot \lambda^x}{x!} = \sum_{x=1}^{\infty} \frac{e^{-\lambda} \cdot \lambda^x}{(x-1)!} =$$

$$= e^{-\lambda} \cdot \sum_{x=1}^{\infty} \frac{\lambda^x}{(x-1)!} = e^{-\lambda} \cdot \lambda \sum_{x=1}^{\infty} \frac{\lambda^{x-1}}{(x-1)!}$$

Seja $y = x - 1$.

$$E(X) = e^{-\lambda} \cdot \lambda \sum_{y=0}^{\infty} \frac{\lambda^y}{y!} = e^{-\lambda} \cdot \lambda \cdot \left(1 + \lambda + \frac{\lambda^2}{2!} + \frac{\lambda^3}{3!} + \ldots\right) =$$

$$= e^{-\lambda} \cdot \lambda \cdot e^{\lambda} = \boxed{\lambda}$$

Cálculo da variância

$$E(X^2) = \sum_{x=0}^{\infty} x^2 \cdot \frac{e^{-\lambda} \cdot \lambda^x}{x!} = e^{-\lambda} \sum_{x=1}^{\infty} [x(x-1) + x] \frac{\lambda^x}{x!} =$$

$$= e^{-\lambda} \sum_{x=1}^{\infty} (x-1) \cdot x \cdot \frac{\lambda^x}{x!} + e^{-\lambda} \sum_{x=0}^{\infty} x \frac{\lambda^x}{x!} =$$

$$= e^{-\lambda} \sum_{x=2}^{\infty} \frac{\lambda^x}{(x-2)!} + \lambda = e^{-\lambda} \cdot \lambda^2 \sum_{x=2}^{\infty} \frac{\lambda^{x-2}}{(x-2)!} + \lambda$$

Seja $y = x - 2$,

$$\therefore E(X^2) = e^{-\lambda} \cdot \lambda^2 \sum_{y=0}^{\infty} \frac{\lambda^y}{y!} + \lambda = e^{-\lambda} \cdot \lambda^2 \cdot e^\lambda + \lambda = \lambda^2 + \lambda \quad \therefore$$

$$\therefore \text{VAR}(X) = \lambda^2 + \lambda - \lambda^2 = \boxed{\lambda}$$

Exemplos de aplicação

1. Num livro de 800 páginas há 800 erros de impressão. Qual a probabilidade de que uma página contenha pelo menos 3 erros?

   Resolução:

   X: número de erros por página

   $\lambda = 1$

   $P(X \geq 3) = 1 - P(X < 3) = 1 - \{P(X=0) + P(X=1) + P(X=2)\}$

   $$= 1 - \left\{ \frac{e^{-1} \cdot 1^0}{0!} + \frac{e^{-1} \cdot 1^1}{1!} + \frac{e^{-1} \cdot 1^2}{2!} \right\}$$

   $$= 1 - \{0,367879 + 0,367879 + 0,183940\} =$$

   $$= 1 - 0,919698 = 0,080302$$

2. Numa central telefônica chegam 300 telefonemas por hora. Qual a probabilidade de que:
   a) num minuto não haja nenhum chamado?
   b) em 2 minutos haja 2 chamados?
   c) em t minutos não haja chamados?

   Resolução:
   a) X: número de chamadas por minuto $\to \lambda = 5$

   $$P(X = 0) = \frac{e^{-5} \cdot 5^0}{0!} = 0,006738$$

   b) 2 minutos $\to \lambda = 10$

   $$P(X = 2) = \frac{e^{-10} \cdot 10^2}{2!} = 0,002270$$

c) t minutos $\to \lambda = 5t$

$$P(X=0) = \frac{e^{-5t} \cdot (5t)^0}{0!} = e^{-5t}$$

Exercícios resolvidos

1. Qual a probabilidade de que no 25º lançamento de um dado ocorra a face 4 pela 5ª vez?

   Resolução:

   X: número de lançamentos necessários para ocorrer a 5ª face 4 (Pascal).

   $P = \dfrac{1}{6}$

   $$P(X=25) = \binom{24}{4}\left(\frac{1}{6}\right)^5\left(\frac{5}{6}\right)^{20} = 0{,}0356438$$

2. Uma urna tem 20 bolas pretas e 30 brancas. Retiram-se 25 bolas com reposição. Qual a probabilidade de que:

   a) 2 sejam pretas?

   b) pelo menos 3 sejam pretas?

   Resolução:

   X: número de bolas pretas $\to P = \dfrac{20}{50} = 0{,}4$

   Logo X: $B(25; 0{,}4)$

   a) $P(X=2) = \binom{25}{2}(0{,}4)^2(0{,}6)^{23} = 0{,}00038$

   b) $P(X \geq 3) = 1 - P(X < 3) = 1 - \{P(X=0) + P(X=1) +$

   $+ P(X=2)\} = 1 - \left\{\binom{25}{0}(0{,}4)^0(0{,}6)^{25} + \binom{25}{1}(0{,}4)^1(0{,}6)^{24} + \binom{25}{2}(0{,}4)^2(0{,}6)^{23}\right\} =$

   $= 1 - \{0 + 0{,}00005 + 0{,}00038\} = 1 - 0{,}00043 =$

   $= 0{,}99957$

3. Numa estrada há 2 acidentes para cada 100 km. Qual a probabilidade de que em:

   a) 250 km ocorram pelo menos 3 acidentes?

b) 300 km ocorram 5 acidentes?

Resolução:

X: número de acidentes por β km (Poisson)

a) $\beta = 250 \rightarrow \lambda = 5$

$$P(X \geq 3) = 1 - P(X < 3) = 1 - \{P(X=0) + P(X=1) +$$

$$+ P(X=2)\} = 1 - \left\{ \frac{e^{-5} \cdot 5^0}{0!} + \frac{e^{-5} \cdot 5^1}{1!} + \right.$$

$$\left. + \frac{e^{-5} \cdot 5^2}{2!} \right\} = 1 - \{0,006738 + 0,033690 +$$

$$+ 0,084224\} = 1 - 0,124652 = \boxed{0,875348}$$

b) $\beta = 300 \rightarrow \lambda = 6$

$$P(X=5) = \frac{e^{-6} \cdot 6^5}{5!} = \boxed{0,160623}$$

4. A probabilidade de um arqueiro acertar um alvo com uma única flecha é de 0,20. Lança 30 flechas no alvo. Qual a probabilidade de que:

a) exatamente 4 acertem o alvo?

b) pelo menos 3 acertem o alvo?

Resolução:

X: número de acertos no alvo $\rightarrow p = 0,20$

$X: B(30; 0,20)$

a) $P(X=4) = \binom{30}{4}(0,2)^4 (0,8)^{26} = \boxed{0,13252}$

b) $P(X \geq 3) = 1 - P(X < 3) = 1 - \{P(X=0) + P(X=1) +$

$$+ P(X=2)\} = 1 - \left\{ \binom{30}{0}(0,2)^0 (0,8)^{30} + \right.$$

$$\left. + \binom{30}{1}(0,2)^1 (0,8)^{29} + \binom{30}{2}(0,2)^2 (0,8)^{28} \right\} =$$

$$= 1 - \{0,00124 + 0,00929 + 0,03366\} =$$

$$= 1 - 0,04419 = \boxed{0,95581}$$

5. Um lote de aparelhos de TV é recebido por uma firma. Vinte aparelhos são inspecionados. O lote é rejeitado se pelo menos 4 forem defeituosos. Sabendo-se que 1% dos aparelhos é defeituoso, determinar a probabilidade de a firma rejeitar todo o lote.

Resolução:

X: número de aparelhos defeituosos

X: $B(20; 0,01)$

$$P(X \geq 4) = 1 - P(X < 4) = 1 - \left\{ \binom{20}{0}(0,01)^0 (0,99)^{20} + \right.$$

$$\left. + \binom{20}{1}(0,01)^1(0,99)^{19} + \binom{20}{2}(0,01)^2(0,99)^{18} + \binom{20}{3}(0,01)^3(0,99)^{17} \right\} =$$

$$= 1 - \{0,81791 + 0,16523 + 0,01586 + 0,00096\} =$$

$$= 1 - 0,99996 = \boxed{0,00004}$$

6. Sabe-se que 20% dos animais submetidos a um certo tratamento não sobrevivem. Se esse tratamento foi aplicado em 20 animais e se X é o número de não-sobreviventes:

a) qual a distribuição de X?
b) calcular $E(X)$ e VAR(X).
c) calcular $P(2 < X \leq 4)$.
d) calcular $P(X \geq 2)$.

Resolução:

a) X: $B(20; 0,2)$.

b) $E(X) = np = 20 \cdot 0,2 = 4$.

$$\text{VAR}(X) = npq = 20 \cdot 0,2 \cdot 0,8 = 3,2$$

c) $P(2 < x \leq 4) = P(X = 3) + P(X = 4) =$

$$= 0,20536 + 0,21820 = \boxed{0,42356}$$

d) $P(X \geq 2) = 1 - P(X < 2) = 1 - \{P(X = 0) + P(X = 1)\} =$

$$= 1 - \{0,01153 + 0,05765\} = 1 - 0,06918 = \boxed{0,93082}$$

7. A experiência mostra que de cada 400 lâmpadas, 2 se queimam ao serem ligadas. Qual a probabilidade de que numa instalação de:

a) 600 lâmpadas, no mínimo 3 se queimem?
b) 900 lâmpadas, exatamente 8 se queimem?

Resolução:

X: número de lâmpadas que se queimam numa instalação (Poisson)

a) $\lambda = 3$

$$P(X \geq 3) = 1 - P(X < 3) = 1 - \{P(X=0) + P(X=1) +$$
$$+ P(X=2)\} = 1 - \{0{,}049787 + 0{,}149361 +$$
$$+ 0{,}224042\} = 1 - 0{,}42319 = \boxed{0{,}57681}$$

b) $\lambda = 4{,}5$

$$P(X=8) = \frac{e^{-4{,}5} \cdot (4{,}5)^8}{8!} = \boxed{0{,}046330}$$

8. Numa linha adutora de água, de 60 km de extensão, ocorrem 30 vazamentos no período de um mês. Qual a probabilidade de ocorrer, durante o mês, pelo menos 3 vazamentos num certo setor de 3 km de extensão?

Resolução:

X: número de vazamentos por 3 km

$$\left.\begin{array}{l} 60 \text{ km} \rightarrow 30 \text{ vazamentos} \\ 3 \text{ km} \rightarrow \lambda \end{array}\right\} \lambda = 1{,}5$$

$$P(X \geq 3) = 1 - P(X < 3) = 1 - \{P(X=0) + P(X=1) + P(X=2)\} =$$

$$= 1 - \left\{ \frac{e^{-1{,}5}(1{,}5)^0}{0!} + \frac{e^{-1{,}5}(1{,}5)^1}{1!} + \frac{e^{-1{,}5}(1{,}5)^2}{2!} \right\} =$$

$$= 1\{0{,}223130 + 0{,}334695 + 0{,}251021\} =$$

$$= 1 - 0{,}808846 = \boxed{0{,}191154}$$

9. Numa fita de som, há um defeito em cada 200 pés. Qual a probabilidade de que:
   a) em 500 pés não aconteça defeito?
   b) em 800 pés ocorram pelo menos 3 defeitos?

Resolução:

X: número de defeitos por β pés (Poisson)

a) $\beta = 500 \rightarrow \lambda = 2{,}5$

$$P(X=0) = \frac{e^{-2{,}5} \cdot (2{,}5)^0}{0!} = \boxed{0{,}082085}$$

b) $\beta = 800 \rightarrow \lambda = 4$

$$P(X \geq 3) = 1 - P(X < 3) = 1 - \left\{ \frac{e^{-4} \cdot 4^0}{0!} + \frac{e^{-4} \cdot 4^1}{1!} + \frac{e^{-4} \cdot 4^2}{2!} \right\} =$$

$$1 - \{0{,}18316 + 0{,}073263 + 0{,}146525\} = 1 - 0{,}238104 = \boxed{0{,}761896}$$

10. O número de mortes por afogamento em fins de semana, numa cidade praiana, é de 2 para cada 50.000 habitantes. Qual a probabilidade de que em:
    a) 200.000 habitantes ocorram 5 afogamentos?
    b) 112.500 habitantes ocorram pelo menos 3 afogamentos?

    Resolução:

    X: número de afogamentos por β habitantes (Poisson)
    a) $\beta = 200.000 \rightarrow \lambda = 8$

    $$P(X=5) = \frac{e^{-8} \cdot 8^5}{5!} = \boxed{0{,}091603}$$

    b) $\beta = 112.500 \rightarrow \lambda = 4{,}5$

    $$P(X \geq 3) = 1 - P(X < 3) = 1 - \{0{,}011109 +$$
    $$+ 0{,}049990 + 0{,}112479\} = 1 - 0{,}173578 =$$
    $$= \boxed{0{,}826422}$$

11. Uma firma recebe 720 mensagens em seu fax em 8 horas de funcionamento. Qual a probabilidade de que:
    a) em 6 minutos receba pelo menos 4 mensagens?
    b) em 4 minutos não receba nenhuma mensagem?

    Resolução:

    X: número de mensagens por β minutos
    a) $\beta = 6$ minutos

    $$\left. \begin{array}{rcl} 720 \text{ mensagens} & \rightarrow & 480 \text{ min} \\ \lambda & \rightarrow & 6 \text{ min} \end{array} \right\} \lambda = 9$$

    $$P(X \geq 4) = 1 - P(X < 4) = 1 - \left\{ \frac{e^{-9} \cdot 9^0}{0!} + \frac{e^{-9} \cdot 9^1}{1!} + \frac{e^{-9} \cdot 9^2}{2!} + \frac{e^{-9} \cdot 9^3}{3!} \right\} =$$

    $$= 1 - \{0{,}000123 + 0{,}001111 + 0{,}004998 + 0{,}014994\} = 1 - 0{,}021226$$
    $$= \boxed{0{,}978774}$$

    b) $\beta = 4$ minutos $\rightarrow \lambda = 6$

    $$P(X = 0) = \frac{e^{-6} \cdot 6^0}{0!} = \boxed{0{,}002479}$$

12. Considere 10 tentativas independentes de um experimento. Cada tentativa admite sucesso com probabilidade 0,05. Seja X o número de sucessos:
    a) Calcular $P(1 < x \leq 4)$.
    b) Considere 100 tentativas independentes. Calcular $P(X \leq 2)$.

Resolução:

a) $X: B(10; 0,05)$

$$P(1 < x \leq 4) = \binom{10}{2}(0,05)^2(0,95)^8 + \binom{10}{3}(0,05)^3(0,95)^7 +$$

$$+ \binom{10}{4}(0,05)^4(0,95)^6 = 0,07463 +$$

$$+ 0,01048 + 0,00096 = \boxed{0,08607}$$

b) $X: B(100; 0,05)$. Usaremos a aproximação da binomial pela Poisson.

$$\lambda = 100 \cdot 0,05 = 5$$

$$P(X \leq 2) = \frac{e^{-5} \cdot 5^0}{0!} + \frac{e^{-5} \cdot 5^1}{1!} + \frac{e^{-5} \cdot 5^2}{2!} \cong$$

$$\cong 0,006738 + 0,033690 + 0,084224 =$$

$$= \boxed{0,124652}$$

13. Numa urna há 40 bolas brancas e 60 pretas. Retiram-se 20 bolas. Qual a probabilidade de que ocorram no mínimo 2 bolas brancas, considerando as extrações:
    a) sem reposição;
    b) com reposição.

Resolução:

X: número de bolas brancas

a) Hipergeométrica

$$P(X \geq 2) = 1 - P(X < 2) = 1 - \{P(X=0) + P(X=1)\} =$$

$$= 1 - \left\{ \frac{\binom{40}{0}\binom{60}{20}}{\binom{100}{20}} + \frac{\binom{40}{1}\binom{60}{19}}{\binom{100}{20}} \right\} =$$

$$= 1 - \{0,000008 + 0,000153\} =$$
$$= 1 - 0,000161 = \boxed{0,999839}$$

b) $X: B(20; 0,4)$

$$P = \frac{40}{100} = 0,4$$

$$P(X \geq 2) = 1 - P(X > 2) = 1 - \{0,00003 + 0,00049\} = 1 - 0,00052 = \boxed{0,99948}$$

14. Um técnico visita os clientes que compraram assinatura de um canal de TV para verificar o decodificador. Sabe-se, por experiência, que 90% desses aparelhos não apresentam defeitos.

    Resolução:
    a) Determinar a probabilidade de que em 20 aparelhos pelo menos 17 não apresentem defeitos.
    b) Se a probabilidade de defeito for de 0,0035, qual a probabilidade de que em 2.000 visitas ocorra no máximo 1 defeito?
    a) X: número de decodificadores sem defeito

    X: $B(20; 0,90)$

    $$P(X \geq 17) = \binom{20}{17}(0,90)^{17}(0,10)^3 + \ldots + \binom{20}{20}(0,90)^{20}(0,10)^0 =$$

    $$= 0,19012 + 0,28518 + 0,27017 + 0,12158 =$$
    $$= 0,86705$$

    b) Y: número de decodificadores defeituosos

    Y: $B(2.000; 0,0035)$

    Fazendo a aproximação pela Poisson, temos:

    $\lambda = 2.000 \cdot 0,0035 \rightarrow \lambda = 7$

    $$P(Y \leq 1) = \frac{e^{-7} \cdot 7^0}{0!} + \frac{e^{-7} \cdot 7^1}{1!} = 0,000912 + 0,006383 = 0,007295$$

15. Uma fábrica de motores para máquinas de lavar roupas separa de sua linha de produção diária de 350 peças uma amostra de 30 itens para inspeção. O número de peças defeituosas é de 14 por dia.

    Qual a probabilidade de que a amostra contenha pelo menos 3 motores defeituosos?

    Resolução:
    X: número de motores defeituosos na amostra
    X: Hipergeométrica
    $N = 350 \quad r = 14$
    $n = 30$

    $$P(X \geq 3) = 1 - P(X < 3) = 1 - \{P(X = 0) + P(X = 1) + P(X = 2)\} =$$

    $$= 1 - \left\{ \frac{\binom{14}{0}\binom{336}{30}}{\binom{350}{30}} + \frac{\binom{14}{1}\binom{336}{29}}{\binom{350}{30}} + \frac{\binom{14}{2}\binom{336}{28}}{\binom{350}{30}} \right\} =$$

    $$= 1 - \{0,278142 + 0,380521 + 0,232884\} =$$
    $$= 1 - 0,891547 = 0,108453$$

16. Seja X: $B(200; 0,04)$. Usando aproximação, calcular:
    a) $P(X = 6)$;
    b) $P(X + 2\sigma > \mu)$.

    Resolução:
    Sendo $Z = 4X - 5$, calcular $E(Z)$ e $VAR(Z)$.
    $$\mu = E(X) = 200 \cdot 0,04 = 8$$
    $$\sigma^2 = VAR(X) = 200 \cdot 0,04 \cdot 0,96 = 7,68 \rightarrow \sigma = 2,77$$

    Aproximando pela Poisson, temos:
    $$\lambda = 200 \cdot 0,04 = 8.$$

    a) $P(X = 6) = \dfrac{e^{-8} \cdot 8^6}{6!} \cong \boxed{0,122138}$

    b) $P(X + 2\sigma > \mu) = P(X + 2 \cdot 2,77 > 8) = P(X > 2,46) =$
    $$= 1 - P(X \leq 2,46) = 1 - P(X \leq 2) =$$
    $$= 1 - \{0,000336 + 0,002684 + 0,010735\} =$$
    $$= 1 - 0,013755 = \boxed{0,986245}$$

    se $Z = 4X - 5 \begin{cases} E(Z) = 4 \cdot 8 - 5 = \boxed{27} \\ VAR(Z) = 16 \cdot VAR(X) = 16 \cdot 7,68 = \boxed{122,88} \end{cases}$

17. Seja X: $B(400; 0,02)$. Calcular, usando a aproximação pela Poisson:
    a) $P(X = 7)$
    b) $P(2 \leq X < 6)$
    c) $P(X \geq 3)$

    Resolução:
    $\lambda = np = 400 \cdot 0,02 = 8$

    a) $P(X = 7) = \dfrac{e^{-8} \cdot 8^7}{7!} = \boxed{0,139587}$

    b) $P(2 \leq X < 6) = \dfrac{e^{-8} \cdot 8^2}{2!} + \dfrac{e^{-8} \cdot 8^3}{3!} + \dfrac{e^{-8} \cdot 8^4}{4!} +$
    $$+ \dfrac{e^{-8} \cdot 8^5}{5!} = 0,010735 + 0,028626 + 0,057252 + 0,091603 =$$
    $$= \boxed{0,188216}$$

    c) $P(X \geq 3) = 1 - P(X < 3) = 1 - \{P(X = 0) + P(X = 1) +$
    $+ P(X = 2)\} = 1 - \{0,000336 + 0,002684 + 0,010735\} =$
    $$= 1 - 0,013755 = \boxed{0,986245}$$

18. Uma urna tem 10 bolas brancas e 40 pretas.
   a) Qual a probabilidade de que a 6ª bola retirada com reposição seja a 1ª branca?
   b) Qual a probabilidade de que de 16 bolas retiradas sem reposição ocorram 3 brancas?
   c) Qual a probabilidade de que a 15ª bola extraída com reposição seja a 6ª branca?
   d) Qual a probabilidade de que em 30 bolas retiradas com reposição ocorram no máximo 2 brancas?
   e) Se o número de bolas na urna fosse 50 brancas e 950 pretas, qual a probabilidade de que, retirando-se 200 bolas, com reposição, ocorressem pelo menos 3 brancas?

Resolução:

a) Geométrica:

$$p = \frac{10}{50} = 0,2 \rightarrow q = 0,8$$

$$P(X = 6) = (0,8)^5 \cdot 0,2 = \boxed{0,065536}$$

b) Hipergeométrica:

$$P(X = 3) = \frac{\binom{10}{3}\binom{40}{13}}{\binom{50}{16}} = \boxed{0,293273}$$

c) Pascal:

$$P(X = 15) = \binom{14}{5}(0,2)^6(0,8)^9 = \boxed{008599}$$

d) Binomial $\rightarrow X: B(30; 0,2)$

$$P(X \leq 2) = \binom{30}{0}(0,2)^0(0,8)^{30} + \binom{30}{1}(0,2)^1(0,8)^{29} +$$

$$+ \binom{30}{2}(0,2)^2(0,8)^{28} = 0,00124 + 0,00929 +$$

$$+ 0,03366 = \boxed{0,04419}$$

e) $X: (200; 0,05) \rightarrow$ Usaremos a aproximação pela Poisson $\rightarrow$

$$\rightarrow \lambda = 200 \cdot 0,05 = 10$$

$$P(X \geq 3) = 1 - P(X < 3) =$$

$$= 1 - \left\{ \frac{e^{-10} \cdot 10^0}{0!} + \frac{e^{-10} \cdot 10^1}{1!} + \right.$$

$$\left. + \frac{e^{-10} \cdot 10^2}{2!} \right\} = 1 - \{0,000045 +$$

$$+ 0,000454 + 0,002270\}$$

$$= 1 - 0,002769 = \boxed{0,997231}$$

19. Vinte por cento dos refrigeradores produzidos por uma empresa são defeituosos. Os aparelhos são vendidos em lotes com 50 unidades. Um comprador adotou o seguinte procedimento: de cada lote ele testa 20 aparelhos, e se houver pelo menos 2 defeituosos o lote é rejeitado. Admitindo-se que o comprador tenha aceitado o lote, qual a probabilidade de ter observado exatamente um aparelho defeituoso?

Resolução:

X: número de defeituosos no lote de 20 aparelhos

X: $B(20; 0,2)$

$P(\text{Aceitar}) = P(X < 2) = P(X = 0) + P(X = 1) =$

$$= \binom{20}{0}(0,2)^0(0,8)^{20} + \binom{20}{1}(0,2)^1(0,8)^{19} =$$

$$= 0,01153 + 0,05365 = 0,06918$$

$$P(X = 1 / \text{Aceitou}) = \frac{P(X = 1)}{P(\text{Aceitar})} = \frac{0,05765}{0,06918} = \boxed{0,83333}$$

20. Um determinado artigo é vendido em caixa a preço de R$ 20,00 cada. É característica de produção que 20% destes artigos sejam defeituosos. Um comprador fez a seguinte proposta: de cada caixa escolhe 25 artigos, ao acaso, e paga por caixa:

R$ 25,00, se nenhum artigo, dos selecionados, for defeituoso;

R$ 17,00, se um ou dois artigos forem defeituosos;

R$ 10,00, se três ou mais forem defeituosos. O que é melhor para o fabricante: manter o seu preço de R$ 20,00 por caixa ou aceitar a proposta do consumidor?

Resolução:

X: número de artigos defeituosos

X: $B(25; 0,2)$

$P(X = 0) = 0,00378$

$P(1 \leq X \leq 2) = P(X = 1) + P(X = 2) =$

$$= 0,02361 + 0,07084 = 0,09445$$

$$P(X \geq 3) = 1 - \{0{,}00378 + 0{,}02361 + 0{,}07084\} =$$
$$= 1 - 0{,}09823 = 0{,}90177$$

Y: pagamento por caixa do consumidor.

Y	P(Y)	Y · P(Y)
25,00	0,00378	0,0945
17,00	0,09445	1,60565
10,00	0,90177	9,0177
	1	10,71785

$$E(Y) = 10{,}72,$$

que é o preço médio por caixa da proposta do comprador.

Logo, o fabricante deve manter seu preço de R$ 20,00 por caixa.

21. Sejam X e Y variáveis aleatórias independentes com distribuições de Poisson, X com média 0,2, $X = 0, 1, 2$ e Y com média 1, $Y = 0, 1, 2, 3, 4$. Seja $Z = |2X - Y|$, determinar $E(Z)$ **usando a distribuição de probabilidade de Z**.

Resolução:

Os valores de $P(X)$ e $P(Y)$ foram tirados da tabela da distribuição de Poisson, para $\lambda = 0{,}2$ e $\lambda = 1$, respectivamente, fazendo o arredondamento na 2ª decimal.

X	P(X)
0	0,82
1	0,16
2	0,02
Σ	1

Y	P(Y)
0	0,37
1	0,37
2	0,18
3	0,06
4	0,02
Σ	1

Y \ X	0	1	2	3	4	P(X)
0	0,30	0,30	0,15	0,05	0,02	0,82
1	0,06	0,06	0,03	0,01	0	0,16
2	0,01	0,01	0	0	0	0,02
P(Y)	0,37	0,37	0,18	0,06	0,02	1

$Z = |2X - Y|$

Z	P(Z)	Z · P(Z)
0	0,33	0
1	0,37	0,37
2	0,21	0,42
3	0,06	0,18
4	0,03	0,12
Σ	1	1,09

∴ $E(Z) = 1,09$
$E(|2X - Y|) = 1,09$

Exercícios propostos

1. Seja $X: B\left(10, \dfrac{2}{5}\right)$. Calcular:

   a) $P(X = 3)$;
   b) $P(X \leq 2)$;
   c) $P(X \geq 4)$;
   d) $P(X - 2 < 1)$;
   e) $P(|X - 2| \leq 1)$;
   f) $P(3 < X \leq 5)$;
   g) $P(|X - 3| > 1)$;
   h) $E(X)$ e VAR(X);
   i) $E(Z)$ e VAR(Z), sendo $Z = \dfrac{X - \mu_x}{\sigma_x}$.

2. Seja $X: B(n, p)$. Sabendo-se que $E(X) = 12$ e VAR(X) = 4, determinar n, p, $E(Z)$ e VAR(Z), sendo $Z = \dfrac{X - 6}{3}$.

3. Uma remessa de 800 estabilizadores de tensão é recebida pelo controle de qualidade de uma empresa. São inspecionados 20 aparelhos da remessa, que será aceita se ocorrer no máximo um defeituoso. Há 80 defeituosos no lote. Qual a probabilidade de o lote ser aceito?

4. Numa cidade, é selecionada uma amostra de 60 adultos e a esses indivíduos é pedido para opinarem se são a favor ou contra determinado projeto. Como resultado obtido, observou-se 40 a favor. Se na realidade as opiniões pró e contra são igualmente divididas, qual é a probabilidade de ter obtido tal resultado?

5. Um órgão governamental credencia a firma A para fazer vistorias em carros recuperados ou construídos particularmente e dar a aprovação ou não para que determinado carro possa ser lacrado no Detran. Resolve testar se a firma A está trabalhando de acordo com suas especificações. De um lote de 250 carros vistoriados e aprovados por A, escolhe 50 e faz novas vistorias. Se encontrar no mínimo 2 que não mereçam a aprovação, descredencia A. Sabendo-se que no lote de 250 há 8 carros que foram aprovados irregularmente, qual a probabilidade do descredenciamento?

6. O número de partículas gama emitidas por segundo, por certa substância radioativa, é uma variável aleatória com distribuição de Poisson com $\lambda = 3,0$. Se um instrumento registrador torna-se inoperante quando há mais de 4 partículas por segundo, qual a probabilidade de isso acontecer em qualquer dado segundo?

7. Uma máquina produz determinado artigo; no fim de cada dia de trabalho ela é inspecionada com a finalidade de se verificar a necessidade, ou não, de ser submetida a ajuste ou reparo. Para tal fim, um inspetor toma uma amostra de 10 itens produzidos pela máquina, decidindo por ajuste ao assinalar de um a cinco itens defeituosos, e por reparo, no caso de mais de cinco itens defeituosos. Se a máquina está produzindo, em média, 1% de itens defeituosos, determinar a probabilidade, após uma inspeção:
   a) de não ser necessário ajuste ou reparo;
   b) de ser necessário apenas ajuste;
   c) de ser necessário reparo.

8. Na fabricação de um tecido ocorrem 2 tipos de defeitos: falha na pigmentação e falha na trama. O quadro abaixo representa a distribuição de probabilidades de ocorrências destes defeitos em uma peça, sendo X a quantidade de falhas de pigmentação e Y a quantidade de falhas de trama.
   a) Qual a probabilidade de se encontrar, num lote de 20 peças, no máximo 18 peças sem nenhum defeito?
   b) Qual a probabilidade de se encontrar, num lote de 25 peças, no máximo 3 peças com pelo menos 3 defeitos em cada uma?

X \ Y	0	1	0
0	0,7	0,05	0,06
1	0,05	0,02	0,055
2	0,02	0,03	0,015

9. Em um pronto-socorro, o número de atendimentos de emergência segue uma distribuição de Poisson com média de 60 atendimentos por hora. Calcular:
   a) A probabilidade de o pronto-socorro não efetuar nenhum atendimento em um intervalo de 5 minutos.
   b) A probabilidade de o pronto-socorro efetuar pelo menos 2 atendimentos em um intervalo de 10 minutos.

10. Uma fábrica de automóveis verificou que, ao testar seus carros na pista de prova, há, em média, um estouro de pneu em cada 300 km, e que o número de pneus estourados segue razoavelmente uma distribuição de Poisson. Qual a probabilidade de que:
    a) um teste de 900 km haja no máximo um pneu estourado?
    b) um carro ande 450 km na pista sem estourar nenhum pneu?

11. Uma fábrica produz isoladores de alta tensão que são classificados como bons e ruins de acordo com um teste padrão. Da produção de um dia retiraram-se 10 isoladores que no laboratório apresentam-se como sendo 8 bons e 2 ruins. Pede-se para calcular a probabilidade deste resultado, admitindo que a máquina produza em média:

    a) 95% de bons e 5% de ruins.

    b) 0% de bons e 10% de ruins.

12. Oito dados são lançados simultaneamente. Seja X o número de vezes que ocorre a face 3, calcule:

    a) $P(1 < X \leq 4)$.

    b) $P(X \geq 3)$.

    c) $E(X)$.

    d) $\text{VAR}(X)$.

13. Calcular em 9 lances de uma moeda não viciada a probabilidade de que se tenha:

    a) Menos de 3 caras.

    b) Pelo menos 4 caras.

    c) Exatamente 2 caras.

14. Um caixa de banco atende 150 clientes por hora. Qual a probabilidade de que atenda:

    a) Nenhum cliente em 4 minutos.

    b) No máximo dois clientes em 2 minutos.

15. Sejam $X_1, X_2, ..., X_n$, n variáveis aleatórias independentes, com distribuição de Bernoulli, com parâmetros p.

    Seja $X = X_1 + X_2 + ... + X_n$, prove que:

    a) $E(X) = np$.

    b) $\text{VAR}(X) = npq$.

16. Na fabricação de peças de determinado tecido aparecem defeitos ao acaso, um a cada 250 m. Supondo-se a distribuição de Poisson para os defeitos, qual a probabilidade de que na produção de 1.000 m:

    a) não haja defeito?

    b) aconteçam pelo menos três defeitos?

    c) em um período de 80 dias de trabalho, a produção diária é de 625 m. Em quantos dias haverá uma produção sem defeito?

17. O CRH de uma firma entrevista 150 candidatos a emprego por hora. Qual a probabilidade de entrevistar:

    a) no máximo 3 candidatos em 2 minutos?

    b) exatamente 8 candidatos em 4 minutos?

18. Seja X: $B(300; 0{,}01)$. Usando aproximação pela Poisson, calcular:
    a) $P(X = 4)$.
    b) $P(X \geq 2)$.
    c) $P(1 < X \leq 4)$.

19. Um inspetor de qualidade recusa peças defeituosas numa proporção de 10% das peças examinadas. Calcular a probabilidade de que sejam recusadas:
    a) Pelo menos 3 peças de um lote com 20 peças examinadas.
    b) No máximo 2 peças de um lote de 25 peças examinadas.

20. Sendo X: $B(200; 0{,}025)$ e usando aproximação, calcular:
    a) $P(X > 4)$.
    b) $P(X = 5)$.
    c) $P(X \leq 2)$.
    d) $P(|X - 2| < 1)$.

21. A probabilidade de um atirador acertar no alvo num único tiro é 1/4. O atirador atira 20 vezes no alvo. Qual a probabilidade de acertar:
    a) Exatamente 5 vezes.
    b) Pelo menos 3 vezes.
    c) Nenhuma vez.
    d) No máximo 4 vezes.

22. De acordo com a Divisão de Estatística Vital do Departamento de Saúde dos Estados Unidos, a média anual de afogamentos acidentais neste país é de 3 por 100.000 indivíduos. Determinar a probabilidade de que em uma cidade com 300.000 habitantes se verifiquem:
    a) Nenhum afogamento.
    b) No máximo 2 afogamentos.
    c) Mais de 4 e menos de 8 afogamentos.

23. Em teste com um motor, há falhas em 2 componentes, a cada 5 horas. Qual a probabilidade de que:
    a) Em 10 horas de testes nenhum componente falhe.
    b) Em 7 1/2 horas de testes ocorram falhas no máximo em 3 componentes.

24. Num lote de 40 peças, 20% são defeituosas. Retiram-se 10 peças do lote. Qual a probabilidade de se encontrar:
    a) 3 defeituosas.
    b) No máximo 2 defeituosas.

25. Uma urna contém 8 bolas brancas e 12 pretas. Retiram-se 10 bolas com reposição. Qual a probabilidade de que:

a) no máximo 2 sejam brancas?
b) 3 sejam brancas?

26. A probabilidade de uma máquina produzir uma peça defeituosa, em um dia, é de 0,1.
    a) Qual a probabilidade de que em 20 peças produzidas pela máquina, em um dia, ocorram 3 defeituosas?
    b) Qual a probabilidade de que a 18ª peça produzida no dia seja a 4ª defeituosa?
    c) Qual a probabilidade de que a 10ª peça produzida em um dia seja a 1ª defeituosa?
    d) Separa-se um lote de 50 peças das 400 produzidas em um dia. Qual a probabilidade de que 5 sejam defeituosas, sabendo-se que das 400, 20 são defeituosas?
    e) Se a probabilidade da máquina produzir uma peça defeituosa, num dia, fosse de 0,01, qual a probabilidade de se ter no máximo 4 defeituosas em um dia de 500 peças produzidas?

27. Sabe-se que o número de passageiros por veículos tipo van em determinada rodovia segue aproximadamente uma distribuição binomial com parâmetros $n = 10$ e $p = 0,3$ (utilize apenas 2 casas decimais).
    a) Calcular o número médio de ocupantes por veículo.
    b) Qual a probabilidade de que, em um determinado dia, a quinta van que passar por esta rodovia seja a segunda a transportar mais do que 3 pessoas?
    c) A taxa de pedágio nesta rodovia é cobrada da seguinte maneira: se o veículo transporta uma pessoa apenas (só o motorista), é cobrado R$ 6,00; se o veículo tem 2 ou 3 ocupantes, R$ 4,00; e se tiver mais do que 3 ocupantes, R$ 2,00. Calcular a arrecadação média diária, sabendo-se que, em média, passam 300 veículos por dia neste pedágio.

CAPÍTULO 5

Variáveis aleatórias contínuas

5.1 Definições

Consideremos a distribuição de probabilidades da variável aleatória discreta X:

X	$P(X)$
1	0,1
2	0,2
3	0,4
4	0,2
5	0,1

Faremos o histograma da distribuição de probabilidades de X.

O histograma é um gráfico da distribuição de X. É construído com retângulos de bases unitárias e alturas iguais às probabilidades de $X = x_0$.

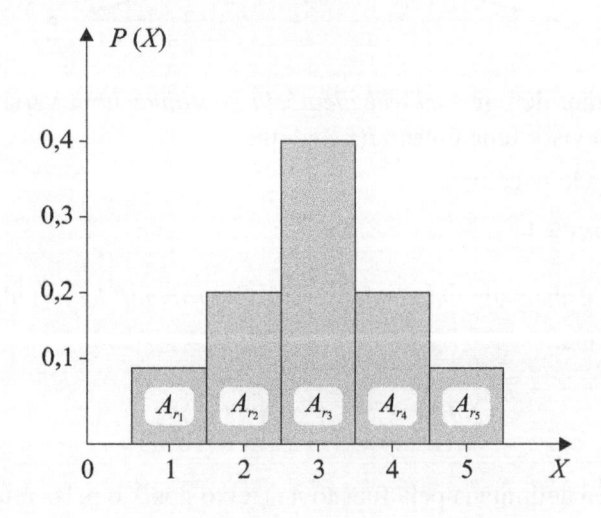

As áreas dos retângulos são:

$A_{r1} = b_1 \cdot h_1 = 1 \cdot 0,1 = 0,1 \therefore A_{r1} = P(X = 1)$
$A_{r2} = b_2 \cdot h_2 = 1 \cdot 0,2 = 0,2 \therefore A_{r2} = P(X = 2)$
$A_{r3} = b_3 \cdot h_3 = 1 \cdot 0,4 = 0,4 \therefore A_{r3} = P(X = 3)$
$A_{r4} = b_4 \cdot h_4 = 1 \cdot 0,2 = 0,2 \therefore A_{r4} = P(X = 4)$
$A_{r5} = b_5 \cdot h_5 = 1 \cdot 0,1 = 0,1 \therefore A_{r5} = P(X = 5)$

Como $\sum_{i=1}^{5} P(X = i) = 1$, temos que:

$$\sum_{i=1}^{5} A_{r_i} = 1.$$

Para calcularmos, por exemplo, $P(1 \leq X \leq 3)$, basta calcular a soma das áreas Ar_1, Ar_2 e Ar_3, isto é,

$$P(1 \leq X \leq 3) = \sum_{i=1}^{3} A_{r_i} = 0,1 + 0,2 + 0,4 = 0,7.$$

Se tomarmos os pontos médios das bases superiores dos retângulos e os ligarmos por uma curva, teremos, se considerarmos X uma *variável aleatória contínua*, uma função contínua $f(X)$, representada no gráfico:

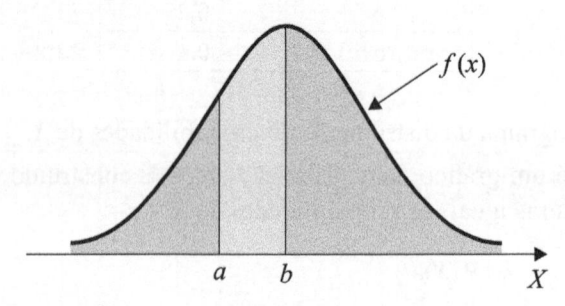

Podemos, então, definir *variável aleatória contínua*: uma variável aleatória X é contínua em $\mathbb{R}$ se existir uma função $f(x)$, tal que:

1. $f(x) \geq 0$ (não negativa).
2. $\int_{-\infty}^{\infty} f(x)dx = 1$.

A função $f(x)$ é chamada *função densidade de probabilidade* (f. d. p.)
Observamos que:

$$P(a \leq X \leq b) = \int_{a}^{b} f(x)dx$$

(corresponde à área delimitada pela função $f(x)$, eixo dos X, e pelas retas $X = a$ e $X = b$).

Podemos estender todas as definições de variáveis aleatórias discretas para variáveis contínuas.

Se X é uma variável aleatória contínua, então:

DEFINIÇÃO

$$E(X) = \int_{-\infty}^{\infty} x \cdot f(x)dx$$

A esperança pode ser entendida como um "centro de distribuição de probabilidades".

DEFINIÇÃO

$$\text{VAR}(X) = \int_{-\infty}^{\infty} \{x - E(X)\}^2 \cdot f(x)dx$$

ou $\text{VAR}(X) = E(X^2) - \{E(X)\}^2$, onde

$$E(X^2) = \int_{-\infty}^{\infty} x^2 \cdot f(x)dx.$$

Também podemos definir:

$$F(x) = P(X \leq x) = \int_{-\infty}^{x} f(s)ds,$$

e o gráfico genericamente é:

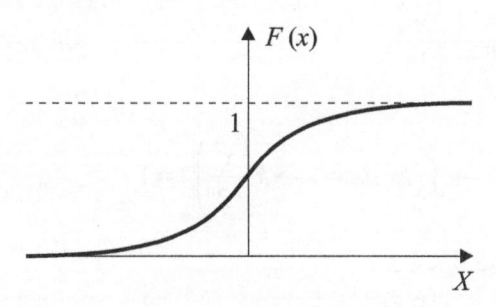

Podemos encontrar a f. d. p., se existir, a partir de $F(x)$, pois:

$$\frac{d}{dx}F(x) = f(x)$$

nos pontos onde $F(x)$ é derivável.

Exemplos de aplicação

1. Verificar se $f(x) = \begin{cases} 2x+3 & \text{se } 0 < x \leq 2 \\ 0 & \text{se } x \leq 0 \text{ ou } x > 2 \end{cases}$

   é uma f. d. p.

   Resolução:
   a) $f(x) \geq 0$ para todo x.

   b) $\int_{-\infty}^{\infty} f(x)dx = \int_{0}^{2}(2x+3)dx = (x^2 + 3x)\Big|_{0}^{2} = 4 + 6 = 10 \therefore$

   $\therefore$ não é uma f. d. p.

   Se definirmos: $f(x) = \begin{cases} \dfrac{1}{10}(2x+3) & \text{se } 0 \leq x \leq 2 \\ 0 & \text{se } x < 0 \text{ ou } x > 2, \end{cases}$

   então $f(x)$ é uma função densidade de probabilidade.

2. Seja $f(x) = \begin{cases} kx & \text{se } 0 < x \leq 1 \\ 0 & \text{se } x \leq 0 \text{ ou } x > 1 \end{cases}$

   Determinar:
   a) k a fim de que $f(x)$ seja f. d. p.
   b) o gráfico de $f(x)$.
   c) $P\left(0 \leq X \leq \dfrac{1}{2}\right)$.
   d) $E(X)$.
   e) VAR(X).
   f) $F(x)$.
   g) gráfico de $F(x)$.

   Resolução:
   a) $\int_{-\infty}^{\infty} f(x)dx = 1 \rightarrow \int_{0}^{1} kx\, dx = 1 \rightarrow k\left(\dfrac{x^2}{2}\right)\Big|_{0}^{1} = 1 \quad \therefore \quad \boxed{k = 2}$

   b) $f(x) = \begin{cases} 2x & \text{se } 0 < x \leq 1 \\ 0 & \text{se } x \leq 0 \text{ ou } x > 1 \end{cases}$

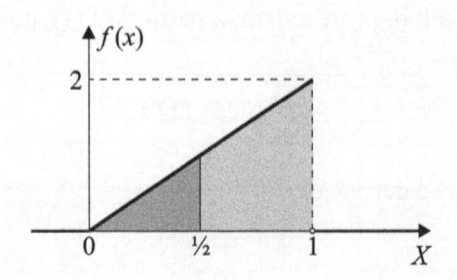

c) $P\left(0 \leq X \leq \dfrac{1}{2}\right) = \int_0^{1/2} 2x\, dx = (x^2)\Big|_0^{1/2} = \boxed{\dfrac{1}{4}}$

d) $E(X) = \int_{-\infty}^{\infty} x f(x)\, dx = \int_0^1 x \cdot 2x\, dx = \int_0^1 2x^2\, dx =$

$= 2\left(\dfrac{x^3}{3}\right)\Big|_0^1 = \boxed{\dfrac{2}{3}}$

e) $E(X^2) = \int_{-\infty}^{+\infty} x^2 f(x)\, dx = \int_0^1 x^2 \cdot 2x\, dx = \int_0^1 2x^3\, dx =$

$= \left(\dfrac{x^4}{2}\right)\Big|_0^1 = \dfrac{1}{2} \therefore$

$\therefore \mathrm{VAR}(X) = \dfrac{1}{2} - \left(\dfrac{2}{3}\right)^2 = \dfrac{1}{2} - \dfrac{4}{9} = \boxed{\dfrac{1}{18}}$

f) $F(x) = \int_0^x f(s)\, ds = \int_0^x 2s\, ds = (s^2)\Big|_0^x = x^2$

Logo:

$F(x) = \begin{cases} 0 & \text{se } x \leq 0 \\ x^2 & \text{se } 0 < x < 1 \\ 1 & \text{se } x \geq 1 \end{cases}$

Obs.: $\dfrac{d}{dx} F(x) = 2x$ para $0 < x < 1$.

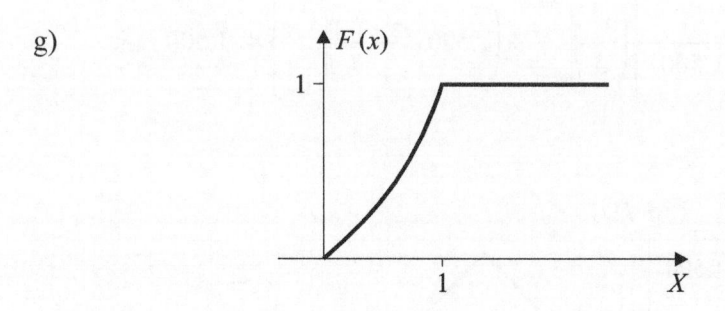

g)

3. Seja X uma variável aleatória contínua com f. d. p. dada por

$$f(x) = \begin{cases} 2x & \text{se } 0 \leq x \leq 1 \\ 0 & \text{se } x < 0 \text{ ou } x > 1 \end{cases}$$

Calcular $P\left(X \le \dfrac{1}{2} \middle| \dfrac{1}{3} \le X \le \dfrac{2}{3}\right)$.

Resolução:

Como $\left[0, \dfrac{1}{2}\right] \cap \left[\dfrac{1}{3}, \dfrac{2}{3}\right] = \left[\dfrac{1}{3}, \dfrac{1}{2}\right]$, temos:

$$P\left(X \le \dfrac{1}{2} \middle| \dfrac{1}{3} \le X \le \dfrac{2}{3}\right) = \dfrac{P\left(\dfrac{1}{3} \le X \le \dfrac{1}{2}\right)}{P\left(\dfrac{1}{3} \le X \le \dfrac{2}{3}\right)} = \dfrac{\int_{1/3}^{1/2} 2x\, dx}{\int_{1/3}^{2/3} 2x\, dx} = \dfrac{(x^2)\big|_{1/3}^{1/2}}{(x^2)\big|_{1/3}^{2/3}} = \dfrac{\dfrac{1}{4} - \dfrac{1}{9}}{\dfrac{4}{9} - \dfrac{1}{9}} = \dfrac{\dfrac{5}{36}}{\dfrac{3}{9}} = \boxed{\dfrac{5}{12}}$$

4. Seja X o tempo durante o qual um equipamento elétrico é usado em carga máxima, num certo período de tempo, em minutos. A função densidade de probabilidade de X é dada por:

$$f(x) = \begin{cases} \dfrac{1}{1.500^2} x, & \text{se } 0 \le x < 1.500 \\ \dfrac{1}{1.500^2}(3.000 - x), & \text{se } 1.500 \le x \le 3.000 \end{cases}$$

Calcular $E(X)$, ou seja, o tempo médio em que o equipamento será utilizado em carga máxima.

Resolução:

$$E(X) = \int_0^{1.500} \dfrac{1}{1.500^2} x \cdot x\, dx + \int_{1.500}^{3.000} \dfrac{1}{1.500^2}(3.000 - x)x\, dx =$$

$$= \dfrac{1}{1.500^2}\left\{\left(\dfrac{x^3}{3}\right)\bigg|_0^{1.500} + \left(1.500 x^2 - \dfrac{x^3}{3}\right)\bigg|_{1.500}^{3.000}\right\} = \boxed{1.500 \text{ min}}$$

Graficamente:

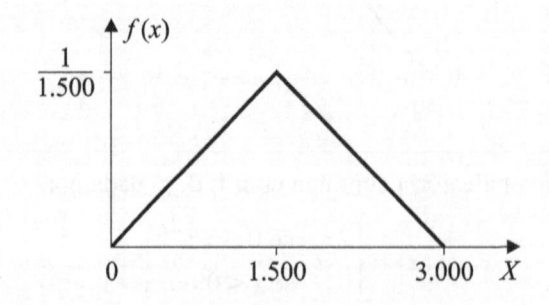

5.2 Principais distribuições teóricas de probabilidades de variáveis aleatórias contínuas

Algumas distribuições de variáveis aleatórias contínuas são importantes. Faremos o estudo de três delas, dando maior destaque à distribuição normal.

Distribuição uniforme

Uma variável aleatória contínua X tem distribuição uniforme de probabilidades no intervalo $[a, b]$ se a sua f. d. p. é dada por:

$$f(x) = \begin{cases} k & \text{se } a \leq x \leq b \\ 0 & \text{se } x < a \text{ ou } x > b \end{cases}$$

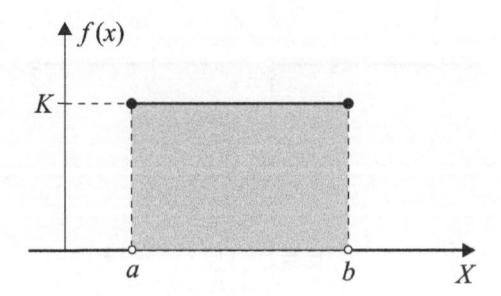

O valor de k é:

$$\int_a^b k\,dx = 1$$

$$k(x)\Big|_a^b = 1$$

$$\therefore \quad k = \frac{1}{b-a} \quad . \text{ Logo:}$$

$$f(x) = \begin{cases} \dfrac{1}{b-a} & \text{se } a \leq x \leq b \\ 0 & \text{se } x < a \text{ ou } > b \end{cases}$$

A função de distribuição de X é dada por:

$$F(x) = \int_a^x \frac{1}{b-a}\,ds = \frac{1}{b-a}(s)\Big|_a^x = \frac{x-a}{b-a}$$

Logo,

$$F(x) = \begin{cases} 0 & \text{se } x \leq a \\ \dfrac{x-a}{b-a} & \text{se } a < x < b \\ 1 & \text{se } x \geq b \end{cases}$$

E seu gráfico é:

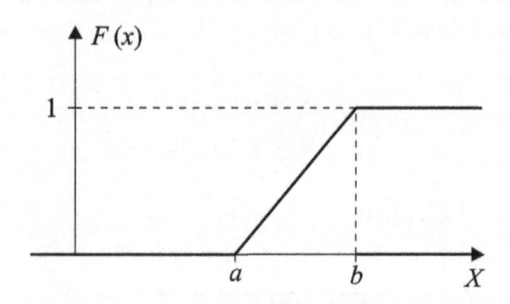

A esperança de X é:

$$E(X) = \int_a^b x \cdot \frac{1}{b-a} dx = \left(\frac{x^2}{2}\right)\bigg|_a^b \cdot \frac{1}{b-a} = \frac{b^2 - a^2}{2(b-a)} \therefore$$

$$\therefore E(X) = \frac{b+a}{2} \quad E(X) \text{ é o ponto médio do intervalo } [a, b].$$

A variância de X é dada por:

$$E(X^2) = \int_a^b x^2 \cdot \frac{1}{b-a} dx = \left(\frac{x^3}{3}\right)\bigg|_a^b \cdot \frac{1}{b-a} =$$

$$= \frac{b^3 - a^3}{3(b-a)} = \frac{b^2 + ab + a^2}{3} \therefore$$

$$\therefore \text{VAR}(X) = \frac{b^2 + ab + a^2}{3} - \frac{(a+b)^2}{4} \therefore$$

$$\therefore \text{VAR}(X) = \frac{(b-a)^2}{12}$$

Exemplos de aplicação

1. Um ponto é escolhido ao acaso no intervalo [0, 2]. Qual a probabilidade de que esteja entre 1 e 1,5?

   Resolução:

   $$f(x) = \begin{cases} \dfrac{1}{2} & \text{para } 0 \leq x \leq 2 \\ 0 & \text{se } x < 0 \text{ ou } x > 2 \end{cases} \therefore$$

   $$\therefore P(1 \leq X \leq 1,5) = \int_{1}^{1,5} \dfrac{1}{2} dx = \dfrac{1}{2}(x) \Big|_{1}^{1,5} = \dfrac{1}{4}$$

2. A dureza H de uma peça de aço pode ser pensada como uma variável aleatória com distribuição uniforme no intervalo [50, 70] da escala de Rockwel. Calcular a probabilidade de que uma peça tenha dureza entre 55 e 60.

   Resolução:

   $$f(h) = \begin{cases} \dfrac{1}{20} & \text{se } 50 \leq h \leq 70 \\ 0 & \text{se } h < 50 \text{ ou } h > 70 \end{cases} \therefore$$

   $$\therefore P(55 \leq h \leq 60) = \int_{55}^{60} \dfrac{1}{20} dh = \dfrac{1}{20}(h) \Big|_{55}^{60} = \dfrac{1}{4}$$

Distribuição exponencial

Uma variável aleatória contínua X tem distribuição exponencial de probabilidade se a sua f. d. p. é dada por:

$$f(x) = \begin{cases} \lambda\, e^{-\lambda x} & \text{se } x \geq 0 \\ 0 & \text{se } x < 0 \end{cases}$$

O gráfico da f. d. p. de X é

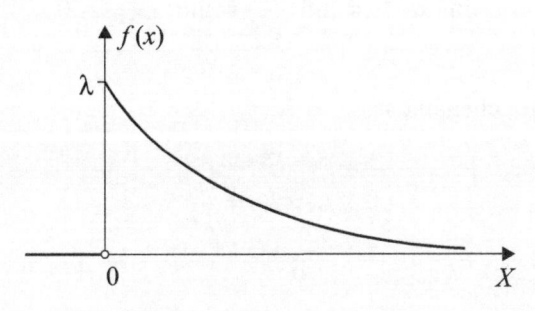

$$\int_0^\infty \lambda\ e^{-\lambda x} dx = (-e^{-\lambda x})\Big|_0^\infty = 1$$

A função de distribuição de X é:

$$F(x) = \int_0^x \lambda\ e^{-\lambda s} ds = \left(-e^{-\lambda s}\right)\Big|_0^x = 1 - e^{-\lambda x}.$$

Logo:

$$F(x) = \begin{cases} 1 - e^{-\lambda x} & \text{se } x > 0 \\ 0 & \text{se } x \leq 0 \end{cases}$$

E o gráfico é:

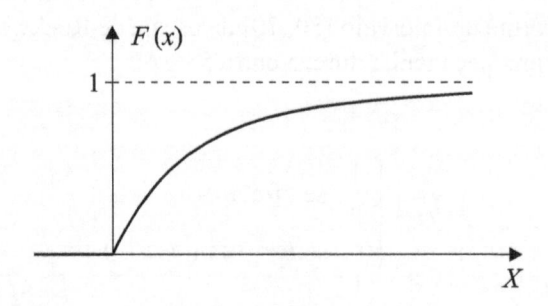

A esperança da distribuição de X é dada por:

$$E(X) = \int_0^\infty x \cdot \lambda\ e^{-\lambda x} dx = \left(-xe^{-\lambda x} - \frac{1}{\lambda}\ e^{-\lambda x}\right)\Big|_0^\infty =$$

$$= (0-0) - \left(0 - \frac{1}{\lambda}\right) = \frac{1}{\lambda} \quad \therefore \quad \boxed{E(X) = \frac{1}{\lambda}}$$

Obs.:

$$\lim_{x \to \infty} xe^{-\lambda x} = \lim_{x \to \infty} \frac{x}{e^{\lambda x}} = \lim_{x \to \infty} \frac{1}{\lambda e^{\lambda x}} = 0$$

De modo análogo, chegamos a

$$\boxed{\text{VAR}(X) = \frac{1}{\lambda^2}}$$

Exemplo de aplicação

Uma variável aleatória contínua X tem f. d. p. dada por:

$$f(x) \begin{cases} \dfrac{k}{2} e^{-x} & \text{se } x \geq 0 \\ 0 & \text{se } x < 0 \end{cases}$$

a) Calcular o valor de k.
b) Determinar $F(x)$.
c) Determinar a *mediana* da distribuição.

Resolução:

a) $\int_0^\infty \dfrac{k}{2} e^{-x} dx = 1 \rightarrow \dfrac{k}{2}\left(-e^{-x}\right)\Big|_0^\infty = 1 \rightarrow k = 2$

ou diretamente

$\lambda = 1 \text{ e } \lambda = \dfrac{k}{2} \therefore \dfrac{k}{2} = 1 \rightarrow k = 2$

b) $F(x) = \begin{cases} 1 - e^{-x} & \text{se } x > 0 \\ 0 & \text{se } x \leq 0 \end{cases}$

c)

DEFINIÇÃO

m é *mediana* da distribuição se $P(X > m) = P(X < m)$.

$$P(X > m) = \int_m^\infty e^{-x} dx = \left(-e^{-x}\right)\Big|_m^\infty = e^{-m}$$

$$P(X < m) = \int_0^m e^{-x} dx = \left(-e^{-x}\right)\Big|_0^m = 1 - e^{-m} \therefore$$

$$\therefore P(X > m) = P(X < m) \Rightarrow e^{-m} = 1 - e^{-m} \therefore$$

$$\therefore e^{-m} = \dfrac{1}{2} \rightarrow m = \ln 2 \quad \therefore \quad \boxed{m = 0,693147}$$

Distribuição normal

Uma variável aleatória contínua X tem distribuição normal de probabilidade se a sua f. d. p. é dada por:

$$f(x) = \dfrac{1}{\sigma\sqrt{2\pi}} e^{-\frac{1}{2}\left(\frac{x-\mu}{\sigma}\right)^2}, \text{ para } -\infty < x < +\infty.$$

O gráfico de $f(x)$ é:

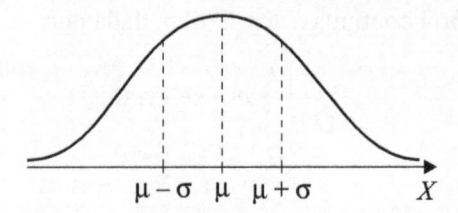

As principais características dessa função são:

a) O ponto máximo de $f(x)$ é o ponto $X = \mu$.
b) Os pontos de inflexão da função são: $X = \mu + \sigma$ e $X = \mu - \sigma$.
c) A curva é simétrica com relação a μ.
d) $E(X) = \mu$ e $VAR(X) = \sigma^2$.

Demonstra-se que $\int_{-\infty}^{\infty} \frac{1}{\sigma\sqrt{2\pi}} e^{-\frac{1}{2}\left(\frac{x-\mu}{\sigma}\right)^2} dx = 1$.

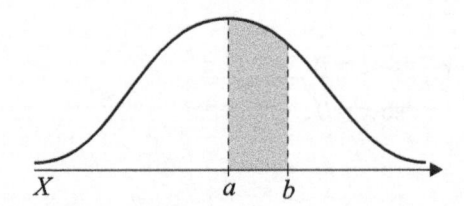

Se quisermos calcular a probabilidade indicada na figura, devemos fazer:

$$P(a \leq X \leq b) = \int_a^b \frac{1}{\sigma\sqrt{2\pi}} e^{-\frac{(x-\mu)^2}{2\sigma^2}} dx,$$

que apresenta um grau relativo de dificuldade.

Usaremos a seguinte notação:

$$X: N(\mu, \sigma^2)$$

(X tem distribuição normal com média μ e variância σ^2.)

Seja $X: N(\mu, \sigma^2)$, definimos:

$$Z = \frac{X - \mu}{\sigma}$$

Demonstra-se que Z também tem distribuição normal. Z é chamada de *variável normal reduzida*, *normal padronizada* ou *variável normalizada*.

Mostraremos que $E(Z) = 0$ e $VAR(Z) = 1$

$$E(Z) = E\left\{\frac{(X-\mu)}{\sigma}\right\} = \frac{1}{\sigma}E(X-\mu) = \frac{1}{\sigma}\{E(X)-\mu\} = 0$$

$$\text{VAR}(Z) = \text{VAR}\left\{\frac{X-\mu}{\sigma}\right\} = \frac{1}{\sigma^2}\text{VAR}(X-\mu) = \frac{1}{\sigma^2}\text{VAR}(X) = 1$$

Logo, se:

$$X: N(\mu, \sigma^2) \to Z: N(0, 1)$$

a f. d. p. de Z é $f(z) = \dfrac{1}{\sqrt{2\pi}}e^{-z^2/2}$ para $-\infty < z < +\infty$.

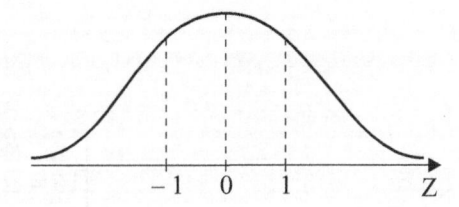

Essa curva é também simétrica com relação a μ_z.

Verificaremos agora a correspondência entre X e Z, por meio do exemplo:

Seja $X: N(20, 4)$. Achar os valores reduzidos correspondentes a $X_1 = 14$, $X_2 = 16$, $X_3 = 18$, $X_4 = 20$, $X_5 = 22$, $X_6 = 24$ $X_7 = 26$.

$$\text{Se } X: N(20, 4) \begin{cases} \mu = 20 \\ \sigma = 2 \end{cases} \text{ e } Z = \frac{X-\mu}{\sigma} = \frac{X-20}{2}$$

a) $X_1 = 14$

$$Z_1 = \frac{14-20}{2} = -3 \therefore Z_1 = -3$$

b) $X_2 = 16$

$$Z_2 = \frac{16-20}{2} = -2 \therefore Z_2 = -2$$

c) $X_3 = 18$

$$Z_3 = \frac{18-20}{2} = -1 \therefore Z_3 = -1$$

d) $X_4 = 20$

$$Z_4 = \frac{20-20}{2} = 0 \therefore Z_4 = \mu_z = 0$$

e) $X_5 = 22$

$$Z_5 = \frac{22-20}{2} = 1 \therefore Z_5 = 1$$

f) $X_6 = 24$

$$Z_6 = \frac{24-20}{2} = 2 \therefore Z_6 = 2$$

g) $X_7 = 26$

$$Z_7 = \frac{26-20}{2} = 3 \therefore Z_7 = 3$$

Graficamente:

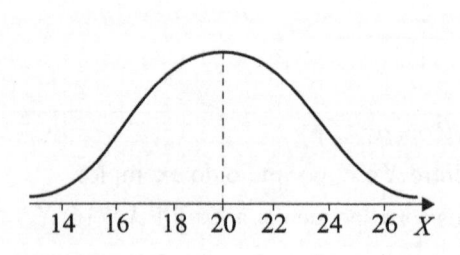

$$\begin{cases} 14 = \mu_x - 3\sigma \\ 16 = \mu_x - 2\sigma \\ 18 = \mu_x - \sigma \\ 20 = \mu_x \\ 22 = \mu_x + \sigma \\ 24 = \mu_x + 2\sigma \\ 26 = \mu_x + 3\sigma \end{cases}$$

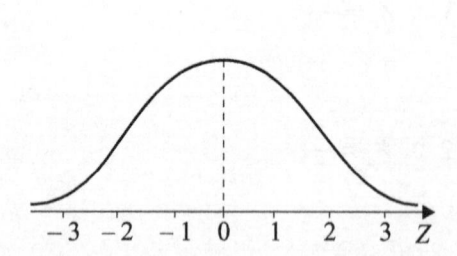

$$\begin{cases} -3 = \mu_z - 3\sigma \\ -2 = \mu_z - 2\sigma \\ -1 = \mu_z - \sigma \\ 0 = \mu_z \\ 1 = \mu_z + \sigma \\ 2 = \mu_z + 2\sigma \\ 3 = \mu_z + 3\sigma \end{cases}$$

Concluímos que a variável Z indica quantos desvios padrões a variável X está afastada da média. Como as curvas são simétricas em relação às médias,

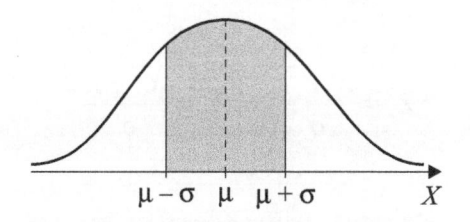

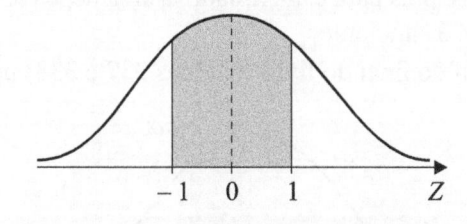

$$P(\mu - \sigma \leq X \leq \mu) = P(\mu \leq X \leq \mu + \sigma)$$

$$P(-1 \leq Z \leq 0) = P(0 \leq Z \leq 1)$$

Também concluímos que se $X: N(\mu, \sigma^2)$, então

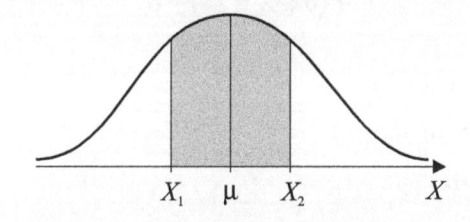

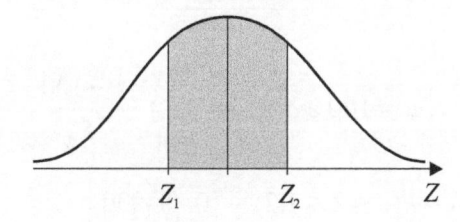

$$P(X_1 \leq X \leq X_2) = P(Z_1 \leq Z \leq Z_2)$$

Pois

$$P(X_1 \leq X \leq X_2) = \int_{X_1}^{X_2} \frac{1}{\sigma\sqrt{2\pi}}\, e^{-\frac{1}{2}\left(\frac{x-\mu}{\sigma}\right)^2} dx$$

e

$$P(Z_1 \leq Z \leq Z_2) = \int_{Z_1}^{Z_2} \frac{1}{\sqrt{2\pi}}\, e^{-z^2/2} dz,$$

onde

$$Z_1 = \frac{X_1 - \mu}{\sigma} \text{ e } Z_2 = \frac{X_2 - \mu}{\sigma}.$$

Uso da tabela:

A vantagem de se usar a variável $Z = \frac{X - \mu}{\sigma}$ é que podemos tabelar os valores da área, ou as probabilidades, pois para cada X dado, a área depende de μ e σ^2. Como $\mu_z = 0$ e $\sigma^2 = 1$, uma tabela de Z é suficiente.

A tabela apresentada no final do livro (páginas 337 e 338) nos dá

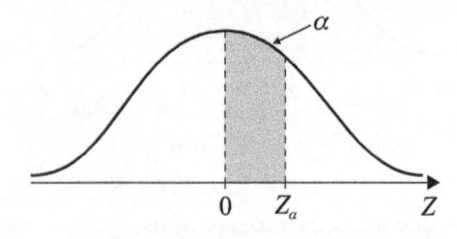

$$P(0 \leq Z \leq Z_\alpha) = \alpha.$$

Exemplos de uso da tabela

1. Seja $X: N(100, 25)$. Calcular:
   a) $P(100 \leq X \leq 106)$;
   b) $P(89 \leq X \leq 107)$;
   c) $P(112 \leq X \leq 116)$;
   d) $P(X \geq 108)$.

   Resolução:

   $$\therefore \mu = 100 \text{ e } \sigma = 5 \rightarrow \boxed{Z = \frac{X - 100}{5}}$$

   a) $P(100 \leq X \leq 106) = P(0 \leq Z \leq 1,2) = \boxed{0,384930}$

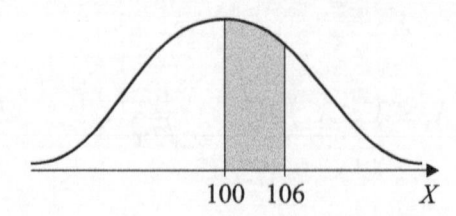

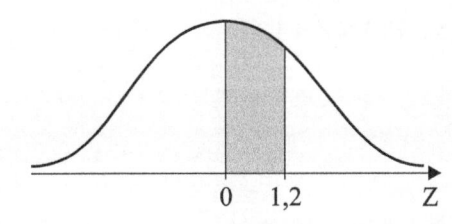

$$Z_1 = \frac{100-100}{5} = 0$$

$$Z_2 = \frac{106-100}{5} = 1,2$$

b) $P(89 \leq X \leq 107) = P(-2,2 \leq Z \leq 1,4) =$
  $= P(-2,2 \leq Z \leq 0) + P(0 \leq Z \leq 1,4) =$
  $= 0,486097 + 0,419243 =$ 0,90534

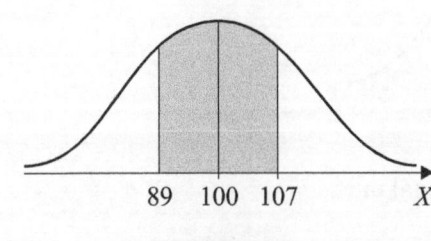

$$Z_1 = \frac{89-100}{5} = -2,2$$

$$Z_2 = \frac{107-100}{5} = 1,4$$

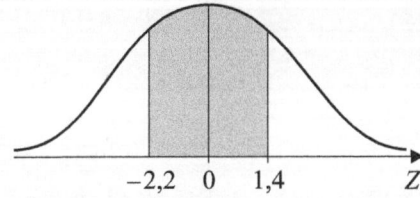

c) $P(112 \leq X \leq 116) = P(2,4 \leq Z \leq 3,2) =$
  $= P(0 \leq Z \leq 3,2) - P(0 \leq Z \leq 2,4) =$
  $= 0,499313 - 0,491803 =$ 0,007510

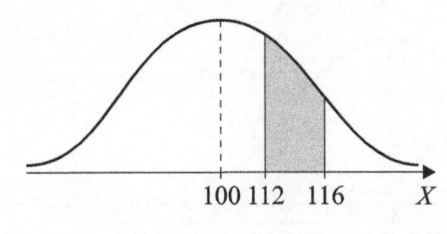

$$Z_1 = \frac{112-100}{5} = 2,4$$

$$Z_2 = \frac{116-100}{5} = 3,2$$

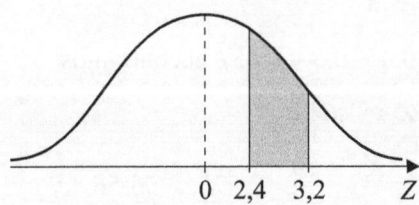

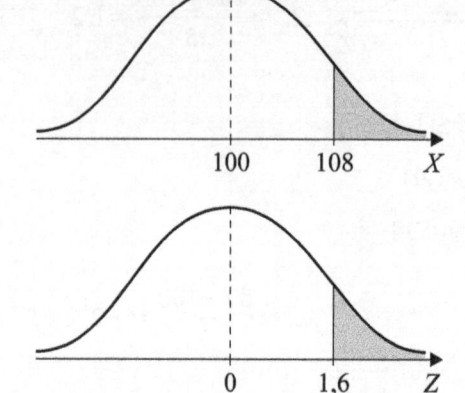

d) $P(X \geq 108) = P(Z \geq 1,6) = 0,5 - P(0 \leq Z \leq 1,6) =$
   $= 0,5 - 0,445201 = \boxed{0,054799}$

$$Z_1 = \frac{108-100}{5} = 1,6$$

2. Sendo $X: N(50, 16)$, determinar X_α, tal que:
   a) $P(X \geq X_\alpha) = 0,05$
   b) $P(X \leq X_\alpha) = 0,99$

Resolução:
$\mu = 50, \sigma = 4$
a) $P(X \geq X_\alpha) = 0,05$

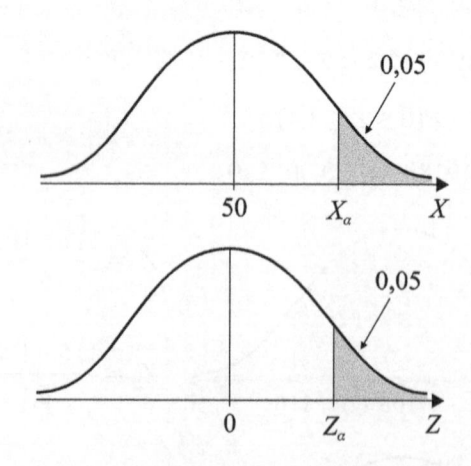

Procurando no corpo da tabela 0,45 (0,5 − 0,05), encontramos:

$$Z_\alpha = 1,64$$

$\therefore$ como $Z_\alpha = \dfrac{X_\alpha - \mu}{\sigma} \to 1,64 = \dfrac{X_\alpha - 50}{4}$ $\therefore$ $\boxed{X_\alpha = 56,56}$ $\therefore$

$\therefore P(X \geq 56,56) = 0,05$

b) $P(X \le X_\alpha) = 0{,}99$

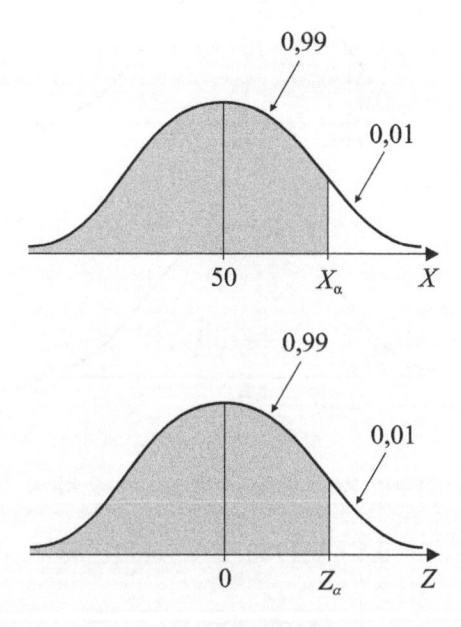

Procurando no corpo da tabela 0,49 (0,5 − 0,01), encontramos:

$$Z_a = 2{,}32$$

$$2{,}32 = \frac{X_\alpha - 50}{4}$$

$$\boxed{X_\alpha = 59{,}28}$$

$\therefore P(X \le 59{,}28) = 0{,}99$

Exemplos de aplicação

1. Um fabricante de baterias sabe, por experiência passada, que as baterias de sua fabricação têm vida média de 600 dias e desvio padrão de 100 dias, sendo que a duração tem aproximadamente distribuição normal. Oferece uma garantia de 312 dias, isto é, troca as baterias que apresentarem falhas nesse período. Fabrica 10.000 baterias mensalmente. Quantas deverá trocar pelo uso da garantia, mensalmente?

   Resolução:

   X: duração da bateria $\begin{cases} \mu = 600 \text{ dias} \\ \sigma = 100 \text{ dias} \end{cases}$ → $\boxed{Z = \dfrac{X - 600}{100}}$

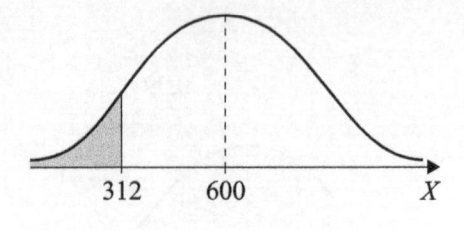

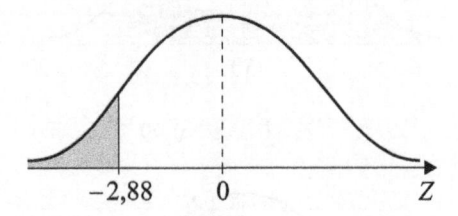

$$P(X < 312) = P(Z \leq -2{,}88) = 0{,}5 - P(-2{,}88 \leq Z < 0) =$$

$$= 0{,}5 - 0{,}498012 = \boxed{0{,}001988}$$

$$Z_1 = \frac{312 - 600}{100} = -2{,}88$$

Deverá substituir mensalmente:

$10.000 \times 0{,}001988 = 19{,}88 =$ 20 baterias

2. Uma fábrica de carros sabe que os motores de sua fabricação têm duração normal com média de 150.000 km e desvio padrão de 5.000 km. Qual a probabilidade de que um carro, escolhido ao acaso, dos fabricados por essa firma, tenha um motor que dure:

   a) menos de 170.000 km?
   b) entre 140.000 km e 165.000 km?
   c) Se a fábrica substitui o motor que apresenta duração inferior à garantia, qual deve ser esta garantia para que a porcentagem de motores substituídos seja inferior a 0,2%?

Resolução:

X: duração do motor em km $\begin{cases} \mu = 150.000 \text{ km} \\ \sigma = 5.000 \text{ km} \end{cases} \rightarrow$

$\rightarrow \boxed{Z = \dfrac{X - 150.000}{5.000}}$

a) $P(X < 170.000) = P(Z \leq 4) = 0,5 + P(0 \leq Z \leq 4) =$

$= 0,5 + 0,499968 = \boxed{0,999968}$

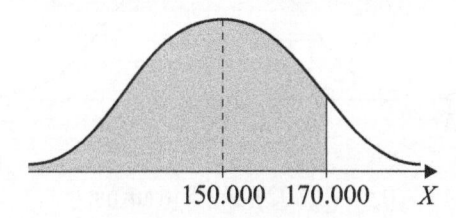

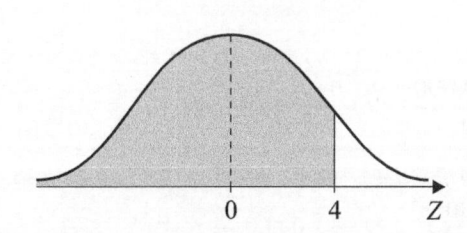

$Z_1 = \dfrac{170.000 - 150.000}{5.000} = 4$

b) $P(140.000 < X < 165.000) = P(-2 \leq Z \leq 3) =$

$= P(-2 \leq Z \leq 0) + P(0 \leq Z \leq 3) =$

$= 0,477250 + 0,498650 = \boxed{0,97590}$

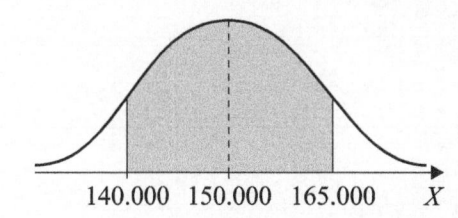

$Z_1 = \dfrac{140.000 - 15.000}{5.000} = -2$

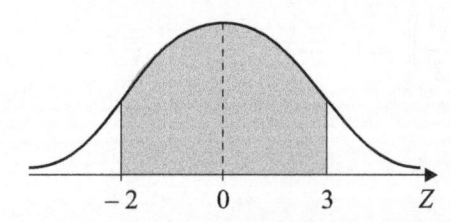

$Z_2 = \dfrac{165.000 - 150.000}{5.000} = 3$

c) $P(X \leq X_a) = 0{,}002$

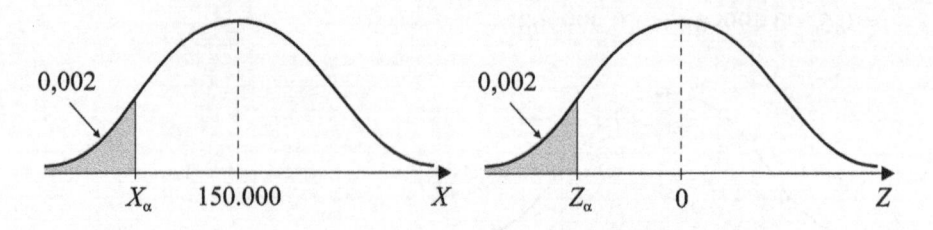

Procurando no corpo da tabela 0,498 (0,5 – 0,002), encontramos:

$Z_\alpha = -2{,}87 \therefore$

$$\therefore -2{,}87 = \frac{X_\alpha - 150.000}{5.000} \quad \therefore \quad \boxed{X_\alpha = 135.650}$$

A garantia deve ser de 135.650 km.

Exercícios resolvidos

1. O diâmetro X de um cabo elétrico é uma variável aleatória contínua com f. d. p. dada por:

$$f(x) = \begin{cases} K(2x - X^2) & \text{se } 0 \leq x \leq 1 \\ 0 & \text{se } x < 0 \text{ ou } x > 1 \end{cases}$$

a) Determinar K.
b) Calcular $E(X)$ e VAR(X).
c) Calcular $P(0 \leq X \leq 1/2)$.

Resolução:

a) $\int_0^1 K(2x - x^2)\, dx = 1 \rightarrow K\left(x^2 - \dfrac{x^3}{3}\right)\Big|_0^1 = 1 \rightarrow$

$\rightarrow K \cdot \dfrac{2}{3} = 1 \rightarrow \boxed{K = \dfrac{3}{2}}$

Logo:

$$f(x) = \begin{cases} \dfrac{3}{2}(2x - x^2) & \text{se } 0 \leq x \leq 1 \\ 0 & \text{se } x < 0 \text{ ou } x > 1 \end{cases}$$

b) $E(X) = \int_0^1 x \cdot \frac{3}{2}(2x - x^2)\, dx = \int_0^1 \frac{3}{2}(2x^2 - x^3)\, dx =$

$$= \frac{3}{2}\left(\frac{2x^3}{3} - \frac{x^4}{4}\right)\Big|_0^1 = \frac{3}{2}\left(\frac{2}{3} - \frac{1}{4}\right) = \boxed{\frac{5}{8}}$$

$E(X^2) = \int_0^1 x^2 \cdot \frac{3}{2}(2x - x^2)\, dx = \int_0^1 \frac{3}{2}(2x^3 - x^4)\Big|_0^1 =$

$$= \frac{3}{2}\left(\frac{x^4}{2} - \frac{x^5}{5}\right)\Big|_0^1 = \frac{3}{2}\left(\frac{1}{2} - \frac{1}{5}\right) = \frac{9}{20}$$

Logo:

$$\text{VAR}(X) = \frac{9}{20} - \left(\frac{5}{8}\right)^2 = \boxed{\frac{19}{320}}$$

c) $P\left(0 \leq X \leq \frac{1}{2}\right) = \int_0^{1/2} \frac{3}{2}(2x - x^2)\, dx = \frac{3}{2}\left(x^2 - \frac{x^3}{3}\right)\Big|_0^{1/2} =$

$$= \frac{3}{2}\left(\frac{1}{4} - \frac{1}{24}\right) = \boxed{\frac{5}{16}}$$

2. A variável aleatória X tem f. d. p. dada pelo gráfico abaixo. Determinar:
   a) $P(X > 2)$;
   b) m tal que $P(X > m) = \frac{1}{8}$;
   c) $E(X)$;
   d) $\text{VAR}(X)$;
   e) $F(x)$ e seu gráfico.

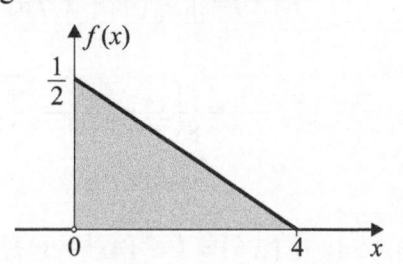

$$\begin{vmatrix} x & f(x) & 1 \\ 0 & \frac{1}{2} & 1 \\ 4 & 0 & 1 \end{vmatrix} = 0 \rightarrow f(x) = \frac{1}{8}(4 - x)$$

$$\therefore f(x) = \begin{cases} \frac{1}{8}(4 - x) & \text{se } 0 \leq x \leq 4 \\ 0 & \text{se } x < 0 \text{ ou } x > 4 \end{cases}$$

Resolução:

a) $P(X>2) = 1 - P(X \le 2) = 1 - \int_0^2 \frac{1}{8}(4-x)\,dx =$

$= 1 - \frac{1}{8}\left(4x - \frac{x^2}{2}\right)\Big|_0^2 = 1 - \frac{1}{8}(8-2) =$

$= 1 - \frac{3}{4} = \boxed{\frac{1}{4}}$

b) $\int_m^4 \frac{1}{8}(4-x)\,dx = \frac{1}{8} \rightarrow 1 - \int_0^m \frac{1}{8}(4-x)\,dx = \frac{1}{8}$

$\frac{1}{8}\left(4x - \frac{x^2}{2}\right)\Big|_0^m = \frac{7}{8}$

$\frac{1}{8}\left(4m - \frac{m^2}{2}\right) = \frac{7}{8} \rightarrow m^2 - 8m + 14 = 0 \begin{cases} m = 5,42 \\ m = 2,58 \end{cases}$

Logo:

$$\boxed{m = 2,58}$$

c) $E(X) = \int_0^4 \frac{1}{8}(4x - x^2)\,dx = \frac{1}{8}\left(2x^2 - \frac{x^3}{3}\right)\Big|_0^4 =$

$= \frac{1}{8}\left(32 - \frac{64}{3}\right) = \boxed{\frac{4}{3}}$

d) $E(X^2) = \int_0^4 \frac{1}{8}(4x^2 - x^3)\,dx = \frac{1}{8}\left(\frac{4x^3}{0} - \frac{x^4}{4}\right)\Big|_0^4 =$

$= \frac{1}{8}\left(\frac{4 \cdot 64}{3} - 64\right) = \frac{8}{3}$

Portanto, $\mathrm{VAR}(X) = \frac{8}{3} - \frac{16}{9} = \boxed{\frac{8}{9}}$

e) $F(x) = \int_0^x \frac{1}{8}(4-s)\,ds = \frac{1}{8}\left(4s - \frac{s^2}{2}\right)\Big|_0^x = \frac{x}{2} - \frac{x^2}{16}$

$$\therefore F(x) \begin{cases} 0 & \text{se } x \leq 0 \\ \left(\dfrac{x}{2} - \dfrac{x^2}{16}\right) & \text{se } 0 < x \leq 4 \\ 1 & \text{se } x > 4 \end{cases}$$

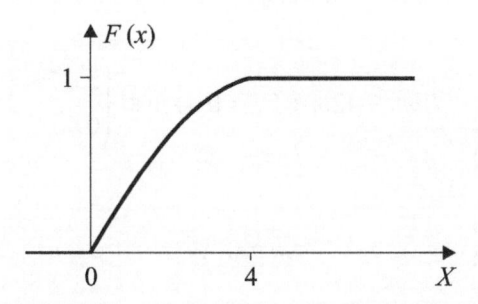

3. A f. d. p. da variável aleatória contínua X é dada pelo gráfico. Determinar m tal que
$$P(X < m) = \dfrac{3}{4} P(X > m)$$

Resolução:

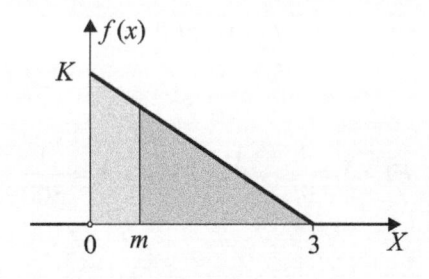

$$A_\Delta = 1 \rightarrow \dfrac{K \cdot 3}{2} = 1 \rightarrow K = \dfrac{2}{3}$$

$$\begin{vmatrix} x & f(x) & 1 \\ 3 & 0 & 1 \\ 0 & \dfrac{2}{3} & 1 \end{vmatrix} = 0 \rightarrow f(x) = \dfrac{2}{3} - \dfrac{2}{9}x$$

Portanto:

$$f(x) = \begin{cases} \dfrac{2}{3} - \dfrac{2}{9}x & \text{para } 0 \leq x \leq 3 \\ 0 & \text{se } x < 0 \text{ ou } x > 3 \end{cases}$$

$$\int_0^m \left(\frac{2}{3}-\frac{2}{9}x\right)dx = \frac{3}{4}\int_m^3 \left(\frac{2}{3}-\frac{2}{9}x\right)dx$$

$$4\left(\frac{2}{3}x-\frac{1}{9}x^2\right)\Big|_0^m = 3\left(\frac{2}{3}x-\frac{1}{9}x^2\right)\Big|_m^3$$

$$7m^2 - 42m + 27 = 0 \rightarrow m \cong \begin{cases} 5,27 \\ 0,73 \end{cases}$$

Logo:

$$m \cong 0,73$$

4. Uma fábrica de tubos de TV determinou que a vida média dos tubos de sua fabricação é de 800 horas de uso contínuo e segue uma distribuição exponencial. Qual a probabilidade de que a fábrica tenha de substituir um tubo gratuitamente, se oferece uma garantia de 300 horas de uso? X: vida útil dos tubos de TV.

Resolução:

$$E(X) = 800$$

Como

$$E(X) = \frac{1}{\lambda} \rightarrow \frac{1}{\lambda} = 800 \rightarrow \lambda = \frac{1}{800}$$

logo,

$$f(x) = \begin{cases} \frac{1}{800}e^{-\frac{x}{800}} & \text{se } x \geq 0 \\ 0 & \text{se } x < 0 \end{cases}$$

$$P(X < 300) = \int_0^{300} \frac{1}{800}e^{-\frac{x}{800}}dx = \left(-e^{-\frac{x}{800}}\right)\Big|_0^{300} =$$

$$= -e^{-300/800} + 1 = 1 - e^{-3/8} = \boxed{0,3127}$$

5. A variável aleatória contínua X tem f. d. p. dada por:

$$f(x) = \begin{cases} 6(x-x^2) & \text{para } 0 \leq x \leq 1 \\ 0 & \text{para } x < 0 \text{ ou } x > 1 \end{cases}$$

Calcular $P(\mu - 2\sigma < x < \mu + 2\sigma)$.

$$\mu = E(X) = \int_0^1 6(x^2 - x^3)\, dx = 6\left(\frac{x^3}{3} - \frac{x^4}{4}\right)\Big|_0^1 =$$

$$= 6\left(\frac{1}{3} - \frac{1}{4}\right) = \boxed{\frac{1}{2}}$$

$$E(X^2) = \int_0^1 6(x^3 - x^4)\, dx = 6\left(\frac{x^4}{4} - \frac{x^5}{5}\right)\Big|_0^1 = \boxed{\frac{3}{10}}$$

Logo, $\text{VAR}(X) = 0{,}3 - 0{,}5^2 = 0{,}05 \;\rightarrow\; \boxed{\sigma = 0{,}22}$

$$P(\mu - 2\sigma < x < \mu + 2\sigma) = P(0{,}5 - 2\cdot 0{,}22 < x < 0{,}5 +$$

$$+ 2\cdot 0{,}22) = P(0{,}06 < x < 0{,}94) = \int_{0{,}06}^{0{,}94} 6(x - x^2)\, dx =$$

$$= 6\left(\frac{x^2}{2} - \frac{x^3}{3}\right)\Big|_{0{,}06}^{0{,}94} = 6\left\{\left(\frac{0{,}94^2}{2} - \frac{0{,}94^3}{3}\right) - \right.$$

$$\left. -\left(\frac{0{,}06^2}{2} - \frac{0{,}06^3}{3}\right)\right\} = 6\cdot 0{,}1632107 = \boxed{0{,}979264}$$

6. Uma variável aleatória contínua X tem sua f. d. p. dada pelo gráfico:

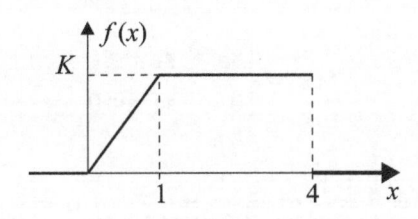

a) Determinar k.
b) Calcular $P(0 \leq X \leq 2)$.
c) Calcular $E(X)$.

Resolução:

a) Usaremos o fato de que a soma das duas áreas deve ser 1.

$$\frac{1\cdot K}{2} + 3\cdot K = 1 \rightarrow K + 6K = 2 \rightarrow K = \frac{2}{7}$$

$$f(x) = \begin{cases} \dfrac{2}{7}x & \text{se } 0 \leq x < 1 \\ \dfrac{2}{7} & \text{se } 1 \leq x \leq 4 \\ 0 & \text{se } x < 0 \text{ ou } x > 4 \end{cases}$$

b) $P(0 \leq X \leq 2) = \int_0^1 \dfrac{2}{7}x\,dx + \int_1^2 \dfrac{2}{7}dx = \dfrac{2}{14}x^2\Big|_0^1 + \dfrac{2}{7}x\Big|_1^2 = \dfrac{3}{7} = 0{,}4286$

c) $E(X) = \int_0^1 x \cdot \dfrac{2}{7}x\,dx + \int_1^4 x \cdot \dfrac{2}{7}x\,dx = \int_0^1 \dfrac{2}{7}x^2\,dx + \int_1^4 \dfrac{2}{7}x\,dx =$

$$= \dfrac{2}{21}x^3\Big|_0^1 + \dfrac{1}{7}x^2\Big|_1^4 = \dfrac{47}{21} = 2{,}2381$$

7. Sendo $f(x) = \begin{cases} \left(\dfrac{k+44}{6}\right)e^{-2Kx} & \text{se } x \geq 0 \\ 0 & \text{se } x < 0 \end{cases}$, calcular:

a) K

b) $P(8\mu - 3\sigma < x < 10\mu + 6\sigma)$

Resolução:

a) Como $\lambda = \dfrac{K+44}{6} = 2k \rightarrow \dfrac{K+44}{6} = 2K \rightarrow K = 4 \rightarrow \lambda = 8$

$$f(x) = \begin{cases} 8e^{-8x} & \text{se } x \geq 0 \\ 0 & \text{se } x < 0 \end{cases}$$

$$\mu = \dfrac{1}{\lambda} = \dfrac{1}{8}; \sigma^2 = \dfrac{1}{\lambda^2} = \dfrac{1}{64} \rightarrow \sigma = \dfrac{1}{8}$$

b) $P\left(8 \cdot \dfrac{1}{8} - 3 \cdot \dfrac{1}{8} < x < 10 \cdot \dfrac{1}{8} + 6 \cdot \dfrac{1}{8}\right) = P\left(\dfrac{5}{8} < x < 2\right) =$

$= \int_{5/8}^{2} 8e^{-8x}dx = (-e^{-8x})\Big|_{5/8}^{2} = -e^{-16} + e^{-5} = \boxed{0{,}00674}$

8. A f. d. p. $f(x) = \begin{cases} 2e^{-2x} & \text{se } x \geq 0 \\ 0 & \text{se } x < 0 \end{cases}$

representa a distribuição do índice de acidez (X) de um determinado produto alimentício. O produto é consumível se este índice for menor que 2. O setor de fiscalização do I.A.L. apreendeu 30 unidades dele. Qual a probabilidade de que pelo menos 10% da amostra seja imprópria para consumo?

Resolução:

$$P(X < 2) = \int_0^2 2e^{-2x} dx = \left(-e^{-2x}\right)\Big|_0^2 = -e^{-4} + 1 =$$

$$= 0{,}98168437$$

Logo:

$P(X < 2) = 0{,}98$: probabilidade de o produto ser consumível

Logo:

probabilidade de não ser consumível $= p$

$$p = 0{,}02 \quad \text{e} \quad q = 0{,}98$$

X: número de unidades impróprias para o consumo

X: $B(30; 0{,}02)$

$$P(X \geq 3) = 1 - P(X < 3) = 1 - \left\{\binom{30}{0}(0{,}02)^0(0{,}98)^{30} + \right.$$

$$\left. + \binom{30}{1}(0{,}02)^1(0{,}98)^{29} + \binom{30}{2}(0{,}02)^2(0{,}98)^{28}\right\} =$$

$$= 1 - \{0{,}54548 + 0{,}33397 + 0{,}09883\} =$$

$$= 1 - 0{,}97828 = \boxed{0{,}02172}$$

9. O diâmetro X de um cabo para TV é uma variável aleatória contínua com f. d. p. dada por:

$$f(x) = \begin{cases} \dfrac{3}{2}(2x - x^2) & \text{se } 0 \leq x \leq 1 \\ 0 & \text{se } x < 0 \text{ ou} \end{cases}$$

A probabilidade de um cabo sair com diâmetro defeituoso é dada por $p_1 = 0{,}5125 - P(X \leq 0{,}5)$. Se 25 cabos são produzidos, qual a probabilidade de que:

a) pelo menos 2 sejam defeituosos?
b) exatamente 6 sejam defeituosos?

Resolução:

$$P(X \leq 0,5) = \int_0^{1/2} \frac{3}{2}(2x - x^2)dx = \frac{3}{2}\left(x^2 - \frac{x^3}{3}\right)\bigg|_0^{1/2} = \frac{3}{2} \cdot \frac{5}{24} = \frac{5}{16}$$

∴ $P(X < 0,5) = 0,3125$ ∴ $p_1 = 0,5125 - 0,3125$ → $p_1 = 0,2$

$X: B(25; 0,2)$

a) $P(X \geq 2) = 1 - P(X < 2) = 1 - \left\{\binom{25}{0}(0,2)^0(0,8)^{25} + \binom{25}{1}(0,2)^1(0,8)^{24}\right\} =$

$= 1 - \{0,00378 + 0,02361\} = 1 - 0,02739 = 0,97261$

b) $P(X = 6) = \binom{25}{6}(0,2)^6(0,8)^{19} = 0,16335$

10. Os salários dos diretores das empresas de São Paulo distribuem-se normalmente com média de R$ 8.000,00 e desvio padrão de R$ 500,00. Qual a porcentagem de diretores que recebem:

a) menos de R$ 6.470,00?

b) entre R$ 8.920,00 e R$ 9.380,00?

Resolução:

X: salário $\begin{cases} \mu = 8.000 \\ \sigma = 500 \end{cases}$ → $Z = \dfrac{X - 8.000}{500}$

a) $P(X < 6.470) = P(Z \leq 3,06) = 0,5 - 0,498893 = 0,001107$ ou 11%

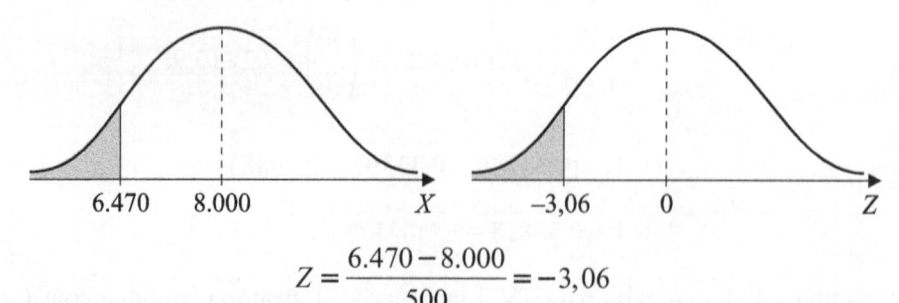

$$Z = \frac{6.470 - 8.000}{500} = -3,06$$

b) $P(8.920 < X < 9.380) = P(1,84 \leq Z \leq 2,76) =$
$= 0,497110 - 0,467116 =$
$= 0,029994$ ou $\cong 3\%$

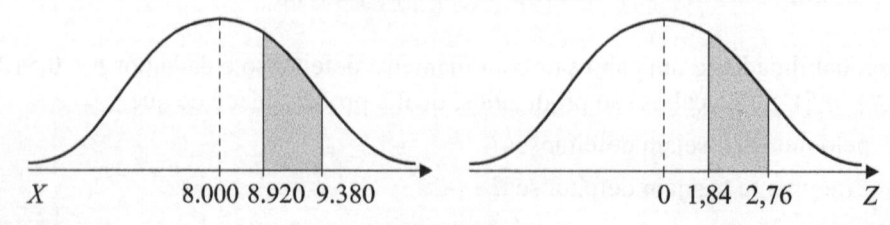

$$Z_1 = \frac{8.920 - 8.000}{500} = 1,84$$

$$Z_2 = \frac{9.380 - 8.000}{500} = 2,76$$

11. A quantidade de óleo contida em cada lata fabricada por uma indústria tem peso distribuído normalmente, com média de 990 g e desvio padrão de 10 g. Uma lata é rejeitada no comércio se tiver peso menor que 976 g.
    a) Se observarmos uma sequência casual destas latas em uma linha de produção, qual a probabilidade de que a 10ª lata observada seja a 1ª rejeitada?
    b) Nas condições do item a, qual a probabilidade de que, em 20 latas observadas, 3 sejam rejeitadas?

    Resolução:

    $$X: N(990, 100) \rightarrow \begin{cases} \mu = 990 \\ \sigma = 10 \end{cases} \rightarrow Z = \frac{X - 990}{10}$$

    $P(X < 976) = P(Z \leq -1,4) = 0,5 - 0,419243 = 0,080757$
    $P = 0,080757$
    $q = 0,919243$

    a) $P(X = 10) = (0,919243)^9 (0,080757) = 0,03785$
    b) $X: B(20; 0,080757)$

    $$P(X = 3) = \binom{20}{3}(0,080757)^3 (0,919243)^{17} = 0,14347$$

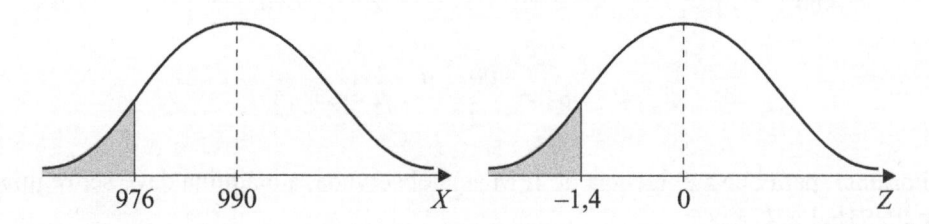

12. Um fabricante de produtos alimentícios vende um de seus produtos em latas de 900 g de conteúdo líquido. Para embalar o produto, adquiriu uma máquina que permite obter o peso desejado, com distribuição normal e desvio padrão de 10 g. O IPM (Instituto de Pesos e Medidas) exige que no máximo 5% das latas contenham menos do que o peso líquido nominal. Se a máquina for regulada para 910 g, poderá satisfazer esta exigência. Qual deverá ser a regulagem da máquina para que a exigência do IPM seja observada? Feita esta nova regulagem, as latas são remetidas ao comércio. O IPM examina, então, uma amostra de 20 latas em um supermercado. Qual a probabilidade de encontrar pelo menos 3 com o peso inferior ao especificado na embalagem?

Resolução:

X: peso líquido

$X: N(\ ,100)\begin{cases}\mu = ?\\ \sigma = 10\end{cases}$

a) $X: N(910, 100)\begin{cases}\mu = 910\\ \sigma = 10\end{cases} \rightarrow \boxed{Z = \dfrac{X-910}{10}}$

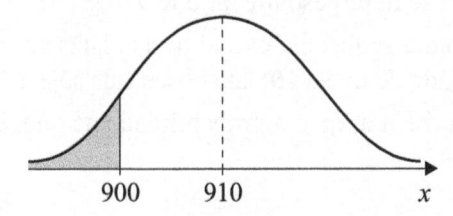

$P(X < 900) = P(Z < -1) = 0,5 - 0,341345 = 0,158655 \therefore$

$\therefore$ $\boxed{15,87\%}$

Logo, com a regulagem de 910 g, 15,87% das latas terão peso inferior a 900 g, o que não satisfaz a exigência do IPM.

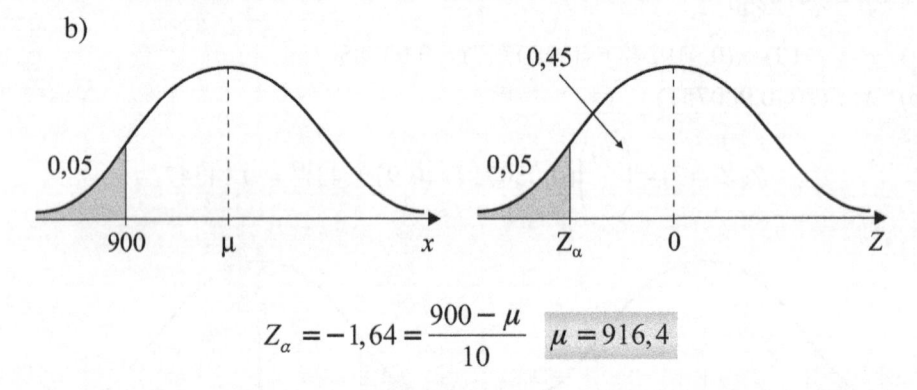

b)

$Z_\alpha = -1,64 = \dfrac{900 - \mu}{10} \quad \boxed{\mu = 916,4}$

Portanto, para que a exigência do IPM seja observada, a máquina deve ser regulada para 916,4 g. Logo:

$$\boxed{X: N(916,4;\ 100)}$$

c) X: número de latas com peso líquido menor do que 900 g.

$p = 0,05$.

$X: B(20;\ 0,05)$

$P(X \geq 3) = 1 - P(X < 3) = 1 - \left\{\binom{20}{0}(0,05)^0(0,95)^{20} + \right.$

$$+\binom{20}{1}(0,05)^1(0,95)^{19}+\binom{20}{2}(0,05)^2(0,95)^{18}\bigg\}=$$

$$=1-\{0,35849+0,37735+0,18868\}=1-0,92452=\boxed{0,07548}$$

Exercícios propostos

1. Dadas as funções abaixo, verificar para que valores de K podem ser consideradas f. d. p. Calcular $E(X)$ e VAR(X).

   a) $f(x)=\begin{cases} Kx^2 & \text{se } 0 \le x \le 2 \\ 0 & \text{se } x<0 \text{ ou } x>2 \end{cases}$

   b) $f(x)=\begin{cases} K(2-x) & \text{se } 0 \le x \le 1 \\ 0 & \text{se } x<0 \text{ ou } x>1 \end{cases}$

   c) $f(x)=\begin{cases} Ke^{-2x} & \text{para } x \ge 0 \\ 0 & \text{para } x<0 \end{cases}$

2. Fazer o gráfico da função de distribuição $F(x)$ das funções do exercício anterior.

3. Uma variável aleatória contínua X tem a função de distribuição dada por:

   $$F(x)=\begin{cases} 0 & \text{se } x \le 0 \\ x^5 & \text{se } 0<x<1 \\ 1 & \text{se } x \ge 1 \end{cases}$$

   Calcular $E(X)$ e VAR(x).

4. Uma variável aleatória contínua X tem f. d. p. dada por:

   $$F(x)=\begin{cases} K & \text{se } 0 \le x \le 2 \\ K(x-1) & \text{se } 2<x \le 4 \\ 0 & \text{se } x<0 \text{ ou } x>4 \end{cases}$$

   Determinar K e $E(X)$.

5. A f. d. p. de uma variável aleatória contínua X é representada pelo gráfico abaixo.

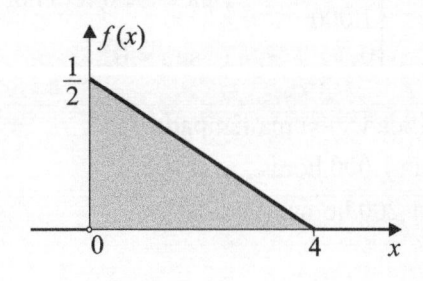

Calcular:

a) K tal que:

$$P(X \geq K) = 1/4.$$

b) A mediana da distribuição de X, isto é, m tal que:

$$P(X > m) = P(X < m).$$

6. Determinar a média e a variância de X, cuja f. d. p. é dada por:

$$f(x) = \begin{cases} \dfrac{2}{x^2} & \text{se } 1 \leq x \leq 2 \\ 0 & \text{se } x < 1 \text{ ou } x > 2 \end{cases}$$

7. O gráfico da f. d. p. de uma variável aleatória contínua X é dado a seguir:

   Calcular:
   a) $P(X \geq 1)$;
   b) $P(X \leq 1)$;
   c) $E(X)$.

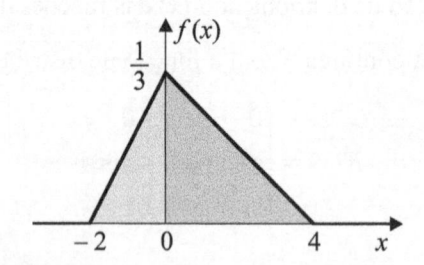

8. Dada a f. d. p. de uma variável aleatória X:

$$f(x) = \begin{cases} 6x(1-x) & \text{se } 0 \leq x \leq 1 \\ 0 & \text{se } x < 0 \text{ ou } x > 1 \end{cases}$$

calcular $P(\mu - \sigma < X < \mu + \sigma)$.

9. A duração de uma lâmpada é uma variável aleatória T, cuja f. d. p. é:

$$f(t) = \begin{cases} \dfrac{1}{1.000} e^{-t/1000}, & \text{para } t \geq 0 \text{ (em horas)} \\ 0 & \text{se } t < 0 \end{cases}$$

Calcular a probabilidade de uma lâmpada:
a) Se queimar antes de 1.000 horas.
b) Durar entre 800 e 1.200 horas.

10. Na leitura de uma escala, os erros variam de –1/4 a 1/4, com distribuição *uniforme de probabilidade*. Calcular a média e a variância da distribuição dos erros.

11. Dada a variável aleatória $Z = \dfrac{X - \mu_X}{\sigma_X}$, determinar $E(Z)$ e VAR(Z), sendo que X tem f. d. p. dada por:

$$f(x) = \begin{cases} e^{-x} & \text{se } x \geq 0 \\ 0 & \text{se } x < 0 \end{cases}$$

12. A duração X de um tubo de televisão tem f. d. p.:

$$f(x) = \begin{cases} Ke^{-kx} & \text{se } x \geq 0 \\ 0 & \text{se } x < 0 \end{cases}$$

Seja $p_\lambda = P(\lambda \leq X \leq \lambda + 1)$. Então p_λ é da forma $(1 - a)a^\lambda$. Determinar a.

13. A f. d. p. de uma variável aleatória contínua X é dada por:

$$f(x) = \begin{cases} 1 - x/2 & \text{se } 0 \leq x \leq 2 \\ 0 & \text{se } x < 0 \text{ ou } x > 2 \end{cases}$$

Seja $p_1 = P(x \leq 1{,}2)$:

a) Considere experimentos independentes, onde $p = 1{,}24 - p_1$ é a probabilidade de sucesso. Qual a probabilidade de que em 25 tentativas do mesmo experimento ocorram pelo menos 3 sucessos?

b) Se a probabilidade de sucesso for $p = (1{,}24 - p_1)/200$, em 1.000 tentativas independentes do experimento, qual a probabilidade de que ocorram no máximo 2 sucessos?

14. O diâmetro X de um tubo é uma variável aleatória contínua com f. d. p. dada por:

$$f(x) = \begin{cases} \left(3x - \dfrac{3}{2}x^2\right) & \text{se } 0 \leq x \leq 1 \\ 0 & \text{se } x < 0 \text{ ou } x > 1 \end{cases}$$

A probabilidade de um tubo sair com defeito (diâmetro fora das especificações) é $p = 0{,}5125 - P(x \leq 0{,}5)$. Se 25 tubos são fabricados, qual a probabilidade de que sejam defeituosos:

a) pelo menos 4 tubos?
b) exatamente 6 tubos?

15. Foi feito um estudo sobre a altura dos alunos de uma faculdade, observando-se que ela se distribuía normalmente com média de 1,72 m e desvio padrão de 5 cm. Qual a porcentagem dos alunos com altura:

    a) entre 1,57 m e 1,87 m?

    b) acima de 1,90 m?

16. Uma variável aleatória X é normalmente distribuída com média 60 e variância 64. Determinar:

    a) $P(X \geq 74)$;

    b) $P(|X - 60| \leq 8)$;

    c) $P(|X - 60| \geq 5)$.

17. Um estudo das modificações percentuais dos preços, no atacado, de produtos industrializados mostrou que há distribuição normal com média de 50% e desvio padrão de 10%. Qual a porcentagem dos artigos que:

    a) sofreram aumentos superiores a 75%?

    b) sofreram aumentos entre 30% e 80%?

18. O volume de correspondência recebido por uma firma quinzenalmente tem distribuição normal com média de 4.000 cartas e desvio padrão de 200 cartas. Qual a porcentagem de quinzenas em que a firma recebe:

    a) entre 3.600 e 4.250 cartas?

    b) menos de 3.400 cartas?

    c) mais de 4.636 cartas?

19. Numa fábrica foram instaladas 1.000 lâmpadas novas. Sabe-se que a duração média das lâmpadas é de 800 horas e desvio padrão de 100 horas, com distribuição normal. Determinar a quantidade de lâmpadas que durarão:

    a) menos de 500 horas;

    b) mais de 700 horas;

    c) entre 516 e 684 horas.

20. Um fabricante de máquinas de lavar sabe, por longa experiência, que a duração de suas máquinas tem distribuição normal com média de 1.000 dias e desvio padrão de 200 dias. Oferece uma garantia de 1 ano (365 dias). Produz mensalmente 2.000 máquinas. Quantas espera trocar pelo uso da garantia dada, mensalmente?

21. O diâmetro X de um cabo de vídeo é uma v. a. com distribuição normal, com média de 21 mm e desvio padrão de 1,5 mm. A probabilidade de um cabo sair com diâmetro fora das especificações é $p_1 = 0,691759 - P(X > 23)$. Considerando $p = p_1/800$ a probabilidade de um cabo produzido ser rejeitado, determinar a probabilidade de que, na produção de 8.000 cabos, no máximo 3 sejam rejeitados.

CAPÍTULO 6

Aplicações da distribuição normal

6.1 Distribuições de funções de variáveis aleatórias normais

1. Sejam n variáveis aleatórias independentes, cada uma com distribuição normal, e sejam $E(X_i) = \mu_i$, $VAR(X_i) = \sigma^2_i$, $i = 1, 2, ..., n$, isto é, $X_i: N(\mu_i, \sigma^2_i)$. Consideremos a variável $X = \sum_{i=1}^{n} X_i$. Então X também é normalmente distribuída,

$$X: N\left(\sum_{i=1}^{n} \mu_i, \sum_{i=1}^{n} \sigma_i^2\right).$$

Demonstração: Não faremos a demonstração de que a variável X tem distribuição normal.

Sejam

$$X_1: N(\mu_1, \sigma_1^2)$$
$$X_2: N(\mu_2, \sigma_2^2)$$
$$\vdots$$
$$X_n: N(\mu_n, \sigma_n^2)$$

independentes e $X = \sum_{i=1}^{n} X_i$, calcularemos $E(X)$ e $VAR(X)$.

$$E(X) = E\left(\sum_{i=1}^{n} X_i\right) = \sum_{i=1}^{n} E(X_i) = \sum_{i=1}^{n} \mu_i$$

e

$$VAR(X) = VAR\left(\sum_{i=1}^{n} X_i\right) = \sum_{i=1}^{n} VAR(X_i) + 2\sum_{i \neq j}^{n} cov(X_i, X_j).$$

Como as variáveis X_i, $i = 1, 2, ..., n$ são independentes, a $\text{cov}(X_i, X_j) = 0$, $j = 1, ..., n$, $i \neq j$.

Logo:

$$\text{VAR}(X) = \sum_{i=1}^{n} \text{VAR}(X_i) = \sum_{i=1}^{n} \sigma_i^2.$$

2. Nas condições de **1**, se $\mu_1 = \mu_2 = ... = \mu_n = \mu$ e $\sigma_1^2 = \sigma_2^2 = ... = \sigma^2$, então $X: N(n\mu, n\sigma^2)$.

   Demonstração: De **1** tiramos

$$E(X) = \sum_{i=1}^{n} \mu_i = \sum_{i=1}^{n} \mu = n\mu$$

e

$$\text{VAR}(X) = \sum_{i=1}^{n} \sigma_i^2 = \sum_{i=1}^{n} \sigma^2 = n\sigma^2.$$

3. Sejam $X_i: N(\mu, \sigma^2)$, $i = 1, ..., n$, variáveis independentes. Seja

$$\bar{X} = \frac{1}{n} \sum_{i=1}^{n} X_i.$$

Então,

$$\bar{X} : N\left(\mu, \frac{\sigma^2}{n}\right).$$

Demonstração:

$$E(\bar{X}) = E\left\{\frac{1}{n} \sum_{i=1}^{n} X_i\right\} = \frac{1}{n} E\left(\sum_{i=1}^{n} X_i\right) = \frac{1}{n} \sum_{i=1}^{n} E(X_i) =$$

$$= \frac{1}{n} \cdot n\mu = \mu$$

e

$$\text{VAR}(\bar{X}) = \text{VAR}\left\{\frac{1}{n} \sum_{i=1}^{n} X_i\right\} = \frac{1}{n^2} \text{VAR}\left(\sum_{i=1}^{n} X_i\right) =$$

$$= \frac{1}{n^2} \sum_{i=1}^{n} \text{VAR}(X_i) = \frac{1}{n^2} \cdot n\sigma^2 = \frac{\sigma^2}{n}$$

4. Sejam $X_i: N(\mu_i, \sigma_i^2)$, $i = 1, 2, ..., n$ variáveis independentes e seja $Y = a + b_1X_1 + b_2X_2 + ... + b_nX_n$. Então:

$$Y : N\left(a + \sum_{i=1}^{n} b_i \cdot \mu_i, \sum_{i=1}^{n} b_i^2 \cdot \sigma_i^2\right).$$

Demonstração:

$E(Y) = E(a + b_1X_1 + b_2X_2 + ... + b_nX_n) =$

$= a + b_1E(X_1) + b_2E(X_2) + ... + b_nE(X_n) =$

$= a + b_1 \cdot \mu_1 + b_2 \cdot \mu_2 + ... + b_n \cdot \mu_n =$

$= a + \sum_{i=1}^{n} b_i \mu_i$

$\text{VAR}(Y) = \text{VAR}(a + b_1X_1 + b_2X_2 + ... + b_nX_n) =$

$= b_1^2 \text{VAR}(X_1) + b_2^2 \text{VAR}(X_2) + ... + b_n^2 \text{VAR}(X_n) =$

$= b_1^2 \cdot \sigma_1^2 + b_2^2 \sigma_2^2 + ... + b_n^2 \sigma_n^2 = \sum_{i=1}^{n} b_i^2 \cdot \sigma_i^2.$

Exemplos de aplicação

1. O peso de um cigarro é a soma dos pesos do papel e do fumo, e vale em média 1,200 g com $\sigma = 0,060$ g. O peso médio do papel é 0,040 g com $\sigma = 0,020$ g. Esses pesos têm distribuição normal. Os cigarros são feitos em uma máquina automática que pesa o fumo a ser usado, coloca o papel e enrola o cigarro. Determinar o peso médio do fumo em cada cigarro e o desvio padrão. Qual a probabilidade de que um cigarro tenha menos de 1,130 g de fumo?

Resolução:

Façamos:

X: peso do cigarro

Y: peso do papel

F: peso do fumo

Logo, $F = X - Y$ com X e Y independentes.

Temos $\begin{cases} \mu_x = 1,20 \text{ g e } \sigma_x = 0,06 \text{ g} \\ \mu_y = 0,04 \text{ g e } \sigma_y = 0,02 \text{ g} \end{cases}$

Precisamos determinar μ_F e σ_F^2.

Calculando-se a esperança e a variância de F, temos:

$$\mu_F = E(X-Y) = E(X) - E(Y) = 1{,}20 - 0{,}04 = 1{,}16 \text{ g}$$
$$\sigma_F^2 = \text{VAR}(X-Y) = \text{VAR}(X) + \text{VAR}(Y) =$$
$$= 0{,}06^2 + 0{,}02^2 = 0{,}0036 + 0{,}0004 = 0{,}0040$$

Logo:

$F: N(1{,}16; 0{,}004)$ e $\sigma_F = 0{,}063 \rightarrow \boxed{Z = \dfrac{F - \mu_F}{\sigma_F}}$

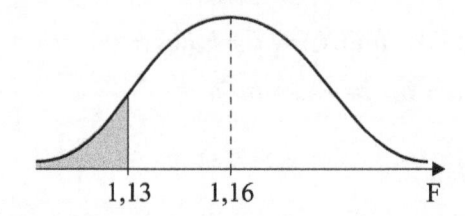

Calculando-se a probabilidade, temos:

$P(F < 1{,}13) = P(Z \leq -0{,}48) = 0{,}5 - 0{,}184386 = \boxed{0{,}315614}$

2. Uma máquina automática enche latas baseada em seus pesos brutos. O peso bruto tem distribuição normal com $\mu = 1.000$ g e $\sigma = 20$ g. As latas têm peso distribuído normalmente, com $\mu = 90$ g e $\sigma = 10$ g. Qual a probabilidade de que uma lata tenha, de *peso líquido*,
   a) menos de 830 g?
   b) mais de 870 g?
   c) entre 860 e 920 g?

Resolução:
Sejam X_1: peso bruto
X_2: peso de lata

Seja X: peso líquido
Logo,

$$\boxed{X = X_1 - X_2}$$

Temos:

$$\begin{cases} X_1: N(1.000,\ 400) \\ X_2: N(90,\ 100) \end{cases}$$

Calcularemos $E(X)$ e $\text{VAR}(X)$.

$E(X) = E(X_1 - X_2) = E(X_1) - E(X_2) = 1.000 - 90 = 910$

$\text{VAR}(X) = \text{VAR}(X_1 - X_2) = \text{VAR}(X_1) + \text{VAR}(X_2) - 2\ \text{cov}(X_1, X_2)$

$- 2\ \text{cov}(X_1, X_2) = 400 + 100 - 0 = 500\ \therefore$

∴ $X: N(910, 500)$ → $\begin{cases} \mu = 910 \\ \sigma = 22,36 \end{cases}$

a) $P(X < 830) = P(Z < -3,58) = 0,5 - P(-3,58 < Z < 0) =$
   $= 0,5 - 0,499828 =$ $0,000172$

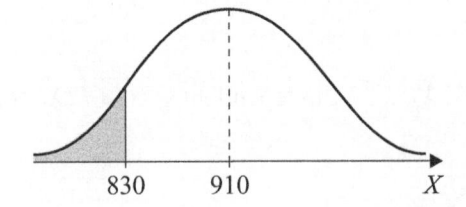

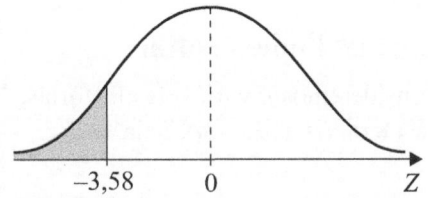

$$Z_1 = \frac{830 - 910}{22,36} = -3,58$$

b) $P(X > 870) = P(Z \geq -1,79) = P(-1,79 \leq Z \leq 0) + 0,5 =$
   $= 0,463273 + 0,5 =$ $0,963273$

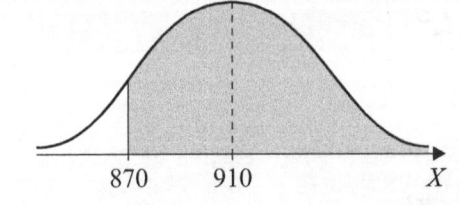

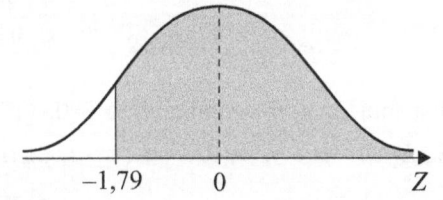

$$Z = \frac{870 - 910}{22,36} = -1,79$$

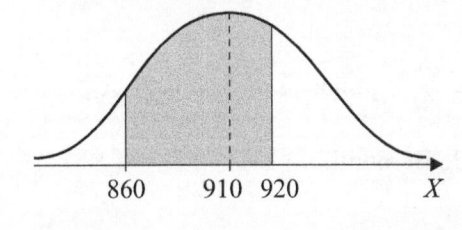

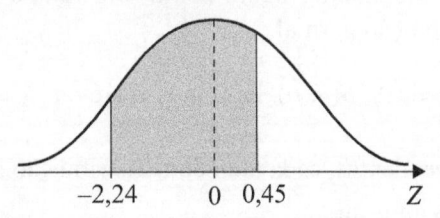

c) $P(860 < X < 920) = P(-2,24 \leq Z \leq 0,45) = P(-2,24 \leq Z \leq 0) +$
   $+ P(0 \leq Z \leq 0,45) = 0,487455 + 0,173645 =$ $0,6611$

$$Z_1 = \frac{860 - 910}{22,36} = -2,24$$

$$Z_2 = \frac{920 - 910}{22,36} = 0,45$$

6.2 Aproximação da distribuição binomial pela distribuição normal

Para efetuarmos a aproximação da distribuição binomial pela distribuição normal, usaremos um resultado bastante importante, o *teorema do limite central*, que será apenas enunciado.

Teorema do limite central

Consideremos n variáveis aleatórias, $X_1, X_2, ..., X_n$, independentes com $E(X_i) = \mu_i$ e $VAR(X_i) = \sigma_i^2$, $i = 1, 2, ..., n$. Seja

$$X = \sum_{i=1}^{n} X_i.$$

Considerando-se condições bastante gerais, a variável

$$Z = \frac{X - \sum_{i=1}^{n} \mu_i}{\sqrt{\sum_{i=1}^{n} \sigma_i^2}}$$

tem distribuição aproximadamente $N(0, 1)$.

Se $E(X_i) = \mu$ e $VAR(X_i) = \sigma^2$, $i = 1, ..., n$ e para n bastante grande ($n \to \infty$),

$$Z = \frac{X - n\mu}{\sqrt{n\sigma^2}}$$

tem distribuição normal no limite ($Z \cong N(0, 1)$).

Na prática, quando n é fixo, a aproximação será melhor na medida em que as variáveis X_i, $i = 1, ..., n$ forem mais próximas da distribuição normal.

Mostraremos agora como será feita a aproximação da distribuição binomial pela distribuição normal.

Seja $X: B(n, p)$. Podemos escrever $X = \sum_{i=1}^{n} X_i$, onde as variáveis $X_1, X_2, ..., X_n$ são independentes, cada uma com distribuição de Bernoulli.

Vimos que

$$\begin{cases} E(X_i) = p \\ VAR(X_i) = pq, \ i = 1, 2, ..., n \end{cases}$$

Então, $E(X) = \sum_{i=1}^{n} E(X_i) = np$

e

$$\text{VAR}(X) = \sum_{i=1}^{n} \text{VAR}(X_i) = npq,$$

que são os mesmos resultados já anteriormente obtidos.

Logo, para n suficientemente grande, a variável é:

$$Z = \frac{X - np}{\sqrt{npq}} \cong N(0,1).$$

Essa aproximação é chamada de *Moivre – Laplace*.

Moivre mostrou que para n grande ($n \to \infty$), temos:

$$P(X = x) = \binom{n}{x} p^x q^{n-x} \cong \frac{1}{\sqrt{2\pi} \cdot \sqrt{npq}} e^{-\frac{1}{2}\left(\frac{x-np}{npq}\right)^2}$$

Para melhorar ainda mais a aproximação, usaremos o recurso da *correção de continuidade* (cc), como segue:

$$P(X = K) \underset{cc}{\cong} P\left(K - \frac{1}{2} \leq X \leq K + \frac{1}{2}\right)$$

e

$$P(a \leq X \leq b) \underset{cc}{\cong} P\left(a - \frac{1}{2} \leq X \leq b + \frac{1}{2}\right)$$

Exemplos de aplicação

1. Lança-se uma moeda 20 vezes. Qual a probabilidade de se obter de uma a cinco caras, usando:

   a) distribuição binomial;

   b) aproximação da binomial pela normal.

   Resolução:

   X: Número de caras $\to X : B\left(20, \frac{1}{2}\right)$

   a) $P(1 \leq X \leq 5) = P(X = 1) + P(X = 2) + P(X = 3) +$

   $+ P(X = 4) + P(X = 5) = \binom{20}{1}(0,5)^1 (0,5)^{19} + \binom{20}{2}(0,5)^2 (0,5)^{18} +$

$$+\binom{20}{3}(0,5)^3(0,5)^{17}+\binom{20}{4}(0,5)^4(0,5)^{16}+\binom{20}{5}(0,5)^5(0,5)^{15}=$$

$$= 0,00002 + 0,00018 + 0,00109 + 0,00462 + 0,01479 = \boxed{0,0207}$$

Graficamente:

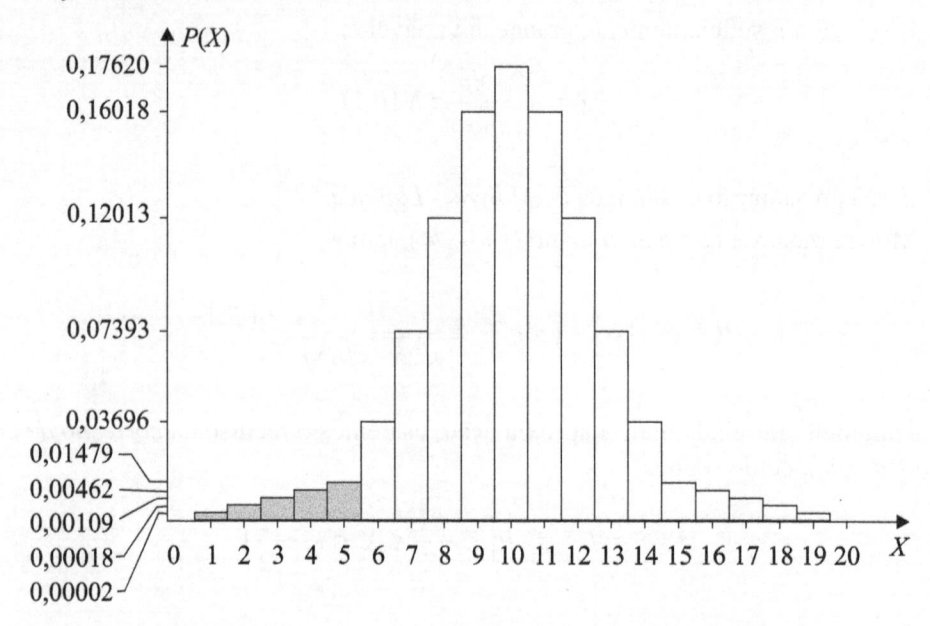

b) Se $X: B\left(20, \dfrac{1}{2}\right)$, então $\mu = np = 20 \cdot \dfrac{1}{2} = 10$

$$\sigma^2 = npq = 20 \cdot \dfrac{1}{2} \cdot \dfrac{1}{2} = 5$$

e

$$\sigma = \sqrt{5} = 2,24 \quad \therefore$$

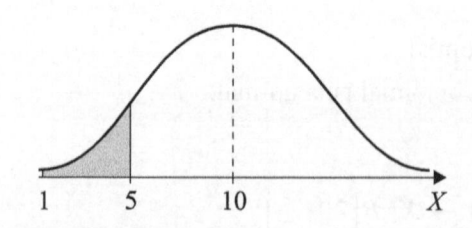

Queremos calcular $P(1 \leq X \leq 5)$.

Usando a correção de continuidade:

$$P(1 \leq X \leq 5) \underset{cc}{\cong} P(0,5 \leq X \leq 5,5) = P(-4,24 \leq Z \leq -2,01) =$$

$$= 0,5 - 0,477784 = \boxed{0,022216}$$

O erro é de 0,001516, mas no caso, $n = 20$ (pequeno) e também a probabilidade está tabelada.

Logo, para n grande a aproximação será realmente boa.

2. Um sistema é formado por 100 componentes, cada um dos quais com confiabilidade de 0,95 (probabilidade de funcionamento do componente durante um certo período de tempo). Se esses componentes funcionam independentes uns dos outros e se o sistema completo funciona adequadamente quando pelo menos 80 componentes funcionam, qual a confiabilidade do sistema?

Resolução:

Seja X: número de componentes que funcionam

$X: B(100; 0,95)$

Usando a aproximação da binomial pela normal, temos:

$\mu = np = 100 \cdot 0,95 = 95$

$\sigma^2 = npq = 100 \cdot 0,95 \cdot 0,05 = 4,75$ e $\sigma = 2,18$

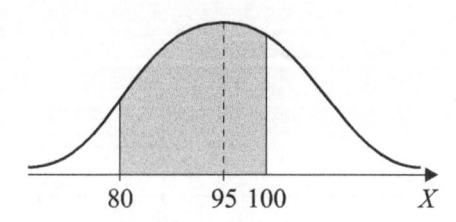

$P(80 \leq X \leq 100) \underset{cc}{\cong} P(79,5 \leq X \leq 100,5) =$

$= P(-7,11 \leq Z \leq 2,52) =$

$= 0,5 + 0,494132 = 0,994132$

Logo, a confiabilidade do sistema é de 99,41%.

Exercícios resolvidos

1. Sejam $X_1: N(150, 30)$, $X_2: N(200, 20)$ e $X_3: N(100, 14)$ independentes. Seja $X = X_1 - X_2 + X_3$ também com distribuição normal. Calcular:

   a) $P(61 \leq X \leq 70)$;

   b) $P(47 \leq X \leq 58)$.

Resolução:

$X = X_1 - X_2 + X_3 \rightarrow \begin{cases} E(X) = E(X_1) - E(X_2) + E(X_3) = \\ \quad = 150 - 200 + 100 = 50 \\ VAR(X) = VAR(X_1) + VAR(X_2) + \\ \quad + VAR(X_3) = \\ \quad = 30 + 20 + 14 = 64 \end{cases}$

Logo,

$$X: N(50, 64) \begin{cases} \mu = 50 \\ \sigma = 8 \end{cases} \rightarrow Z = \dfrac{X - 50}{8}$$

a) $P(61 \leq X \leq 70) = P(1,38 \leq Z \leq 2,5) = 0,493790 - 0,416207 =$
   = 0,077583

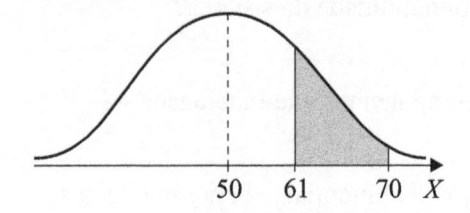

b) $P(47 \leq X \leq 58) = P(-0,38 \leq Z \leq 1) = 0,148027 + 0,341345 =$
   = 0,489372

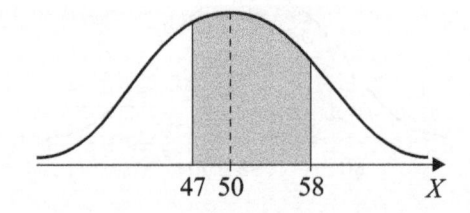

2. Sejam X_1: $N(180, 40)$ e X_2: $N(160, 50)$ independentes. Seja $X = 4X_1 - 3X_2$ também com distribuição normal. Calcular:
   a) $P(X - 3\sigma \geq \mu - 100)$;
   b) $P(|X - 200| \geq 42)$;
   c) $P(|X - 210| \leq 16)$.

Resolução:

$$X = 4X_1 - 3X_2 \begin{cases} E(X) = 4 \cdot 180 - 3 \cdot 160 = 240 \\ \text{VAR}(X) = 16 \cdot 40 + 9 \cdot 50 = 1.090 \end{cases}$$

Logo:

$$X: N(240, 1.090) \rightarrow \begin{cases} \mu = 240 \\ \sigma = 33,02 \end{cases} \rightarrow Z = \dfrac{X - 240}{33,02}$$

a) $P(X - 3 \cdot 33,02 \geq 240 - 100) = P(X \geq 239,06) =$
   $= P(Z \geq -0,03) = 0,011967 + 0,5 =$
   = 0,511967

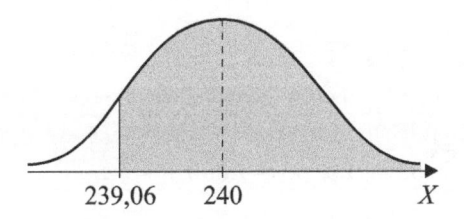

b) $P(|X - 200| \geq 42) = P(X - 200 \leq -42) + P(X - 200 \geq 42) =$
$= P(X \leq 158) + P(X \geq 242) =$
$= P(Z \leq -2{,}48) + P(Z \geq 0{,}06) =$
$= (0{,}5 - 0{,}493431) + (0{,}5 - 0{,}023922) =$
$= 0{,}006569 + 0{,}476078 =$ $\boxed{0{,}482647}$

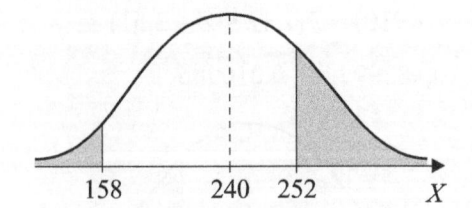

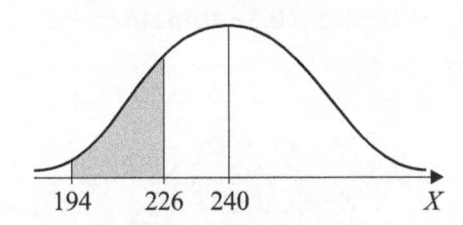

c) $P(|X - 210| \leq 16) = P(-16 \leq X - 210 \leq 16) =$
$= P(194 \leq X \leq 226) = P(-1{,}39 \leq Z \leq -0{,}42) =$
$= 0{,}417736 - 0{,}162757 =$ $\boxed{0{,}254979}$

3. O peso de um saco de café é uma variável aleatória que tem distribuição normal com média de 65 kg e desvio padrão de 4 kg. Um caminhão é carregado com 120 sacos.

   Pergunta-se qual a probabilidade de a carga do caminhão pesar
   a) entre 7.893 kg e 7.910 kg?
   b) mais de 7.722 kg?

   (*Obs.*: considerar o peso da carga com distribuição normal.)

   Resolução:

   X_i: peso de um saco de café → X_i: $N(65, 16)$ $i = 1, 2, ..., 120$

X: peso da carga $\to X = \sum_{i=1}^{20} X_i \to$

$$\to \begin{cases} E(X) = \sum_{i=1}^{120} 65 = 120 \cdot 65 = 7.800 \\ \text{VAR}(X) = \sum_{i=1}^{120} \text{VAR}(X_i) = \sum_{i=1}^{120} 16 = 120 \cdot 16 = 1.920 \end{cases}$$

Logo:

$X: N(7.800, 1.920) \to \begin{cases} \mu = 7.800 \\ \sigma = 43,82 \end{cases} \to Z = \dfrac{X - 7.800}{43,82}$

a) $P(7.893 < X < 7.910) = P(2,12 \leq Z \leq 2,51) =$

$= 0,493963 - 0,482997 = \boxed{0,010966}$

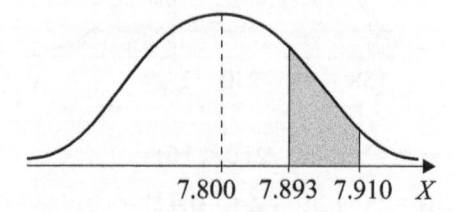

b) $P(X > 7.722) = P(Z \geq -1,78) =$

$= P(-1,78 \leq Z \leq 0) + 0,5 = 0,5 + 0,462462 =$

$= \boxed{0,962462}$

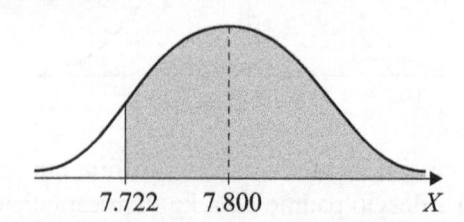

4. Sejam $X_i: N(40, 4)$, $i = 1, 2, \ldots, 20$ independentes. Seja $X = \sum_{i=1}^{20} X_i$, X também com distribuição normal.

   a) Determinar X_α, tal que $P(X \geq X_\alpha) = 0,84$.
   b) Calcular $P(|X - 10| \leq 820)$.
   c) Calcular $P\left(\dfrac{3}{5}\mu - 20\sigma \leq X \leq \dfrac{3}{4}\mu + 20\sigma\right)$.

Resolução:

Como:

$$X = \sum_{i=1}^{20} X_i \rightarrow \begin{cases} E(X) = E\left(\sum_{i=1}^{20} X_i\right) \sum_{i=1}^{20} 40 = 800 \\ \text{VAR}(X) = \text{VAR}\left(\sum_{i=1}^{20} X_i\right) = \sum_{i=1}^{20} 4 = 20 \cdot 4 = 80 \end{cases}$$

Logo:

$$X: N(800,\ 80) \rightarrow \begin{cases} \mu = 800 \\ \sigma = 8{,}94 \end{cases} \rightarrow \boxed{Z = \dfrac{X - 800}{8{,}94}}$$

a) $Z_\alpha = 0{,}99$

$$-0{,}99 = \dfrac{X_\alpha - 800}{8{,}94} \quad \rightarrow \quad \boxed{X_\alpha = 791{,}15}$$

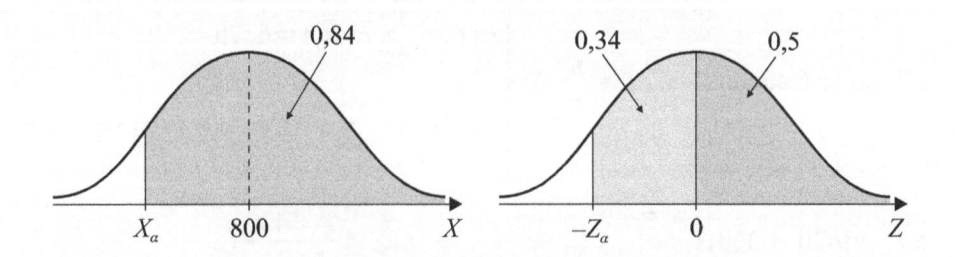

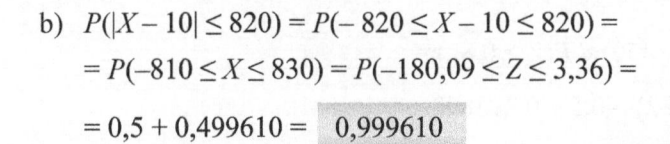

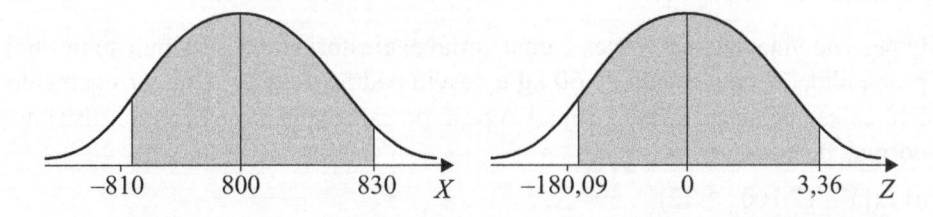

b) $P(|X - 10| \leq 820) = P(-820 \leq X - 10 \leq 820) =$

$= P(-810 \leq X \leq 830) = P(-180{,}09 \leq Z \leq 3{,}36) =$

$= 0{,}5 + 0{,}499610 = \boxed{0{,}999610}$

c) $P\left(\dfrac{3}{5}\mu - 20\sigma \leq X \leq \dfrac{3}{4}\mu + 20\sigma\right)$

$= P\left(\dfrac{3}{5} \cdot 800 - 20 \cdot 8{,}94 \leq X \leq \dfrac{3}{4} \cdot 800 + 20 \cdot 8{,}94\right) =$

$$= P(301{,}20 \leq X \leq 778{,}8) = P(-55{,}79 \leq Z \leq -2{,}37) =$$

$$= 0{,}5 - 0{,}491106 = 0{,}008894$$

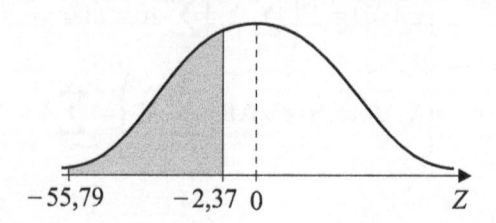

5. Um elevador tem seu funcionamento bloqueado se sua carga for superior a 450 kg. Sabendo que o peso de um adulto é uma variável aleatória com distribuição normal, sendo a média igual a 70 kg e o desvio igual a 15 kg, calcule a probabilidade de ocorrer o bloqueio numa tentativa de transportar 6 adultos.

Resolução:

X_i: Peso de um adulto X_i: $N(70, 225)$

Y: Peso de 6 adultos $\rightarrow$ $Y = \sum_{i=1}^{6} X_i$ $\begin{cases} E(Y) = \sum_{i=1}^{6} E(X_i) = 6 \cdot 70 = 420 \\ \text{VAR}(Y) = \sum_{i=1}^{6} \text{VAR}(X_i) = 6 \cdot 225 = 1.350 \end{cases}$

$\therefore Y$: $N(420, 1.350)$ $\begin{cases} \mu = 420 \\ \sigma = \sqrt{1.350} = 36{,}74 \end{cases}$ $\quad Z = \dfrac{Y - 420}{36{,}74}$

$P(\text{Bloqueio}) = P(Y > 450) = P(Z > 0{,}82) =$

$= 0{,}5 - P(0 \leq Z \leq 0{,}82) = 0{,}5 - 0{,}293892$

$P(\text{Bloqueio}) = 0{,}206108$

6. O peso de uma caixa de peças é uma variável aleatória com distribuição normal de probabilidade, com média de 60 kg e desvio padrão de 4 kg. Um carregamento de 200 caixas de peças é feito. Seja X o peso do carregamento e X tendo distribuição normal, determinar:

   a) $P(|X - 12.100| \geq 32)$;

   b) X_a tal que $P(X \geq X_a) = 0{,}973$.

Resolução:

X_i: $N(60, 16)$ Peso da Caixa i

X: Peso da carga $X = \sum_{i=1}^{200} X_i$

$$E(X) = 60 \cdot 200 = 12.000 \atop VAR(X) = 200 \cdot 16 = 3.200 \Bigg\} X:\ N(12.000,\ 3.200) \qquad \mu = 12.000 \atop \sigma = \sqrt{3.200} = 56,57$$

$$Z = \frac{X - 12.000}{56,57}$$

a) $P(|X - 12.100| \leq 32) = P(-32 \leq X - 12.100 \leq 32) = P(12.068 \leq X \leq 12.132) =$
$= P(1,20 \leq Z \leq 2,33) = P(0 \leq Z \leq 2,33) - P(0 \leq Z \leq 1,20) =$
$= 0,490097 - 0,384930 = \boxed{0,105167}$

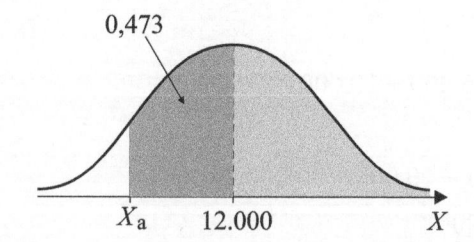

b) $P(X \geq X_a) = 0,973$

$Z_a = Z_{0,473} = -1,92$

$-1,92 = \dfrac{X_a - 12.000}{56,57}$

$\boxed{X_a = 11.891,39}$

7. O custo de um produto A é determinado por custos fixos, mão de obra e matéria-prima. Sabemos que os custos fixos são de R$ 1.000,00 e o desvio padrão de R$ 80,00, com distribuição normal, e que o custo da mão de obra segue distribuição normal com média de R$ 5.000,00 e desvio padrão de R$ 100,00. O custo da matéria-prima é o dobro do custo da mão de obra e também segue uma distribuição normal. Admitindo-se que custo fixo, matéria-prima e mão de obra sejam independentes e que o custo do produto A tenha uma distribuição normal, determine:

a) qual a média e o desvio do custo de A;
b) qual a probabilidade de A custar mais R$16.500,00;
c) qual a probabilidade de que o custo de A esteja entre R$ 15.800,00 e R$ 16.900,00.

Resolução:

a) Sejam:
 X_1: custo fixo
 X_2: custo da mão de obra
 X_3: custo da matéria-prima
 X: custo de A

Como $X_3 = 2X_2$, temos:

$$\begin{cases} E(X_3) = 2E(X_2) \\ \text{VAR}(X_3) = 4\text{VAR}(X_2) \end{cases}$$

Logo:

X_1: $N(1.000, 6.400)$

X_2: $N(5.000, 10.000)$

X_1: $N(10.000, 40.000)$

E como

$X = X_1 + X_2 X_3$,

temos:

$E(X) = 1.000 + 5.000 + 10.000$

$E(X) = 16.000$

$\text{VAR}(X) = 6.400 + 10.000 + 40.000$

$\text{VAR}(X) = 56.400$

$X: N(16.000, 56.400) \rightarrow \begin{cases} \mu = 16.000 \\ \sigma = 237,49 \end{cases} \rightarrow Z = \dfrac{X - 16.000}{237,49}$

b) $P(X > 16.500) = P(Z \geq 2,11) = 0,5 - P(0 \leq Z \leq 2,11) =$

$= 0,5 - 0,482571 =$ $\boxed{0,017429}$

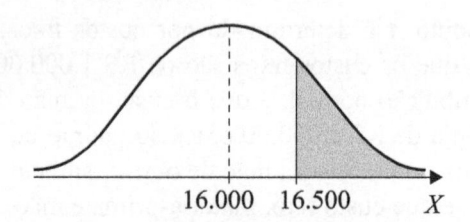

c) $P(15.800 < X < 16.900) = P(-0,84 \leq Z \leq 3,79) =$

$= 0,299546 + 0,499925 =$ $\boxed{0,799471}$

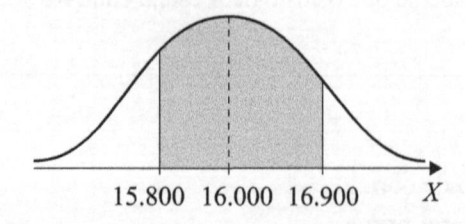

8. Um criador possui 5.000 cabeças de vaca leiteira. Sabendo-se que cada vaca produz em média 3 litros por dia, obedecendo a uma distribuição normal, com desvio padrão de 0,5 litro, calcular a probabilidade de produzir, diariamente:

a) mais de 15.110 litros;

b) entre 14.910 e 14.960 litros.

Resolução:

X_i: Produção da vaca i X_i: $N(3; 0,25)$

X: Produção total $\therefore X = \sum_{i=1}^{5.000} X_i$

$\left.\begin{array}{l} E(X) = n\mu = 5.000 \cdot 3 = 15.000 \\ VAR(X) = n\sigma^2 = 5.000 \cdot 0,25 = 1.250 \end{array}\right\} X: N(15.000, 1.250)$

$\therefore \begin{array}{l} \mu = 15.000 \\ \sigma = \sqrt{1.250} = 35,36 \end{array} \rightarrow Z = \dfrac{X - 15.000}{35,36}$

a) $P(X > 15.110) = P(Z \geq 3,11) = 0,5 - P(0 \leq Z \leq 3,11) =$

$= 0,5 - 0,499065 = \boxed{0,000935}$

b) $P(14.910 \leq X \leq 14.960) = P(-2,55 \leq Z \leq -1,13) =$

$= P(-2,55 \leq Z \leq 0) - P(-1,13 \leq Z \leq 0) =$

$= 0,494614 - 0,370762 = \boxed{0,123852}$

Exercícios propostos

1. Sejam X_1: $N(200, 60)$ e X_2: $N(100, 20)$ variáveis independentes. Seja X normalmente distribuída, tal que $X = X_1 - X_2$, calcular:

    a) $P(92 \leq X \leq 106)$;

    b) $P(110 \leq X \leq 117)$;

    c) $P(|X - 100| \leq 14)$.

2. Sejam as variáveis normalmente distribuídas e independentes,

    X_1: $N(100, 20)$

    X_2: $N(100, 30)$

    X_3: $N(160, 40)$

    X_4: $N(200, 40)$

    Seja X também com distribuição normal, sendo que $X = 2X_1 - X_2 + 3X_3 - X_4$. Calcular:

    a) $P(X \geq 420)$;

    b) $P(X \leq 436)$;

c) $P(300 \leq X \leq 480)$.

3. Numa indústria, a montagem de um certo item é feita em duas etapas. Os tempos necessários para cada etapa são independentes e têm as seguintes distribuições:

    X_1: $N(75$ seg; 16 seg$^2)$, X_1: tempo da 1ª etapa

    X_2: $N(125$ seg; 100 seg$^2)$, X_2: tempo da 2ª etapa

    Qual a probabilidade de que sejam necessários, para montar a peça:

    a) mais de 210 segundos?
    b) menos de 180 segundos?

4. X: $B\left(100; \dfrac{1}{10}\right)$. Calcular $P(X = 10)$ pela aproximação da normal.

5. X: $B(n; p)$, onde $n = 100$ e $p = \dfrac{1}{2}$. Calcular, usando a aproximação pela normal:

    a) $P(X \geq 25)$;
    b) $P(X \leq 70)$;
    c) $P(X > 57)$;
    d) $P(X = 52)$;
    e) $P(25 < X < 57)$.

6. Numa binomial em que $n = 100$ e $p = 0,6$, calcular a probabilidade de se obter de 70 a 80 sucessos, inclusive os extremos.

7. Um dado é lançado 120 vezes. Determinar a probabilidade de aparecer face 4:

    a) 18 vezes ou menos;
    b) 14 vezes ou menos, admitindo-se que o dado não seja viciado.

8. Uma máquina produz parafusos, dos quais 10% são defeituosos. Usando a aproximação da distribuição binomial pela normal, determinar a probabilidade de uma amostra formada ao acaso de 400 parafusos produzidos pela máquina serem defeituosos:

    a) no máximo 30;
    b) entre 30 e 50 (inclusive os extremos);
    c) mais de 35 e menos de 45;
    d) mais de 55.

9. Determinar a probabilidade de que em 200 lances de uma moeda, resultem:

    a) $80 < $ caras < 120;
    b) menos de 90 caras;
    c) menos de 85 ou mais de 115 caras;
    d) exatamente 100 caras.

10. Sejam X_1: $N(150, 30)$, X_2: $N(200, 20)$ e X_3: $N(120, 40)$ independentes. Seja $X = 3X_1 - X_2 - X_3$ também normal. Calcular:
    a) $P(X \le X_\alpha) = 0{,}83$;
    b) $P(\mu - 1{,}4\sigma \le X \le \mu + 2{,}3\sigma)$.

11. Sejam X_1: $N(180, 25)$ e X_2: $N(95, 36)$ variáveis independentes. Seja $X = 4X_1 - 5X_2$. Calcular:
    a) $P(|X - 200| \le 180)$;
    b) $P(|X - 160| \ge 120)$.

12. Sejam X_i: $N(200, 40)$ variáveis normais com distribuições independentes, $i = 1, 2, \ldots,$ 100. Seja $X = \sum_{i=1}^{100} X_i$ também normal. Calcular:
    a) $P(X \ge 20.247)$;
    b) $P(X - 0{,}96\,\sigma^2 \ge \mu - 4.000)$.

13. A montagem de uma peça é feita em 3 etapas, independentes entre si. Os tempos de montagem de cada etapa são normalmente distribuídos, como segue:

Etapa	Média	Desvio
1ª	3h	30 minutos
2ª	4h	20 minutos
3ª	6h	50 minutos

    O tempo total de montagem também é normalmente distribuído. Qual a probabilidade de que a montagem da peça seja feita:
    a) em mais de 660 minutos?
    b) entre 896 minutos e 915 minutos?

14. Sacos de feijão são completados automaticamente por uma máquina, com peso médio por saco de 60 kg, desvio padrão de 1,5 kg e distribuição normal. No processo de armazenagem e transporte, a perda média por saco é de 1,2 kg e desvio padrão de 0,4 kg, também com distribuição normal. Calcular a probabilidade de que, numa remessa de 140 sacos de feijão, o peso total não ultrapasse 8.230 kg.

PARTE 2

Inferência

7. Amostragem
8. Análise exploratória dos dados de uma amostra
9. Distribuição amostral dos estimadores
10. Estimação
11. Intervalos de confiança para médias e proporções
12. Testes de hipóteses para médias e proporções
13. Erros de decisão
14. Distribuição de t de student IC e TH para a média de população normal com variância desconhecida
15. Comparação de duas médias: TH para a diferença de duas médias
16. Distribuição de χ^2 (qui-quadrado), IC e TH para a variância de populações normais
17. Testes de aderência e tabelas de contingência
18. Distribuição de F de Fisher-Snedecor, IC e TH para quociente de variâncias

CAPÍTULO 7

Amostragem

7.1 Conceitos

População: é o conjunto formado por indivíduos ou objetos que têm pelo menos uma variável comum e observável. Podemos falar em:

- população dos alunos do primeiro período de uma faculdade;
- população dos operários da indústria automobilística;
- população de alturas em cm das pessoas de determinado bairro;
- população de peças fabricadas numa linha de produção, e assim por diante.

Definiremos como tamanho de uma população finita o número de elementos que a compõem. Usaremos N para designar esse número.

Amostra: fixada uma população, qualquer subconjunto formado exclusivamente por seus elementos é denominado *amostra* desta população. Usaremos n para indicar o número de elementos da amostra, o seu tamanho.

Amostragem: é o processo de seleção de uma amostra, que possibilita o estudo das características da população.

Erro amostral: é o erro que ocorre justamente pelo uso da amostra.

Parâmetro: é a medida usada para descrever uma característica numérica populacional. Genericamente representaremos por θ. A média (μ), a variância (σ^2) e o coeficiente de correlação (ρ) são alguns exemplos de parâmetros populacionais.

Estimador: também denominado *estatística* de um parâmetro populacional; é uma característica numérica determinada na amostra, uma função de seus elementos. Genericamente, representaremos por $\hat{\theta}$. A média amostral ($\bar{x}$), a variância amostral (s^2) e o coeficiente de correlação amostral (r) são exemplos de estimadores.

Estimativa: é o valor numérico determinado pelo estimador, que genericamente representaremos por $\hat{\theta}_0$.

Logo, o erro amostral, que designaremos por ε, é definido por:

$$\varepsilon = \hat{\theta} - \theta$$

O valor de $\hat{\theta}$ varia em cada uma das N^n amostras de tamanho n, tiradas da população, como segue:

amostra 1 $\longrightarrow$ $\hat{\theta}_1$

amostra 2 $\longrightarrow$ $\hat{\theta}_2$

....

amostra p $\longrightarrow$ $\hat{\theta}_p$

Logo, $\hat{\theta}$ é uma variável aleatória e, como tal, podemos determinar a $E(\hat{\theta})$, $\text{VAR}(\hat{\theta})$, isto é, a esperança matemática de $\hat{\theta}$ e sua variância.

Podemos desmembrar o erro amostral em duas partes:

$$\varepsilon = [\hat{\theta} - E(\hat{\theta})] + [E(\hat{\theta}) - \theta]$$
$$1\phantom{[\hat{\theta} - E(\hat{\theta})] +\ }2$$

1: parte casual   2: viés ou desvio

O viés pode aparecer na seleção da amostra, na coleta dos dados ou na estimação dos parâmetros.

Viés de seleção

A amostragem pode ser probabilística e não probabilística. Amostragem probabilística é o processo de seleção de uma amostra no qual cada unidade amostral da população tem probabilidade diferente de zero e conhecida de pertencer à amostra.

Na amostragem não probabilística, a probabilidade de seleção é desconhecida para alguns ou todos os elementos da população, podendo alguns destes elementos ter probabilidade nula de pertencer à amostra, como em amostras intencionais, a esmo ou de voluntários.

O melhor modo de evitar o viés de seleção é o uso do sorteio, seja ele manual ou por meio de uma tabela de números aleatórios, ou então pela geração de números aleatórios por computador.

A amostragem probabilística é isenta de viés de seleção.

Viés na coleta de dados

Esse tipo de vício pode ocorrer principalmente quando se substitui a unidade de amostragem ou quando há falta de respostas.

Viés de estimação

Esse tipo de vício pode ser controlado fazendo-se amostragens probabilísticas.

7.2 Tipos de amostragem

Amostragem casual simples

Consideremos uma população $X_1, X_2, ..., X_N$ com elemento genérico X_j, com $1 \leq j \leq N$ e a amostra $x_1, x_2, ..., x_n$ com elemento genérico x_i, $1 \leq i \leq n$.

DEFINIÇÃO

> Uma amostra se diz casual simples quando $P(X_j = x_i) = \dfrac{1}{N}$, quaisquer que sejam $i = 1, 2, ..., n$ e $j = 1, 2, ... N$.

Isso significa que em uma amostra casual simples todos os elementos da população têm a mesma probabilidade de serem selecionados.

a) Quando a amostragem é feita com reposição, para $n = 2$, temos:

$$P(X_1 = x_1, X_2 = x_1) = \dfrac{1}{N^2} \quad \text{e} \quad P(X_2 = x_1/X_1 = x_1) = \dfrac{\dfrac{1}{N^2}}{\dfrac{1}{N}} = \dfrac{1}{N}$$

b) Quando a amostragem é sem reposição, para $n = 2$, temos:

$P(X_1 = x_1, X_2 = x_1) = 0$ e, sendo $P(X_1 = x_1) = \dfrac{1}{N}$ e

$P(X_2 = x_2/X_1 = x_1) = \dfrac{1}{N-1}$, portanto

$P(X_1 = x_1, X_2 = x_2) = \dfrac{1}{N(N-1)}$.

Podemos formar o quadro a seguir.

1ª sel. \ 2ª sel.	X_1	X_2	...	X_N	$P(X)$
X_1	0	$\dfrac{1}{N(N-1)}$	...	$\dfrac{1}{N(N-1)}$	$\dfrac{1}{N}$
X_2	$\dfrac{1}{N(N-1)}$	0	...	$\dfrac{1}{N(N-1)}$	$\dfrac{1}{N}$
⋮	⋮	⋮	⋮	⋮	⋮
X_N	$\dfrac{1}{N(N-1)}$	$\dfrac{1}{N(N-1)}$	...	0	$\dfrac{1}{N}$
$P(X)$	$\dfrac{1}{N}$	$\dfrac{1}{N}$	...	$\dfrac{1}{N}$	1

Logo, tanto para amostragem com reposição como para sem reposição, temos:

$$P(X_j = x_i) = \frac{1}{N} \quad \text{e} \quad P(X_{j+1} = x_i) = \frac{1}{N}$$

EXEMPLO

Consideremos a população formada por 1, 2, 3, 4, ..., 7, 8 e 9.
A média da população é $\mu = (1 + 2 + 3 + ... + 7 + 8 + 9)/9$, $\mu = 5$.
Retiramos dessa população amostras de tamanho 3.

a) Com reposição:
   a_1) amostra com os menores valores $\Rightarrow$ 1, 1, 1 $\rightarrow \bar{x} = 1 \rightarrow \varepsilon = 1 - 5 = -4$
   (lembrando: $\varepsilon = \bar{x} - \mu$);
   a_2) amostra com os maiores valores $\Rightarrow$ 9, 9, 9 $\rightarrow \bar{x} = 9 \rightarrow \varepsilon = 9 - 5 = 4$
   portanto $|\varepsilon| = |\bar{x} - \mu| \leq 4$.

b) Sem reposição:
   b_1) amostra com os menores valores $\Rightarrow$ 1, 2, 3 $\rightarrow \bar{x} = 2 \rightarrow \varepsilon = 2 - 5 = -3$;
   b_2) amostra com os maiores valores $\Rightarrow$ 7, 8, 9 $\rightarrow \bar{x} = 8 \rightarrow \varepsilon = 8 - 5 = 3$
   portanto, $|\varepsilon| \leq 3$.

Concluímos que o erro amostral é menor quando se usa amostragem sem reposição.

Amostragem por estratificação

Vamos considerar o mesmo exemplo abordado anteriormente. Devemos usar uma variável "critério" para separar a população em estratos.

No exemplo, o critério de estratificação será:

E_1: grupo formado pelos três menores valores;
E_2: grupo formado pelos três valores centrais;
E_3: grupo formado pelos três maiores valores.

$$E_1 = 1, 2, 3$$
$$E_2 = 4, 5, 6$$
$$E_3 = 7, 8, 9$$

Selecionemos um elemento de cada estrato para formarmos as amostras de tamanho 3:

- amostras com menores elementos $\rightarrow$ 1, 4, 7 $\rightarrow \bar{x} = 4 \rightarrow \varepsilon = -1$;
- amostras com maiores elementos $\rightarrow$ 3, 6, 9 $\rightarrow \bar{x} = 6 \rightarrow \varepsilon = 1$
  portanto, $|\varepsilon| \leq 1$.

EXEMPLO

Dada a população de 50.000 operários da indústria automobilística, formar uma amostra de 5% de operários para estimar seu salário médio.

Usando a variável critério "cargo" para estratificar essa população, e considerando amostras de 5% de cada estrato obtido, chegamos ao seguinte quadro.

Cargos	População	Amostra
Chefes de seção	5.000	250
Operários especializados	15.000	750
Operários não especializados	30.000	1.500
Total	50.000	2.500

A amostragem por estratificação tem as seguintes características:

- dentro de cada estrato há uma grande homogeneidade, ou então uma pequena variabilidade;
- entre os estratos há uma grande heterogeneidade, ou então uma grande variabilidade.

No primeiro exemplo, retiramos o mesmo número de elementos de cada um dos estratos e, no segundo, fizemos uma partilha proporcional.

Amostragem por conglomerados

Se estivermos interessados no salário médio dos operários da indústria automobilística, como no exemplo anterior, podemos selecionar uma montadora e, dentro dela, estudar os salários.

Há uma mudança fundamental na unidade de sorteio. Passamos de elemento para grupo.

Consideramos *conglomerados* os grupos de elementos com as seguintes características:

- dentro de cada conglomerado há uma grande heterogeneidade, ou então uma grande variabilidade;
- entre os conglomerados há uma pequena variabilidade, ou então uma grande homogeneidade.

Amostragem sistemática

Consideramos uma população de tamanho N e dela tiramos uma amostra de tamanho n.

Definimos $s = [\frac{N}{n}]$: fator de sistematização.

Sorteamos um número entre 1 e s. Seja m esse número:

- O primeiro elemento da amostra é o de número m;
- O segundo elemento da amostra é o de número $s + m$;
- O terceiro elemento da amostra é o de número $2s + m$;
- ...
- O n-ésimo elemento da amostra é o de número $(n - 1)s + m$.

Para esse tipo de amostragem é necessário que a população esteja ordenada, por exemplo, em nomes de uma lista telefônica ou em números das casas de uma rua.

EXEMPLO

De uma população de $N = 1.000$ elementos ordenados, retirar uma amostra sistemática de tamanho 100.

$$s = \left[\frac{1.000}{100}\right] = 10$$

Seja $1 \leq m \leq 10$. Suponhamos que $m = 7$. Logo, temos:

1º elemento da amostra................... 7º
2º elemento da amostra...................17º
3º elemento da amostra...................27º
.....
100º elemento da amostra.............997º

CAPÍTULO 8

Análise exploratória dos dados de uma amostra

8.1 Conceitos

Suponhamos que não conheçamos a média e a variância de uma população X que desejamos estudar. Retiramos uma amostra de n elementos e estimamos este parâmetro.

A média μ da população é estimada pelo estimador:

$$\overline{x} = \frac{1}{n}\sum_{i=1}^{n} x_i$$

e $E(\overline{x}) = \mu$, como mostraremos futuramente. Isso demonstra que o estimador da média é não viciado ou não viesado.

A variância σ^2 da variável X é estimada por:

$$s^2 = \frac{1}{n-1}\sum_{i=1}^{n}(x_i - \overline{x})^2$$

que também é um estimador não viciado da variância, pois veremos que $E(s^2) = \sigma^2$.

Se usarmos o estimador

$$s^2 = \frac{1}{n}\sum_{i=1}^{n}(x_i - \overline{x})^2$$

veremos que ele é um estimador viciado, pois demonstra-se que $E(s^2) \neq \sigma^2$.

EXEMPLO

Determinar a média e a variância da amostra: 10, 20, 30, 40, 50.

x_i	$x_i - \bar{x}$	$(x_i - \bar{x})^2$
10	−20	400
20	−10	100
30	0	0
40	10	100
50	20	400
Σ 150		1.000

$n = 5$

$\Sigma x = 150$

$\bar{x} = 150/5 = 30$

$s^2 = 1.000/4 = 250$

Logo, a média da amostra é 30 e sua variância é 250, sendo então o seu desvio padrão:

$$s = \sqrt{250} = 15,81$$

No exemplo, estamos trabalhando com *dados amostrais isolados*, *não agrupados*.

Para o cálculo do s^2, podemos usar uma fórmula operacional mais simples de ser aplicada, como demonstraremos a seguir:

$$s^2 = \frac{1}{n-1}\sum_{i=1}^{n}(x_i - \bar{x})^2 = \frac{1}{n-1}\sum_{i=1}^{n}(x_i^2 - 2\cdot x_i \cdot \bar{x} + \bar{x}^2) =$$

$$= \frac{1}{n-1}\left[\sum_{i=1}^{n}x_i^2 - \sum_{i=1}^{n}2\cdot x_i \cdot \bar{x} + \sum_{i=1}^{n}\bar{x}^2\right] = \frac{1}{n-1}\left[\sum_{i=1}^{n}x_i^2 - 2\cdot\bar{x}\cdot\sum_{i=1}^{n}x_i + n\cdot\bar{x}^2\right] =$$

$$= \frac{1}{n-1}\left[\sum_{i=1}^{n}x_i^2 - \frac{2}{n}\cdot\left(\sum_{i=1}^{n}x_i\right)\cdot\left(\sum_{i=1}^{n}x_i\right) + n\left(\frac{1}{n}\sum_{i=1}^{n}x_i\right)^2\right] =$$

$$= \frac{1}{n-1}\left[\sum_{i=1}^{n}x_i^2 - \frac{2}{n}\cdot\left(\sum_{i=1}^{n}x_i\right)^2 + \frac{1}{n}\cdot\left(\sum_{i=1}^{n}x_i\right)^2\right]$$

Logo:

$$s^2 = \frac{1}{n-1}\left[\sum_{i=1}^{n}x_i^2 - \frac{1}{n}\left(\sum_{i=1}^{n}x_i\right)^2\right]$$

ou então:

$$s^2 = \frac{1}{n-1}\left[\sum_{i=1}^{n}x_i^2 - n\cdot\bar{x}^2\right]$$

EXEMPLO

Considere a amostra formada por 10, 11, 13, 15 e 18. Determinar a média e sua variância, usando para s^2 a fórmula simplificada.

	x_i	x_i^2
	10	100
	11	121
	13	169
	15	225
	18	324
Σ	67	939

$n = 5$

$\bar{x} = \dfrac{67}{5} = 13,4$

$s = \dfrac{1}{4}\left[939 - \dfrac{(67)^2}{5}\right] = 10,3$

$s = \sqrt{10,3} = 3,21$

Consideremos agora *dados sujeitos a repetições*, isto é, *dados afetados de frequência*.

Sejam:

n_i = frequência absoluta do elemento x_i, $i = 1, 2, 3, ..., n$.

k = número de classes de frequência ou número de agrupamentos.

$$\sum_{i=1}^{k} n_i = n$$

As fórmulas anteriores de média e variância amostrais passam a ser escritas como seguem:

$$\bar{x} = \dfrac{1}{n}\sum_{i=1}^{k} x_i \cdot n_i$$

e

$$s^2 = \dfrac{1}{n-1}\sum_{i=1}^{k}(x_i - \bar{x})^2 \cdot n_i$$

ou

$$s^2 = \dfrac{1}{n-1}\left[\sum_{i=1}^{k} x_i^2 \cdot n_i - \dfrac{1}{n}\left(\sum_{i=1}^{k} x_i \cdot n_i\right)^2\right]$$

EXEMPLO

Considere a seguinte tabela de dados:

x_i	10	20	30	40	50	60	70
n_i	1	5	22	24	22	5	1

Determine $\bar{x}$ e s^2.

x_i	n_i	$x_i \cdot n_i$	$(x_i - \bar{x})$	$(x_i - \bar{x})^2$	$(x_i - \bar{x})^2 \cdot n_i$
10	1	10	−30	900	900
20	5	100	−20	400	2.000
30	22	660	−10	100	2.200
40	24	960	0	0	0
50	22	1.100	10	100	2.200
60	5	300	20	400	2.000
70	1	70	30	900	900
Σ	80	3.200			10.200

$$k = 7 \quad n = 80 \quad \rightarrow \quad x = \frac{3.200}{80} = 40 \quad \rightarrow \quad \boxed{\bar{x} = 40}$$

e

$$s^2 = \frac{10.200}{79} = 129,11 \quad \rightarrow \quad \boxed{s^2 = 129,11} \quad e \quad \boxed{s = 11,36}$$

Usando a fórmula operacional ou abreviada para o cálculo de s^2, temos:

x_i	n_i	$x_i \cdot n_i$	$x_i^2 \cdot ni$
10	1	10	100
20	5	100	2.000
30	22	660	19.800
40	24	960	38.400
50	22	1.100	55.000
60	5	300	18.000
70	1	70	4.900
Σ	80	3.200	138.200

$\bar{x} = 3.200/80 = 40$

$$s^2 = \frac{1}{80-1}\left[138.200 - \frac{(3.200)^2}{80}\right]$$

$$s^2 = \frac{1}{79}[138.200 - 128.000] \quad s^2 = \frac{1}{79}10.200 \quad s^2 = 129,11$$

Portanto, $\bar{x} = 40$, $s^2 = 129,11$ e $s = 11,36$.

Consideremos agora o uso de *dados agrupados em classes de frequências*.

Para exemplo, tomaremos uma amostra do QI de 50 alunos de uma determinada faculdade:

110	120	129	141	101	107	107	121	119	115
115	94	101	141	93	103	121	118	122	128
107	105	103	133	121	91	126	127	135	123
109	110	131	111	114	132	104	119	113	116
119	111	124	106	118	102	119	101	101	118

Faremos em primeiro lugar o *Rol* dos dados, isto é, a colocação dos dados iniciais em uma certa ordem, crescente ou decrescente.

A tabulação poderá ser feita de vários modos, porém usaremos o processo desenvolvido por Tukey, chamado de *Stem-and-leaf*, Ramo e folhas.

```
 9 | 1, 3, 4
10 | 1, 1, 1, 1, 2, 3, 3, 4, 5, 6, 7, 7, 7, 9
11 | 0, 0, 1, 1, 3, 4, 5, 5, 6, 8, 8, 8, 9, 9, 9, 9
12 | 0, 1, 1, 1, 2, 3, 4, 6, 7, 8, 9
13 | 1, 2, 3, 5
14 | 1, 1
```

À esquerda da barra, colocamos os algarismos da centena e da dezena e, à direita, as unidades.

Amplitude total: $A = x_{máx} - x_{min}$
$A = 141 - 91 = 50$

Devemos agrupar os dados em classes e associar a cada classe i, $i = 1, 2, \ldots, k$ as frequências absolutas n_i dos valores observados das respectivas classes.

Número de classes $= k$

Para determinar k, podemos usar a fórmula de Sturges, que é a seguinte:

$$k = 1 + 3,22 \cdot \log n$$

Neste caso, temos: $k = 1 + 3{,}22 \cdot \log(50)$
$k = 1 + 3{,}22 \cdot 1{,}69897 = 6{,}47068$

Podemos optar por 6 ou 7 classes. Optaremos por 7 classes.

Há uma sugestão, por parte de estatísticos, que a seguinte tabela seja seguida:

n	5	10	25	50	100	200	500	1.000
k	2	4	6	8	10	12	15	15

Alguns pesquisadores estatísticos sugerem $k = \sqrt{n}$.

No nosso exemplo, $k = \sqrt{50} = 7{,}07 \rightarrow k = 7$ classes.

Obs.: Para $n = 50$, os resultados são próximos nos três métodos de determinação de k. Porém, quando usamos $n = 250$, temos:

Sturges $\quad k = 8{,}72$ classes

Raiz $\quad k = 15{,}81$ classes

Devemos levar em conta que não se trabalha com classes vazias.

Usaremos sempre a fórmula de Sturges para determinar o número de classes, arredondando para mais ou para menos conforme o caso, quando k não for inteiro.

O primeiro passo é determinarmos a *amplitude de classe*; h_i = diferença entre os limites inferiores (ou superiores) de duas classes contíguas.

$$h_i = \frac{A}{k}, \quad i = 1, 2, ..., k$$

Logo, $h_i = \dfrac{50}{7} = 7{,}1428$; tomaremos $h_i = 7$.

Definiremos, no quadro a seguir, as classes e faremos a tabulação dos dados para obtermos a frequência de cada classe definida:

Classes	Tabulação	n_i
91 ├── 98	///	3
98 ├── 105	////////	8
105 ├── 112	//////////	10
112 ├── 119	////////	8
119 ├── 126	///////////	11
126 ├── 133	//////	6
133 ├── 140	//	2
140 ├── 147	//	2

Observamos que temos 8 classes, sendo $k = 7$. Esse fato ocorre porque aproximações são feitas.

Sejam:

x_i = ponto médio da classe i;
f_i = frequência relativa da classe i;
N_i = frequência absoluta acumulada da classe i;
F_i = frequência relativa acumulada da classe i.

Formamos então a *tabela dos dados agrupados em classes de frequências*.

Classes		x_i	n_i	N_i	f_i	F_i
Limites aparentes	Limites reais					
91 ⊢ 98	90,5 ⊢ 97,5	94	3	3	0,06	0,06
98 ⊢ 105	97,5 ⊢ 104,5	101	8	11	0,16	0,22
105 ⊢ 112	104,5 ⊢ 111,5	108	10	21	0,20	0,42
112 ⊢ 119	111,5 ⊢ 118,5	115	8	29	0,16	0,58
119 ⊢ 126	118,5 ⊢ 125,5	122	11	40	0,22	0,80
126 ⊢ 133	125,5 ⊢ 132,5	129	6	46	0,12	0,92
133 ⊢ 140	132,5 ⊢ 139,5	136	2	48	0,04	0,96
140 ⊢ 147	139,5 ⊢ 146,5	143	2	50	0,04	1,00
Σ			50		1,00	

Faremos agora a *descrição gráfica desses dados*, construindo o histograma, o polígono de frequências e o polígono de frequências acumuladas.

Histograma é um gráfico representado por retângulos (barras) contíguos no qual os extremos da base do retângulo i são definidos pelos limites da classe i, a altura é proporcional à frequência e a base é sempre unitária. A área total do histograma deve ser 1% ou 100%.

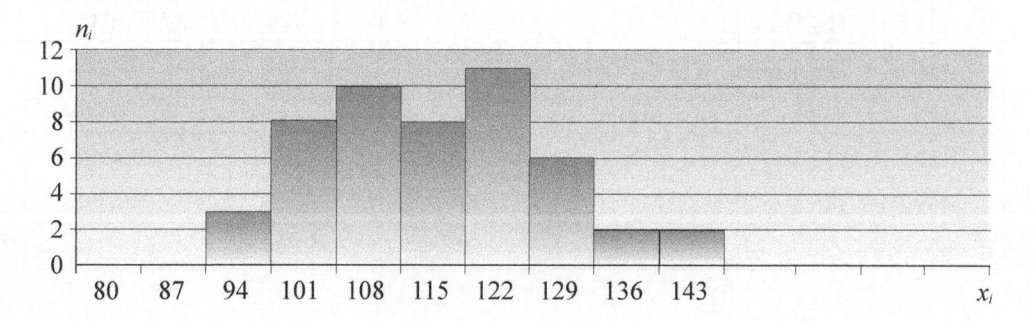

Polígono de frequências. Consideramos a poligonal que une os pontos médios das bases superiores dos retângulos do histograma (pontos médios das classes).

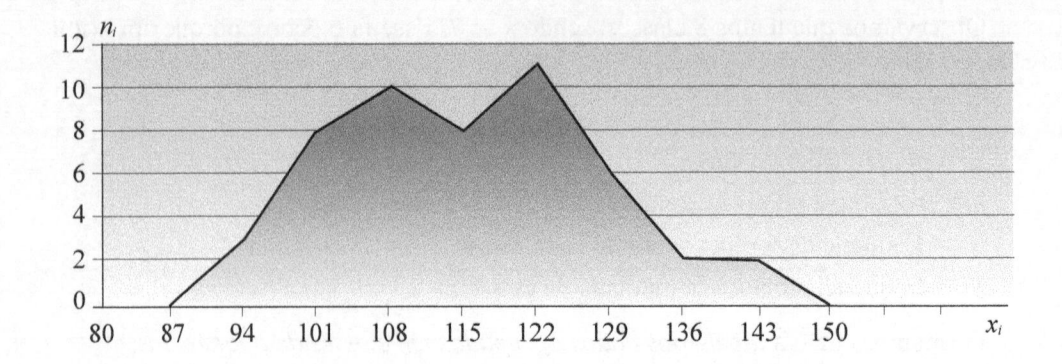

Polígono das frequências acumuladas (ogivas de Galton). Para construí-lo, consideraremos os segmentos que unem os *pontos* de abcissas iguais aos valores dos limites reais de classe e as ordenadas iguais aos valores das frequências acumuladas.

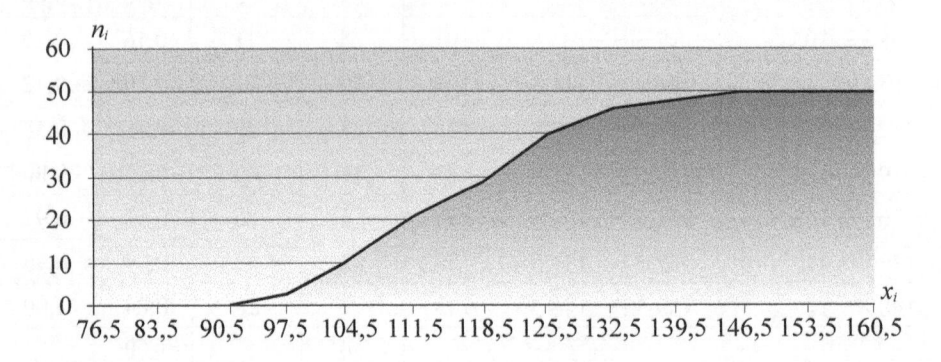

Cálculo da média e do desvio padrão:

Classes	x_i	n_i	$x_i \cdot n_i$	$x_i^2 \cdot n_i$
90,5 ⊢ 97,5	94	3	282	26.508
97,5 ⊢ 104,5	101	8	808	81.608
104,5 ⊢ 111,5	108	10	1.080	116.640
111,5 ⊢ 118,5	115	8	920	105.800
118,5 ⊢ 125,5	122	11	1.342	163.724
125,5 ⊢ 132,5	129	6	774	99.846
132,5 ⊢ 139,5	136	2	272	36.992
139,5 ⊢ 146,5	143	2	286	40.898
Σ		50	5.764	672.016

Logo, $\bar{x} = \dfrac{5.764}{50} = 115,28 \rightarrow \bar{x} = 115,28$

$$s^2 = \frac{1}{49}\left[672.016 - \frac{(5.764)^2}{50}\right] = 153,92 \to s^2 = 153,92$$

$s = 12,4665$

Além da média e da variância, outras medidas são interessantes para a análise dos dados. A média é uma *medida de posição*.

Estudaremos outras medidas de posição: a mediana, moda, quartis, decis e percentis.

Usaremos no cálculo dessas medidas a seguinte simbologia:

l_i = limite real inferior da classe da separatriz;
N_a = frequência acumulada da classe anterior à da separatriz;
h_i = amplitude da classe da medida;
n_i = frequência absoluta da classe da medida;
f_a = frequência relativa da classe anterior à da separatriz; e
f_p = frequência posterior à classe da medida.

Moda é o valor mais frequente de uma distribuição de frequências. É o valor da variável que corresponde ao valor máximo na distribuição de frequência.

Usaremos o método de King para determinar a moda:

$$M_0 = l_i + \frac{h_i \cdot f_p}{f_a + f_p}$$

A classe de maior frequência, portanto a classe modal, é a 5ª. Temos, pois:
$l_5 = 118,5$

$f_4 = 0,16$

$$M_0 = 118,5 + \frac{7 \cdot 0,12}{(0,16 + 0,12)}$$

$f_6 = 0,12$
$h_5 = 7$

$M_0 = 121,5$

Poderíamos também ter usado o método de Czuber:

$$M_0 = l_i + h_i \frac{f_i - f_a}{2f_i - (f_a + f_p)}$$

Encontraríamos o valor $M_0 = 121,125$

Mediana é o valor que ocupa a posição central de uma distribuição. Se tivermos uma amostra simples, como 1, 4, 6, 9 e 11, a mediana é o 6.

Se a amostra for do tamanho par, como 1, 5, 7, 8, 10 e 11, a mediana será a média dos dois termos centrais:

$$Md = \frac{(7+8)}{2} \rightarrow Md = 7,5$$

A fórmula para calcularmos a mediana será a seguinte:

$$Md = \ell_i + \frac{1}{n_i}\left(\frac{n}{2} - N_a\right) \cdot h_i$$

Para determinarmos a classe da mediana, fazemos $\frac{n}{2} = \frac{50}{2} = 25$. Procuramos na tabela dada na página 195 na coluna N_i. Como 25 < 29, a classe da mediana é a 4ª classe, e daí tiramos:

$l_4 = 111,5$

$N_3 = 21 \rightarrow \quad Md = 111,5 + 7 \cdot \frac{(25-21)}{8}$

$n_4 = 8$

$h_4 = 7 \qquad \boxed{Md = 115}$

Quartis são separatrizes que dividem a área de uma distribuição de frequências em regiões de áreas iguais e múltiplos de $\frac{1}{4}$ da área total.

Primeiro quartil (**Q_1**) é o valor (separatriz) que divide a distribuição em duas partes, tal que 25% dos valores sejam menores que ele e $\frac{3}{4}$, ou 75%, dos valores sejam maiores que ele.

A fórmula para o cálculo do primeiro quartil é a mesma da mediana, com pequenas adaptações:

$$\boxed{Q_1 = \ell_i + \frac{1}{n_i}\left(\frac{n}{4} - N_a\right) \cdot h_i}$$

Para determinarmos a classe do primeiro quartil, fazemos $\frac{n}{4} = \frac{50}{4} = 12,5$ e, usando o mesmo critério da mediana, notamos que 12,5 < 21. Logo, a classe do primeiro quartil, 1ª classe. Temos:

$l_3 = 104,5$

$N_2 = 11 \rightarrow \quad Q_1 = 104,5 + 7 \cdot \frac{12,5 - 11}{10}$

$n_3 = 10$

$h_3 = 7 \qquad \boxed{Q_1 = 105,55}$

Segundo quartil **(Q_2)** coincide com a mediana da distribuição.

$$Q_2 = Md = 115$$

Terceiro quartil **(Q_3)** é o valor que deixa 75% $\left(\frac{3}{4}\right)$ dos valores à sua esquerda e 25% deles à sua direita. A fórmula de cálculo é semelhante à anterior:

$$Q_3 = l_i + \frac{1}{n_i}\left(3\frac{n}{4} - N_a\right) \cdot h_i$$

Fazemos $3\frac{n}{4} = \frac{150}{4} = 37,5$. Na tabela, usando a coluna do N_i, verificamos que 37,5 < 40, portanto a classe do 3º quartil é a 5ª classe.

$l_5 = 118,5$

$N_4 = 29 \quad \rightarrow \quad Q_3 = 118,5 + \dfrac{(37,5 - 29) \cdot 7}{11}$

$n_5 = 11$

$h_5 = 7 \qquad Q_3 = 123,91$

Centis ou *percentis* são valores que dividem uma distribuição de frequência em áreas iguais a múltiplos inteiros de um centésimo dessa área.

Para o cálculo dos percentis, usaremos a fórmula:

$$P_k = l_i + \frac{1}{n_i}\left[\left(k \cdot \frac{n}{100} - N_a\right) \cdot h_i\right]$$

Para calcularmos o P_{90}, isto é, o valor que deixa 90% dos dados à sua esquerda e 10% à sua direita, fazemos:

$k \cdot \dfrac{n}{100} = 90 \cdot \dfrac{50}{100} = 45 \quad \rightarrow \quad 45 < 46 \quad \rightarrow \quad$ a classe do 90º percentil é a 6ª classe,

e portanto:

$l_6 = 125,5$

$N_5 = 40 \qquad P_{90} = 125,5 + \dfrac{(45 - 40) \cdot 7}{6}$

$n_6 = 6$

$h_6 = 7 \qquad P_{90} = 131,33$

Observamos que o P_{90} é o 9º *decil*. Logo, não é necessário usar uma fórmula específica para calcular qualquer decil, basta usar a fórmula acima.

Na verdade, o leitor deve ter percebido que é desnecessário gravar as fórmulas para mediana, quartis, decis e percentis, pois todas são casos particulares da última fórmula dada nesta página, como se segue:

$P_{25} = Q_1$

$P_{50} = Md$

$P_{75} = Q_3$

$P_{30} = D_3$ e assim por diante.

Exercício resolvido

São dadas as vendas de uma firma, expressas em milhares de $, durante 100 semanas, segundo o quadro abaixo:

26	39	26	29	34	27	28	30	29	32
34	30	29	32	21	24	23	29	30	36
31	37	34	30	27	28	33	28	30	34
27	34	29	31	27	32	33	36	32	30
33	23	29	27	30	29	30	31	37	27
30	32	26	30	27	36	33	31	28	33
33	29	30	24	30	28	30	27	30	30
31	33	30	32	30	33	27	27	31	33
27	33	31	27	31	28	27	29	31	24
28	30	27	30	31	30	33	30	33	34

Determinar:
- a) rol;
- b) amplitude máxima;
- c) número de classes;
- d) amplitude de classes de frequências;
- e) distribuição em classes de frequência.

Elaborar:
- f) histograma;
- g) polígono de frequências;
- h) polígono de frequências acumuladas.

Calcular:
- i) média, variância, desvio padrão e moda;
- j) Q_1, D_8, P_{65}.

Resolução:

a)
```
2 | 1
2 | 3,3
2 | 4,4,4
2 | 6,6,6
2 | 7,7,7,7,7,7,7,7,7,7,7,7,7,7
2 | 8,8,8,8,8,8,8
2 | 9,9,9,9,9,9,9,9,9
3 | 0,0,0,0,0,0,0,0,0,0,0,0,0,0,0,0,0,0,0,0,0,0
3 | 1,1,1,1,1,1,1,1,1,1
3 | 2,2,2,2,2,2
3 | 3,3,3,3,3,3,3,3,3,3,3,3
3 | 4,4,4,4,4,4
3 | 6,6,6
3 | 7,7
3 | 9
```

b) $A = X_{máx} - X_{mín} = 39 - 21 = \boxed{18}$

c) $k = 1 + 3{,}22 \cdot \log 100 = \boxed{7{,}44}$

d) $h_i = \dfrac{18}{7{,}44} = 2{,}41 \rightarrow h_i = \boxed{2}$

e)

Classes						
Limites apar.	Limites reais	x_i	n_i	N_i	f_i	F_i
21 ⊢ 23	20,5 ⊢ 22,5	21,5	1	1	0,01	0,01
23 ⊢ 25	22,5 ⊢ 24,5	23,5	5	6	0,05	0,06
25 ⊢ 27	24,5 ⊢ 26,5	25,5	3	9	0,03	0,09
27 ⊢ 29	26,5 ⊢ 28,5	27,5	21	30	0,21	0,30
29 ⊢ 31	28,5 ⊢ 30,5	29,5	30	60	0,30	0,60
31 ⊢ 33	30,5 ⊢ 32,5	31,5	16	76	0,16	0,76
33 ⊢ 35	32,5 ⊢ 34,5	33,5	18	94	0,18	0,94
35 ⊢ 37	34,5 ⊢ 36,5	35,5	3	97	0,03	0,97
37 ⊢ 39	36,5 ⊢ 38,5	37,5	2	99	0,02	0,99
39 ⊢ 41	38,5 ⊢ 40,5	39,5	1	100	0,01	1,00
Σ			$n = 100$			

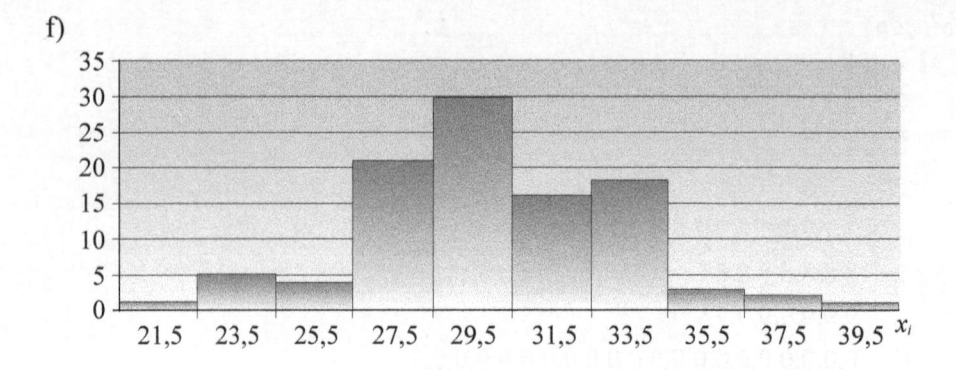

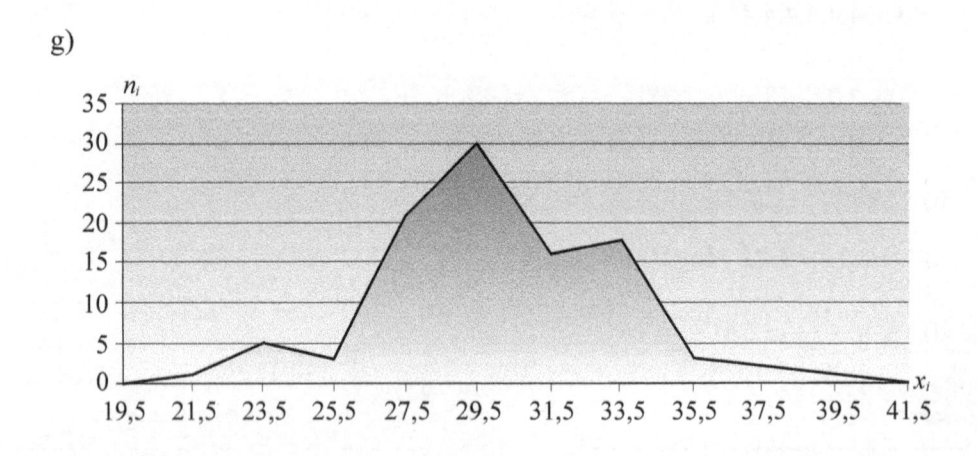

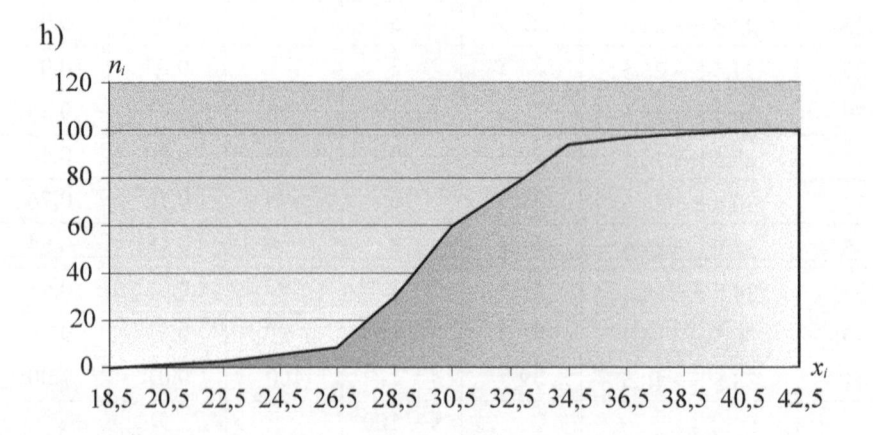

f)

g)

h)

i) média, variância, desvio padrão e moda

Classes	x_i	n_i	$x_i \cdot n_i$	$x_i^2 \cdot n_i$	N_i	F_i
20,5 ⊢ 22,5	21,5	1	21,5	462,25	1	0,01
22,5 ⊢ 24,5	23,5	5	117,5	2.761,25	6	0,06
24,5 ⊢ 26,5	25,5	3	76,5	1.950,75	9	0,09
26,5 ⊢ 28,5	27,5	21	577,5	15.881,25	30	0,30
28,5 ⊢ 30,5	29,5	30	885,0	26.107,25	60	0,60
30,5 ⊢ 32,5	31,5	16	504,0	15.876,00	76	0,76
32,6 ⊢ 34,5	33,5	18	603,0	20.200,50	94	0,94
34,5 ⊢ 36,5	35,5	3	106,5	3.780,75	97	0,97
36,5 ⊢ 38,5	37,5	2	75,0	2.812,50	99	0,99
38,5 ⊢ 40,5	39,5	1	39,5	1.560,25	100	1,00
Σ		100	3.006,0	91.393,00		

Logo $\bar{x} = \dfrac{3.006}{100} = 30,06$ $\bar{x} = 30,06$

$$s^2 = \dfrac{1}{99}\left[91.393 - \dfrac{(3.006)^2}{100}\right] = 10,45 \quad s^2 = 10,43$$

$s = \sqrt{10,43} = 3,23 \quad \rightarrow \quad s = 3,23$

Moda: a classe da moda é a 5ª, logo,

$l_5 = 28,5$

$f_4 = 0,21 \qquad M_0 = 28,5 + \dfrac{2 \cdot 0,16}{(0,21 + 0,16)} = 29,36$

$f_6 = 0,16$

$h_5 = 2 \qquad M_0 = 29,36$

j) *Primeiro quartil:* $Q_1 = P_{25}$

$k \cdot \dfrac{n}{100} = 25 \cdot \dfrac{100}{100} = 25$, como $25 < 30$, a classe do Q_1 é a quarta classe.

$l_4 = 26,5$

$N_3 = 9 \qquad Q_1 = 26,5 + \dfrac{(25-9) \cdot 2}{21} = 28,02$

$n_4 = 21$

$h_4 = 2 \qquad Q_1 = 28,02$

Oitavo decil: $D_8 = P_{80}$

$k \cdot \dfrac{n}{100} = 80 \cdot \dfrac{100}{100} = 80$, como $80 < 94$, a classe do D_8 é a sétima classe:

$l_8 = 32{,}5$

$N_7 = 76$ $\qquad\qquad D_8 = 32{,}5 + \dfrac{(80-76)}{8} = 32{,}94$

$n_8 = 18$

$h_8 = 2$ $\qquad\qquad \boxed{D_8 = 32{,}94}$

$P_{65}: \dfrac{kn}{100} = 65 \cdot \dfrac{100}{100} = 65$, como $65 < 76$, a classe do percentil é a 6ª classe:

$l_6 = 30{,}5$

$N_5 = 60$ $\qquad\qquad P_{65} = 30{,}5 + \dfrac{(65-60) \cdot 2}{16} = 31{,}13$

$n_6 = 16$

$h_6 = 2$ $\qquad\qquad \boxed{P_{65} = 31{,}13}$

Obs.:

1. $Md = 29{,}83$ (quinta classe)
2. Se usarmos $h_i = 3$ e limites aparentes, teremos 7 classes e obteremos, por exemplo: $\overline{x} = 30{,}56$ e $s^2 = 10{,}43$.

Exercícios propostos

1. Dada a distribuição de salários de 135 operários de uma indústria, expressos em $:
   a) fazer o histograma dessa distribuição;
   b) fazer o polígono de frequências;
   c) fazer o polígono de frequências acumuladas;
   d) determinar o salário médio desses operários;
   e) determinar o desvio padrão.

Limites	n_i
150 ⊢ 250	10
250 ⊢ 350	13
350 ⊢ 450	14
450 ⊢ 550	17
550 ⊢ 650	16
650 ⊢ 750	15

Limites	n_i
750 ⊢ 850	14
850 ⊢ 950	13
950 ⊢ 1.050	10
1.050 ⊢ 1.150	8
1.150 ⊢ 1.250	5
Σ	135

2. Dada a distribuição de frequência abaixo, fazer o histograma, o polígono de frequências, o polígono de frequências acumuladas e determinar: média, desvio padrão, moda, mediana, 3º quartil e P_{48}.

Limites reais	n_i
36,95 ├── 38,95	1
38,95 ├── 40,95	5
40,95 ├── 42,95	10
42,95 ├── 44,95	14
44,95 ├── 46,95	16
46,95 ├── 48,95	8
48,95 ├── 50,95	4
50,95 ├── 52,95	2
Σ	60

3. *Dados brutos*: vendas de uma firma em milhões de $, durante 100 semanas.

25	40	25	30	28	23	27	31	39	33
30	31	28	33	20	25	24	28	29	37
33	38	33	31	26	28	34	29	29	35
26	35	28	42	26	33	32	35	31	31
32	28	28	26	29	30	31	32	36	28
29	33	25	31	26	37	32	30	27	34
32	40	29	25	29	29	29	28	29	31
30	34	29	33	29	34	28	32	30	34
26	34	30	28	30	29	26	30	30	25
27	34	36	33	30	30	34	29	32	30

Determinar:
a) rol dos dados;
b) amplitude total;
c) número de classes;
d) agrupamento em classes de frequências;
e) histograma;
f) polígono das frequências;
g) polígono das frequências acumuladas;
h) média;
i) variância e desvio padrão;
j) moda;
k) mediana;
l) terceiro quartil;
m) sexto decil;
n) septuagésimo quarto percentil.

CAPÍTULO 9

Distribuição amostral dos estimadores

Estudaremos neste capítulo como se distribuem por amostragem dois estimadores: o estimador $\bar{x}$ da média μ e o estimador $\hat{p}$ da proporção populacional p.

Lembrando o esquema geral:

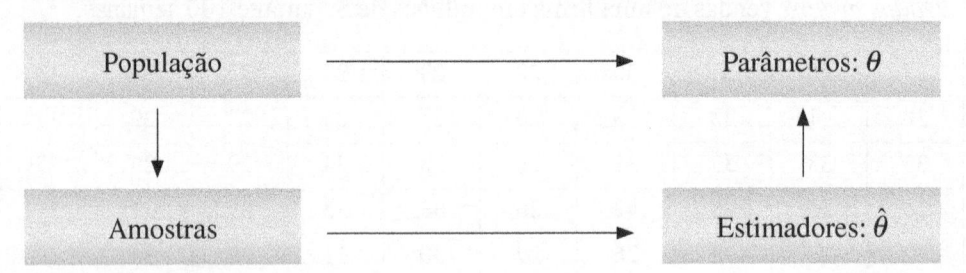

```
População  ──────────────▶  Parâmetros: θ
    │                             ▲
    ▼                             │
Amostras   ──────────────▶  Estimadores: θ̂
```

9.1 Distribuição amostral da média

De uma população X, tiramos uma amostra de tamanho n constituída pelos elementos $x_1, x_2, ..., x_n$.

O estimador da média μ populacional na amostra é:

$$\bar{x} = \frac{1}{n}\sum_{i=1}^{n} x_i.$$

Para exemplificar, vamos considerar uma população finita X: 1, 2, 3, 4, 5, $N = 5$.

$$E(x) = \mu_x = \sum_{i=1}^{N} x_i \cdot p(x_i) \qquad \therefore \qquad E(x) = \mu_x = \frac{1}{5}(1+2+3+4+5) = \frac{15}{5} = 3$$

$$\therefore \quad \boxed{\mu_x = E(x) = 3}$$

$$\text{VAR}(x) = \sigma_x^2 = \sum_{i=1}^{N}(x_i - \mu_x)^2 \cdot p(x_i) \quad \therefore$$

x	$P(x)$	$x - \mu_x$	$(x - \mu_x)^2$	$(x - \mu_x)^2 \cdot P(x)$
1	1/5	–2	4	4/5
2	1/5	–1	1	1/5
3	1/5	0	0	0
4	1/5	1	1	1/5
5	1/5	2	4	4/5
Σ	1			2

Logo:

$$\sigma_x^2 = \text{VAR}(x) = 2$$

Vamos retirar dessa população de tamanho $N = 5$ todas as amostras com reposição de tamanho $n = 2$. Podemos retirar $N^n = 5^2 = 25$ amostras. Calcularemos as médias de cada amostra.

Amostras		$\bar{x}_i$	Amostras		$\bar{x}_i$	Amostras		$\bar{x}_i$
1	(1,1)	1,0	11	(3,1)	2,0	21	(5,1)	3,0
2	(1,2)	1,5	12	(3,2)	2,5	22	(5,2)	3,5
3	(1,3)	2,0	13	(3,3)	3,0	23	(5,3)	4,0
4	(1,4)	2,5	14	(3,4)	3,5	24	(5,4)	4,5
5	(1,5)	3,0	15	(3,5)	4,0	25	(5,5)	5,0
6	(2,1)	1,5	16	(4,1)	2,5			
7	(2,2)	2,0	17	(4,2)	3,0			
8	(2,3)	2,5	18	(4,3)	3,5			
9	(2,4)	3,0	19	(4,4)	4,0			
10	(2,5)	3,5	20	(4,5)	4,5			

Como $\bar{x}$ varia de amostra para amostra, $\bar{x}$ é uma variável aleatória, discreta no caso. Determinaremos a distribuição da variável $\bar{x}$ e calcularemos $E(\bar{x})$ e $\text{VAR}(\bar{x})$.

$\bar{x}$	$P(\bar{x})$	$\bar{x} \cdot P(\bar{x})$	$\bar{x}^2 \cdot P(\bar{x})$
1,0	1/25	1,0/25	1/25
1,5	2/25	3,0/25	4,5/25
2,0	3/25	6,0/25	12/25
2,5	4/25	10,0/25	25/25
3,0	5/25	15,0/25	45/25
3,5	4/25	14/25	49/25
4,0	3/25	12/25	48/25
4,5	2/25	9/25	40,5/25
5,0	1/25	5,0/25	25/25
Σ	1	3	10

Logo, $E(\bar{x}) = \mu_{\bar{x}} = \sum_{i=1}^{n} \bar{x}_i \cdot P(\bar{x}_i) = 3 \quad \therefore$

$$\mu_{\bar{x}} = E(\bar{x}) = 3$$

Como $E(\overline{x}^2) = \sum_{i=1}^{n} \overline{x}_i^2 \cdot p(\overline{x}_i)$, ∴ temos $E(\overline{x}^2) = 10$.

Sendo $\text{VAR}(\overline{x}) = E(\overline{x}^2) - \{E(\overline{x})\}^2$, então

$\text{VAR}(\overline{x}) = 10 - 3^2 = 1$.

Logo: $\boxed{\sigma_{\overline{x}}^2 = \text{VAR}(\overline{x}) = 1}$

Concluímos, portanto:

Proposição 1

A média das médias amostrais, ou $E(\overline{x})$, é igual à média μ populacional, ou $E(\overline{x}) = \mu_x$.

Vejamos:

$$E(\overline{x}) = E\left\{\frac{1}{n}\sum_{i=1}^{n} x_i\right\} = \frac{1}{n} E\left(\sum_{i=1}^{n} x_i\right) = \frac{1}{n}\sum_{i=1}^{n} E(x_i),$$

lembrando que:

X	X_1	X_2	X_3	—	X_N
$P(X_i = x_i)$	$\frac{1}{N}$	$\frac{1}{N}$	$\frac{1}{N}$	...	$\frac{1}{N}$

Temos que $E(\overline{x}) = \frac{1}{n}\sum_{i=1}^{n} E(x) = \frac{1}{n} \cdot \sum_{i=1}^{n} \mu = \frac{1}{n} \cdot n\mu = \mu$

∴ $\boxed{E(\overline{x}) = \mu}$

Quando $E(\hat{\theta}) = \theta$, o estimador $\hat{\theta}$ é não viciado, não viesado ou não tendencioso. Logo, $\overline{x}$ é um estimador não tendencioso de μ.

Como $\text{VAR}(X) = 2$, $n = 2$ e $\text{VAR}(\overline{x}) = 1$, concluímos que $\text{VAR}(\overline{x}) = \dfrac{\text{VAR}(X)}{n}$, daí a

Proposição 2

A variância da média amostral é igual à variância populacional dividida pelo tamanho da amostra, ou

$$\text{VAR}(\bar{x}) = \sigma_{\bar{x}}^2 = \frac{\sigma^2}{n}$$

De fato:

$$\text{VAR}(\bar{x}) = \text{VAR}\left\{\frac{1}{n}\sum_{i=1}^{n} x_i\right\} = \frac{1}{n^2}\text{VAR}(x_1 + \ldots + x_n) =$$

$$= \frac{1}{n^2}\text{VAR}\left(\sum_{i=1}^{n} x_i\right) = \frac{1}{n^2}\sum_{i=1}^{n}\text{VAR}(X) = \frac{1}{n^2} \cdot n\sigma^2 = \frac{1}{n}\sigma^2$$

$$\sigma_{\bar{x}}^2 = \text{VAR}(\bar{x}) = \frac{\sigma^2}{n}$$

Graficamente:

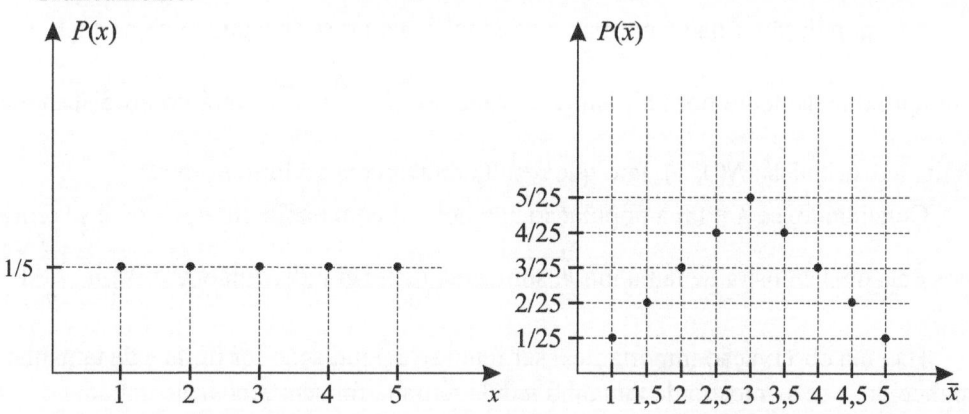

Portanto, se $X: N(\mu, \sigma^2)$ e se dessa população retirarmos amostras de tamanho n, então

$$\bar{x}: N\left(\mu, \frac{\sigma^2}{n}\right).$$

Isto é: a distribuição da variável $\bar{x}$ por amostragem casual simples será sempre normal com a mesma média da população X e variância n vezes menor. Isso significa que, quanto maior o tamanho da amostra, menor será a variância de $\bar{x}$, ou o estimador será mais preciso à medida que o tamanho da amostra aumentar.

Observamos, pois, que:

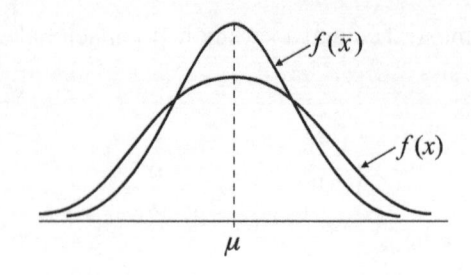

$$f(\bar{x}) = \frac{1}{\sigma_{\bar{x}}\sqrt{2\pi}} \, e^{-\frac{1}{2}\left(\frac{\bar{x}-\mu}{\sigma_{\bar{x}}}\right)^2} \quad \text{como} \quad \sigma_{\bar{x}} = \sqrt{\frac{\sigma^2}{n}} = \frac{\sigma}{\sqrt{n}}$$

Concluímos que $f(\bar{x}) = \dfrac{\sqrt{n}}{\sqrt{2\pi}\cdot\sigma} \, e^{-\frac{1}{2}\left(\frac{(\bar{x}-\mu)\sqrt{n}}{\sigma}\right)^2}$.

Não demonstraremos que, se X é normal, $\bar{x}$ também é normal.

Se a população não é normal, qual a distribuição amostral de $\bar{x}$?

Se a população X não é normal, a variável $\bar{x}$ não será "exatamente" normal, mas sim aproximadamente normal, isto é, a variável $Z = \dfrac{\bar{X} - \mu_{\bar{x}}}{\sigma_{\bar{x}}}$ terá como distribuição limite a distribuição $N(0, 1)$, fato que resulta do teorema do limite central.

Concluindo, se X é uma população não normal com parâmetros μ e σ^2, e se retirarmos dela uma amostra de tamanho n, suficientemente grande, então $\bar{x} \cong N\left(\mu, \dfrac{\sigma^2}{n}\right)$.

Há uma observação importante a ser feita: se a população for finita e de tamanho N conhecido, e se a amostra de tamanho n dela retirada for sem reposição, então:

$$\therefore \quad \sigma_{\bar{x}} = \frac{\sigma}{\sqrt{n}} \sqrt{\frac{N-n}{N-1}}$$

EXEMPLO

Temos uma população de 5.000 alunos de uma faculdade. Sabemos que a altura média dos alunos é de 175 cm e o desvio padrão, 5 cm. Retiramos uma amostra sem reposição, de tamanho $n = 100$.

$$X: N(175, 25 \text{ cm}) \quad \begin{cases} \mu = 175 \text{ cm} \\ \sigma = 5 \text{ cm} \end{cases}$$

Então, $\mu_{\bar{x}} = E(\bar{x}) = 175$

e
$$\sigma_{\bar{x}} = \frac{\sigma}{\sqrt{n}}\sqrt{\frac{N-n}{N-1}} = \frac{5}{10}\sqrt{\frac{5.000-100}{5.000-1}} = 0,495024 \qquad \mathbf{1}$$

Logo, a média das médias amostrais é 175 cm e o desvio padrão da média amostral é 0,5 cm.

Observação 1

O número de amostras sem reposição é $\binom{N}{n}$, no caso presente $\binom{1.000}{100}$

Observação 2

Calculando sem o fator de correção, temos:

$$\sigma_{\bar{x}} = \frac{\sigma}{\sqrt{n}} = \frac{5}{10} = 0,5, \text{ portanto:} \qquad \mathbf{2}$$

Quando tiramos uma amostra grande de uma população de tamanho muito maior que o da amostra (pelo menos o dobro), é indiferente usar o fator de correção para populações finitas, para se calcular $\sigma_{\bar{x}}$, porque o erro é muito pequeno, como mostram **1** e **2**.

Exemplos de aplicação

1. Seja $X: N(80, 26)$. Dessa população retiramos uma amostra de $n = 25$. Calcular:
  a) $P(\bar{x} > 83)$;
  b) $P(\bar{x} \leq 82)$;
  c) $P(\bar{x} - 2\sigma_{\bar{x}} \leq \mu \leq \bar{x} + 2\sigma_{\bar{x}})$.

Resolução:

Como $X: N(80, 26) \begin{cases} \mu = 80 \\ \sigma = \sqrt{26} = 5,10 \end{cases} \rightarrow \bar{x}: N\left(80, \frac{26}{25}\right)$

$\mu_{\bar{x}} = 80$ e $\sigma_{\bar{x}} = \sqrt{\frac{\sigma^2}{n}} = \frac{\sigma}{\sqrt{n}} = \frac{5,10}{5} = 1,02; \quad Z = \frac{\bar{x} - \mu_{\bar{x}}}{\sigma_{\bar{x}}} = \frac{\bar{x} - 80}{1,02}$

a) $P(\bar{x} > 83) = P(Z \geq 2,94) = 0,5 - 0,498359 = \boxed{0,001641}$

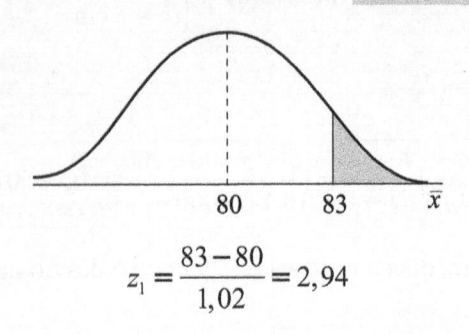

$$z_1 = \frac{83-80}{1,02} = 2,94$$

b) $P(\bar{x} \leq 82) = P(z \leq 1,96) = 0,5 + 0,475002 = \boxed{0,975002}$

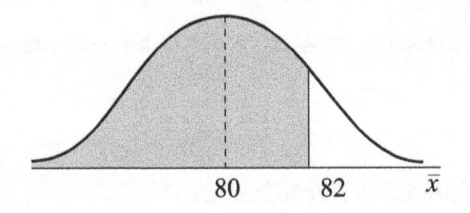

c) $P(\bar{x} - 2\sigma_{\bar{x}} \leq \mu \leq \bar{x} + 2\sigma_{\bar{x}}) = P(\mu - 2\sigma_{\bar{x}} \leq \bar{x} \leq \mu + 2\sigma_{\bar{x}}) =$

$P(80 - 2 \cdot 1,02 \leq \bar{x} \leq 80 + 2 \cdot 1,02) = P(77,96 \leq \bar{x} \leq 82,04) = P(-2 \leq z \leq 2) =$

$= 2 \cdot 0,477250 = \boxed{0,954500}$

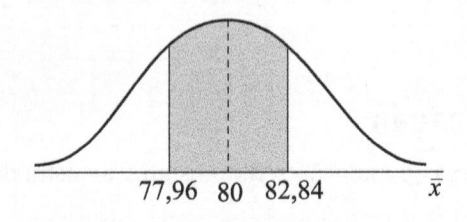

∴ Temos 95,45% de confiança de que, se retirarmos dessa população normal uma amostra de 25 elementos, a média da amostra estará no intervalo (77,96; 82,04) ou, então, se selecionarmos 100 amostras de tamanho 25, em 95 delas o valor da média pertencerá ao intervalo e em 5 delas a média não pertencerá ao intervalo.

2. Seja X: $N(100; 85)$. Retiramos uma amostra de tamanho $n = 20$. Determinar:

   a) $P(95 < \bar{x} < 105)$;

   b) $P(\bar{x} - Z_\alpha \cdot \sigma_{\bar{x}} < \mu < \bar{x} + Z_\alpha \cdot \sigma_{\bar{x}}) = 0,95$.

Resolução:

Se X: $N(100, 85)$ $\begin{cases} \mu = 100 \\ \sigma^2 = 85 \end{cases}$ $\rightarrow \bar{x} : N\left(100, \dfrac{85}{20}\right)$

$$\therefore \quad \mu_{\bar{x}} = 100 \quad e \quad \sigma_{\bar{x}} = \sqrt{\frac{\sigma^2}{n}} = \sqrt{\frac{85}{20}} = \sqrt{4,25} = 2,06$$

$$\therefore \quad Z = \frac{\bar{x} - 100}{2,06}$$

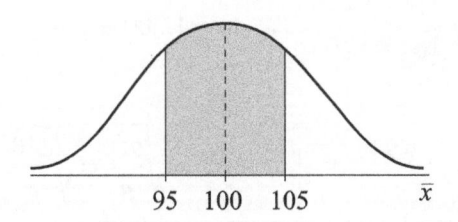

a) $P(95 < \bar{x} < 105) = P(-2,43 \leq \bar{x} \leq 2,43) = 2 \times 0,492451 = \boxed{0,984902}$

∴ a probabilidade de $\bar{x}$ pertencer ao intervalo (95, 105) é de 98,4%, e a de não pertencer a esse intervalo, que seria o risco de se retirar um valor de $\bar{x} < 95$ ou $\bar{x} > 105$, é de 1,6%.

b) A probabilidade, neste caso, já está dada. Precisamos determinar o valor de Z_α tal que 0,95 seja a probabilidade de que a média μ esteja entre os dois limites $\bar{x} \pm Z_\alpha = \sigma_{\bar{x}}$, e 0,05 seja a probabilidade de que a média esteja fora desses limites.

$P(\bar{x} - Z_\alpha \cdot \sigma_{\bar{x}} < \mu < \bar{x} + Z_\alpha \cdot \sigma_{\bar{x}}) = \boxed{0,95}$

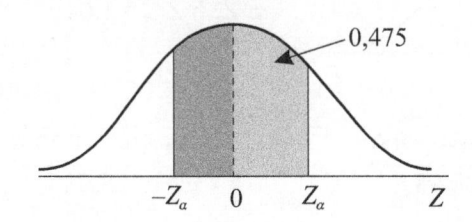

Pela tabela,
$Z_\alpha = Z_{0,475} = 1,96$.

∴ $P(\bar{x} - 1,96 \cdot 2,06 < 100 < \bar{x} + 1,96 \cdot 2,06) = 0,95$

Para ficar claro: $\bar{x} - 1,96 \cdot 2,06 < 100 \rightarrow \bar{x} < 104,04$

$100 < \bar{x} + 1,96 \cdot 2,06 \quad \therefore \quad 95,96 < \bar{x} < 104,04$

∴ $P(95,96 < \bar{x} < 104,04) = 0,95$

∴ a probabilidade de que $\bar{x} \in$ ao intervalo acima é de 95%, o que significa que temos uma confiança de 95% de que, retirada uma amostra de $n = 20$, a média dela estará entre 95,96 e 104,04, ou então há um risco de 5% de que esta média seja < 95,96 ou > 104,04.

Dimensionamento de uma amostra

Muitas vezes, é importante sabermos qual deverá ser o tamanho de uma amostra para que a probabilidade de que determinado parâmetro ou estimador esteja dentro dos limites seja um valor dado, ou então, queremos delimitar o erro de amostragem dentro de um risco determinado.

Veremos um exemplo: seja X: $N(1.200, 840)$. Qual deverá ser o tamanho de uma amostra, de tal forma que $P(1.196 < \bar{x} < 1.204) = 0,90$?

Se X: $N(1.200, 840)$ $\begin{cases} \mu = 1.200 \\ \sigma^2 = 840 \end{cases}$ $\therefore$ $\mu_{\bar{x}} = 1.200$ e

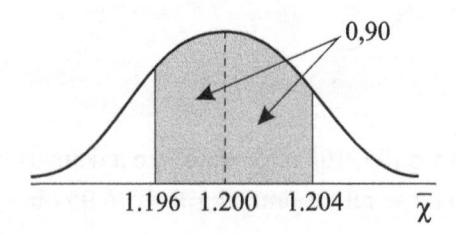

$$\sigma_{\bar{x}} = \sqrt{\frac{\sigma^2}{n}} = \sqrt{\frac{840}{n}}$$

$$\sigma_{\bar{x}} = \frac{28,98}{\sqrt{n}}$$

$$\therefore Z = \frac{\bar{x} - \mu}{\sigma_{\bar{x}}}$$

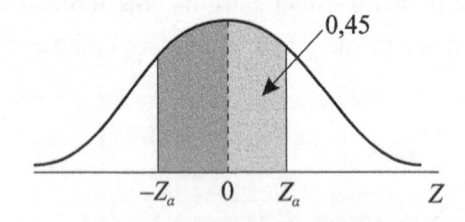

$Z_\alpha = Z_{0,45} = 1,64$

$$\therefore -1,64 = \frac{1.196 - 1.200}{\frac{28,98}{\sqrt{n}}} \quad \text{ou} \quad 1,64 = \frac{1.204 - 1.200}{\frac{28,98}{\sqrt{n}}}$$

É indiferente escolher entre uma das duas:

$$\therefore \sqrt{n} = \frac{1,64 \cdot 28,98}{4}$$

$\sqrt{n} = 11,88 \rightarrow n = 141,13 \qquad n \cong 141$

Concluímos que, se retirarmos uma amostra de 141 elementos da população X, teremos 95% de confiança de que $\bar{x}$ estará no intervalo $(1.196, 1.216)$ e $P(\bar{x} < 1.196) = 0,025$ ou $P(\bar{x} > 1.216) = 0,025$, o que significa que o risco que corremos de que o valor da média caia fora do intervalo anterior é de 5%.

Gráficos de controle

Os gráficos de controle são representações que permitem um controle estatístico sobre processos de produção. De modo bem simples e resumido, apresentamos o gráfico da média.

Em uma linha de produção, tomamos diariamente amostras de n itens e calculamos $\bar{x}$ e $\sigma_{\bar{x}}$. Mesmo que as medidas desses itens não tenham distribuição normal, $\bar{x}$, como já vimos, terão distribuição aproximadamente normal.

O gráfico de controle da média $\bar{x}$ da amostra de tamanho n é feito marcando-se, nas ordenadas, os valores $\bar{x}$ e, nas abscissas, o número de ordem das amostras ou das datas que foram retiradas.

Aos limites de confiança corresponderão retas horizontais, com os significados:

$\mu + 3,0 \, \sigma_{\bar{x}}$: limite superior (LS)

$\qquad \mu$: linha média (LM)

$\mu - 3,0 \, \sigma_{\bar{x}}$: limite inferior (LI)

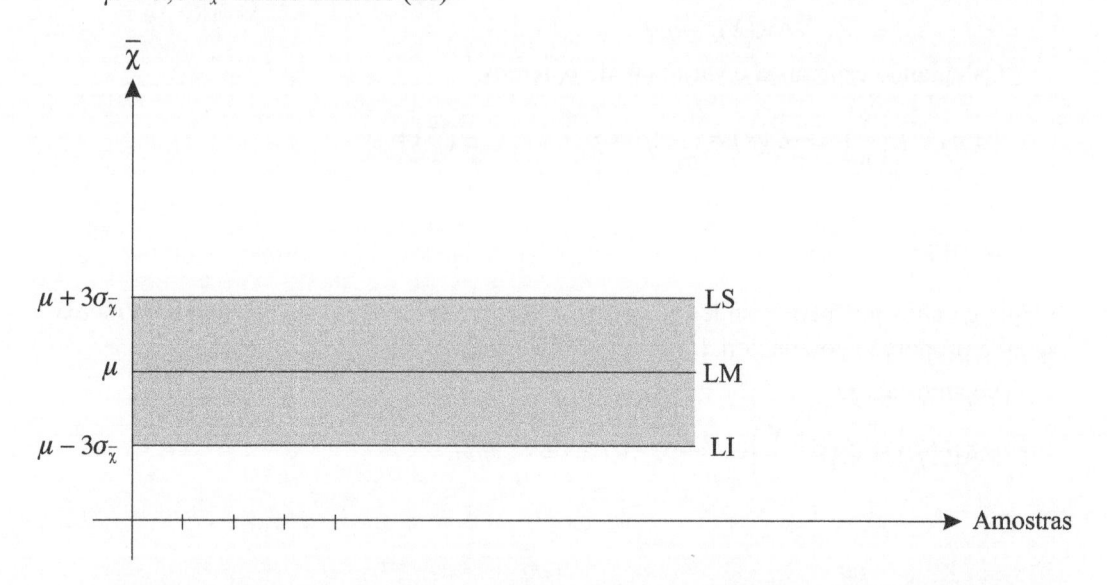

Quando o processo está sob controle, 99,7% dos pontos deverão estar na zona grafada, havendo uma pequena probabilidade de aproximadamente 0,3% se encontrarem fora da zona de controle.

Logo, a existência de pontos na zona externa mostra uma ausência de controle, exigindo ação corretiva.

9.2 Distribuição amostral das proporções

Veremos a distribuição amostral *da proporção p de sucessos*, característica que se estuda na população.

Seja p conhecida. A população pode ser definida como uma variável X tal que

$$\begin{cases} X = 1 \text{ se o elemento da população tem a característica} \\ X = 0 \text{ se o elemento da população não tem a característica} \end{cases}$$

e $P(X=1) = p$, $P(X=0) = q$, $p + q = 1$

Sabemos que $\begin{cases} \mu = E(X) = p \\ \sigma^2 = \text{VAR}(X) = pq = p(1-q) \end{cases}$

Retiramos uma grande amostra, $n \to \infty$, $x_1, x_2, \ldots x_n$, dessa população, com reposição, e definimos x como o número de sucessos na amostra, isto é, o número de elementos da amostra com a característica que se quer estudar.

O estimador de p é definido por $\hat{p} = \dfrac{x}{n}$: proporção de sucessos na amostra.

$X: B(n, p)$ e $E(X) = np$

$\text{VAR}(X) = npq$

Calculando esperança e variância de $\hat{p}$, temos:

$$E(\hat{p}) = E\left(\frac{x}{n}\right) = \frac{1}{n} E(x) = \frac{1}{n} \cdot np = p \quad \therefore \quad \boxed{E(\hat{p}) = p}$$

ou

$$\boxed{\mu_{\hat{p}} = p}$$

O que garante que, para grandes amostras, a proporção amostral se distribui com média igual à proporção populacional.

Vejamos agora:

$$\text{VAR}(\hat{p}) = \text{VAR}\left(\frac{X}{n}\right) = \frac{1}{n^2} \cdot \text{VAR}(X) = \frac{1}{n^2} npq \quad \therefore$$

ou

$$\text{VAR}(\hat{p}) = \frac{pq}{n} \quad \text{ou} \quad \sigma_{\hat{p}} = \sqrt{\frac{pq}{n}}$$

Logo, a variância da proporção amostral é a variância da população dividida pelo número de elementos da amostra.

Quando $n \to \infty$ $\hat{p} \cong N\left(p, \dfrac{pq}{n}\right)$, $\hat{p}$ é aproximadamente normal.

$\dfrac{\hat{p} - \mu_{\hat{p}}}{\sigma_{\hat{p}}}$ será assintaticamente $N(0, 1)$, isto é, $Z = \dfrac{\hat{p} - p}{\sqrt{\dfrac{pq}{n}}} \cong N(0,1)$

Capítulo 9 — Distribuição amostral dos estimadores 217

Quando p é desconhecida e a amostra com reposição é grande, determinamos $\hat{p}_0 = \dfrac{x}{n}$, estimativa de p.

$$\sigma_{\hat{p}} \cong \sqrt{\dfrac{\hat{p}_0 \cdot \hat{q}_0}{n}}$$

Para alguns autores e estatísticos, uma amostra é suficientemente grande quando $np \geq 5$ e $nq \geq 5$.

Exercícios resolvidos

1. Em uma população, a proporção de pessoas favoráveis a uma determinada lei é de 40%. Retiramos uma amostra de 300 pessoas dessa população. Determinar:

$$P\left(p - Z_\alpha \cdot \sigma_{\hat{p}} \leq \hat{p} \leq p + Z_\alpha \cdot \sigma_{\hat{p}}\right) = 0{,}95.$$

Resolução:
Como $n = 300$ e $p = 0{,}4$

$q = 1 - p = 0{,}6$ $\qquad \sigma_{\hat{p}} = \sqrt{\dfrac{p \cdot q}{n}}$

$\sigma_{\hat{p}} = \sqrt{\dfrac{0{,}4 \cdot 0{,}6}{300}} \Rightarrow \qquad \sigma_{\hat{p}} = 0{,}0283$

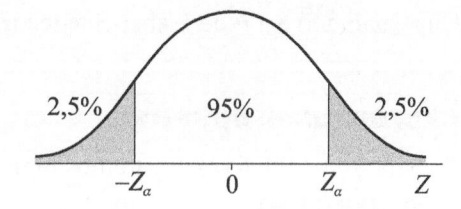

$\therefore Z_\alpha = Z_{0,475} = 1{,}96$

$\therefore P(0{,}4 - 1{,}96 \cdot 0{,}0283 \leq \hat{p} \leq 0{,}4 + 1{,}91 \cdot 0{,}0283) = 0{,}95$

$P(0{,}4 - 0{,}0555 \leq \hat{p} \leq 0{,}4 + 0{,}0555) = 0{,}95$

$P(0{,}3445 \leq \hat{p} \leq 0{,}4555) = 0{,}95$

$\therefore \boxed{P(34{,}45\% \leq \hat{p} \leq 45{,}55\%) = 0{,}95}$

2. Deseja-se saber qual a proporção de pessoas da população portadoras de determinada doença. Retira-se uma amostra de 400 pessoas, obtendo-se 8 portadores da doença. Definir limites de confiabilidade de 99% para a proporção populacional.
Resolução:

$\hat{p}_0 = \dfrac{x}{n} = \dfrac{8}{400} = 0{,}02 \qquad \hat{p}_0 = 0{,}02$

$\hat{q}_0 = 0{,}98$

$$\sigma_{\hat{p}} \cong \sqrt{\frac{\hat{p}_0 \cdot \hat{q}_0}{n}} = \sqrt{\frac{0,02 \cdot 0,98}{400}} \qquad \sigma_{\hat{p}} = 0,007$$

Como $Z_\alpha = Z_{0,495} = 2,57$, temos:

$$P(\hat{p}_0 - Z_\alpha \sigma_{\hat{p}} \le p \le \hat{p}_0 + Z_\alpha \cdot \sigma_{\hat{p}}) = 0,99$$
$$P(0,02 - 2,57 \cdot 0,007 \le p \le 0,02 - 2,57 \cdot 0,007) = 0,99$$
$$P(0,02 - 0,018 \le p \le 0,02 + 0,018) = 0,99$$
$$P(0,002 \le p \le 0,038) = 0,99$$
$$\therefore \quad P(0,2\% \le p \le 3,8\%) = \boxed{0,99}$$

Podemos garantir com uma confiabilidade de 99% que a proporção de pessoas portadoras da doença na população varia de no mínimo 0,20% e no máximo 3,8%.

Algumas distribuições amostrais de estatísticas importantes serão vistas nos próximos capítulos, à medida que forem necessárias, como por exemplo a t de Student, a Qui-Quadrado e a F de Fisher-Snedecor.

Exercícios propostos

1. Seja X: $N(900, 642)$. Retiramos uma amostra de tamanho 30. Determinar:
   a) $P(\bar{x} \le 894)$;
   b) $P(896 \le \bar{x} \le 903)$;
   c) $P(\bar{x} - 3\sigma_{\bar{x}} < \mu < \bar{x} + 3\sigma_{\bar{x}})$.

2. Seja X: $N(1.200, 1.444)$. Retiramos uma amostra de tamanho 15. Determinar:
   a) $P(1.194 < \bar{x} < 1.206)$;
   b) $P(\bar{x} - Z_\alpha \cdot \sigma_{\bar{x}} < \mu < \bar{x} + Z_\alpha \cdot \sigma_{\bar{x}}) = 0,90$.

3. Qual deverá ser o tamanho de uma amostra a ser retirada de uma população X: $N(200, 350)$ para que $P(|\bar{x} - \mu| < 5) = 0,95$.

4. Deseja-se saber qual o número de eleitores de determinada região que votarão no candidato A, de forma que a probabilidade do erro de estimação seja no máximo 3%, com 95% de confiança. Para estudar o problema, retira-se uma amostra de 500 eleitores dessa região, obtendo-se 120 eleitores que votam em A.

   Obs.: $e = \hat{p} - p$

5. Uma fábrica de peças especifica em suas embalagens que a proporção de defeitos é de 4%. Um cliente dessa fábrica inspeciona uma amostra de 200 peças e constata que 12 são defeituosas. Baseado nesses dados, em quantas amostras o cliente encontraria uma proporção de defeitos maior que o especificado pelo fabricante?

10

Estimação

10.1 Inferência estatística

Usualmente, é impraticável observar toda uma população, seja pelo custo caríssimo, seja por dificuldades diversas. Examina-se, então, uma amostra. Se essa amostra for bastante representativa, os resultados obtidos poderão ser generalizados para toda a população.

O pesquisador poderá levantar hipóteses das possibilidades das generalizações dos resultados aos experimentos semelhantes. Deverá testar essas hipóteses, que poderão ser rejeitadas.

Um experimento pode ter por finalidade a determinação da estimativa de um parâmetro de uma função.

Toda conclusão tirada por uma amostragem, quando generalizada para a população, virá acompanhada de um *grau de incerteza ou risco*.

Ao conjunto de técnicas e procedimentos que permitem dar ao pesquisador um grau de confiabilidade, de confiança, nas afirmações que faz para a população, baseadas nos resultados das amostras, damos o nome de *inferência estatística*.

O problema fundamental da inferência estatística, portanto, é *medir o grau de incerteza ou risco* dessas generalizações. Os instrumentos da inferência estatística permitem a viabilidade das conclusões por meio de afirmações estatísticas.

10.2 Estimação de parâmetros

Um dos objetivos básicos da experimentação é a estimação de parâmetros. Estuda-se uma população cuja distribuição é considerada conhecida por meio de sua função de densidade de probabilidade, $f(X, \theta_1, \theta_2, ..., \theta_p)$, onde X é uma variável aleatória e θ_i, $i = 1, 2, ..., p$ são os parâmetros da distribuição.

> **EXEMPLO**
>
> $X: N(\mu, \sigma^2)$, onde $f(x; \mu, \sigma^2) = \dfrac{1}{\sigma\sqrt{2\pi}} e^{-\frac{1}{2}\left(\frac{x-\mu}{\sigma}\right)^2}$; portanto a distribuição de X, que é normal, depende de 2 parâmetros, μ e σ^2.
>
> Temos de avaliar um ou mais parâmetros da distribuição populacional, tomando por base uma amostra casual simples $x_1, x_2, ..., x_n$. O principal problema é procurar funções de observações que forneçam estimativas dos parâmetros.
>
> A distribuição dessas funções devem estar o mais concentradas possível em torno dos verdadeiros valores dos parâmetros de θ. Estas funções, como já vimos, são *estimadores*: $\hat{\theta}$ e o valor numérico deles, calculados usando as observações $x_1, x_2, ..., x_n$ são as *estimativas* dos parâmetros: $\hat{\theta}_0$.
>
> Logo:
>
> $\bar{x} = \dfrac{1}{n}\sum_{i=1}^{n} x_i$ é um estimador de μ e $\bar{x} = \bar{x}_0$ é uma estimativa.
>
> $s^2 = \dfrac{1}{n-1}\sum_{i=1}^{n}(x_i - \bar{x})^2$ é um estimador de σ^2, e $s^2 = s_0^2$ é uma estimativa calculada na amostra.
>
> Vimos no capítulo anterior a distribuição por amostragem de dois estimadores: a média amostral e a proporção amostral.
>
> Lembrando:
>
> Se $X: N(\mu, \sigma^2)$ então, $\bar{x}: N\left(\mu, \dfrac{\sigma^2}{n}\right)$; e se p é a proporção com $\mu = p$ e $\sigma^2 = pq$, então $\hat{p}: N\left(P, \dfrac{pq}{n}\right)$.

10.3 Tipos de estimação

Há dois tipos fundamentais de estimação: por ponto e por intervalo.

Estimação por ponto

Na *estimação por ponto*, a partir das observações, calcula-se uma estimativa, usando o estimador ou "estatística".

A distribuição por amostragem dos estimadores torna possível o estudo das qualidades de um estimador.

Qualidades de um bom estimador

Quanto maior o grau de concentração da distribuição amostral do estimador em torno do verdadeiro valor do parâmetro populacional, tanto melhor será o estimador.

As principais qualidades de um estimador são:

a) consistência;
b) ausência de vício;
c) eficiência;
d) suficiência.

a) Consistência

DEFINIÇÃO

Um estimador $\hat{\theta}$ é consistente para estimar θ, se $\lim_{n \to \infty} (P\,|\hat{\theta} - \theta| > \varepsilon) = 0$.

$\bar{x}$ é um estimador consistente para μ. Usando o teorema de Chebychev:

"Se X é uma variável aleatória com $E(X) = \mu$ e $VAR(x) = \sigma^2$, então $P(|\bar{x} - \mu| > \varepsilon) \leq \dfrac{\sigma^2}{\varepsilon^2}$, para todo $\varepsilon > 0$", temos:

$$P(|\bar{x} - \mu| > \varepsilon) \leq \frac{VAR(\bar{x})}{\varepsilon^2} = \frac{\sigma^2}{n\varepsilon^2}$$

Quando $n \to \infty$, $\lim_{n \to \infty} \dfrac{\sigma^2}{n\varepsilon^2} = 0$.

Logo, a distribuição de $\bar{x}$ se concentra em torno de μ quando a amostra é suficientemente grande.

b) Ausência de vício ou justeza

DEFINIÇÃO

Um estimador $\hat{\theta}$ é *não viciado, não tendencioso, não viesado* ou *justo* se $E(\hat{\theta}) = \theta$.

Se $\lim_{n \to \infty} E(\hat{\theta}) = \theta$, diremos que o estimador é *assintoticamente não tendencioso*.

EXEMPLO

$X: N(\mu, \sigma^2)$. Já vimos que $\bar{x}$ é um estimador não viciado de μ, pois $E(\bar{x}) = \mu$.

Veremos que $s^2 = \dfrac{1}{n-1} \sum_{i=1}^{n}(x_i - \bar{x})^2$ é um estimador não viciado de σ^2.

$$E(s^2) = E\left\{\frac{1}{n-1}\sum_{i=1}^{n}(x_i - \bar{x})^2\right\} = \frac{1}{n-1}E\left\{\sum(x_i^2 - 2x_i \cdot \bar{x} + \bar{x}^2)\right\} =$$

$$\frac{1}{n-1}E\left\{\sum x_i^2 - 2\bar{x}\sum_{i=1}^{n}x_i + n\bar{x}^2\right\} = \frac{1}{n-1}E\left\{\sum_{i=1}^{n}x_1^2 - 2\cdot\bar{x}\cdot n\cdot\frac{\sum_{i=1}^{n}x_i}{n} + n\bar{x}^2\right\} =$$

$$= \frac{1}{n-1}E\left\{\sum_{i=1}^{n}x_i^2 - 2\bar{x}^2\cdot n + n\bar{x}^2\right\} = \frac{1}{n-1}E\left\{\sum_{i=1}^{n}x_i^2 - n\bar{x}^2\right\} = \frac{1}{n-1}\left\{E\left(\sum_{i=1}^{n}x_i^2\right) - E(n\bar{x})^2\right\}$$

$$E(s^2) = \frac{1}{n-1}\left\{\sum_{i=1}^{n}E(x_i^2) - nE(\bar{x}^2)\right\} \qquad \mathbf{1}$$

Como $\sum_{i=1}^{n}E(x_i^2) = E(x_i^2) + E(x_i^2) + \ldots + E(x_n^2) = E(X^2)$,

como $\text{VAR}(X) = E(X^2) - \{E(X)\}^2 \quad$ ou

$\sigma^2 = E(x^2) - \mu^2 \quad \therefore$

$$E(x^2) = \sigma^2 + \mu^2 \qquad \mathbf{2}$$

Da mesma forma, chegaríamos a

$$E(\bar{x}^2) = \frac{\sigma^2}{n} + \mu^2. \qquad \mathbf{3}$$

Reescrevendo **1**, temos:

$E(s^2) = \frac{1}{n-1}\{nE(x^2) - nE(\bar{x}^2)\}$, substituindo **2** e **3** nessa fórmula, temos:

$$E(s^2) = \frac{1}{n-1}\left\{n(\sigma^2 + \mu^2) - n\left(\frac{\sigma^2}{n} + \mu^2\right)\right\} = \frac{1}{n-1}\{n\sigma^2 + n\mu^2 - \sigma^2 - n\mu^2\} =$$

$$= \frac{1}{n-1}\{n\sigma^2 - \sigma^2\} \quad \therefore \quad E(s^2) = \frac{1}{n-1}\{\sigma^2(n-1)\} \quad \therefore \quad \boxed{E(s^2) = \sigma^2}$$

O que demonstra que s^2 é um estimador não viciado de σ^2.

Como exercício, deixamos para o leitor demonstrar que: $s^2 = \dfrac{1}{n}\sum_{i=1}^{n}(x_i - \bar{x})^2$ é um estimador viciado de σ^2, mas assintoticamente não viciado da variância populacional.

c) Eficiência

Dados dois estimadores, $\hat{\theta}_1$ e $\hat{\theta}_2$, definimos *eficiência* de um parâmetro com relação a outro, para um mesmo tamanho de amostra, como $E_f = \dfrac{\text{VAR}(\hat{\theta}_2)}{\text{VAR}(\hat{\theta}_1)}$.

Um estimador é mais eficiente que outro se sua variância for menor que a do outro.

Se $\hat{\theta}_1$ é menos eficiente que $\hat{\theta}_2$, então $E_f < 1$.

Caso $\hat{\theta}_1$ seja mais eficiente que $\hat{\theta}_2$, então $E_f > 1$.

Uma medida absoluta da eficiência pode ser feita usando-se o *estimador mais eficiente do parâmetro em estudo. Esse estimador terá eficiência 1% ou 100%*. Podemos denominar simplesmente *eficiente*.

d) Suficiência

DEFINIÇÃO

Um estimador $\hat{\theta}$ de θ é suficiente se contém o máximo possível de informações com relação ao parâmetro por ele estimado, em forma bem simples de dizer. O estimador $\hat{\theta}$ de θ é *suficiente* se, para qualquer outro estimador $\hat{\theta}_k$, a distribuição de $\hat{\theta}_k$ for independente de θ.

Podemos dizer: quantidade de informação = $\dfrac{1}{\text{VAR}(\theta)}$

Há critérios para a escolha de estimadores. Citamos, apenas para constar: o método de máxima verossimilhança, dos momentos e de Bayes. Esses métodos permitem a escolha de estimadores mais adequados.

Estimação por intervalo

A estimação por pontos de um parâmetro não possui uma medida do possível erro cometido na estimação.

Uma maneira de expressar a precisão da estimação é estabelecer *limites*, que com certa probabilidade incluam o verdadeiro valor do parâmetro da população.

Esses limites são chamados *limites de confiança*: determinam um intervalo de confiança, no qual deverá estar o verdadeiro valor do parâmetro.

Logo, a *estimação por intervalo* consiste na fixação de dois valores, tais que $(1 - \alpha)$ seja a probabilidade de que o intervalo, por eles determinado, contenha o verdadeiro valor do parâmetro.

α: nível de incerteza ou grau de desconfiança.

$1 - \alpha$: coeficiente de confiança ou nível de confiabilidade.

Portanto, α nos dá a medida da incerteza desta *inferência* (nível de significância).

Logo, a partir de informação de amostra, devemos calcular os limites de um intervalo, valores críticos, que em $(1 - \alpha)$% dos casos inclua o valor do parâmetro a estimar e em α% dos casos não inclua o valor do parâmetro.

11
Intervalos de confiança para médias e proporções

11.1 Intervalos de confiança (IC) para a média μ de uma população normal com variância σ^2 conhecida

Consideramos uma população normal com média desconhecida que desejamos estimar e com σ^2 conhecida, $X: N(?, \sigma^2)$

Procedimento para a construção do IC:

1. Retiramos uma amostra casual simples de n elementos.
2. Calculamos a média da amostra $\bar{x}$.
3. Calculamos o desvio padrão da média amostral: $\sigma_{\bar{x}} = \sqrt{\dfrac{\sigma^2}{n}} = \dfrac{\sigma}{\sqrt{n}}$.
4. Fixamos o nível de significância α, e com ele determinamos z_α, tal que $P(|z| > z_\alpha) = \alpha$, ou seja: $P(z > z_\alpha) = \dfrac{\alpha}{2}$ e $P(z < -z_\alpha) = \dfrac{\alpha}{2}$. Logo devemos ter:

$\therefore P(|z| < z_\alpha) = 1 - \alpha$.

Precisamos determinar a partir dessa fórmula o IC.

Como $z = \dfrac{\bar{x} - \mu_{\bar{x}}}{\sigma_{\bar{x}}}$ ou $z = \dfrac{\bar{x} - \mu}{\sigma_{\bar{x}}}$

$$P\left(\left|\dfrac{\bar{x} - \mu}{\sigma_{\bar{x}}}\right| < z_\alpha\right) = 1 - \alpha$$

$$P(|\bar{x} - \mu| < z_a \cdot \sigma_{\bar{x}}) = 1 - \alpha:$$

$$\therefore P(-z_a \cdot \sigma_{\bar{x}} < \bar{x} - \mu < z_a \sigma_{\bar{x}}) = 1 - \alpha$$

$$P(-\bar{x} - z_a \cdot \sigma_{\bar{x}} < -\mu < -\bar{x} + z_a \sigma_{\bar{x}}) = 1 - \alpha$$

$$\therefore \boxed{P(\bar{x} - z_a \cdot \sigma_{\bar{x}} < \mu < \bar{x} + z_a \cdot \sigma_{\bar{x}}) = 1 - \alpha},$$

que é a fórmula do IC para a média de populações normais com variâncias conhecidas.

Os limites citados no capítulo anterior são: $\mu_1 = \bar{x} - z_a \cdot \sigma_{\bar{x}}$ e $\mu_2 = \bar{x} + z_a \cdot \sigma_{\bar{x}}$. Usando uma notação simplificada, teremos:

$$\boxed{IC(\mu, (1 - \alpha)\%) = (\mu_1, \mu_2)}.$$

Selecionamos 100 amostras de mesmo tamanho n. Obtemos 100 estimativas de $\bar{x}$, com as quais construímos 100 IC para μ.

Se $\alpha = 5\%$, podemos esperar que 95 dos IC contenham o verdadeiro valor de μ e 5 não contenham o valor de μ.

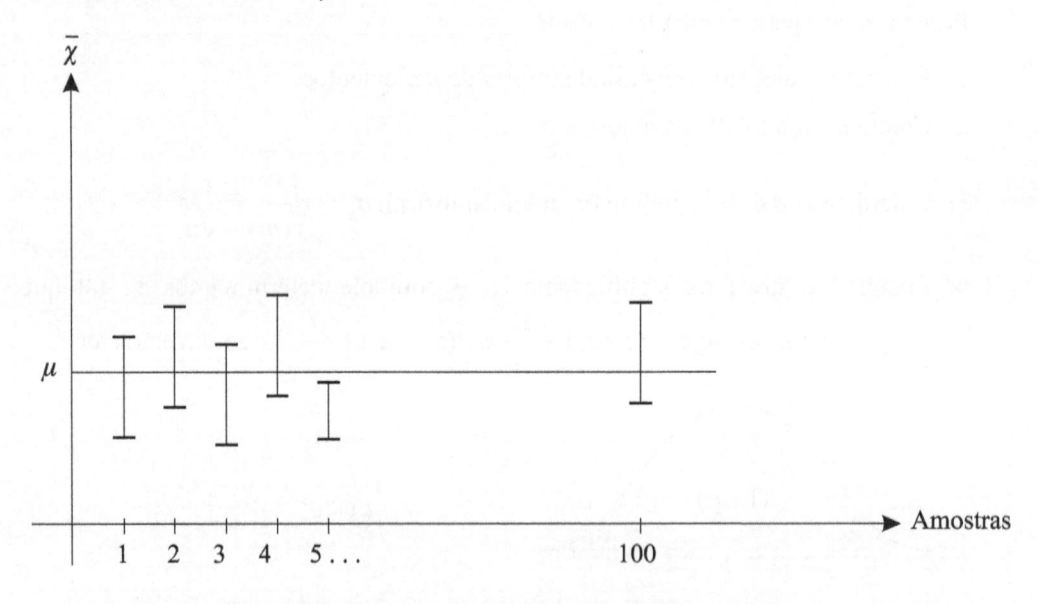

Logo, em uma amostra qualquer, a probabilidade de que o IC determinado contenha o verdadeiro valor da média é de 95%, ou temos uma confiança de 95% de que o IC determinado contenha o verdadeiro valor de μ. Portanto, corremos 5% de risco de que ele não contenha esse valor.

Exemplos

1. De uma população normal X, com $\sigma^2 = 9$, tiramos uma amostra de 25 observações, obtendo $\sum_{i=1}^{25} x_i = 152$. Determinar um IC de limites de 90% para μ.

   Resolução: $\alpha = 10\%$ $\qquad \bar{x} = \dfrac{1}{n}\sum_{i=1}^{n} x_i$

   $\bar{x} = \dfrac{152}{25} \quad \rightarrow \quad \boxed{\bar{x} = 6{,}08}$

   $\sigma_{\bar{x}} = \sqrt{\dfrac{\sigma^2}{n}} = \sqrt{\dfrac{9}{25}} = \dfrac{3}{5} \quad \rightarrow \quad \boxed{\sigma_{\bar{x}} = 0{,}6}$

   $z_\alpha = z_{45\%} = z_{0,45} = \boxed{1{,}64}$

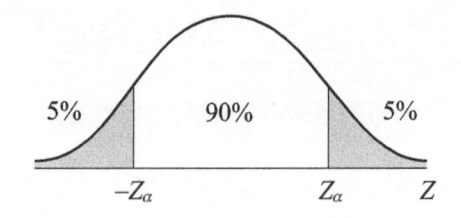

   ∴ $P(6{,}08 - 1{,}64 \cdot 0{,}6 < \mu < 6{,}08 + 1{,}64 \cdot 0{,}6) = 0{,}90$

   $P(6{,}08 - 0{,}984 < \mu < 6{,}08 + 0{,}984) = 0{,}90$

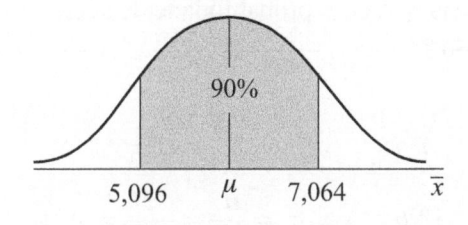

   ∴ $\boxed{P(5{,}096 < \mu < 7{,}064) = 0{,}90}$

   ou $\boxed{IC(\mu, 90\%) = (5{,}096;\ 7{,}064)}$

Portanto, temos 90% de confiança de que o verdadeiro valor μ populacional se encontra entre 5,096 e 7,064; ou então corremos um risco de 10% de que o verdadeiro valor da média μ populacional seja menor que 5,096 ou maior que 7,064.

2. De uma população de 1.000 elementos com distribuição aproximadamente normal com $\sigma^2 = 400$, tira-se uma amostra de 25 elementos, obtendo-se $\bar{x} = 150$. Fazer um IC para μ, ao nível de 5%.

Resolução:

Como a população é aproximadamente normal, $\bar{x}$ tem distribuição normal. Usaremos para $\sigma_{\bar{x}}$ o fator de correção $\sqrt{\dfrac{N-n}{N-1}}$ para populações finitas e amostragem sem reposição.

Dados: $N = 1.000 \qquad \sigma^2 = 400 \qquad n = 25 \qquad \bar{x} = 130 \qquad \alpha = 5\%$

$$\sigma_{\bar{x}} = \dfrac{\sigma}{\sqrt{n}} \cdot \sqrt{\dfrac{N-n}{N-1}} = \dfrac{20}{5}\sqrt{\dfrac{1.000-25}{1.000-1}} \qquad \therefore \qquad \sigma_{\bar{x}} = 3{,}95$$

$z_\alpha = z_{47,5\%} = 1{,}96 \qquad \therefore$
$P(150 - 1{,}96 \cdot 3{,}95 < \mu < 150 + 1{,}96 + 3{,}95) = 0{,}95$

$$\boxed{P(142{,}25 < \mu < 157{,}75) = 0{,}95}$$

ou $\qquad \boxed{IC(\mu, 95\%) = (142{,}25;\ 157{,}75)}$

3. De uma população normal com $\sigma = 5$, retiramos uma amostra de 50 elementos e obtemos $\bar{x} = 42$.

   a) Fazer um IC para a média ao nível de 5%.
   b) Qual o erro de estimação ao nível de 5%?
   c) Para que o erro seja ≤ 1, com probabilidade de acerto de 95%, qual deverá ser o tamanho da amostra?

Resolução:

a) Dados: $n = 50 \qquad \sigma = 5 \qquad \bar{x} = 42 \qquad \alpha = 5\%$

$$z_\alpha = z_{47,5\%} = 1{,}96 \qquad \sigma_x = \dfrac{\sigma}{\sqrt{n}} = \dfrac{5}{\sqrt{50}} = 0{,}71$$

$\therefore \qquad P(42 - 1{,}96 \cdot 0{,}71 < \mu < 42 + 1{,}96 \cdot 0{,}71) = 0{,}95$

$P(42 - 1{,}39 < \mu < 42 + 1{,}39) = 0{,}95$

$$\boxed{P(40{,}61 < \mu < 43{,}39) = 0{,}95}$$

b) Como $\boxed{e = \bar{x} - \mu}$ e $z_{\bar{a}} = \dfrac{x - \mu}{\sigma_{\bar{x}}}$, então $\boxed{z_\alpha \cdot \sigma_{\bar{x}} = e}$

$e = 1{,}96 \cdot 0{,}71 = \boxed{1{,}39}$

c) Se $P(e \leq 1) = 0,95 \rightarrow n = ?$

Como desconhecemos n, $\sigma_{\bar{x}} = \dfrac{\sigma}{\sqrt{n}}$

$z_\alpha = z_{47,5\%} = 1,96$ ∴ $e \leq 1 \rightarrow z_\alpha \cdot \sigma_{\bar{x}} \leq 1$

$1,96 \cdot \dfrac{\sigma}{\sqrt{n}} \leq 1 \rightarrow \sqrt{n} \geq 1,96 \cdot 5 \rightarrow \sqrt{n} \geq 9,8$

∴ $n \geq 96,04 \rightarrow \boxed{n \geq 96 \text{ elementos}}$

Logo, se tomarmos uma amostra de no mínimo 96 elementos, teremos 95% de confiança de que o erro será de, no máximo, 1.

11.2 Intervalos de confiança para grandes amostras

Consideremos uma amostra grande quando $n > 30$. Precisamos construir IC para parâmetros de populações não normais, com distribuições binomiais, de Poisson, de frequências relativas, logo, de distribuições aproximadamente normais ou então de populações normais com variâncias desconhecidas. Nessas condições podemos construir, aproximadamente, o IC para o parâmetro, seguindo o modelo de IC para média de populações normais com variâncias conhecidas.

Estimação de proporções ou intervalos de confiança para proporções

Lembrando que quando p populacional é conhecida, $\hat{p} = \dfrac{x}{n}$ tem distribuição

$\hat{p} \cong N\left(p, \dfrac{pq}{n}\right)$ ou $\dfrac{\hat{p} - p}{\sigma_{\hat{p}}} : N(0, 1)$ assintoticamente.

Para construirmos o IC para p desconhecida, determinamos $\hat{p}_0$ na amostra e consideramos $\sigma_{\hat{p}} \cong \sqrt{\dfrac{\hat{p}_o \cdot \hat{q}_o}{n}}$.

Logo, ao nível α de significância, $P(|z| \leq z_\alpha) = 1 - \alpha$ ∴ Sendo $z = \dfrac{\hat{p}_o - p}{\sigma_{\hat{p}}}$,

$P\left(\left|\dfrac{\hat{p}_o - p}{\sigma_{\hat{p}}}\right| \leq z_\alpha\right) = 1 - \alpha$ e desenvolvendo como foi feito para a média, chegamos facilmente à fórmula do IC para a proporção p populacional.

$$P(\hat{p}_o - z_\alpha \cdot \sigma_{\hat{p}} \leq p \leq \hat{p}_o + z_\alpha \cdot \sigma_{\hat{p}}) = 1 - \alpha \quad \text{ou} \quad IC(p,(1-\alpha)\%) = [p_1, p_2]$$

Exemplos

1. Retiramos de uma população uma amostra de 100 elementos e encontramos 20 sucessos. Ao nível de 1%, construir um IC para a proporção real de sucessos na população.

    Dados: $n = 100 \quad x = 20$, onde $x = $ n° de sucessos na amostra $\quad \alpha = 1\%$

    $$\hat{p}_o = \frac{x}{n} = \frac{20}{100} \therefore \hat{p}_o = 0,2 \quad \text{e} \quad \hat{q}_o = 0,8$$

    $$\sigma_{\hat{p}} \cong \sqrt{\frac{0,2 \cdot 0,8}{100}} \rightarrow \sigma_{\hat{p}} = 0,04$$

    Resolução:
    $z_\alpha = z_{49,5\%} = 2,57$

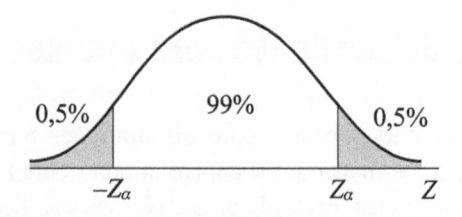

    $P(0,2 - 2,57 \cdot 0,04 \le p \le 0,2 + 2,57 \cdot 0,04) = 0,99$
    $P(0,2 - 0,1028 \le p \le 0,2 + 0,1028) = 0,99$
    $P(0,0972 \le p \le 0,3028) = 0,99$
    $P(9,72\% \le p \le 30,28) = 0,99$
    ou

    $$\boxed{\text{IC}(p, 99\%) = [9,72\%; 30,28\%]}$$

    Portanto, corremos um risco de 1% de que a verdadeira proporção populacional não pertença ao IC dado anteriormente, ou então nossa confiança de que p pertença ao IC determinado é de 99%.

2. Para se estimar a porcentagem de alunos de um curso favoráveis à modificação do currículo escolar, tomou-se uma amostra de 100 alunos, dos quais 80 foram favoráveis.

    a) Fazer um IC para a proporção de todos os alunos do curso favoráveis à modificação ao nível de 4%.
    b) Qual o valor do erro de estimação cometido em *a*?

    Dados: $n = 100 \quad x = $ n° de alunos favoráveis à modificação; $\quad x = 80 \quad \alpha = 4\%$.

    $$\hat{p}_0 = \frac{x}{n} = \frac{80}{100} = 0,80 \quad \text{e} \quad \hat{q}_0 = 0,20$$

    $$\sigma \hat{p} \cong \sqrt{\frac{\hat{p}_0 \cdot \hat{q}_0}{n}} = \sqrt{\frac{0,8 \cdot 0,2}{100}} = 0,04$$

Resolução:

a) $z_\alpha = z_{48\%} = 2{,}05$

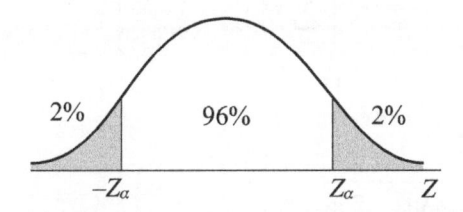

[Gráfico de distribuição normal com 2% nas caudas e 96% central, entre $-z_\alpha$ e z_α]

$P(0{,}8 - 2{,}05 \cdot 0{,}04 \leq p \leq 0{,}80 + 2{,}05 \cdot 0{,}04) = 0{,}96$
$P(0{,}80 - 0{,}082 \leq p \leq 0{,}80 + 0{,}082) = 0{,}96$
$\therefore\ P(0{,}7180 \leq p \leq 0{,}882) = 0{,}96$

$$P(71{,}80\% \leq p \leq 88{,}2\%) = 0{,}96$$

ou

$$\mathrm{IC}(p, 96\%) = [71{,}8\%;\ 88{,}2\%]$$

Temos uma confiança de 96% que de 71,86% a 88,2% dos alunos do curso serão favoráveis à modificação curricular.

b) $z_\alpha = \dfrac{\hat{p}_0 - p}{\sigma_{\hat{p}}} \to z_\sigma = \dfrac{e}{\sigma_{\hat{p}}}\ \therefore\ e = z_\alpha \cdot \sigma_{\hat{p}}$

$\therefore\ e = 2{,}05 \cdot 0{,}04 = 0{,}082\ \therefore\ \boxed{e = 8{,}2\%}$

O erro de estimação cometido em "a" é de 8,2%, para 96% de confiança e uma amostra de 100 alunos.

Intervalos de confiança para a média de populações normais com variâncias desconhecidas

Quando queremos estimar a média de uma população normal com variância desconhecida, consideramos dois procedimentos:

- se $n \leq 30$, então usa-se a distribuição t de Student, que veremos adiante;
- se $n > 30$, então usa-se a distribuição normal com o estimador s^2 de σ^2.

No momento nos interessa o segundo procedimento.

Calculamos na amostra suficientemente grande, $\bar{x}$ e s^2 onde:

$$s^2 = \frac{1}{n-1}\sum_{i=1}^{n}(n_i - \bar{x})^2 = \frac{1}{n-1}\left\{\sum_{i=1}^{n}x_i^2 - \frac{\left(\sum_{i=1}^{n}x_i\right)^2}{n}\right\}$$

ou $\quad s^2 = \dfrac{1}{n-1}\left\{\sum_{i=1}^{n}x_i^2 - n\bar{x}^2\right\}$

Como a amostra é grande, $s^2 \cong \sigma^2$

$$\sigma_{\bar{x}} \cong \sqrt{\frac{s^2}{n}} \cong \frac{s}{\sqrt{n}} \quad \therefore$$

$$P\left(\bar{x} - z_\alpha \cdot \sigma_{\bar{x}} < \mu < \bar{x} + z_\alpha \cdot \sigma_{\bar{x}}\right) = 1 - \alpha$$

é a fórmula já conhecida para o IC para a média.

Exemplos

1. De uma população normal com parâmetros desconhecidos, tiramos uma amostra de tamanho 100, obtendo-se $\bar{x} = 112$ e $s = 11$. Fazer um IC para μ ao nível de 10%.

   Dados: $n = 100 \quad \bar{x} = 112 \quad s = 11 \quad \alpha = 10\%$

   Resolução:
   Como a amostra é grande, usamos:

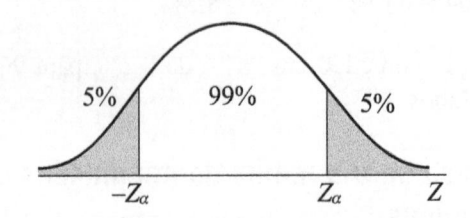

$$\sigma_{\bar{x}} \cong \frac{s}{\sqrt{n}} = \frac{11}{10} = 1,1$$

$$z_\alpha = z_{45\%} = 1,64$$

$P(112 - 1,64 \cdot 1,1 < \mu < 112 + 1,64 \cdot 1,1) = 0,90$

$$P(110,20 < \mu < 113,80) = 0,90$$

ou

$$IC(\mu, 90\%) = (110,20;\ 113,80)$$

De onde concluímos que, apesar de usar o desvio padrão da amostra, temos um grau de certeza de 90% de que o verdadeiro valor da média populacional está entre 110,20 e 113,80.

2. A altura dos homens de uma cidade apresenta distribuição normal. Para estimar a altura média dessa população, levantou-se uma amostra de 150 indivíduos obtendo-se $\sum_{i=1}^{150} x_i = 25.800$ cm $\sum_{i=1}^{150} x_i^2 = 4.440.075 \, cm^2$. Ao nível de 2%, determinar um IC para a altura média dos homens da cidade.

$$\overline{x} = \frac{1}{n}\sum_{i=1}^{n} x_i = \frac{25.800}{150} \qquad \overline{x} = 172 \text{ cm}$$

$$s^2 = \frac{1}{n-1}\left\{\sum_{i=1}^{n} x_i^2 - \frac{\left(\sum x_i\right)^2}{n}\right\} = \frac{1}{149}\left\{4.440.075 - \frac{(25.800)^2}{150}\right\}$$

$s^2 = 16,61$ ∴ $s = 4,07$ cm

∴ Dados: $n = 150$ (amostra grande) $\overline{x} = 172$ cm $s = 4,07$ $\alpha = 2\%$. Usaremos

$$\sigma_{\overline{x}} = \sqrt{\frac{\sigma^2}{n}} \cong \frac{s}{\sqrt{n}} = \frac{4,07}{\sqrt{150}} \therefore \sigma_{\overline{x}} = 0,332$$

$z_\alpha = z_{49\%} = 2,32$
$P(172 - 2,32 \cdot 0,332 < \mu < 172 + 2,32 \cdot 0,332) = 0,98$

∴ $P(171,22 < \mu < 172,77) = 0,98$

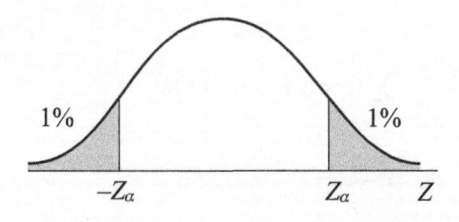

ou

IC(μ, 98%) = (1,71 m; 1,73 m)

Podemos afirmar com uma certeza de 98% que, apesar de os parâmetros populacionais serem desconhecidos, a altura média dos homens da cidade em questão é superior a 1,71 m e inferior a 1,73 m.

Exercícios resolvidos

1. De uma população normal com $\sigma^2 = 16$, levantou-se uma amostra, obtendo-se as observações: 10, 5, 10, 7. Determinar ao nível de 13% um IC para a média da população.

   Resolução:

   Dados: $n = 4 \quad \sigma^2 = 16 \quad \alpha = 13\%$

   $$\bar{x} = \frac{1}{4}(10 + 5 + 10 + 7) \Rightarrow \bar{x} = 8 \quad \sigma_{\bar{x}} = \sqrt{\frac{\sigma^2}{n}} = \sqrt{\frac{16}{4}} = \sqrt{4} \quad \therefore \quad \boxed{\sigma_{\bar{x}} = 2}$$

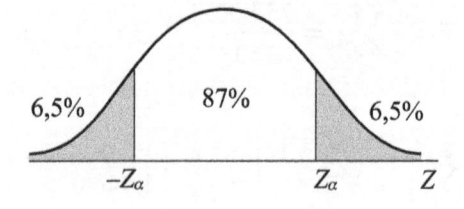

   6,5%   87%   6,5%

   $-Z_\alpha \quad Z_\alpha \quad Z$

   $z_\alpha = z_{43,5\%} = 1,51$

   $\therefore \quad P(8 - 1,51 \cdot 2 < \mu < 8 + 1,51 \cdot 2) = 0,87$

   $P(8 - 3,02 < \mu < 8 + 3,02) = 0,87$

   $P(4,98 < \mu < 11,02) = 0,87$

   ou

   $\boxed{IC(\mu, 87\%) = (4,98; 11,02)}$

2. Dada uma população normal com $VAR(X) = 3$, levantou-se uma amostra de 4 elementos, tal que $\sum_{i=1}^{4} x_i = 0,8$. Construir um IC para a verdadeira média populacional μ ao nível de 1%.

   Resolução:

   Dados: $n = 4 \quad \sigma^2 = 3 \quad \sum_{i=1}^{4} x_i = 0,8 \quad \alpha = 1\%$

   $\therefore \bar{x} = \frac{0,8}{4} = 0,2 \qquad \sigma_{\bar{x}} = \frac{\sigma}{\sqrt{n}} = \frac{\sqrt{3}}{2} = 0,866$

   $z_\alpha = z_{49,5\%} = 2,57$

   $\therefore P(0,2 - 2,57 \cdot 0,866 < \mu < 0,2 + 2,57 \cdot 0,866) = 0,99$

   $\therefore P(-2,0256 < \mu < 2,4256) = 0,99$

   ou

   $\boxed{IC(\mu, 99\%) = (-2,03; 2,43)}$

3. A experiência com trabalhadores de uma certa indústria indica que o tempo necessário para que um trabalhador, aleatoriamente selecionado, realize uma tarefa é distribuído de maneira aproximadamente normal, com desvio padrão de 12 minutos. Uma amostra de 25 trabalhadores forneceu $\bar{x} = 140$ min. Determinar os limites de confiança de 95% para a média μ da população de todos os trabalhadores que fazem aquele determinado serviço.

Resolução:

Dados: $n = 25 \quad \sigma = 12 \quad \bar{x} = 140 \quad \alpha = 5\%$

$$\sigma_{\bar{x}} = \frac{\sigma}{\sqrt{n}} = \frac{12}{5} = 2,4$$

$z_\alpha = z_{47,5\%} = 1,96$

$P(140 - 1,96 \cdot 2,4 < \mu < 140 + 1,96 \cdot 2,4) = 0,95$

$P(135,296 < \mu < 144,704) = 0,95$

∴ $\boxed{IC(\mu, 95\%) = (135,3;\ 144,7)}$

Concluímos que a duração média da tarefa para os operários da empresa varia de 135,3 min. a 144,7 min., isso com uma confiança de 95%.

O erro de estimação é: $e = 1,96 \cdot 2,4 = 4,7$ min.

4. Em uma linha de produção de certa peça mecânica, colheu-se uma amostra de 100 itens, constatando-se que 4 peças eram defeituosas. Construir o IC para a proporção "p" das peças defeituosas ao nível de 10%.

Resolução:

Dados: $n = 100 \quad x = $ nº de peças defeituosas na amostra $\quad x = 4 \quad \alpha = 10\%$ ∴

$$\hat{p}_0 = \frac{4}{100} = 0,04\ ;\ \hat{q}_0 = 0,96 \quad \sigma_{\hat{p}} \cong \sqrt{\frac{0,04 \cdot 0,96}{100}} = 0,0196$$

$z_\alpha = z_{45\%} = 1,64 \quad \therefore$

$P(0,04 - 1,64 \cdot 0,0196 \leq p \leq 0,04 + 1,64 \cdot 0,0196) = 0,90$

$P(0,00786 \leq p \leq 0,07214) = 0,90$

$P(0,79\% \leq p \leq 7,214\%) = 0,90$

ou

$\boxed{IC(p, 90\%) = [0,78\%;\ 7,214\%]}$

5. Em uma pesquisa de opinião, entre 600 pessoas pesquisadas, 240 responderam "sim" a determinada pergunta. Estimar a porcentagem de pessoas com essa mesma opinião na população, dando um intervalo de 95% de confiabilidade.

Resolução:

Dados: $n = 600 \quad x = $ nº de pessoas que responderam sim $\quad x = 240 \quad \alpha = 5\%$

$$\therefore \hat{p}_0 = \frac{240}{600} = 0,4 \quad \text{e} \quad \hat{q}_0 = 0,6 \quad \therefore \quad \sigma_{\hat{p}} \cong \sqrt{\frac{0,4 \cdot 0,6}{600}} = 0,02$$

$z_\alpha = z_{47,5\%} = 1,96 \quad \therefore$

$P(0,4 - 1,96 \cdot 0,02 \leq p \leq 0,4 + 1,96 \cdot 0,02) = 0,95$

$P(0,3608 \leq p \leq 0,4392) = 0,95$

ou

$P(36,08\% \leq p \leq 43,92\%) = 0,95$

ou ainda

IC $(p, 95\%)$ = [36,08%, 43,92%]

Em relação à população podemos afirmar que a proporção de pessoas que responderiam "sim" varia de 36,08% (mínimo) a 43,92% (máximo), com 95% de confiabilidade.

6. Uma votação realizada entre 400 eleitores, escolhidos ao acaso entre todos aqueles de um determinado distrito, indicou que 55% deles são a favor do candidato A. Determinar os limites de confiança de 99% para a proporção de todos os eleitores do distrito favoráveis ao candidato A.

Resolução:

Dados: $n = 400 \quad \hat{p}_0 = 0,55 \quad \therefore \quad \hat{q}_0 = 0,45 \quad \alpha = 1\%$

$$\sigma_{\hat{p}} = \sqrt{\frac{0,55 \cdot 0,45}{400}} = 0,0249$$

$z_\alpha = z_{49,5\%} = 2,57$

$\therefore \quad P(0,55 - 2,57 \cdot 0,249 \leq p \leq 0,55 + 2,57 \cdot 0,0249) = 0,99$

$P(0,55 - 0,064 \leq p \leq 0,55 + 0,064) = 0,99$

$\therefore \quad P(48,6\% \leq p \leq 61,4\%) = 0,99 \quad$ ou $\quad$ IC $(p, 99\%)$ = [48,6%, 61,4%]

Se o número de eleitores desse distrito fosse de 230.000 pessoas, qual seria a votação esperada pelo candidato A?

48,58% de 230.000 = 111.734 votos

61,42% de 230.000 = 141.266 votos

O candidato A poderia esperar de um mínimo de 111.734 votos a um máximo de 141.266 votos, isso com 99% de confiabilidade.

7. Uma amostra aleatória de 80 notas de matemática de uma população com distribuição normal de 5.000 notas apresenta média de 5,5 e desvio padrão de 1,25.

   a) Quais os limites de confiança de 95% para a média das 5.000 notas?

   b) Com que grau de confiança diríamos que a média das notas é maior que 5,0 e menor que 6,0?

   Dados: $N = 5.000 \quad n = 80 \quad \bar{x} = 5,5 \quad s = 1,25$

Como a população é normal, finita e a amostra é suficientemente grande, temos:

$$\sigma_{\bar{x}} \cong \frac{s}{\sqrt{n}}\sqrt{\frac{N-n}{N-1}} = \frac{1,25}{\sqrt{80}}\sqrt{\frac{5.000-80}{5.000-1}} \Rightarrow \sigma_{\bar{x}} = 0,1386$$

Resolução:

a) $z_\alpha = z_{47,5\%} = 1,96$

∴ $P(5,5 - 1,96 \cdot 0,1386 < \mu < 5,5 + 1,96 \cdot 0,1386) = 0,95\%$

∴ $P(5,2283 < \mu < 5,7717) = 0,95$

∴ $P(5,23 < \mu < 5,77) = 0,95$

ou

$IC(\mu, 95\%) = (5,23; 5,77)$

Podemos afirmar que a verdadeira média populacional estará entre 5,23 e 5,77 com 95% de confiança ou certeza:

A média das 5.000 notas terá 1 entre 5,23 e 5,77, com 95% de confiança ou certeza.

b) $P(5,0 < \mu < 6,0) = 1 - \alpha$

∴ sendo $\bar{x} = 5,5$ e $\sigma_{\bar{x}} = 0,1386$,

e sendo os limites $\mu_1 = \bar{x} - z_\alpha \cdot \sigma_{\bar{x}}$ temos que

$$\mu_2 = \bar{x} + z_\alpha \cdot \sigma_{\bar{x}}$$

$5,0 = 5,5 - z_\alpha \cdot 0,1386 \qquad z_\alpha = 3,61$ ∴

$6,0 = 5,5 + z_\alpha \cdot 0,1386 \qquad z_\alpha = 3,61$

pela tabela da normal padronizada,

$P(0 \le z_\alpha \le 3,61) = 0,499841$.

Logo,

$(1 - \alpha) = 2 \cdot 0,499841$

$(1 - \alpha)\% = 99,97\%$.

Logo, o grau de confiabilidade que $5,0 < \mu < 6,0$ é de $99,97\%$.

Exercícios propostos

1. De uma população normal X com variância 121, retiramos uma amostra de 25 observações, obtendo $\bar{x} = 45$. Ao nível de 2%, fazer um IC para a verdadeira média da população X.

2. Levanta-se uma amostra de 10 observações de uma população normal com variância 160, obtendo-se $\sum_{i=1}^{10} x_i = 2.300$. Determinar os IC para a média μ aos níveis de 20% e 10%.

3. Uma loja tem os valores de suas vendas diárias distribuídos normalmente com desvio padrão de R$ 530,00. O gerente da loja, quando inquerido pelo dono, afirmou vender em média R$ 34.720,00. Posteriormente levantou-se uma amostra das vendas de determinado dia, obtendo-se os valores em reais (R$):

    33.840,00; 32.960,00; 41.811,00; 35.080,00; 35.060,00;

    32.947,00; 32.120,00; 32.740,00; 33.580,00 e 33.002,00.

    a) Construir um IC para a venda média diária ao nível de 5%.

    b) Construir um IC para a venda média diária ao nível de 1%.

    c) Em qual dos dois níveis de significância podemos afirmar que o gerente se baseia para responder à indagação?

4. Um fabricante sabe que a vida útil das lâmpadas que fabrica tem distribuição aproximadamente normal com desvio padrão de 200 horas. Para estimar a vida média das lâmpadas, tomou uma amostra de 400 delas, obtendo vida média de 1.000 horas.

    a) Construir um IC para μ ao nível de 1%.

    b) Qual o valor do erro de estimação cometido em "a"?

    c) Qual o tamanho da amostra necessária para se obter um erro de 5 horas, com 99% de probabilidade de acerto?

5. Que tamanho de amostra seria necessário retirar de uma população normal X com $\sigma = 12$, a fim de estimar a duração média de uma tarefa em minutos, com um erro de, no máximo, 2 min. e com probabilidade de 95% de estar correto?

6. A ingestão de um medicamento adormece o paciente. O tempo decorrido entre a ingestão do medicamento e o adormecimento em minutos é distribuído normalmente com $\sigma = 10$ min. Uma amostra de 25 pacientes submetidos ao tratamento com o remédio é formada. Observou-se que $\sum_{i=1}^{25} x_i = 1.375 \text{min}$. Construir em IC para μ, com limites μ_1 e μ_2 ($\mu_1 < \mu_2$), de forma que seja observada a seguinte especificação: à desconfiança que μ seja menor que μ_1, atribuiremos o nível de 5%, enquanto à desconfiança que $\mu > \mu_2$, atribuiremos o nível de 10%. Obs.: IC com limites assimétricos.

7. Querendo estimar a proporção de defeitos de uma certa produção, examinou-se uma amostra de 100 itens, encontrando-se 30 defeituosos. Determinar o IC para a proporção p da população ao nível de 5%.

8. Uma organização universitária deseja estimar a porcentagem de estudantes que são favoráveis a uma nova constituição do corpo discente. Ela seleciona uma amostra de 200 estudantes, aleatoriamente, e constata que 120 são favoráveis a esta nova constituição.

a) Fazer um IC para p, a verdadeira porcentagem com estudantes favoráveis, na população ao nível de 2%.

b) Qual o erro de estimação contido em "a"?

c) Qual deverá ser o tamanho da amostra para se ter um erro de no máximo 5%, com probabilidade de 98% de estar certo?

9. Querendo estimar a proporção de defeitos de uma linha de produção de uma peça, examinou-se uma amostra de 100 peças, encontrando-se 30 defeituosas. Sabe-se que o estimador $\hat{p}_0$ para esse tamanho de amostra tem desvio padrão de 3%. Encontrar os limites de confiança de 95% para p e o respectivo erro de estimação.

10. Uma amostra de 10.000 itens de uma produção foi inspecionada e o número de defeitos por peça foi registrado na tabela abaixo:

Número de defeitos	0	1	2	3	4
Frequência absoluta	6.000	3.200	600	150	50

a) Chamando de p a proporção de itens defeituosos nessa produção, determinar os limites de confiança de 98% de p.

b) Qual o erro de estimação cometido em a?

11. Querendo se estimar a média de uma população X com distribuição normal, levantou-se uma amostra de 100 observações, obtendo-se $\bar{x} = 30$ e $s = 4$. Ao nível de 90%, determinar o limite de confiança para a verdadeira média da população.

12. Um pesquisador deseja estabelecer o peso médio dos jovens entre 14 e 20 anos. Apesar de desconhecer a média e o desvio padrão populacional, sabe por literatura da área que a distribuição dos pesos é aproximadamente normal. Retira-se uma amostra casual simples de 60 jovens obtendo peso médio de 67 kg e desvio padrão de 9 kg.

a) Ao nível de 5% de significância, estabelecer um IC para o peso médio populacional.

b) Qual o tamanho da amostra que o pesquisador deveria tomar para ter uma probabilidade de 95% de certeza de cometer um erro de, no máximo, 1,5 kg?

CAPÍTULO 12

Testes de hipóteses para médias e proporções

12.1 Introdução

Suponhamos que uma certa distribuição dependa de um parâmetro θ e que não se conheça θ ou, então, haja razões para acreditar que o θ variou, seja pelo passar do tempo ou, então, pela introdução de novas técnicas na produção, por exemplo.

A inferência estatística fornece um processo de análise denominado *teste de hipóteses*, que permite se decidir por um valor do parâmetro θ ou por sua modificação com um grau de risco conhecido.

Formulamos duas hipóteses básicas:

H_o: hipótese nula ou da existência.

H_1: hipótese alternativa.

Testamos hipóteses para tomarmos uma decisão entre duas alternativas. Por essa razão, o *teste de hipótese* é um *processo de decisão estatística*.

Vejamos alguns exemplos de hipóteses:

- os *chips* da marca A têm vida média $\mu = \mu_0$;
- o nível de inteligência de uma população de universitários é $\mu = \mu_0$;
- o equipamento A produz peças com variabilidade menor que a do equipamento B: $\sigma_A^2 < \sigma_B^2$;
- o aço produzido pelo processo A é mais duro que o aço produzido pelo processo B: $\mu_A > \mu_B$.

Podemos, pois, apresentar as hipóteses genéricas que englobam a maioria dos casos:

1. $\begin{cases} H_0: \theta = \theta_0 \\ H_1: \theta > \theta_0 \end{cases}$ Para testes bilaterais.

2. $\begin{cases} H_0: \theta = \theta_0 \\ H_1: \theta > \theta_0 \end{cases}$ Para testes unilaterais à direita.

3. $\begin{cases} H_0: \theta = \theta_0 \\ H_1: \theta < \theta_0 \end{cases}$ Para testes unilaterais à esquerda.

4. $\begin{cases} H_0: \theta = \theta_0 \\ H_1: \theta = \theta_1 \end{cases}$ Para testes aplicados a valores do parâmetro obtidos após a decisão tomada em um dos três testes anteriores.

O *procedimento padrão* para a realização de um *teste de hipóteses* é o que se segue:

- definem-se as hipóteses do teste: nula e alternativa;
- fixa-se um nível de significância α;
- levanta-se uma amostra de tamanho n e calcula-se uma estimativa $\hat{\theta}_0$ do parâmetro θ;
- usa-se para cada tipo de teste uma variável cuja distribuição amostral do estimador do parâmetro seja a mais concentrada em torno do verdadeiro valor do parâmetro;
- calcula-se com o valor do parâmetro θ_0, dado por H_0, o valor crítico, valor observado na amostra ou valor calculado (V_{calc});
- fixam-se duas regiões: uma de *não rejeição* de H_0 (RNR) e uma de *rejeição* de H_0 ou *crítica* (RC) para o valor calculado, ao nível de risco dado;
- se o valor observado (V_{calc}) $\in$ região de não rejeição, a decisão é a de *não rejeitar* H_0;
- se $V_{calc} \in$ região crítica, a decisão é a de *rejeitar H_0*.

Devemos observar que quando se fixa α, determinamos para os testes bilaterais, por exemplo, valores críticos (tabelados), V_α, tais que:

$P(|V_{calc}| < V_\alpha) = 1 - \alpha \to \text{RNR}$

$P(|V_{calc}| \geq V_\alpha) = \alpha \to \text{RC}$

12.2 Testes de hipóteses para a média de populações normais com variâncias (σ^2) conhecidas

Faremos a explicação do teste usando os passos definidos no procedimento, por meio de um exemplo.

Testes bilaterais

De uma população normal com variância 36, toma-se uma amostra casual de tamanho 16, obtendo-se $\bar{x} = 43$. Ao nível de 10%, testar as hipóteses:

$$\begin{cases} H_0: \mu = 45 \\ H_1: \mu \neq 45 \end{cases}$$

As hipóteses já estão definidas. O nível α de significância é de 10% $\therefore \alpha = 10\%$.

A amostra é de tamanho 16, $n = 16$, e a estimativa de média já foi calculada, isto é, $\bar{x} = 43$.

Como o teste é para média de populações normais com variâncias conhecidas, usaremos a variável $Z: N(0, 1)$ como critério.

$\sigma^2 = 36 \qquad \bar{x} = 43 \qquad n = 16$

$$Z = \frac{\bar{x} - \mu_{Ho}}{\sigma_{\bar{x}}} \qquad \sigma_{\bar{x}} = \frac{\sigma}{\sqrt{n}} = \frac{6}{\sqrt{16}} = \frac{6}{4} \qquad \sigma_{\bar{x}} = 1,5$$

$\therefore$ sendo $\mu_{Ho} = 45$, temos $\therefore$

$$Z_{calc} = \frac{43 - 45}{1,5} = -1,33 \quad \therefore \quad \boxed{Z_{calc} = -1,33}$$

Como o teste é bilateral e $\alpha = 10\%$, a região de não rejeição, RNR, é:
$P(|Z| < Z_\alpha) = 1 - \alpha \quad \rightarrow \quad P(|Z| < 1,64) = 0,90$
$Z_\alpha = Z_{5\%} = 1,64$.

E a região de rejeição (RC) é dada por $P(|Z| \geq Z\alpha) = \alpha \rightarrow P(|Z| \geq 1,64) = 0,10$.

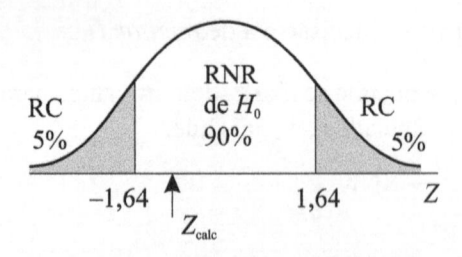

Como $Z_{calc} = -1,33$,
temos que $Z_{calc} \in$ RNR $\therefore$

Logo, a decisão é não rejeitarmos H_0, isto é, a média é 45, com 10% de risco de não rejeitarmos uma hipótese falsa.

Poderíamos fazer o teste de hipóteses usando IC, como se segue:

$$\text{RNR} \rightarrow P(\mu_{Ho} - Z_\alpha \cdot \sigma_{\bar{x}} < \bar{x} < \mu_{Ho} + Z_\alpha \cdot \sigma_{\bar{x}}) = 1 - \alpha$$
$$\text{ou } P(\bar{x}_1 < \bar{x} < \bar{x}_2) = 1 - \alpha$$

RC $\to P(\bar{x} \leq \bar{x}_1$ ou $\bar{x} \geq \bar{x}_2)$

$\bar{x}_1 = 45 - 1,64 \cdot 1,5 = 42,54$

$\bar{x}_2 = 45 + 1,64 \cdot 1,5 = 47,46$

RNR $= (42,54; 47,46)$

RC $= (-\infty; 42,54] \cup [47,46; +\infty)$

Como $\bar{x} = 43$, $\bar{x} \in$ RNR.

Não se rejeita H_0 também.

Teste unilateral (monocaudal) à esquerda

EXEMPLO

Uma fábrica anuncia que o índice de nicotina dos cigarros da marca X apresenta-se abaixo de 26 mg por cigarro. Um laboratório realiza 10 análises do índice obtendo: 26, 24, 23, 22, 28, 25, 27, 26, 28, 24.

Sabe-se que o índice de nicotina dos cigarros da marca X se distribui normalmente com variância 5,36 mg^2. Pode-se aceitar a afirmação do fabricante, ao nível de 5%?

Resolução:

$\begin{cases} H_0: \mu = 26 \\ H_1: \mu < 26 \end{cases} \quad \alpha = 5\%$

$n = 10$

$\bar{x} = \dfrac{1}{n}\sum_{i=1}^{n}\bar{x}_i = \dfrac{253}{10} \therefore \bar{x} = 25,3$

$\sigma_{\bar{x}} = \sqrt{\dfrac{5,36}{10}} = \sqrt{0,536} = 0,73$

$Z_{calc} = \dfrac{25,3 - 26}{0,73} = -0,959 \qquad Z_{calc} = -0,959$

$Z_\alpha = Z_{5\%} = 1,64 \qquad\qquad\qquad$ RNR $= (-1,64; +\infty)$

$\qquad\qquad\qquad\qquad\qquad\qquad\qquad$ RC $= (-\infty; -1,64]$

$\qquad\qquad\qquad\qquad\qquad\qquad\qquad \therefore Z_{calc} \in$ RNR

RC 5%   RNR 95%

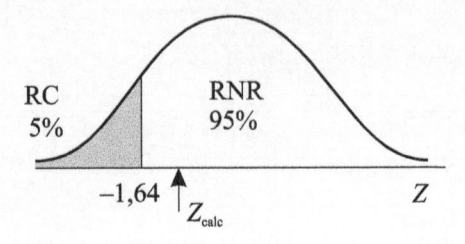

−1,64 ↑ Z_{calc} Z

Não se rejeita H_0, isto é, ao nível de 5%, podemos concluir que a afirmação do fabricante é falsa.

Resolução por intervalos de confiança:

RNR → $P(\bar{x} > \mu_{H_0} - Z_\alpha \cdot \sigma_{\bar{x}}) = 1 - \alpha$

RC → $P(\bar{x} \leq \mu_{H_0} - Z_\alpha \cdot \sigma_{\bar{x}}) = \alpha$

∴

$P(\bar{x} > 26 - 1{,}64 \cdot 0{,}73) = 0{,}95$

RNR → $P(\bar{x} > 24{,}803) = 0{,}95$

RC → $P(\bar{x} \leq 24{,}803) = 0{,}10$. Como ∴ $\bar{x} = 25{,}3$, concluímos que $\bar{x} \in$ RNR ∴ Não se rejeita H_0.

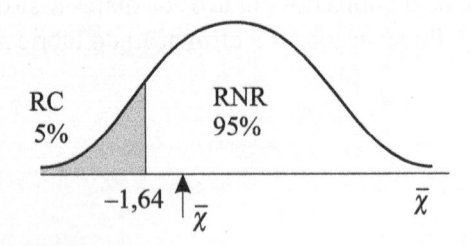

RC 5%   RNR 95%

−1,64 ↑ $\bar{x}$ $\bar{x}$

Teste unilateral à direita

EXEMPLO

Um fabricante de lajotas de cerâmica introduz um novo material em sua fabricação e acredita que aumentará a resistência média, que é de 206 kg. A resistência das lajotas tem distribuição normal com desvio padrão de 12 kg. Retira-se uma amostra de 30 lajotas, obtendo $\bar{x} = 210$ kg. Ao nível de 10%, pode o fabricante aceitar que a resistência média de suas lajotas tenha aumentado?

Resolução:

$\begin{cases} H_0: \mu = 206 \\ H_1: \mu > 206 \end{cases}$

$\alpha = 10\% \quad n = 30 \quad \bar{x} = 210 \quad \sigma_{\bar{x}} = \dfrac{\sigma}{\sqrt{n}} = \dfrac{12}{\sqrt{30}}$

$$\therefore \sigma_{\bar{x}} = 2,19 \qquad Z_{calc} = \frac{210 - 206}{2,19} = 1,827$$

$Z_\alpha = Z_{10\%} = 1,28$

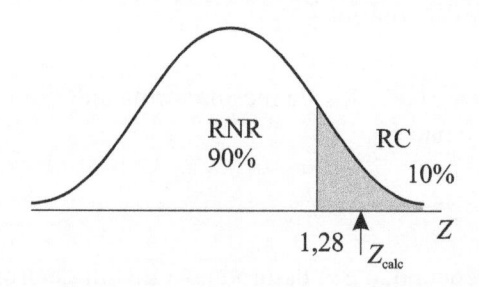

RNR 90% RC 10% 1,28 Z_{calc} Z

Como $Z_{calc} > Z_\alpha$, rejeita-se H_0, isto é, ao nível de 10%, o fabricante pode concluir que a resistência média de suas lajotas aumentou.

Outro método:

$\text{RNR} \to P(\bar{x} < \mu_{H_0} + Z_\alpha \cdot \sigma_{\bar{x}}) = 1 - \alpha$

$\text{RC} \to P(\bar{x} \geq \mu_{H_0} + Z_\alpha \cdot \sigma_{\bar{x}}) = 1 - \alpha$

$\text{RNR} \to P(\bar{x} < 206 - 1,28 \cdot 2,19) = 0,90$

$\text{RNR} \to P(\bar{x} < 208,8) = 0,90$

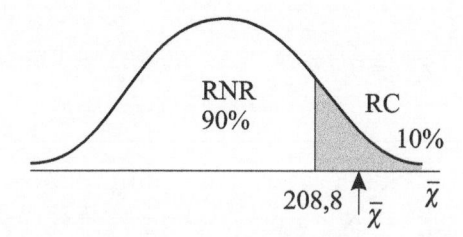

$\text{RC} \to P(\bar{x} \geq 208,8) = 0,10$

Como $\bar{x} = 210,00 \in \text{RC}$, rejeita-se H_0 a 10%.

12.3 Testes de hipóteses para proporções

Procedimento

1. Fixam-se as hipóteses $\begin{cases} H_0: p = p_0 \\ H_1: p \neq p_0, p > p_0, p < p_0 \end{cases}$

2. Fixa-se o nível α.

3. Retira-se uma amostra de tamanho n e define-se x: nº de sucesso, calculando $\hat{p}_0 = \frac{x}{n}$.

4. Determina-se com p dados por H_0, $\sigma_{\hat{p}} = \sqrt{\dfrac{p_{H_0} \cdot q_{H_0}}{n}}$.

5. Define-se como variável critério: $Z = \dfrac{\hat{p}_0 - p_{H_0}}{\sigma_{\hat{p}}}$.

6. Definem-se as regiões RNR e RC da mesma forma anterior e, com o mesmo procedimento, rejeita-se ou não H_0.

EXEMPLO

Sabe-se por experiência que 5% da produção de um determinado artigo é defeituosa. Um novo empregado é contratado. Ele produz 600 peças do artigo com 82 defeituosas. Ao nível de 15%, verificar se o novo empregado produz peças com maior índice de defeitos que o existente.

Resolução:

$\begin{cases} H_0: p = 0,05 \\ H_1: p > 0,05 \end{cases}$

$n = 600 \quad x = 82$

$\hat{p}_0 = \dfrac{82}{600} = 0,137$

$\sigma_{\hat{p}} = \sqrt{\dfrac{0,05 \cdot 0,95}{600}} = 0,0089$

$Z_{calc} = \dfrac{0,137 - 0,05}{0,0089} \quad \therefore \quad Z_{calc} = 9,775$

$Z_\alpha = Z_{15\%} = 1,03$

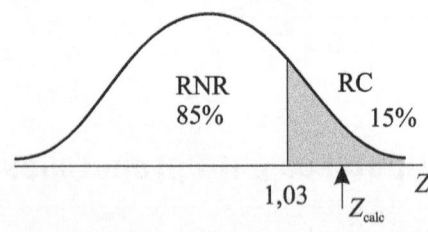

Como $Z_{calc} > Z_\alpha$, $Z_{calc} \in$ RC, rejeita-se H_0, isto é, com 15% de risco, podemos levantar sérias dúvidas quanto à habilidade do novo empregado na fabricação do artigo, sendo sua proporção de defeitos superior à dos demais.

Outro processo:

RNR $\to P\left(\hat{p}_0 < p_{Ho} + Z_\alpha \cdot \sigma_{\hat{p}}\right) = 1 - \alpha$

RC $\to P\left(\hat{p}_0 \geq p_{Ho} + Z_\alpha \cdot \sigma_{\hat{p}}\right) = \alpha$

RNR → $P(\hat{p}_0 < 0,05 + 1,03 \cdot 0,0089) = 0,85$

$P(\hat{p}_0 < 0,0592) = 0,85$

RC → $P(\hat{p}_0 \geq 0,0592) = 0,15$

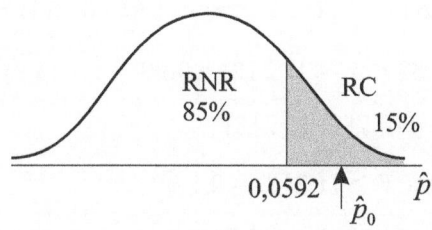

RNR 85% RC 15%
0,0592 $\hat{p}_0$ $\hat{p}$

$\hat{p}_0 = 0,137$ ∴

$\hat{p}_0 \in [0,0592; +\infty)$

∴ $\hat{p}_0 \in$ RC

Rejeita-se H_0.

Exercícios resolvidos

1. Uma fábrica de automóveis anuncia que seus carros consomem, em média, 11 litros por 100 km, com desvio padrão de 0,8 litro. Uma revista decide testar essa afirmação e analisa 35 carros dessa marca, obtendo 11,4 litros por 100 km, como consumo médio. Admitindo que o consumo tenha distribuição normal, ao nível de 10%, o que a revista concluirá sobre o anúncio da fábrica?

    Resolução:

    $\begin{cases} H_0: \mu = 11 \\ H_1: \mu \neq 11 \end{cases}$ $\bar{x} = 11,4$ $n = 35$

    $\sigma_{\bar{x}} = \dfrac{\sigma}{\sqrt{n}} = \dfrac{0,8}{\sqrt{35}} = 0,133$

    $Z_{calc} = \dfrac{11,4 - 11}{0,133} = 3,008$

    $Z_\alpha = Z_{5\%} = 1,64$

    RC 5% RNR 90% RC 5%
    −1,64   1,64 Z_{calc} Z

Como $Z_{calc} \in RC$, rejeita-se H_0, isto é, ao nível de 10% a revista pode concluir que o anúncio não é verdadeiro.

Outra solução:

RNR $\to P\left(\mu_{Ho} - Z_\alpha \cdot \sigma_{\bar{x}} < \bar{x} < \mu_{Ho} + Z_\alpha \cdot \sigma_{\bar{x}}\right) = 1 - \alpha$

$\therefore \quad P(11 - 1,64 \cdot 0,133 < \bar{x} < 11 + 1,64 \cdot 0,133) = 0,90$

$\therefore P(10,782 < \bar{x} < 11,218) = 0,90$

$\therefore$ RNR $= (10,782; 11,218)$

RC $\to P(\bar{x} \leq 10,782$ ou $\bar{x} \geq 11,218) = 0,1$

$\therefore \quad$ RC $= (-\infty; 10,782] \cup [11,218; \infty)$

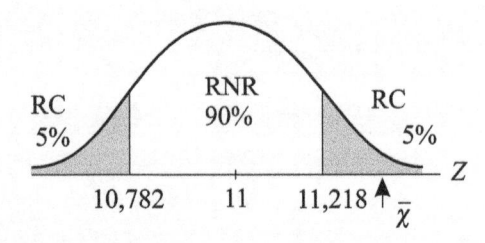

Como $\bar{x} = 11,4 \in$ RC, rejeita-se H_0.

2. A altura dos adultos de uma certa cidade tem distribuição normal com média de 164 cm e desvio padrão de 5,82 cm. Deseja-se saber se as condições sociais desfavoráveis vigentes na parte pobre dessa cidade causam um retardamento no crescimento dessa população. Para isso, levantou-se uma amostra de 144 adultos dessa parte da cidade, obtendo-se a média de 162 cm. Pode esse resultado indicar que os adultos residentes na área são em média mais baixos que os demais habitantes da cidade ao nível de 5%?

Resolução:

$\begin{cases} H_0: \mu = 164 \\ H_1: \mu < 164 \end{cases}$

$n = 144 \quad \bar{x} = 162 \quad \sigma = 5,82$

$\sigma_{\bar{x}} = \dfrac{\sigma}{\sqrt{n}} = \dfrac{5,82}{\sqrt{144}} = \dfrac{5,82}{12} = 0,485$

$Z_{calc} = \dfrac{162 - 164}{0,485} = \dfrac{-2}{0,485} = -4,124$

$Z_\alpha = Z_{5\%} = 1,64$

```
        RC        RNR
        5%        95%
    ↑  −1,64              Z
   Z_calc
```

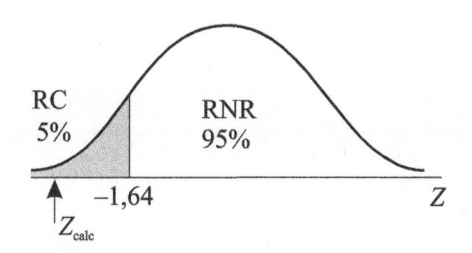

Como $Z_{calc} < Z_\alpha$, rejeita-se H_0, isto é, podemos admitir que as condições sociais desfavoráveis provocam um retardamento no crescimento da população da parte estudada ao nível de 5%.

Outra solução:

RNR → $P(\bar{x} > \mu_{H_0} - Z_\alpha \cdot \sigma_{\bar{x}}) = 1 - \alpha$

RC → $P(\bar{x} \leq \mu_{H_0} - Z_\alpha \cdot \sigma_{\bar{x}}) = \alpha$

∴ $P(\bar{x} > 164 - 1,64 \cdot 0,485) = 0,95$

$P(\bar{x} > 163,205) = 0,95 \rightarrow$ RNR $= (163,205; +\infty)$

∴ RC $= (-\infty; 163,205]$

Como $\bar{x} = 162$, $\bar{x} \in$ RC ∴, rejeita-se H_0.

3. Em uma experiência sobre percepção extrassensorial (PES), um indivíduo A, em uma sala isolada, é solicitado a declarar a cor vermelha ou preta (em números iguais) de cartas tiradas ao acaso de um baralho de 50 cartas, por outro indivíduo B, posicionado em outra sala. Se A identifica corretamente 32 cartas, esse resultado é significativo ao nível de 5% para indicar que A tem PES?

Resolução:

$\begin{cases} H_0: p = 0,5 \text{ } A \text{ não tem PES} \\ H_1: p > 0,5 \text{ } A \text{ tem PES} \end{cases}$

x: número de cartas declaradas na cor certa por A.

$x = 32 \quad n = 50$

$\hat{p}_0 = \dfrac{32}{50} = 0,64$

$\sigma_{\hat{p}} = \sqrt{\dfrac{P_{H_o} \cdot q_{H_o}}{n}} = \sqrt{\dfrac{0,5 \cdot 0,5}{50}} = 0,0707$

$$Z_{calc} = \frac{0,64 - 0,5}{0,0707} = \frac{\hat{p}_0 - p_{Ho}}{\sigma_{\hat{p}}}$$

$Z_{calc} = 1,9802$

$Z_\alpha = Z_{5\%} = 1,64$

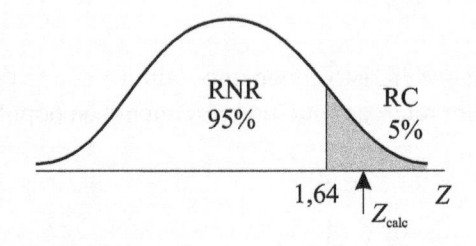

∴ como Z_{calc} ∈ RC, rejeita-se H_0 , isto é, podemos concluir que A tem PES.

Outra solução:

RNR → $P(\hat{p}_0 < p_{Ho} + Z_\alpha \cdot \sigma_{\hat{p}}) = 1 - \alpha$

RC → $P(\hat{p}_0 \geq p_{Ho} + Z_\alpha \cdot \sigma_{\hat{p}}) = \alpha$

RNR

$P(\hat{p}_0 < 0,5 + 1,64 \cdot 0,0707) = 0,95$

$P(\hat{p}_0 < 0,6159) = 0,95$

RNR = (–∞; 61,59%)

RC = [61,59%, +∞)

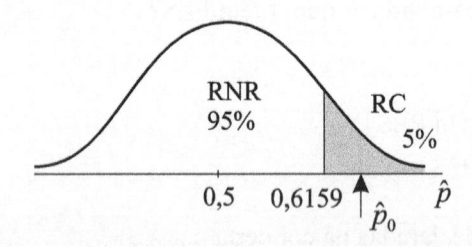

Como $\hat{p}_0 = 0,64$, $\hat{p}_0$ ∈ RC ∴ $\hat{p}_0$ ∈ [61,59% , +∞)

∴ rejeita-se H_0 .

4. Um candidato a deputado estadual afirma que terá 60% dos votos dos eleitores de uma cidade. Um instituto de pesquisa colhe uma amostra de 300 eleitores dessa cidade, encontrando 160 que votarão no candidato. Esse resultado mostra que a afirmação do candidato é verdadeira, ao nível de 5%?

Resolução 1:

$\begin{cases} H_0: P = 0,60 & \text{O candidato tem 60\% dos votos.} \\ H_1: P \neq 0,60 & \text{O candidato não tem 60\% dos votos.} \end{cases}$

$n = 300 \qquad x = 160$

$\hat{p}_0 = \dfrac{160}{300} = 0,53$

$\sigma_{\hat{p}} = \sqrt{\dfrac{0,60 \cdot 0,40}{300}} = 0,0283$

$Z_{calc} = \dfrac{\hat{p}_0 - p_{Ho}}{\sigma_{\hat{p}}} = \dfrac{0,53 - 0,60}{0,0283} = -2,474$

$\alpha = 5\% \rightarrow Z_\alpha = Z_{2,5\%} = 1,96$

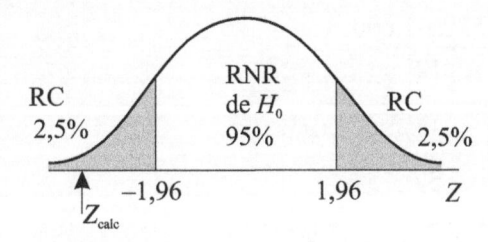

Como $Z_{calc} \in$ RC, rejeita-se H_0, isto é, podemos aceitar que a afirmação do candidato é falsa, a 5% de risco.

Resolução 2:

$\text{RNR} \rightarrow P\left(p_{H_0} - Z_\alpha \cdot \sigma_{\hat{p}} < \hat{p}_0 < p_{H_0} + Z_\alpha \cdot \sigma_{\hat{p}}\right) = 1 - \alpha$

$P(0,6 - 1,96 \cdot 0,0283 < \hat{p}_0 < 0,6 + 1,96 \cdot 0,0283) = 0,95$

$P(0,5445 < \hat{p}_0 < 0,6555) = 0,95 \quad \therefore$

RNR = (54,45%; 65,55%)

RC = $(-\infty; 54,45\%] \cup [65,55\%; +\infty)$

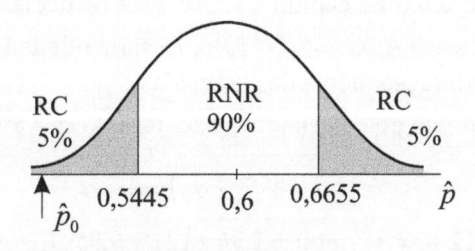

Como $\hat{p}_0 = 0,5333$ e $\hat{p}_0 \in$ RC, rejeita-se H_0.

5. A vida média de uma amostra de 100 lâmpadas produzidas por uma firma foi calculada em 1.570 horas, com desvio padrão de 120 horas. Sabe-se que a duração das lâmpadas dessa firma tem distribuição normal com média de 1.600 horas. Ao nível de 1%, testar se houve alteração na duração média das lâmpadas.

Resolução:

$$\begin{cases} H_0: \mu = 1.600 \\ H_1: \mu \neq 1.600 \end{cases}$$

$n = 100 \qquad \bar{x} = 1.570 \qquad s = 120$

A variância populacional é *desconhecida*, porém a amostra é grande, o que permite usar a distribuição normal com s^2, estimador não viciado de σ^2.

$$\therefore \sigma_{\bar{x}} = \frac{s}{\sqrt{n}} = \frac{120}{\sqrt{100}} = 12 \therefore \sigma_{\bar{x}} = 12$$

$$Z_{calc} = \frac{\bar{x} - \mu_{Ho}}{\sigma_{\bar{x}}} = \frac{1.570 - 1.600}{12}$$

$Z_{calc} = -2,5$

$\alpha = 1\% \therefore Z_\alpha = Z_{0,5\%} = 2,57$

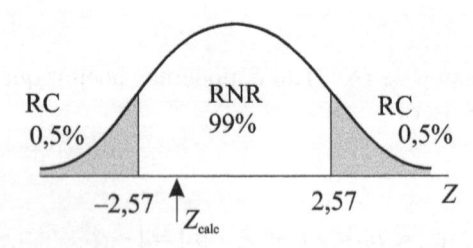

Como $Z_{calc} \in$ RNR, não se rejeita H_0, isto é, não é significativa a alteração da vida média das lâmpadas a 1%.

Este resultado levanta o seguinte problema: como proceder quando o $Z_{calc} \cong Z_\alpha$: rejeitar ou não rejeitar? Devemos refazer o teste, aumentando o número de elementos da amostra, ou diminuindo o nível do teste.

Quando não é possível fazer o procedimento acima, é melhor decidir pela rejeição de H_0, como veremos no próximo capítulo, sobre erros de decisão.

No caso, se o nível fosse 5%, $Z_\alpha = Z_{2,5\%} = 1,96$, H_0 seria rejeitada, isto significando que haveria alteração na duração média das lâmpadas.

Resolveremos o exercício pelo segundo modo, usando $\alpha = 5\%$.

$$\text{RNR} \to P\left(\mu_{Ho} - Z_\alpha \cdot \sigma_{\bar{x}} < \bar{x} < \mu_{Ho} + Z_\alpha \cdot \sigma_{\bar{x}}\right) = 1 - \alpha$$

$\therefore P(1.600 - 1,96 \cdot 12 < \bar{x} < 1.600 + 1,96 \cdot 12) = 0,95$

$\text{RNR} \to P(1.576,48 < \bar{x} < 1.623,52) = 0,95$

RC $\to P(\bar{x} \leq 1.576{,}48$ ou $\bar{x} \geq 1.623{,}52) = 0{,}05$

Como $\bar{x} = 1.570$, $\bar{x} \in$ RC $\therefore$ rejeita-se H_0.

Exercícios propostos

1. Testar $\begin{cases} H_0: \mu = 50 \\ H_1: \mu > 50 \end{cases}$

   Dados:

   $\sigma^2 = 4 \qquad \alpha = 5\% \qquad n = 100 \qquad e \qquad \bar{x} = 52$

2. Testar $\begin{cases} H_0: \mu = 36 \\ H_1: \mu < 36 \end{cases}$

   Dados:

   $\sigma^2 = 9 \qquad n = 64 \qquad \alpha = 1\% \qquad e \qquad \bar{x} = 34{,}7$

3. A duração em horas de trabalho de 5 tratores foi 9.420, 8.200, 9.810, 9.290 e 7.030 horas. Sabe-se que a duração dos tratores dessa marca é normal com desvio padrão de 55 horas. Ao nível de 3%, testar:

   a) $\begin{cases} H_0: \mu = 8.700 \\ H_1: \mu \neq 8.700 \end{cases}$ b) $\begin{cases} H_0: \mu = 8.700 \\ H_1: \mu > 8.700 \end{cases}$ c) $\begin{cases} H_0: \mu = 8.700 \\ H_1: \mu < 8.700 \end{cases}$

4. Os indivíduos de um país apresentam altura média de 170 cm e desvio padrão de 5 cm. A altura tem distribuição normal. Uma amostra de 40 indivíduos apresentou média de 167 cm. Podemos afirmar, ao nível de 5%, que essa amostra é formada por indivíduos daquele país?

5. Lança-se uma moeda 100 vezes e observa-se que ocorrem 40 caras. Baseado nesse resultado, podemos afirmar, ao nível de 5%, que a moeda não é honesta?

6. O salário dos empregados das indústrias siderúrgicas tem distribuição normal, com média de 4,5 salários mínimos, com desvio padrão de 0,5 salário mínimo. Uma indústria emprega 49 empregados, com um salário médio de 4,3 s. m. Ao nível de 5%, podemos afirmar que essa indústria paga salários inferiores à média?

7. Um exame padrão de inteligência tem sido usado por vários anos com média de 80 pontos e desvio padrão de 7 pontos. Um grupo de 25 estudantes é ensinado, dando-se ênfase à resolução de testes. Se esse grupo obtem média de 83 pontos no exame, há razões para se acreditar que a ênfase dada mudou o resultado do teste ao nível de 10%?

8. Um fabricante de droga medicinal afirma que ela é 90% eficaz na cura de uma alergia, em determinado período. Em uma amostra de 200 pacientes, a droga curou 150 pessoas. Testar ao nível de 1% se a pretensão do fabricante é legítima.

9. Um metalúrgico decide testar a pureza de um certo metal, que supõe ser constituído exclusivamente de manganês. Adota para isso o critério da verificação do ponto de fusão. Experiências anteriores mostraram que esse ponto de fusão se distribuía normalmente com média de 1.260° e desvio padrão de 2°. O metalúrgico realizou 4 experiências, obtendo 1.267°, 1.269°, 1.261° e 1.263°. Poderá ele aceitar que o metal é puro ao nível de 5%?

10. Um comprador de blocos de cimento acredita que a qualidade dos produtos da marca A esteja se deteriorando. Sabe-se, por experiência passada, que a força média de esmagamento desses blocos era de 400 libras, com desvio padrão de 20 libras. Uma amostra de 100 blocos da marca A forneceu uma força média de esmagamento de 390 libras (supor distribuição normal). Testar ao nível de 2,5%, supondo que a qualidade média dos blocos tenha diminuído.

11. A tensão de ruptura de cabos fabricados por uma empresa apresenta distribuição normal, com média de 1.800 kg e desvio padrão de 100 kg. Mediante uma nova técnica de produção, proclamou-se que a tensão de ruptura teria aumentado. Para testar essa declaração, ensaiou-se uma amostra de 50 cabos, obtendo-se como tensão média de ruptura 1.850 kg. Pode-se aceitar a proclamação ao nível de 5%?

12. Um fabricante de correntes sabe, por experiência própria, que a resistência à ruptura dessas correntes tem distribuição normal com média de 15,9 libras e desvio padrão de 2,4 libras. Uma modificação no processo de produção é introduzida. Levanta-se então uma amostra de 16 correntes fabricadas com o novo processo, obtendo-se resistência média de ruptura de 15 libras. Pode esse resultado significar que a resistência média à ruptura diminuiu ao nível de 5%? Resolver o mesmo problema para uma amostra de 64 correntes e mesma média amostral.

CAPÍTULO 13

Erros de decisão

Podemos cometer um erro de decisão quando feito o teste de hipótese:

1. Rejeitamos uma hipótese nula verdadeira: é o denominado erro de 1ª espécie ou do tipo I.

2. Não rejeitamos uma H_0 falsa: é o chamado erro de 2ª espécie ou erro do tipo II.

Resumindo:

H_0 \ Decisão	Verdadeira	Falsa
Não rejeitar	Não há erro	Erro do tipo II
Rejeitar	Erro do tipo I	Não há erro

Só podemos cometer o erro do tipo I quando rejeitamos H_0, e o erro do tipo II quando não rejeitamos H_0.

13.1 Probabilidade de cometer os erros dos tipos I e II

Consideremos apenas testes bilaterais para o parâmetro μ da população normal com variância conhecida, isto é:

$$\begin{cases} H_0: \mu = \mu_0 \\ H_1: \mu \neq \mu_0 \end{cases} \quad \text{e} \quad \sigma^2 \text{ conhecida.}$$

Probabilidade de se cometer o erro do tipo I: $P(I)$

Cometeremos o erro de 1ª espécie quando rejeitarmos H_0, ou seja, quando levantarmos uma amostra e o $\bar{x}$ cair na RC do teste, isto é:

$$\bar{x} \in (-\infty, \bar{x}_1] \cup [\bar{x}_2, +\infty)$$

Se μ_0 é verdadeiro, concluímos que $P(I) = P(\overline{x} \in RC) = \alpha$ ∴

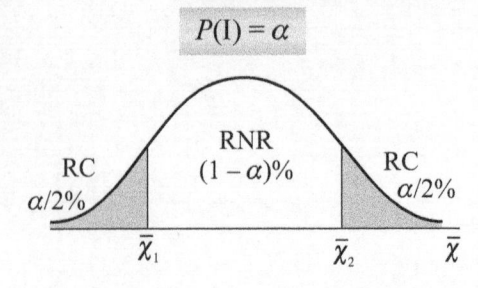

$$\boxed{P(I) = \alpha}$$

Probabilidade de se cometer um erro do tipo II: $P(II) = \beta$

Feito o teste, não rejeitamos H_0: $\mu = \mu_0$ como verdadeiro. Posteriormente, e por caminhos independentes do teste, verifica-se que H_0 é falsa. Cometemos, então, um erro de 2ª espécie. Só podemos medir a probabilidade desse erro se especificarmos como é H_1: $\mu = \mu_1$ (hipótese simples).

Temos, ao nível α, as hipóteses:

$$\begin{cases} H_0: \mu = \mu_0 & (falso) \\ H_1: \mu = \mu_1 & (verdadeiro) \end{cases}$$

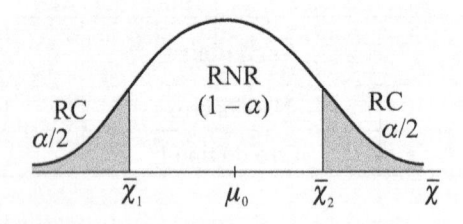

Não rejeitamos H_0 quando $\overline{x} \in (\overline{x}_1, \overline{x}_2)$

Como a verdadeira média é $\mu = \mu_1$, a distribuição com a média μ_0 é fictícia.

Temos então:

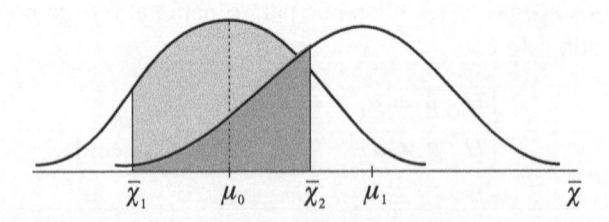

Logo, a probabilidade de cometermos o erro do tipo II é a probabilidade de $\overline{x} \in (\overline{x}_1, \overline{x}_2)$, porém, com $\overline{x}$ se distribuindo com a média μ_1, verdadeira.

$$P(II) = \beta = P\{\mu_0 - Z_\alpha \cdot \sigma_{\overline{x}} \leq \overline{x} \leq \mu_0 + Z_\alpha \sigma_{\overline{x}} | \mu_{\overline{x}} = \mu_1\}$$

13.2 Função poder de um teste ou potência de um teste

Sob as condições já colocadas, definimos *função poder de um teste* ou *função potência de um teste*:

$$R \longrightarrow [\alpha, 1) \text{ e tal que}$$
$$P(\mu_1)$$

$$P(\mu_1) = 1 - \beta$$

$$P(\mu_1) = 1 - P\{\mu_0 - Z_\alpha \cdot \sigma_{\bar{x}} \leq \bar{x} \leq \mu_0 + Z_\alpha \cdot \sigma_{\bar{x}} \mid \mu = \mu_1\}$$

ou ainda

$$P(\mu_1) = P\left\{\left|\frac{\bar{x} - \mu_{Ho}}{\sigma_{\bar{x}}}\right| > Z_\alpha \mid \mu = \mu_1\right\}$$

A *função poder de um teste* fornece a probabilidade de se rejeitar uma hipótese nula falsa.
Graficamente:

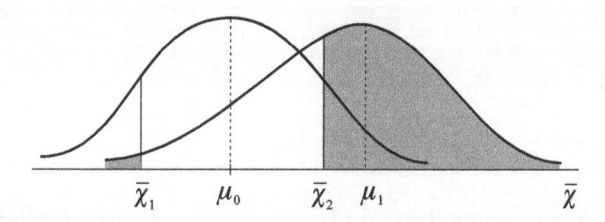

∴ $P(\mu_1) = 1 - \beta$

A *função poder* depende da variável μ_1 definida em R e dos parâmetros μ_0, α e n (fixados em cada problema).

Exemplos

1. De uma população normal, levantou-se uma amostra e calculou-se ao nível de 1% que $z_\alpha \cdot \sigma_{\bar{x}} = 5$. Admitindo as hipóteses:

$$\begin{cases} H_0 : \mu = 100 \\ H_1 : \mu_1 = 110 \end{cases}$$

Calcular a probabilidade de cometermos um erro do tipo II, isto é, de não rejeitarmos H_0, sendo H_1 verdadeira.

Resolução:

Não rejeitamos H_0 quando $\bar{x} \in (95, 105)$. Cometemos erro de 2ª espécie quando não rejeitamos $H_0 : \mu = 100$, sendo verdadeira $H_1 : \mu = 110$.

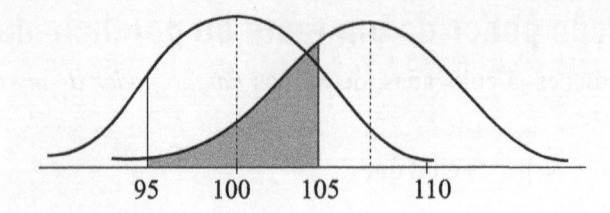

∴ $\beta = P\{95 \leq \bar{x} \leq 105 / \mu = 110\}$

$Z_\alpha = Z_{0,5\%} = 2,57$ $\qquad \sigma_{\bar{x}} = \dfrac{5}{2,57} = 1,945$

$Z_{95} = \dfrac{95-110}{1,945} = -7,71$ $\qquad \beta = P(-7,71 \leq Z \leq -2,57) =$

$Z_{105} = \dfrac{105-110}{1,945} = -2,57$ $\qquad = 0,5 - P(-2,57 \leq Z \leq 0) = 0,5 - 0,494915$

$\beta = 0,005085$

$$\boxed{\beta = 0,51\%}$$

Como a função poder de um teste é $P(\mu_1) = 1 - \beta \rightarrow P(\mu_1) = 0,994915$
ou $\boxed{P(\mu_1) = 99,49\%}$.

Logo, o teste é altamente poderoso, pois a probabilidade de se rejeitar uma hipótese nula falsa é altíssima, 99,49%.

2. Calcular $P(I)$ ou $P(II)$ conforme o caso, no seguinte problema. De uma população normal, levantou-se uma amostra de tamanho 16, obtendo-se $\bar{x} = 18$. Sabendo-se que a variância da população é 64, analisar ao nível de 10% as hipóteses (usar teste bilateral):

$\begin{cases} H_0: \mu = 20 \\ H_1: \mu = 25 \end{cases}$ $\qquad Z_\alpha = Z_{5\%} = 1,64$
$\qquad\qquad\qquad \sigma_{\bar{x}} = \sqrt{\dfrac{\sigma^2}{n}} = \sqrt{\dfrac{64}{16}} = 2$

Resolução:

$$Z_\alpha \cdot \sigma_{\bar{x}} = 2 \cdot 1,64 = 3,28$$

$\text{RNR} = \left(\mu_{H0} \pm z_\alpha \cdot \sigma_{\bar{x}}\right)$ ∴ $\text{RNR} = (16,72; 23,28)$

$\bar{x} = 18$ ∴ $\bar{x} \in \text{RNR} \rightarrow$ *não se rejeita* H_0

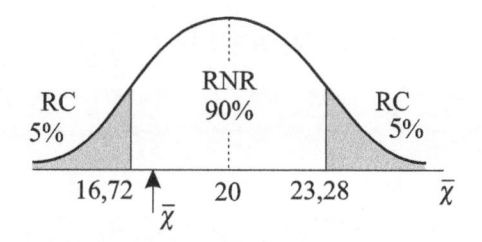

∴ A probabilidade de cometermos o erro do tipo I é zero, pois não rejeitamos H_0 (só acontece o erro quando rejeitamos H_0).

Por outro lado, a probabilidade de cometermos o erro de 2ª espécie, de não rejeitarmos H_0 falsa, será considerar H_1: $\mu = 25$ verdadeira, isto é:

$\beta = P(16,72 \leq \bar{x} \leq 23,28/\mu = 25)$.

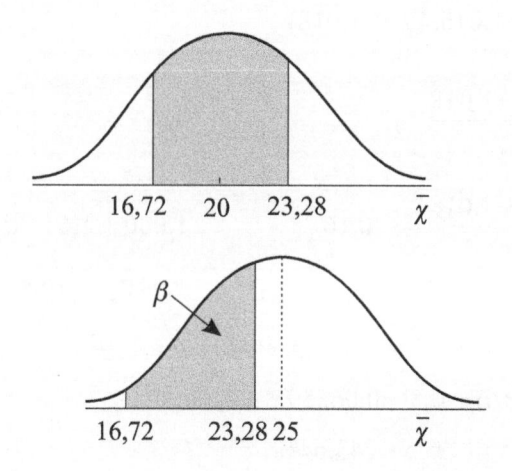

$Z_{16,72} = \dfrac{16,72 - 25}{2} = -4,14$

$Z_{23,28} = \dfrac{23,28 - 25}{2} = -0,86$

∴ $\beta = P(-4,14 \leq z \leq -0,86)$

$= P(-4,14 \leq z \leq 0) - P(-0,86 \leq z \leq 0) =$

$= 0,5 - 0,305106$

$\boxed{\beta = 0,194894}$

A probabilidade de não rejeitarmos uma H_0 falsa é pequena.

3. De uma população normal com $\sigma = 100$, tiramos uma amostra de $n = 100$ observações, obtendo-se 1.016,4 para limite crítico (num teste monocaudal à direita). Ao nível de 5%, determinar a função poder de um teste, sendo:

$$\begin{cases} H_0: \mu = 1.000 \\ H_1: \mu = 1.018 \end{cases}$$

Resolução:

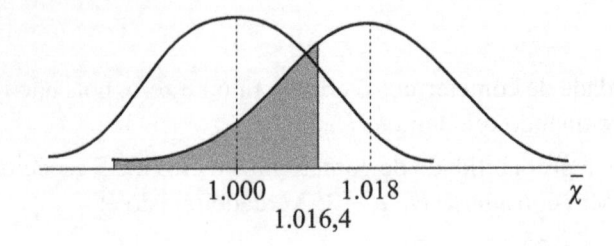

                  1.000   1.018 $\bar{x}$
                    1.016,4

$\therefore \beta = P(\bar{x} \le 1.016,4/\mu = 1.018)$

$z_1 = \dfrac{1.016,4 - 1.018}{\sigma_{\bar{x}}}$ $\mu_{H_0} + z_\alpha \cdot \sigma_{\bar{x}} = 1.016,4$

$z_1 = \dfrac{1.016,4 - 1.018}{10} = -0,16$ $1.000 + 1,64 \cdot \sigma_{\bar{x}} = 1.016,4$

                                            $1,64 \sigma_{\bar{x}} = 16,4$

                                            $\sigma_{\bar{x}} = 10$

$\beta = P(z \le -0,16) = 0,5 - 0,063595 = 0,436405$

$\beta = 0,436405$ $\therefore$ $43,64\%$

$P(\mu_1) = 1 - \beta = 1 - 0,436405$

$\therefore$ $P(\mu_1) = 0,563595$

O poder do teste é 56,36% $\therefore$ o teste é *fraco*, isto é, a probabilidade de rejeitar uma hipótese falsa é pequena.

Estudo do comportamento da função poder de um teste

Faremos o estudo da função poder de um teste quando μ_1, μ_0, α e n variam individualmente, fixados os outros.

μ_1 varia, fixos μ_0, α e n

$\begin{cases} H_0: \mu = 100 \\ H_1: \mu \ne 100 \end{cases}$ $n = 36$ $\sigma^2 = 400$

                                            $\alpha = 10\%$

$$z_\alpha = z_{5\%} = 1{,}64 \qquad\qquad \sigma_{\bar{x}} = \sqrt{\frac{\sigma^2}{n}} = \sqrt{\frac{400}{36}} = 3{,}333$$

$z_\alpha \cdot \sigma_{\bar{x}} = 1{,}64 \cdot 3{,}333 = 5{,}467$

Consideraremos H_0 falsa e calcularemos a função poder $P(\mu_1)$ para μ_1, variando de 80 a 150, de 5 em 5.

a) $\begin{cases} H_0: \mu = 100 \\ H_1: \mu_1 = 80 \end{cases}$ $\beta = P(94{,}533 \le \bar{x} \le 105{,}467/\mu = 80)$

$$z_{94,533} = \frac{94{,}533 - 80}{3{,}333} = 4{,}36$$

$$z_{105,467} = \frac{105{,}467 - 80}{3{,}333} = 7{,}64$$

$\therefore \quad \beta = P(4{,}36 \le Z \le 7{,}64)$

$\beta = 0{,}000006123$

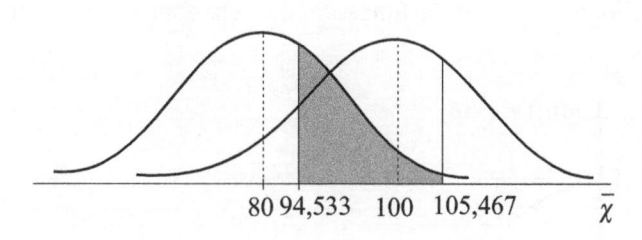

$P(\mu_1) = 1 - \beta = 1 - 0{,}000006123$
$P(\mu_1) = 0{,}99993787 \cong 0{,}9999$

Não apresentaremos os cálculos para os demais casos, somente os resultados finais:

b) $H_1: \mu_1 = 85 \rightarrow P(\mu_1) \cong 0{,}99788$ c) $H_1: \mu_1 = 90 \rightarrow P(\mu_1) \cong 0{,}91466$
d) $H_1: \mu_1 = 95 \rightarrow P(\mu_1) = 0{,}55485$ e) $H_1: \mu_1 = 100 \rightarrow P(\mu_1) = 0{,}1\ (\alpha)$
f) $H_1: \mu_1 = 105 \rightarrow P(\mu_1) = 0{,}55485$ g) $H_1: \mu_1 = 110 \rightarrow P(\mu_1) = 0{,}91466$
h) $H_1: \mu_1 = 115 \rightarrow P(\mu_1) = 0{,}99788$ i) $H_1: \mu_1 = 120 \rightarrow P(\mu_1) = 0{,}9999$

Fazendo o gráfico, temos:

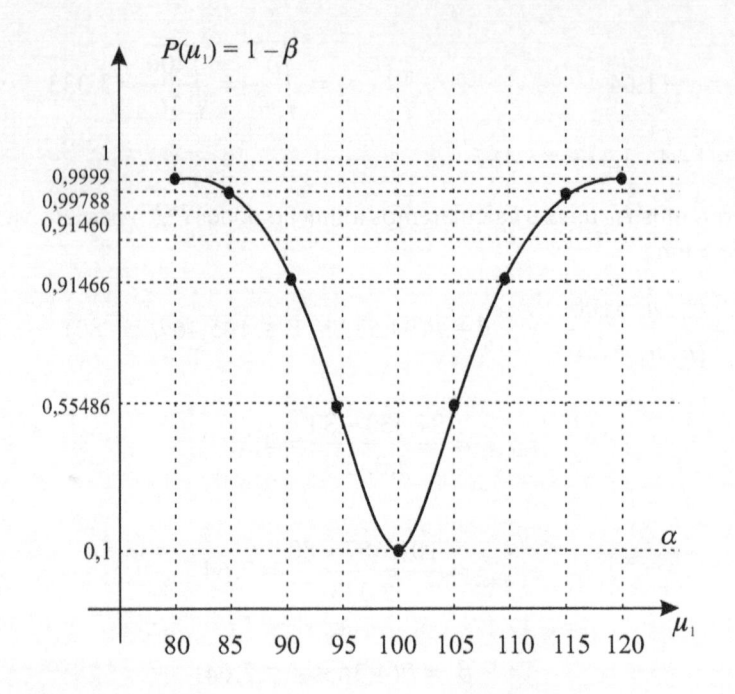

$$P(\mu_1) = 1 - \beta$$

```
1
0,9999        •————•                              •————•
0,99788            \                              /
0,91460             \                            /
                     \                          /
0,91466               •                        •
                       \                      /
                        \                    /
0,55486                  •                  •
                          \                /
                           \              /
                            \            /
0,1                          •_____•                    α
       ┼────┼────┼────┼────┼────┼────┼────┼──→ μ₁
       80   85   90   95  100  105  110  115  120
```

Conclusão:

Quanto mais distante estiver μ_1 de μ_0, maior o poder do teste para rejeitar H_0: $\mu = \mu_0$ e inversamente.

Podemos elaborar o gráfico da função poder, em função de μ_1, conforme figura a seguir.

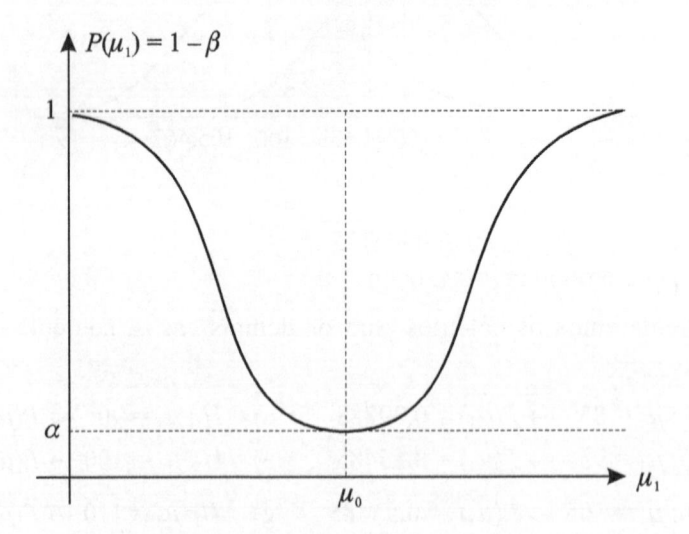

$$P(\mu_1) = 1 - \beta$$

[Gráfico da função poder em forma de curva em U invertido com mínimo em μ_0 com valor α, tendendo a 1 nas extremidades]

μ_0 varia, fixos α e n

Fazendo-se todos os cálculos necessários para $P(\mu_1)$, faremos o gráfico considerando dois valores μ_0' e μ_0'' de μ_0.

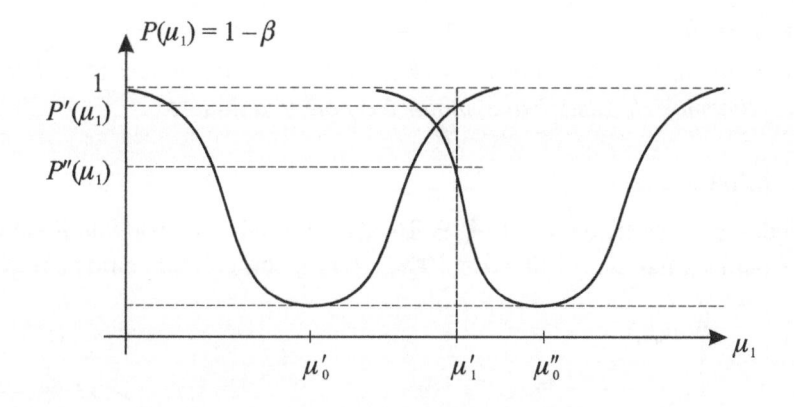

Mantida a sua forma original, a curva desloca-se no mesmo sentido do deslocamento. Assim, para um certo valor μ_1, $P'(\mu_1) > P''(\mu_1)$, se μ_1 estiver mais distante de μ_0' do que μ_0''.

α varia, fixos μ_0, e n

Tabela de $P(\mu_1)$ para valores de α e μ_1:

μ_1 \ α	80	85	90	95	100
10%	0,99999	0,99788	0,91466	0,55485	0,1000
5%	0,99997	0,99446	0,85083	0,32303	0,05000
1%	0,99970	0,97320	0,66640	0,14233	0,01000

Os valores para 105, 110, 115 e 120 são os de 95, 90, 85 e 80, respectivamente.

De posse desses dados, podemos obter o gráfico, que apresentamos de forma genérica.

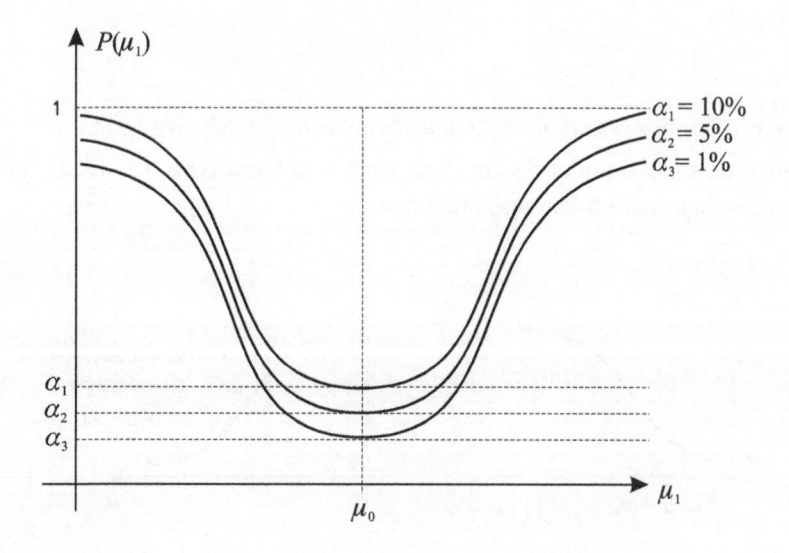

Conclusão:

Quanto maior o nosso nível de desconfiança α, maior será a probabilidade de rejeitarmos H_0 falsa, isto é, maior é a potência do teste.

n varia, fixos μ_0, α

Fazendo-se n variar, de $n = 1, 4, 9, 16, 25, 36$ e 64, e considerando-se os valores dados para μ_1, fixo $\mu_0 = 100$ e $\alpha = 10\%$, teremos um gráfico como se segue:

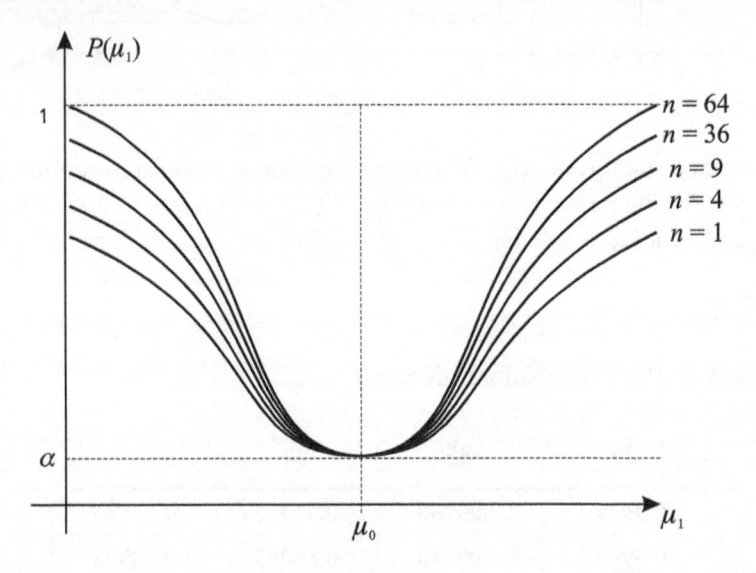

Veremos que, para um determinado valor de μ_1, $P_{n_1}(\mu_1) > P_{n_2}(\mu_1)$ se $n_1 > n_2$.

Conclusão:

Quanto maior for o tamanho da amostra, mais representativa será, e, portanto, maior será o poder do teste, isto é, maior será a probabilidade de rejeitarmos H_0 falso.

ou

Quanto maior o tamanho da amostra, maior o poder do teste.

O gráfico da função poder de um teste, com as alternativas H_0 e H_1 e o gráfico de β em função de μ, para o exempo analisado, é:

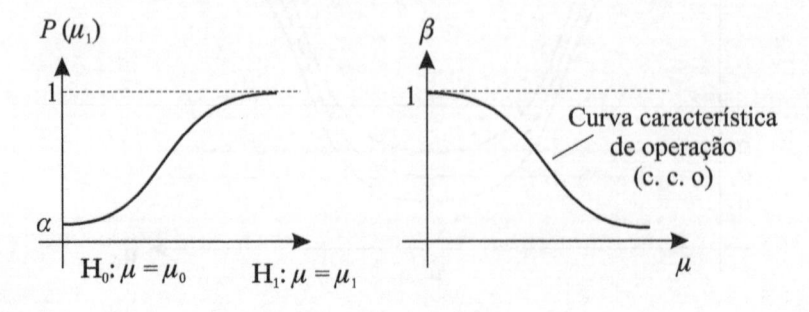

Exercícios propostos

1. Determine para $\alpha = 10\%$, $n = 35$ e $\sigma = 10$ os valores de $\bar{x}$ que levariam a rejeitar H_0: $\mu = 50$ (usar teste bilateral).

   Calcule β se H_1: $\mu = 53$.

2. Afirma-se que 50% das pessoas têm 2 resfriados por ano. Decidimos rejeitar essa afirmação se, entre 400 pessoas, 216 ou mais tiverem 2 resfriados por ano. Qual a probabilidade de cometer um erro de tipo I?

3. Um químico deseja testar a dureza de certo material, composto de chumbo, usando o critério de ponto de fusão. Obtém 322 °C, 328 °C, 326 °C e 320 °C. Entretanto, o químico não possui o ponto de fusão do chumbo, mas, quando verifica esse índice, a distribuição é normal com variância 4. O químico estabelece, ao nível de 10% de risco, o teste:

   H_0: $\mu = 325$ (metal puro)

   H_1: $\mu \neq 325$ (metal não puro)

   a) Que resultado obtém o químico no teste?

   b) O químico sabe que pode estar aceitando uma H_0 falsa e por isso resolve elaborar os gráficos de $P(\mu_1)$ e β. Como serão eles?

4. Posteriormente, o químico verifica que o ponto de fusão do chumbo é 327,4 °C. Se o químico realizasse 100 testes, com 100 amostras do mesmo tamanho, em quantos aceitaria que o metal é puro?

5. No problema do fabricante de correntes (problema 12 dos Exercícios propostos do Capítulo 12), qual a probabilidade de que esteja cometendo um erro do:

   a) Tipo I?

   b) Tipo II?

CAPÍTULO 14

Distribuição de *t* de student IC e TH para a média de população normal com variância desconhecida

14.1 Distribuição de *t* de student

A variável $Z = \dfrac{\bar{x} - \mu}{\sigma_{\bar{x}}}$ tem distribuição normal. Quando não conhecemos a variância σ^2, devemos usar s^2, estimador de σ^2.

$$s^2 = \dfrac{1}{n-1}\sum_{i=1}^{n}(x_i - \bar{x})^2 \quad \text{e} \quad s_{\bar{x}} = \sqrt{\dfrac{s^2}{n}} = \dfrac{s}{\sqrt{n}}$$

A variável definida como $t_\phi = \dfrac{\bar{x} - \mu}{s_{\bar{x}}}$ é denominada variável com distribuição de '*t* de Student' com ϕ graus de liberdade.

Quando n é grande, s^2 se aproxima bastante de σ^2, o que faz com que a variável *t* se aproxime da variável normal Z.

Quando n é pequeno, isso não ocorre. $\dfrac{\bar{x} - \mu}{s_{\bar{x}}}$ não é normal, pois $s_{\bar{x}}$ é uma variável aleatória, o que não ocorre com $\dfrac{\bar{x} - \mu}{\sigma_{\bar{x}}}$, em que o denominador é constante.

Graus de liberdade

Retomando: $t_\phi = \dfrac{\bar{x} - \mu}{s_{\bar{x}}}$.

O número de informações independentes da amostra dá o número de *graus de liberdade* ϕ da distribuição de *t*.

Genericamente, podemos dizer que o número de graus de liberdade é igual ao número de informações independentes da amostra (n) menos o número (K) de parâmetros da população a serem estimados além do parâmetro inerente ao estudo.

$$\phi = n - K$$

Como vamos estimar a média de uma população normal com σ^2 desconhecida, além de $\bar{x}$, estimador inerente ao estudo, estimaremos σ^2, um parâmetro a mais. Isso significa que usaremos a t com $n - 1$ graus de liberdade.

Para cada valor de ϕ, temos uma curva diferente de "t", e quando $n \to \infty$, $t \to N$ (0,1).

Apresentamos um gráfico comparativo entre a distribuição t e a Z.

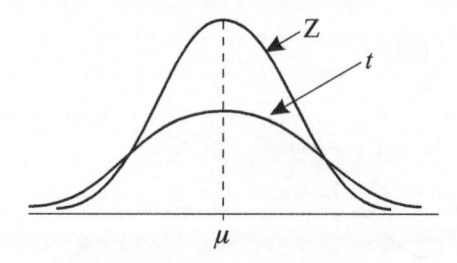

Vemos que a distribuição t é mais alongada que a normal reduzida.

Quanto maior o ϕ, mais elevada é a curva. A curva de t é simétrica com relação à média $\mu = 0$.

Uso da tabela

A tabela que se encontra na página 347 dá o valor de t_α, tal que:

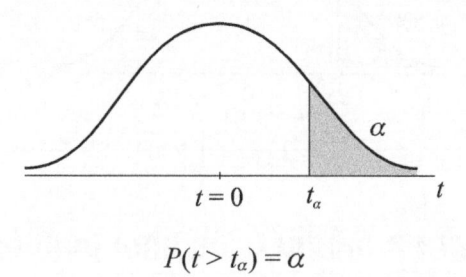

$$P(t > t_\alpha) = \alpha$$

Exemplos

1. $\phi = 15$ $\alpha = 5\%$ $\to$ $P(t > t_\alpha) = 0,05$

$$t_\alpha = t_{\phi, \alpha\%} = t_{15, 5\%} = 1,7531$$

2. $\phi = 20 \quad \alpha = 2{,}5\% \quad \rightarrow \quad P(t < -t_\alpha) = 0{,}025$

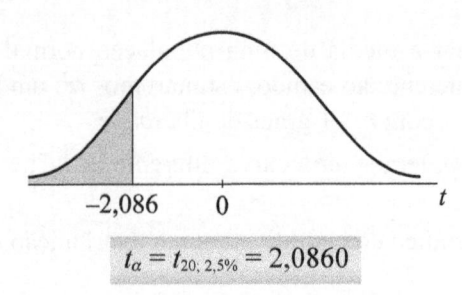

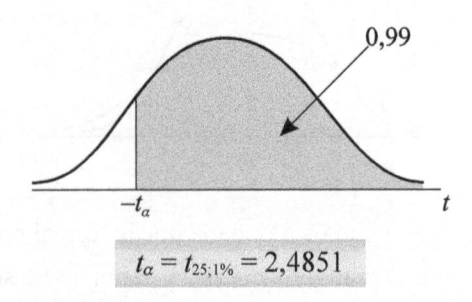

$$t_\alpha = t_{20;\,2{,}5\%} = 2{,}0860$$

3. $\phi = 25 \quad P(t > -t_\alpha) = 0{,}99$

$$t_\alpha = t_{25;1\%} = 2{,}4851$$

4. $P(|t| > t_\alpha) = 0{,}10 \quad \phi = 18$

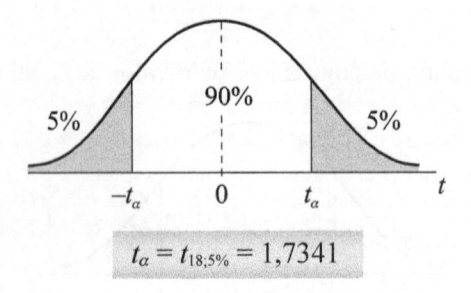

$$t_\alpha = t_{18;5\%} = 1{,}7341$$

14.2 IC e TH para a média μ de uma população normal com σ^2 desconhecida

O procedimento padrão tanto para IC (intervalos de confiança) como para TH (testes de hipóteses) é o mesmo usado anteriormente.

1. Retiramos uma amostra de n elementos da população.

   - Se $n > 30$, usa-se a distribuição normal com s^2.
   - Se $n \leq 30$, usa-se a distribuição t de Student, com $\phi = n - 1$ graus de liberdade.

2. Calculamos $\bar{x} = \dfrac{1}{n}\sum_{i=1}^{n} x_i$

3. Calculamos $s^2 = \dfrac{1}{n-1}\sum_{i=1}^{n}(x_i - \bar{x})^2 = \dfrac{1}{n-1}\left\{\sum_{i=1}^{n}x_i^2 - \dfrac{\left(\sum_{i=1}^{n}x_i\right)^2}{n}\right\}$

ou $s^2 = \dfrac{1}{n-1}\left\{\sum_{i=1}^{n}x_i^2 - n\bar{x}^2\right\}$

4. Determinamos $s_{\bar{x}} = \sqrt{\dfrac{s^2}{n}} = \dfrac{s}{\sqrt{n}}$, que é o estimador de $\sigma_{\bar{x}}$ (estimador do erro padrão eep).

5. Ao nível $\alpha\%$, fazemos:

   5.1. $P(\bar{x} - t_\alpha \cdot s_{\bar{x}} < \mu < \bar{x} + t_\alpha \cdot s_{\bar{x}}) = 1 - \alpha$

   5.2. $\begin{cases} H_0: \mu = \mu_0 \\ H_1: \mu \neq \mu_0, \mu > \mu_0, \mu < \mu_0 \end{cases}$

   Com o t_α, determinamos a RNR e RC. Calculamos $t_{calc} = \dfrac{\bar{x} - \mu_{H_0}}{s_{\bar{x}}}$:

   • Se $t_{calc} \in$ RNR $\rightarrow$ não se rejeita H_0.
   • Se $t_{calc} \in$ RC $\rightarrow$ rejeita-se H_0.

   Obs.:
   Quando a população é normal com parâmetros desconhecidos, teoricamente a solução $N(0,1)$ só é aconselhável quando $n > 120$. Na prática, para $n > 30$ usa-se a $N(0,1)$.

Exemplos de aplicação

1. De uma população normal com parâmetros desconhecidos, retirou-se uma amostra de 25 elementos para se estimar μ, obtendo-se $\bar{x} = 15$ e $s^2 = 36$. Determinar um IC para a média ao nível de 5%.

   Resolução:

   $s_{\bar{x}} = \dfrac{s}{\sqrt{n}} = \dfrac{6}{\sqrt{25}} = \dfrac{6}{5} = 1,2$

   $\phi = n - 1 = 25 - 1 = 24$ $t_{24;\ 2,5\%} = 2,0639$

   $P(15 - 2,0639 \cdot 1,2 < \mu < 15 + 2,0639 \cdot 1,2) = 0,95$

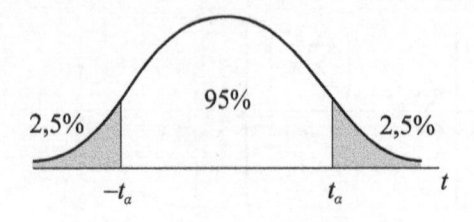

$P(15 - 2{,}477 < \mu < 15 + 2{,}477) = 0{,}95$

$P(12{,}523 < \mu < 17{,}477) = 0{,}95$

2. A vida média das lâmpadas elétricas produzidas por uma empresa era de 1.120 horas. Uma amostra de 8 lâmpadas extraída recentemente apresentou a vida média de 1.070 horas, com desvio padrão de 125h e distribuição normal para a vida útil. Testar a hipótese de que a vida média das lâmpadas não se alterou ao nível de 1%.

Resolução 1:

$$\begin{cases} H_0: \mu = 1120 \\ H_1: \mu \neq 1120 \end{cases}$$

$t_\alpha = t_{7;0,5\%} = 3{,}4995 \quad \phi = 7$

$s_{\bar{x}} = \dfrac{125}{\sqrt{8}} = 44{,}1945$

$t_{calc} = \dfrac{1.070 - 1.120}{44{,}194} = -1{,}131$

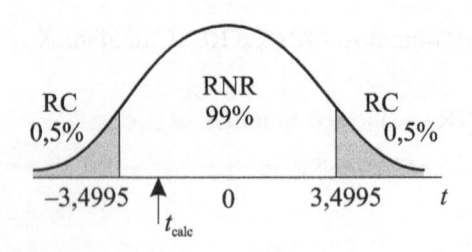

Como $t_{calc} \in$ RNR, não se rejeita H_0, isto é, não é significativa a alteração na vida média das lâmpadas ao nível de 1%.

Resolução 2:

RNR $\to P(\mu_{H_0} - t_\alpha \cdot s_x < \bar{x} < \mu_{H_0} + t_\alpha \cdot s_x) = 1 - \alpha$

RNR $\to P(1.120 - 3{,}4995 \cdot 44{,}194 < \bar{x} < 1.120 + 3{,}4995 \cdot 44{,}194) = 0{,}99$

RNR $\to P(965{,}343 < \bar{x} < 1.274{,}657) = 0{,}99$

RC $= (-\infty;\ 965{,}343] \cup [1.274{,}657\ +\infty)$

$\therefore \bar{x} = 1.070 \qquad \therefore \boxed{\bar{x} \in \text{RNR} \to \text{não se rejeita } H_0}$.

3. Seja X uma variável aleatória normal com parâmetros desconhecidos. Dessa população foi retirada uma amostra x_i: 10, 12, 14, 15, 9, 12, 16, 11, 8, 13. Construir uma IC para μ ao nível de 5%.

Resolução:

$$n = 10 \qquad \sum_{i=1}^{10} x_i = 120 \qquad \sum_{i=1}^{10} x_i^2 = 1.500$$

$$\bar{x} = \frac{\sum x_i}{n} = \frac{120}{10} = 12$$

$$s^2 = \frac{1}{9}\left\{1.500 - \frac{(120)^2}{10}\right\} = \frac{60}{9} = 6,667$$

$$s = 2,582 \qquad\qquad s_{\bar{x}} = \sqrt{\frac{s^2}{n}} = \sqrt{\frac{6,667}{10}} = 0,817$$

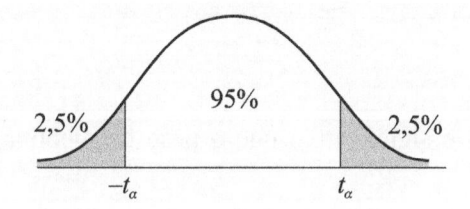

$\phi = 9$
$t_\alpha = t_{9;\,2,5\%} = 2,2622$
$P(\bar{x} - t_\alpha \cdot s_{\bar{x}} < \mu < \bar{x} + t_\alpha \cdot s_{\bar{x}}) = 1 - \alpha$

$P(12 - 2,2622 \cdot 0,817 < \mu < 12 + 2,2622 \cdot 0,817) = 0,95$
$P(10,152 < \mu < 13,848) = 0,95$

4. Querendo determinar o peso médio de nicotina dos cigarros de sua produção, um fabricante recolheu uma amostra de 25 cigarros, obtendo

$$\sum_{i=1}^{25} x_i = 950 \text{ mg} \quad \text{e} \quad \sum_{i=1}^{25} x_i^2 = 36.106 \text{ mg}^2$$

Resolução:

Supondo a distribuição normal para o peso de nicotina, construir um IC para μ ao nível de 5%. Ao mesmo nível, testar se o peso médio de nicotina é inferior a 40 mg.

$$n = 25 \qquad\qquad \bar{x} = \frac{950}{25} = 38$$

$$s^2 = \frac{1}{24}\left\{36.106 - \frac{(950)^2}{25}\right\} = 0,25 \qquad s = \sqrt{0,25} = 0,5$$

$$s_{\bar{x}} = \frac{0,5}{\sqrt{25}} = \frac{0,5}{5} = 0,1 \qquad \therefore \qquad \phi = 24$$

$$t_\alpha = t_{24};\ 2,5\% = 2,0639$$

IC

$P(38 - 2,0639 \cdot 0,1 < \mu < 38 + 2,0639 \cdot 0,1) = 0,95$

$P(37,793 < \mu < 38,206) = 0,95$

TH – *Solução 1:*

$\begin{cases} H_0: \mu = 40 & t_{calc} = \dfrac{38-40}{0,1} \\ H_1: \mu < 40 & t_{calc} = -20 \end{cases}$

$t_\alpha = t_{24;5\%} = 1,7109$

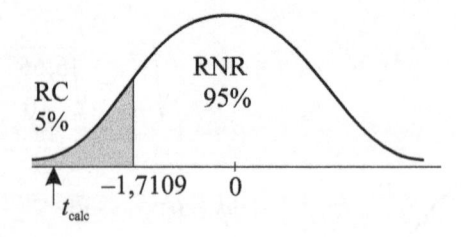

Como $t_{calc} < t_\alpha$, rejeita-se H_0, isto é, a 5% é significativo que o peso da nicotina apresente-se abaixo de 40 mg.

TH – *Solução 2:*

RNR $\to P(\bar{x} > \mu_{H_0} - t_\alpha \cdot s_{\bar{x}})$

$P(\bar{x} > 40 - 1,7109 \cdot 0,1) = 0,95$

$P(\bar{x} \geq 39,829) = 0,95$ $\qquad$ RNR $= (39,829 + \infty)$

$\qquad\qquad\qquad\qquad\qquad\qquad$ RC $= (-\infty; 39,829]$

Como $\bar{x} = 38$, $\bar{x} \in$ RC. $\qquad \therefore$ $\boxed{\text{rejeita-se } H_0}$.

5. Uma máquina é projetada para fazer esferas de aço de 1 cm de raio. Uma amostra de 10 esferas é produzida e tem o raio médio de 1,004 cm, com $s = 0,003$. Há razões para suspeitar que a máquina esteja produzindo esferas com raio maior que 1 cm, ao nível de 10%?

Resolução 1:

$\begin{cases} H_0: \mu = 1 \\ H_1: \mu > 1 \end{cases}$ $\qquad \bar{x} = 1,004 \qquad\qquad n = 10$

$\qquad\qquad\qquad s = 0,003 \qquad\qquad s_{\bar{x}} = \dfrac{s}{\sqrt{n}} = \dfrac{0,003}{\sqrt{10}} = 0,0009$

$$t_{calc} = \frac{1,004 - 1}{0,0009} = 4,44$$

$$\phi = 9 \qquad t_\alpha = t_{9;10\%} = 1,383$$

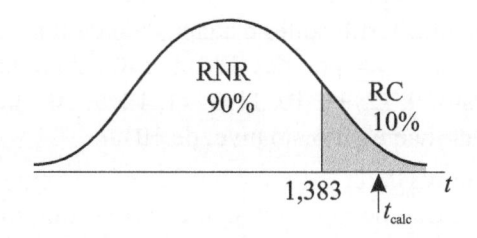

Como $t_{calc} \in RC$, rejeita-se H_0. ∴ há razões para se suspeitar que a máquina esteja fazendo esferas com raio médio maior que 1cm, a 10% de risco.

Resolução 2: RNR→ $P(\bar{x} < \mu_{H_0} + t_\alpha \cdot s_{\bar{x}}) = 1 - \alpha$

$P(\bar{x} < 1 + 1,383 \cdot 0,0009) = 0,90$ RNR = $(-\infty, 1,01245)$

$P(\bar{x} < 1,01245) = 0,90$ RC = $[1,01241, +\infty)$

$\bar{x} = 1,004$ ∴ $\in RC$. ∴ rejeita-se H_0.

Exercícios propostos 1

1. Dado que $\bar{x} = 20$, $s = 24$ e $n = 16$, com X normalmente distribuída, determinar os limites de confiança de 95% para a média.

2. Construir um IC de 90% para a média de uma população normal com variância desconhecida, sabendo-se que uma amostra de 26 observações fornece $\bar{x} = 15,6$ e $s^2 = 2,58$.

3. Supondo que a média e o desvio padrão das notas de um teste de habilitação para uma amostra de 20 estudantes de uma classe de 100 fossem $\bar{x} = 150$ e $s = 20$, calcular os limites de confiança para μ ao nível de 95%.

   Obs.: Usar fator de correção para populações finitas.

4. Uma amostra constituída de 12 medidas de tensão de ruptura de um fio de algodão apresentou média de 7,38 kg e desvio padrão de 1,24 kg. Determinar os limites de confiança de 95% e 99% para a média da população.

5. Foi testada uma amostra de 15 cigarros de uma certa marca, com relação ao nível de nicotina, dando $\bar{x} = 22$ mg e $s = 4$ mg. Determinar os limites de confiança para a média, ao nível de 98%.

6. Um certo tipo de hormônio, ao ser injetado em galinhas, aumenta o peso médio do ovo em 0,3 g. Uma amostra de 30 ovos tem média 0,4 g acima da média anterior à injeção e $s = 0,30$. Há razões suficientes para aceitar a afirmação de que o aumento da média é superior a 0,3 g ao nível de 5%?

7. Uma máquina de misturar fertilizantes é adaptada para fornecer 10 g de nitrato para cada 100 g de fertilizante. Dez porções de 100 g são examinadas, com as seguintes porcentagens de nitrato: 9, 12, 11, 10, 11, 9, 11, 12, 9, 10. Há razões para crer que a porcentagem de nitrato não é 10%, ao nível de 10%?

8. Registraram-se os valores 0,28; 0,30; 0,27; 0,33; e 0,31 segundos, obtidos em 5 medições do tempo de reação de um indivíduo a certo estímulo (distribuição normal). Determinar os limites de confiança de 99% para o tempo médio de reação da população ao estímulo.

9. De uma população normal de parâmetros desconhecidos, retiramos uma amostra de 16 elementos, obtendo-se $\bar{x} = 12$ e $s = 4$, ao nível de 2%. Testar as hipóteses:

$$\begin{cases} H_0: \mu = 10 \\ H_1: \mu \neq 10 \end{cases}$$

10. Um certo tipo de rato apresenta, nos três primeiros meses de vida, um ganho médio de peso de 58 g. Uma amostra de 10 ratos foi alimentada desde o nascimento até a idade de 3 meses com uma ração especial, e o ganho de peso de cada rato foi: 55, 58, 60, 62, 65, 67, 54, 64, 62 e 68. Há razões para crer, ao nível de 5%, que a ração especial aumenta o peso nos 3 primeiros meses de vida?

14.3 Resumo: IC e TH para μ

1. $X: N(?, \sigma^2)$

$$x_1, x_2, ..., x_n \to \bar{x} = \frac{1}{n} \sum x_i$$

$$\therefore \bar{x}: N\left(?, \frac{\sigma^2}{n}\right) \quad \sigma_{\bar{x}} = \frac{\sigma}{\sqrt{n}}$$

$$P(\bar{x} - z_\alpha \cdot \sigma_{\bar{x}} < \mu < \bar{x} + z_\alpha \cdot \sigma_{\bar{x}}) = 1 - \alpha; \quad Z_{calc} = \frac{\bar{x} - \mu}{\sigma_{\bar{x}}}$$

2. $X: N(?, ?)$

$$n \to \bar{x} = \frac{1}{n} \sum x_i$$

Para $n \leq 30$:

$$s^2 = \frac{1}{n-1} \sum (x_i - \bar{x})^2$$

$$s_{\bar{x}} = \frac{s}{\sqrt{n}} \quad t_{calc} = \frac{\bar{x} - \mu}{s_{\bar{x}}}, \quad \text{com } \phi = n - 1.$$

3. $X: N(?, ?)$

$$n > 30 \rightarrow \bar{x} = \frac{1}{n}\sum_{i=1}^{n} x_i$$

$$s^2 = \frac{1}{n-1}\sum(x_i - \bar{x})^2$$

$$\therefore \quad P(\bar{x} - z_\alpha \cdot s_{\bar{x}} \leq \mu \leq \bar{x} + z_\alpha \cdot s_{\bar{x}}) = 1 - \alpha$$

$$Z_{calc} = \frac{\bar{x} - \mu}{s_{\bar{x}}}$$

Exercícios propostos 2

1. Testar: $\begin{cases} H_0 = 100 \\ H_1 < 100 \end{cases}$ ao nível de 5% com $n = 64$, $\bar{x} = 98{,}6$ e $s^2 = 2{,}56$.

2. De uma população normal, levantaram-se os seguintes dados:

Classes	n_i
1 ⊢ 3	1
3 ⊢ 5	5
5 ⊢ 7	13
7 ⊢ 9	14
9 ⊢ 11	10
11 ⊢ 13	5
13 ⊢ 15	2

a) Ao nível de 5%, determinar um IC, para a média da população.

b) Testar ao nível de 5% as hipóteses: $\begin{cases} H_0 : \mu = 7 \\ H_1 : \mu \neq 7 \end{cases}$

3. Uma máquina automática que empacota o alimento A é programada para colocar 100 g de peso. Para verificar a precisão da máquina, uma amostra de 60 pacotes do referido alimento fornece peso médio de 98 g e desvio padrão de 6 g. O que se pode concluir ao nível de 1%?

4. Para estimar o peso médio de sacas de café, levantou-se uma amostra prévia de tamanho 100, obtendo-se $\bar{x}$ = 60 kg e s = 0,5 kg. Determinar o tamanho da amostra necessário para estimar o peso médio das sacas, com uma aproximação que dê erro máximo de 100 g e probabilidade de 99,7% de acerto.

5. De uma população normal, retiramos uma amostra de 36 elementos:

40,1	45	39,1	43,9	45,8	44,2	37,4	44,7
45,2	41,2	40,7	43,1	44,1	42,6	40,6	41,8
42,9	45,8	43,4	45,5	44,8	42,3	40,4	41,9
42,1	44,4	43,7	43,9	42,6	45,5	41,5	45,2
43,6	42,8	43,3	45,7				

Determinar um IC para a média de 95% de confiabilidade.

Ao nível de 5%, testar:

$$\begin{cases} H_0 = 42 \\ H_1 > 42 \end{cases}$$

6. Um conjunto de 50 animais é alimentado com certa espécie de ração por um período de 2 semanas. O aumento de peso foi de 42 kg e desvio padrão de 5 kg.

   a) Encontre os limites de 95% de confiança para μ.

   b) De que tamanho deveria ser tomada uma amostra, se desejássemos que $\bar{x}$ diferisse de μ por ½ kg com a probabilidade de 0,95 de estar certo?

7. De uma população normal cuja variância é desconhecida, extraiu-se uma amostra casual obtendo-se os seguintes valores:

86	138	101	92	116	106	92	115	105	90
105	85	118	118	118	90	85	99	90	91
112	97	116	88	81	93	94	117	99	94
108	83	89	114	127	102				

   a) Construir um IC para μ ao nível de 1%.

   b) Ao nível de 5%, testar:

$$\begin{cases} H_0: \mu = 105 \\ H_1: \mu < 105 \end{cases}$$

CAPÍTULO 15

Comparação de duas médias: TH para a diferença de duas médias

Analisaremos os vários casos de comparações de médias de duas populações normais. Em geral, faremos testes sobre a diferença entre duas médias populacionais:

$$H_0: \mu_1 - \mu_2 = \mu_d,$$

sendo na maioria dos casos $\mu_d = 0$, o que significa que estaremos testando a igualdade entre as médias:

$$H_0: \mu_1 = \mu_2$$

Consideraremos dois casos na comparação das médias: *dados emparelhados* (populações correlacionadas) e *dados não emparelhados* (populações não correlacionadas).

15.1 Dados emparelhados

Fazemos testes de comparação de médias para dados emparelhados quando os resultados das duas amostras são relacionados dois a dois, de acordo com algum critério que fornece uma influência entre os vários pares e sobre os valores de cada par.

Para cada par definido, o valor da primeira amostra está claramente associado ao respectivo valor da segunda amostra.

Para exemplificar, tomaremos um grupo de pessoas que fizeram determinada dieta por uma semana. Medimos o peso no início e no final da dieta. As pessoas estão claramente determinadas. A identidade de cada uma tem influência nos valores observados de seu peso, porém essa influência deve ser aproximadamente igual dentro de cada par de valores do tipo "antes" e "depois".

Ao tomarmos a diferença entre vários pares de valores e trabalharmos com elas, a influência individual de cada pessoa deverá desaparecer, ficando apenas a influência da dieta.

Calculamos as diferenças para cada par de valores, produzindo dados de uma amostra de n diferenças.

$$\begin{cases} H_0: \mu_1 - \mu_2 = \mu_d = 0 \\ H_1: \mu_d > 0 \text{ ou } \mu_d < 0 \text{ ou } \mu_d \neq 0 \end{cases}$$

$\bar{d}$: média da amostra das diferenças
μ_d: valor das diferenças entre médias das populações a ser testado
s_d: desvio padrão da amostra das diferenças
n: tamanho da amostra das diferenças

Usamos:

$$t = \frac{\bar{d} - \mu_d}{s_{\bar{d}}}, \text{ onde } s_{\bar{d}} = \frac{s_d}{\sqrt{n}}.$$

EXEMPLO

Um grupo de 10 pessoas é submetido a um tipo de dieta por 10 dias, estando o peso antes do início (x_i) e no final da dieta (y_i) marcados na tabela abaixo. Ao nível de 5%, podemos concluir que houve diminuição do peso médio pela aplicação da dieta?

$\mu_d = \mu_x - \mu_y$

$\begin{cases} H_0: \mu_d = 0 \\ H_1: \mu_d > 0 \end{cases}$

Seja $d_i = x_i - y_i$, $i = 1, ..., 10$.

Pessoa	x_i	y_i
A	120	116
B	104	102
C	93	90
D	87	83
E	85	86
F	98	97
G	102	98
H	106	108
I	88	82
J	90	85

Pessoa	d_i	d_i^2
A	4	16
B	2	4
C	3	9
D	4	16
E	–1	1
F	1	1
G	4	16
H	–2	4
I	6	36
J	5	25
Σ	26	128

$$\bar{d} = \frac{1}{n}\sum_{i=1}^{n} d_i$$

$$\therefore \quad \bar{d} = \frac{26}{10} = 2,6$$

$$s_d^2 = \frac{1}{n-1}\left\{\sum_{i=1}^{n} d_i^2 - \frac{\left(\sum_{i=1}^{n} d_i\right)^2}{n}\right\}$$

$$s_d^2 = \frac{1}{9}\left\{128 - \frac{(26)^2}{10}\right\}$$

$$s_d^2 = 6,71 \rightarrow s_d = 2,59$$

$$s_{\bar{d}} = \frac{2,59}{\sqrt{10}} = 0,82$$

$$t_{calc} = \frac{2,6 - 0}{0,82} = 3,17$$

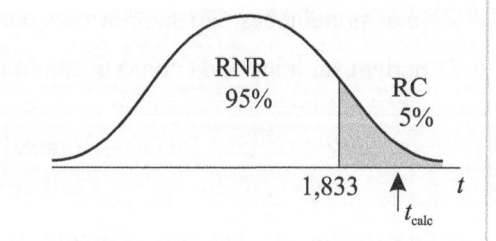

$$\phi = 9 \quad t_\alpha = t_{9;5\%} = 1,833$$

∴ como $t_{calc} > t_\alpha$, rejeita-se H_0, isto é, a 95% de confiabilidade, concluímos que é significativa a queda de peso pelo uso da dieta no grupo.

15.2 Dados não emparelhados

Se os dados não são emparelhados, não calcularemos diferenças entre os valores de duas amostras. O teste será baseado na diferença entre as duas médias das amostras.

Populações normais com variâncias conhecidas

Apresentaremos alguns resultados para aplicar os testes.

Teorema

Se X_1 e X_2 são populações com distribuições normais independentes com médias μ_1 e μ_2 e desvios padrão σ_1 e σ_2, então a variável $\bar{x}_d = \bar{x}_1 - \bar{x}_2$ possuirá também distribuição *normal* com média $\mu_1 - \mu_2$ e desvio padrão $\sqrt{\sigma_{\bar{x}_1} + \sigma_{\bar{x}_2}}$.

- Se $X_1: N(\mu_1, \sigma_1^2) \to$ amostra de tamanho: n_1.
- $X_2: N(\mu_2, \sigma_2^2) \to$ amostra de tamanho: n_2.

Então $\bar{x}_d = (\bar{x}_1 - \bar{x}_2): N\left(\mu_1 - \mu_2, \sigma_{\bar{x}_1}^2 + \sigma_{\bar{x}_2}^2\right),$

como $\sigma_{\bar{x}_1} = \dfrac{\sigma_1}{\sqrt{n_1}}.$

Temos que $\sigma_{\bar{x}_d} = \sqrt{\dfrac{\sigma_1^2}{n_1} + \dfrac{\sigma_2^2}{n_2}}$

$\sigma_{\bar{x}_2} = \dfrac{\sigma_2}{\sqrt{n^2}}.$

Se as populações não são normais e n_1 e n_2 são grandes (maiores que 30), então $\bar{x}_1$ e $\bar{x}_2$ podem ser admitidos como normalmente distribuídos $\therefore$

$$\bar{x}_d: (\bar{x}_i - \bar{x}_2) \cong N\left(\mu_1 - \mu_2, \dfrac{\sigma_1^2}{n_1} + \dfrac{\sigma_2^2}{n_2}\right).$$

Genericamente, faremos as hipóteses:

$$\begin{cases} H_0: \mu_1 - \mu_2 = \mu_0 \\ H_1: \mu_1 - \mu_2 \neq \mu_0 \text{ ou } \mu_1 - \mu_2 > \mu_0 \text{ ou } \mu_1 - \mu_2 < \mu_0 \end{cases}$$

Se $\mu_0 = 0$, testaremos $\begin{cases} H_0: \mu_1 = \mu_2 \\ H_1: \mu_1 \neq \mu_2 \end{cases}$ ou as demais hipóteses anteriores.

A variável a ser usada é Z, como se segue: $Z_{calc} = \dfrac{\bar{x}_d - \mu_{H0}}{\sigma_{\bar{d}}} = \dfrac{(\bar{x}_1 - \bar{x}_2) - \mu_{H0}}{\sqrt{\dfrac{\sigma_1^2}{n_1} + \dfrac{\sigma_2^2}{n_2}}}.$

Se há igualdade de variâncias, teremos $\sigma_1^2 = \sigma_2^2 = \sigma^2$.

$$\sigma_{\bar{x}_d} = \sigma \cdot \sqrt{\dfrac{1}{n_1} + \dfrac{1}{n_2}} \qquad z_{calc} = \dfrac{(\bar{x}_1 - \bar{x}_2) - \mu_{H_0}}{\sigma \sqrt{\dfrac{1}{n_1} + \dfrac{1}{n_2}}}$$

Quando as variâncias forem desconhecidas e as amostras, grandes, usaremos

$$\sigma_{\bar{x}_d} = \sigma_{(\bar{x}_1 - \bar{x}_2)} \cong \sqrt{\dfrac{s_1^2}{n_1} + \dfrac{s_2^2}{n_2}},$$

onde s_1^2 e s_2^2 são estimativas de σ_1^2 e σ_2^2, feitas por meio de amostras de tamanhos n_1 e n_2 e como variável critério

$$Z_{calc} = \frac{(\bar{x}_1 - \bar{x}_2) - \mu_{H0}}{\sqrt{\frac{s_1^2}{n_1} + \frac{s_2^2}{n_2}}}.$$

Exemplos de aplicação

1. De duas populações normais X_1 e X_2 com variâncias 25, levantaram-se duas amostras de tamanhos $n_1 = 9$ e $n_2 = 16$, obtendo-se:

$$\sum_{i=1}^{9} x_{1_i} = 27 \qquad \sum_{j=1}^{16} x_{2_j} = 32$$

Ao nível de 10%, testar as hipóteses:

$\begin{cases} H_0: \mu_1 - \mu_2 = 0 \\ H_1: \mu_1 - \mu_2 \neq 0 \end{cases}$

1ª população: X_1: $N(\mu_1, 25)$ $n_1 = 9$

$\bar{x}_1 = \frac{27}{9} \rightarrow \bar{x}_1 = 3$

2ª população: X_2: $N(\mu_2, 32)$ $n_2 = 16$

Resolução:

$\bar{x}_2 = \frac{32}{16} \rightarrow \bar{x}_2 = 2$

$\bar{x}_d = \bar{x}_1 - \bar{x}_2 = 3 - 2 = 1$

$\sigma_{\bar{x}_d} = \sqrt{\frac{\sigma_1^2}{n_1} + \frac{\sigma_2^2}{n_2}} = \sqrt{\frac{\sigma^2}{n_1} + \frac{\sigma^2}{n_2}} = \sigma \cdot \sqrt{\frac{1}{n_1} + \frac{1}{n_2}} = 5 \cdot \sqrt{\frac{1}{9} + \frac{1}{16}}$

$\sigma_{\bar{x}_d} = 2,083$

$Z_{calc} = \frac{\bar{x}_d - \mu_{H0}}{\sigma_{\bar{x}_d}} = \frac{1 - 0}{2,083} \quad \therefore \quad \boxed{Z_{calc} = 0,48}$

RC 5% | RNR 90% | RC 5%

−1,64   1,64 Z
     Z_{calc}

$\alpha = 10\% \rightarrow Z_\alpha = Z_{5\%} = 1,64$

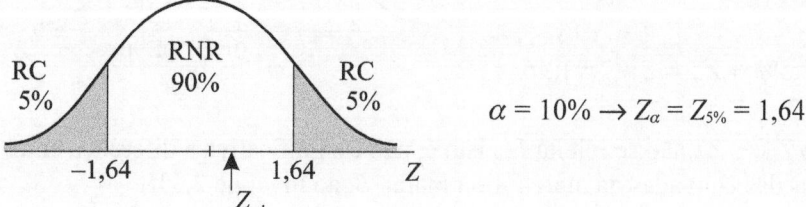

Como $Z_{calc} \in$ RNR, não se rejeita H_0, isto é, ao nível de 10% não é significativa a diferença entre as médias das duas populações.

Outra solução:

$$\text{RNR} \to P(\mu_{H0} - Z_\alpha \cdot \sigma_{\bar{x}_d} \leq \bar{x}_d \leq \mu_{H0} + Z_\alpha \cdot \sigma_{\bar{x}_d}) = 1 - \alpha$$

$$P(0 - 1{,}64 \cdot 2{,}083 \leq \bar{x}_d \leq 0 + 1{,}64 \cdot 2{,}083) = 1 - \alpha$$

RNR = (–3,416; 3,416) $\qquad$ RC = (–∞; 3,416] ∪ [3,416; +∞)

$\therefore \bar{x}_d = 1 \to \bar{x}_d \in$ RNR $\to$ não se rejeita H_0.

2. Um supermercado não sabe se deve comprar lâmpadas da marca A ou B, de mesmo preço. Testa uma amostra de 100 lâmpadas de cada uma das marcas, obtendo:

$\bar{x}_A = 1.160$H $\quad$ e $\quad s_A = 90$h

$\bar{x}_B = 1.140$H $\quad$ e $\quad s_B = 80$h

Ao nível de 2,5%, testar a hipótese de que as marcas são igualmente boas quanto contra a hipótese de que as da marca A são melhores que as da marca B.

Resolução:

$$\begin{cases} H_0: \mu_A - \mu_B = 0 \\ H_1: \mu_A - \mu_B > 0 \end{cases} \quad \text{ou} \quad \begin{cases} H_0: \mu_A = \mu_B \\ H_1: \mu_A > \mu_B \end{cases}$$

Como $n_1 = n_2 = 100$ lâmpadas, podemos estimar s_A^2 e s_B^2 e usar

$$s_{\bar{x}_d} = s_{(\bar{x}_A - \bar{x}_B)} = \sqrt{\frac{s_A^2}{n_A} + \frac{s_B^2}{n_B}} = \sqrt{\frac{8.100}{100} + \frac{6.400}{100}} = 12{,}0416$$

com a normal Z.

$$\bar{x}_d = \bar{x}_1 - \bar{x}_2 = 1.160 - 1.140 = 20\text{h}$$

$$Z_{calc} = \frac{\bar{x}_d - \mu_{H0}}{s_{\bar{x}_d}} = \frac{20 - 0}{12{,}0416}$$

$Z_{calc} = 1{,}6609$

$\alpha = 2{,}5\% \to Z_\alpha = Z_{2{,}5\%} = 1{,}96$

Como $Z_{calc} < Z_\alpha$, não se rejeita H_0, isto é, não é significativa a diferença entre as vidas médias das lâmpadas da marca A ou marca B, ao nível de 2,5%.

Populações normais com variâncias desconhecidas e iguais (amostras pequenas)

Se $n_1 + n_2 \leq 30$, então usaremos a distribuição t de Student.

Como as variâncias são desconhecidas e consideradas iguais, chamaremos de s o estimador:

$$s_{\bar{x}_d} = \sqrt{\frac{s^2}{n_1} + \frac{s^2}{n_2}} = s \cdot \sqrt{\frac{1}{n_1} + \frac{1}{n_2}}.$$

Para determinarmos s^2, usaremos: $s^2 = \dfrac{(n_1-1)s_1^2 + (n_2-1)s_2^2}{n_1 + n_2 - 2}$, que é uma média aritmética ponderada das variâncias amostrais s_1^2 e s_2^2, sendo:

$$s_1^2 = \frac{1}{n_1 - 1}\left\{\sum_{i=1}^{n_1} x_{1_i}^2 - \frac{\left(\sum_{i=1}^{n_1} x_{1_i}\right)^2}{n_1}\right\} = \frac{\sum\left(x_{1_i} - \bar{x}_1\right)^2}{n_1 - 1}$$

$$s_2^2 = \frac{1}{n_2 - 1}\left\{\sum_{j=1}^{n_2} x_{2_j}^2 - \frac{\left(\sum_{j=1}^{n_2} x_{2_j}\right)^2}{n_2}\right\} = \frac{\sum_{j=1}^{n_2}\left(x_{2_j} - \bar{x}_2\right)^2}{n_2 - 1}.$$

$$\therefore \quad s^2 = \frac{\sum_{i=1}^{n_1}\left(x_{1_i} - \bar{x}_1\right)^2 + \sum_{j=1}^{n_2}\left(x_{2_j} - \bar{x}_2\right)^2}{n_1 + n_2 - 2}$$

e

$$\therefore \quad s_{\bar{x}_d} = \sqrt{\frac{(n_1-1)s_1^2 + (n_2-1)s_2^2}{n_1 + n_2 - 2}\left(\frac{1}{n_1} + \frac{1}{n_2}\right)}$$

ou

$$s_{\bar{x}_d} = \sqrt{\frac{\sum_{i=1}^{n_1}\left(x_{1_i} - \bar{x}_1\right)^2 + \sum_{j=1}^{n_2}\left(x_{2_j} - \bar{x}_2\right)^2}{n_1 + n_2 - 2}\left(\frac{1}{n_1} + \frac{1}{n_2}\right)}.$$

Para teste bilateral, determinamos:

$$t_{calc} = \frac{\bar{x}_d - \mu_{H0}}{s_{\bar{x}_d}}, \text{ com}$$

$\phi = n_1 + n_2 - 2$ graus de liberdade.

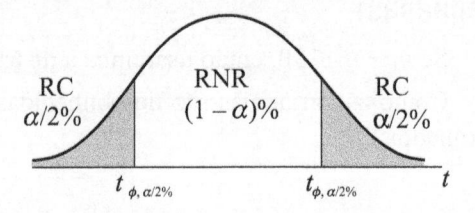

RC $\alpha/2\%$ — RNR $(1-\alpha)\%$ — RC $\alpha/2\%$

Populações normais com variâncias desconhecidas e diferentes

Caso as populações sejam normais e σ_1^2 e σ_2^2 sejam desconhecidas e diferentes, então para $n_1 + n_2 \leq 30$, teremos:

$$s_{\bar{x}_d} = \sqrt{\frac{s_1^2}{n_1} + \frac{s_2^2}{n_2}} \quad \text{e} \quad t_{calc} = \frac{\bar{x}_d - \mu_{H0}}{s_{\bar{x}_d}}.$$

$$\therefore \quad t_{calc} = \frac{(\bar{x}_1 - \bar{x}_2) - (\mu_1 - \mu_2)_{H_0}}{\sqrt{\frac{s_1^2}{n_1} + \frac{s_2^2}{n_2}}},$$

com ϕ grau de liberdade, onde

$$\phi = \frac{\left(\frac{s_1^2}{n_1} + \frac{s_2^2}{n_2}\right)^2}{\frac{\left(\frac{s_1^2}{n_1}\right)^2}{n_1 + 1} + \frac{\left(\frac{s_2^2}{n_2}\right)^2}{n_2 + 1}} - 2$$

Exemplos de aplicação

1. Em uma prova de estatística, 12 alunos de uma classe conseguiram média 7,8 e desvio padrão de 0,6, ao passo que 15 alunos de outra turma, do mesmo curso, conseguiram média 7,4 com desvio padrão de 0,8. Considerando distribuições normais para as notas, verificar se o primeiro grupo é superior ao segundo, ao nível de 5%.

$$\begin{cases} H_0: \mu_1 - \mu_2 = 0 \rightarrow \mu_1 = \mu_2 \\ H_1: \mu_1 - \mu_2 > 0 \rightarrow \mu_1 > \mu_2 \end{cases}$$

Como as populações são normais e com variâncias desconhecidas, podemos considerar que, apesar de desconhecidas, são iguais, já que são turmas do mesmo curso.

$n_1 = 12 \quad \bar{x}_1 = 7,8 \quad s_1 = 0,6 \quad s_1^2 = 0,36 \quad \bar{x}_d = \bar{x}_1 - \bar{x}_2 = 7,8 - 7,4$

$n_2 = 15 \quad \bar{x}_2 = 7,4 \quad s_2 = 0,8 \quad s_2^2 = 0,64 \quad \bar{x}_d = 0,4$

$$s^2 = \frac{(n_1-1)s_1^2 + (n_2-1)s_2^2}{n_1+n_2-2} = \frac{(12-1)0,36 + (15-1)0,64}{12+15-2} = \frac{11 \cdot 0,36 + 14 \cdot 0,64}{25} = 0,5168$$

$s^2 = 0,5168$

Resolução 1:

$$s_{\bar{x}_d}^2 = s^2 \cdot \left(\frac{1}{n_1} + \frac{1}{n_2}\right) = 0,5168\left(\frac{1}{12} + \frac{1}{15}\right)$$

$s_{\bar{x}_d}^2 = 0,0775 \rightarrow s_{\bar{x}_d} = 0,278$

$$t_{calc} = \frac{\bar{x}_d - \mu_{H_0}}{s_{\bar{x}_d}} = \frac{0,4 - 0}{0,278}$$

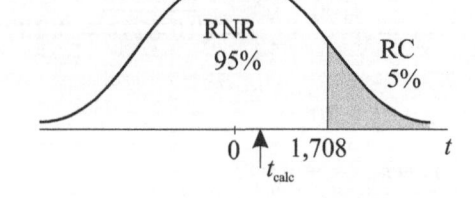

RNR 95%   RC 5%

0 t_{calc} 1,708 t

$t_{calc} = 1,439$

$\phi = n_1 + n_2 - 2 = 25$

$t_\alpha = t_{25};\ 5\% = 1,708$

Como $t_{calc} < t_\alpha \rightarrow$ não se rejeita H_0. Concluímos que a 5% não há motivos para considerar a primeira turma superior à segunda.

Resolução 2:

$\text{RNR} \rightarrow P(\bar{x} < \mu_0 + t_\alpha \sigma_{\bar{x}_d}) = 0,95$

$P(\bar{x} < 0 + 1,708 \cdot 0,278) = 0,95$

RNR = $(-\infty;\ 0,478)$ \qquad RC = $[0,478;\ +\infty)$

Como $\bar{x}_d = 0,4 \rightarrow \bar{x}_d \in$ RNR, o que nos leva a não rejeitar H_0.

2. O QI de 16 estudantes de uma zona pobre de certa cidade apresenta a média de 107 pontos com desvio padrão de 10 pontos, enquanto os 14 estudantes de outra região rica da cidade apresentam média de 112 pontos com desvio padrão de 8 pontos. O QI em ambas as regiões tem distribuição normal. Há uma diferença significativa entre os QIs médios dos dois grupos a 5%?

$$\begin{cases} H_0: \mu_1 - \mu_2 = 0 \\ H_1: \mu_1 - \mu_2 \neq 0 \end{cases} \quad \text{ou} \quad \begin{cases} H_0: \mu_1 = \mu_2 \\ H_1: \mu_1 \neq \mu_2 \end{cases}$$

Como estamos trabalhando com QI de estudantes de duas regiões distintas da mesma cidade, podemos supor que sejam desconhecidas e diferentes.

$n_1 = 16 \quad \bar{x}_1 = 107 \quad s_1^2 = 100 \quad \bar{x}_d = \bar{x}_1 - \bar{x}_2 = 107 - 112$

$n_2 = 14 \quad \bar{x}_2 = 112 \quad s_2^2 = 64 \quad \bar{x}_d = -5$

$$\theta = \frac{\left(\dfrac{100}{16} + \dfrac{64}{14}\right)^2}{\dfrac{\left(\dfrac{100}{16}\right)^2}{17} + \dfrac{\left(\dfrac{64}{14}\right)^2}{15}} - 2 = 29{,}7425 \text{ e}$$

$$s_{\bar{x}_d} = \sqrt{\frac{100}{16} + \frac{64}{14}} = \sqrt{10{,}8214} = 3{,}2896$$

$\therefore \quad \phi = 30$

$t_\alpha = t_{30;\, 2,5\%} = 2{,}042$

Resolução 1:

$$t_{calc} = \frac{\bar{x}_d - \mu_{H0}}{s_{\bar{x}_d}} = \frac{-5 - 0}{3{,}2896}$$

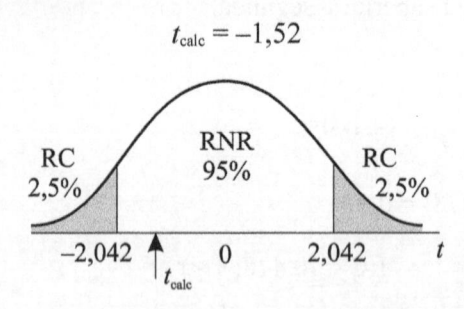

$$t_{calc} = -1{,}52$$

RC 2,5% | RNR 95% | RC 2,5%

−2,042 ↑ 0 2,042 t
t_{calc}

Como $t_{calc} \in$ RNR, não se rejeita H_0, isto é, ao nível de 5% não é significativa a diferença entre os QIs das duas regiões da cidade.

Resolução 2:

RNR $\to P(\mu_{H_0} - t_\alpha \cdot s\,\bar{x}_d < \bar{x}_d < \mu_{H_0} + t_\alpha \cdot s\,\bar{x}_d) = 1 - \alpha$

$P(0 - 2{,}042 \cdot 3{,}2896 < \bar{x}_d < 0 + 2{,}042 \cdot 3{,}2896) = 0{,}95$

RNR = (−6,7174; 6,7174)

RC = (−∞; −6,7174] ∪ [6,7174 ; +∞)

Como $\bar{x}_d = -5 \to \bar{x}_d \in$ RNR → não se rejeita H_0.

Exercícios propostos

1. Uma turma de 10 alunos é separada dos demais para ser testada. Aplica-se uma prova de matemática e as notas são:

    4,5; 5,0; 5,5; 6,0; 3,5; 4,0; 5,0; 6,5; 7,0; 8,0.

    Um novo processo de aprendizagem de matemática é introduzido, e a turma é ensinada por esse novo método. No final, aplica-se uma prova de mesmo nível de dificuldades, e as notas obtidas pelos alunos, na ordem das primeiras, são, respectivamente:

    5,0; 5,0; 6,0; 7,0; 3,0; 4,5; 4,0; 7,0; 7,5; 9,0.

    Há razões para crer que o novo processo aumentou o nível de aprendizado da turma em matemática, a 5%?

2. Duas amostras de 10 alunos de duas turmas distintas de um mesmo curso apresentam os seguintes totais de pontos em provas de certa disciplina:

    Turma x_1: 51, 47, 75, 35, 72, 84, 45, 11, 52, 57.
    Turma x_2: 27, 75, 49, 69, 73, 63, 79, 37, 84, 32.

    Ao nível de 10%, testar as hipóteses de que as turmas tenham aproveitamentos diferentes. Admitir populações normais com mesma variância.

3. De duas populações normais, X_1 e X_2, de mesma variância, retiram-se amostras e os dados são apresentados a seguir:

    População X_1: $n_1 = 6$ $\sum x_1 = 36{,}3$ $\sum x_1^2 = 223{,}55$

    População X_2: $n_2 = 9$ $\sum x_2 = 76{,}9$ $\sum x_2^2 = 665{,}81$

    Testar ao nível de 2,5% que a média da primeira população é inferior à média da segunda população.

4. Duas amostras de 10 elementos forneceram, respectivamente:

    $$\bar{x}_1 = 29{,}5 \qquad s_1^2 = 5{,}24$$

    $$\bar{x}_2 = 31{,}2 \qquad s_2^2 = 3{,}90$$

    Testar a hipótese de que a primeira amostra provenha de uma população cuja média seja inferior à média da outra população, ao nível de 5%.

5. As mesmas provas de estatística foram aplicadas para 2 turmas de administração de faculdades diferentes, pelo mesmo professor de ambas.

   Na turma da faculdade A, os resultados foram:

   $$n_A = 11 \qquad \sum x_A = 71 \qquad \sum x_A^2 = 487,5$$

   Na turma da faculdade B, os resultados foram:

   $$n_B = 11 \qquad \sum x_B = 62,5 \qquad \sum x_B^2 = 436,5$$

   Testar ao nível de 10% se os alunos da faculdade A são melhores do que os alunos da faculdade B.

6. Uma amostra de 150 lâmpadas da marca A apresentou vida média de 1.400 horas e o desvio padrão de 120 horas. Uma amostra de 200 lâmpadas da marca B apresentou vida média de 1.200 horas e desvio padrão de 80 horas. Ao nível de 10%, testar se as vidas médias das duas marcas são diferentes.

7. Uma pesquisa amostral entre 300 eleitores do distrito A e 200 eleitores do distrito B indicou que 56% e 48%, respectivamente, foram a favor de determinado candidato. Ao nível de 5%, testar a hipótese de haver diferença entre os distritos.

   Obs.: Testes de diferenças de duas proporções.

8. Dois conjuntos de 50 crianças de uma escola primária foram ensinados a ler por dois métodos diferentes. Após o término do ano, um teste de leitura apresentou os seguintes resultados:

   $$\bar{x}_1 = 73,4 \qquad \bar{x}_2 = 70,3$$
   $$s_1 = 8 \qquad s_2 = 10$$

   Testar a hipótese de que $\mu_1 \neq \mu_2$, ao nível de 5%.

9. Um teste de 200 adultos e 100 adolescentes mostrou que 60 adultos e 50 jovens eram motoristas descuidados. Usar estes dados para testar a afirmativa de que a porcentagem dos motoristas adolescentes descuidados seja 10% maior do que a dos adultos descuidados, ao nível de 10%.

10. Examinaram-se 2 classes de 40 e 50 alunos de um mesmo período de um curso. Na primeira, o grau médio foi de 7,4 com desvio padrão de 0,8. Na segunda, a média foi de 7,8, com desvio padrão de 0,7. Há uma diferença significativa entre os aproveitamentos das 2 classes ao nível de 5%?

11. Dois tipos de componentes elétricos são testados quanto à sua vida média. Os seguintes dados foram observados:

	Tipo I	Tipo II
Tamanho da amostra	46	64
Média da amostra	1.070h	1.041h
s^2	21,00	23,20

Há evidências de que a vida média dos dois tipos de componentes elétricos sejam diferentes ao nível de 5%?

12. Em uma amostra de 250 elementos, verificam-se 24 sucessos, e em outra amostra de 100 verificam-se 15 sucessos. Podemos supor idênticas as probabilidades de sucesso nas duas populações ao nível de 5%?

16 Distribuição de χ^2 (qui-quadrado), IC e TH para a variância de populações normais

16.1 Distribuição de χ^2 (qui-quadrado)

Consideremos as variáveis aleatórias normais Z_i: $N(0, 1)$, $i = 1, 2, ..., n$ independentes.

A função definida por:

$$\chi^2 = \sum_{i=1}^{n} Z_i^2 \qquad R^n \xrightarrow{\chi^2} R_+ \text{ é chamada } \textit{distribuição } \chi^2 \textit{ (qui-quadrado) com } \phi \textit{ graus de liberdade.}$$

Como usamos n variáveis aleatórias independentes, χ^2 está definido com $\phi = n$ graus de liberdade.

Sejam X_i: $N(\mu, \sigma^2)$, $i = 1, 2, ..., n$.

$$Z_i = \frac{X_i - \mu}{\sigma} : N(0, 1)$$

$$\chi^2_{\phi=n} = \sum_{i=1}^{n} \left(\frac{X_i - \mu}{\sigma} \right)^2$$

$$\chi^2_{\phi=n} = \frac{\sum_{i=1}^{n}(X_i - \mu)^2}{\sigma^2}$$

$D(\chi^2) = 0 < \chi^2 < +\infty$

A função densidade do χ^2 é: $f(\chi^2) = \dfrac{1}{2^{n/2}\Gamma(n/2)} e^{-\frac{1}{2}\chi^2} (\chi^2)^{\frac{n}{2}-1}$

Quando $\phi = 1 \rightarrow f(\chi^2) = \dfrac{1}{\sqrt{2\pi}} \dfrac{e^{-\frac{1}{2}\chi^2}}{\sqrt{\chi^2}}$

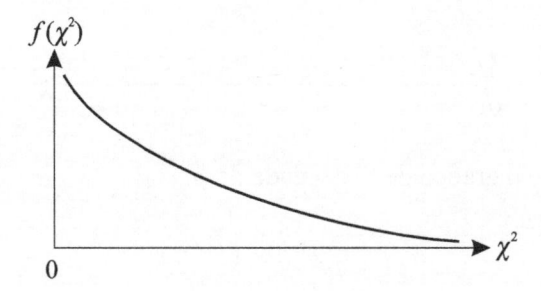

Quando $\phi = 2 \rightarrow f(\chi^2) = \dfrac{1}{2} e^{-\frac{1}{2}\chi^2}$

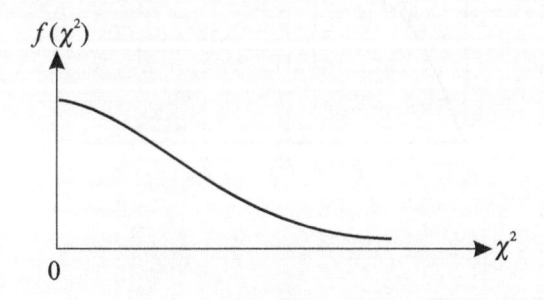

Quando $\phi = 4$

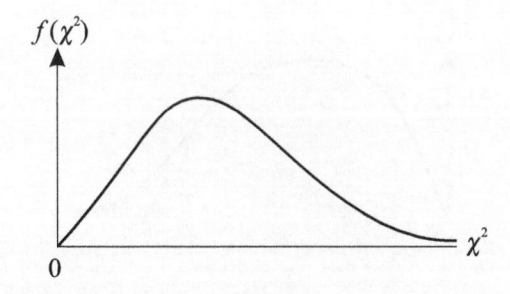

Podemos resumir a distribuição χ^2 no gráfico.

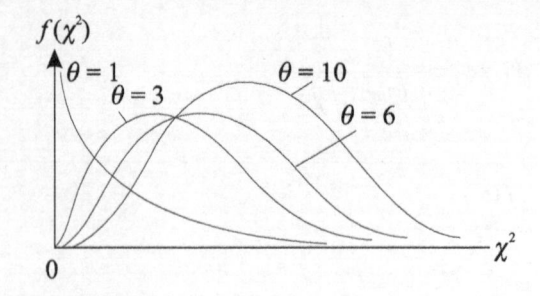

Observamos que o gráfico de χ^2 depende de ϕ.
Demonstra-se que:
$\chi^2_{máx} = \phi - 2$.
$E(\chi^2) = \phi$
$VAR(\chi^2) = 2\phi$

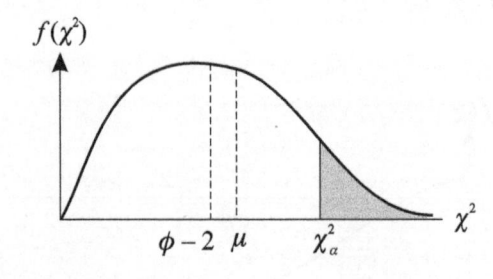

Uso da tabela

A tabela dá, fixado o número de graus de liberdade, o valor χ^2_α no corpo da tabela, tal que:

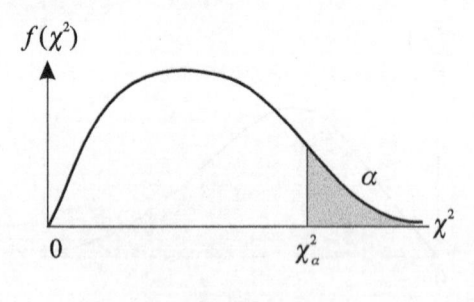

$$P(\chi^2 \geq \chi^2_\alpha) = \alpha$$

Exemplos

1. $\phi = 4$ $P(\chi^2 \geq \chi^2_\alpha) = 0,25$

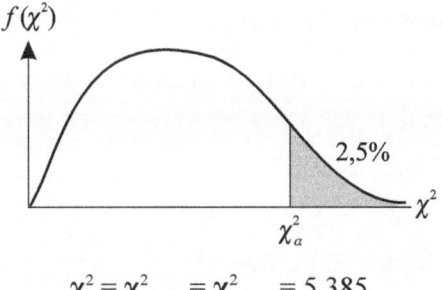

$$\chi_a^2 = \chi_{\phi,\alpha\%}^2 = \chi_{4,25\%}^2 = 5{,}385$$

2. $\phi = 4$ $P(\chi^2 \leq \chi_a^2) = 0{,}75$
$\chi_a^2 = \chi_{4,25\%}^2 = 5{,}385$

3. $\phi = 20$ Determinar $P(\chi^2 < 11)$
$P(\chi^2 < 11) = 1 - P(\chi^2 \geq 11) =$
$= 1 - P(\chi^2 \geq 10{,}851) = 1 - 0{,}95$
$P(\chi^2 < 11) = 0{,}05$

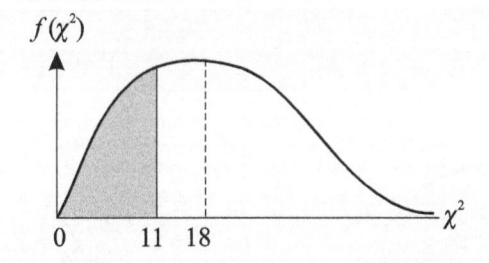

4. Determinar χ_a^2, tal que
$P(\chi^2 \leq \chi_a^2) = 0{,}025$

A tabela não dá essa probabilidade ∴
$P(\chi^2 \leq \chi_a^2) = 1 - P(\chi^2 > \chi_a^2)$
$0{,}025 = 1 - P(\chi^2 > \chi_a^2)$
$P(\chi^2 > \chi_a^2) = 0{,}975$
$\chi_a^2 = \chi_{20,97,5\%}^2 = 9{,}5908$

5. $\phi = 12$ Determinar $P(\chi^2 \geq \chi_\alpha^2) = 0{,}75$

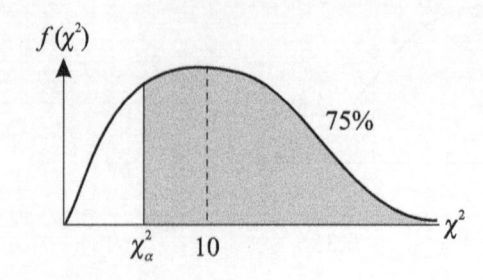

$\chi_\alpha^2 = \chi_{12;75\%}^2 = 11{,}340$

6. $P(\chi^2 < \chi_\alpha^2) = 0{,}10$

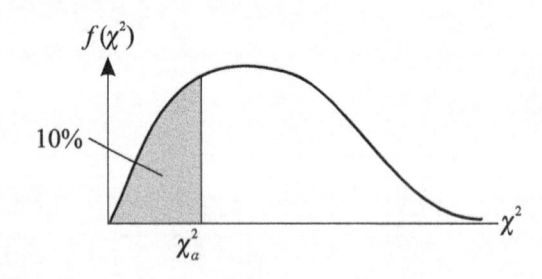

$\chi_\alpha^2 = \chi_{12;90\%}^2 = 6{,}3038$

7. $P(\chi^2 < \chi_\alpha^2) = 0{,}975$

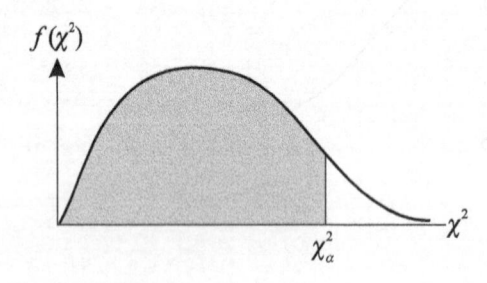

$\chi_\alpha^2 = \chi_{12;2,5\%}^2 = 23{,}3367$

8. $P(\chi_1^2 \leq \chi^2 \leq \chi_2^2) = 0{,}80$

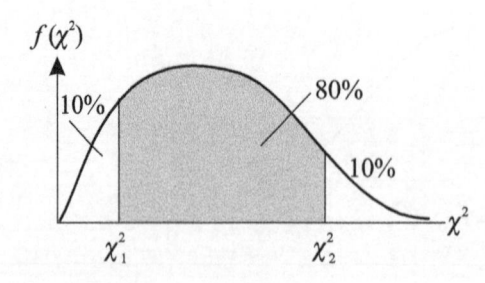

$\chi_1^2 = \chi_{12;90\%}^2 = 6{,}3038$

$\chi_2^2 = \chi_{12;10\%}^2 = 18{,}5493$

Interpolação para $\alpha\%$

Determinar χ_α^2, tal que $P(\chi_{\phi=10}^2 \geq \chi_\alpha^2) = 0{,}40$

Por não termos esse valor tabelado, faremos interpolação, obtendo um resultado aproximado, satisfatório.

Temos $P(\chi^2_{\phi=10} \geq 9{,}342) = 0{,}50$

$P(\chi^2_{\phi=10} \geq 12{,}549) = 0{,}25$

$\therefore\ 50\% \longrightarrow 9{,}342$

$25\% \longrightarrow 12{,}549$

$\begin{cases} 25\% \to 3{,}207 \\ 15\% \to x \end{cases} \to x = 1{,}924$

$\chi^2_\alpha = \chi^2_{10,40\%} = 9{,}342 + 1{,}924$

$\chi^2_\alpha = 11{,}266$

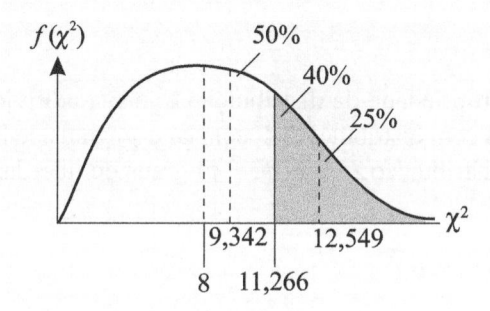

Interpolação para ϕ

Determinar $P(\chi^2_{\phi=31} \geq \chi^2_\alpha) = 0{,}95$

Demonstra-se que $\left(\sqrt{2\chi^2_\alpha} - \sqrt{2\phi - 1}\right) : N(0, 1)$

$\therefore\ \sqrt{2\chi^2_\alpha} - \sqrt{2\phi - 1} = Z_\alpha \qquad \therefore\ \sqrt{2\chi^2_\alpha} = Z_\alpha + \sqrt{2\phi - 1}$

$\chi^2_\alpha = \dfrac{1}{2}\left\{Z_\alpha + \sqrt{2\phi - 1}\right\}^2$

$Z_\alpha = Z_{5\%} = 1{,}64$

$\chi^2_\alpha = \dfrac{1}{2}\left\{-1{,}64 + \sqrt{2 \cdot 31 - 1}\right\}^2 = \dfrac{1}{2} \cdot 37{,}283236$

$$\chi^2_\alpha = 18{,}642$$

EXEMPLO

$\phi = 50 \rightarrow$ Determinar $P(\chi^2_{\phi=50} \leq \chi^2_a) = 0{,}95$

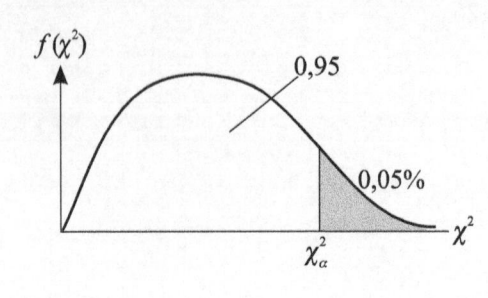

$$\chi^2_a = \frac{1}{2}\left\{ Z_a + \sqrt{2\phi - 1} \right\}^2$$

$$\chi^2_a = \frac{1}{2}\left\{ 1{,}64 + \sqrt{2 \cdot 50 - 1} \right\}^2$$

$$\chi^2_a = 67{,}1629$$

O resultado correto calculado diretamente é 67,5048.

Aditividade do χ^2

Uma importante propriedade da distribuição χ^2 é sua aditividade. A soma de duas variáveis independentes com distribuições χ^2 com ϕ_1 e ϕ_2 graus de liberdade é igual a uma variável também com distribuição χ^2 com $\phi_1 + \phi_2$ graus de liberdade.

Distribuição de $\sum_{i=1}^{n}(X_i - \mu)^2$

Consideremos n variáveis aleatórias normais X_i, independentes e todas com a mesma média μ e a mesma variância σ^2.

$X_i: N(\mu, \sigma^2)$, $i = 1, 2, ..., n$.

Veremos qual a distribuição de $\sum_{i=1}^{n}(x_i - \mu)^2$:

$$\sum_{i=1}^{n}(x_i - \mu)^2 = (x_1 - \mu)^2 + (x_2 - \mu)^2 + ... + (x_n - \mu)^2$$

Dividindo-se o segundo membro por σ^2 e multiplicando-se por σ^2, temos:

$$\sum_{i=1}^{n}(x_i - \mu)^2 = \left\{ \left(\frac{x_1 - \mu}{\sigma}\right)^2 + \left(\frac{x_2 - \mu}{\sigma}\right)^2 + ... + \left(\frac{x_n - \mu}{\sigma}\right)^2 \right\} \cdot \sigma^2$$

$$\sum_{i=1}^{n}(x_i - \mu)^2 = \sigma^2 \left\{ Z_1^2 + Z_2^2 + ... + Z_n^2 \right\}$$

$$\therefore \quad \sum_{i=1}^{n}(x_1 - \mu)^2 = \sigma^2 \cdot \chi^2_{\phi=n}$$

ou
$$\frac{\sum_{i=1}^{n}(x_i - \mu)}{\sigma^2} = \chi^2_{\phi=n}$$

16.2 IC e TH para a variância σ^2 de uma população normal com média μ conhecida

Vejamos inicialmente a estimação da variância σ^2 de uma população normal com média conhecida.

Retira-se uma amostra de tamanho n e calcula-se $s^2 = \frac{1}{n}\sum_{i=1}^{n}(x_i - \mu)^2$.

Sendo a média conhecida, esse resultado é mais preciso do que se usasse $\bar{x}$.

$$\chi^2_{\phi=n} = \frac{\sum(x_i - \mu)^2}{\sigma^2}$$

$$ns^2 = \sum(x_i - \mu)^2$$

$$\sigma^2 \chi^2_{\phi=n} = ns^2$$

Faremos agora o IC para σ^2 ao nível $\alpha\%$.

$$P\left(\chi^2_1 \leq \chi^2_\alpha \leq \chi^2_2\right) = 1-\alpha \quad \text{com} \quad \phi = n.$$

Com $P(\chi^2 \leq \chi^2_2) = \frac{\alpha}{2}$ e $P(\chi^2 \geq \chi^2_1) = \frac{\alpha}{2}$,

$\chi^2_1 = \chi^2_{\phi,(1-\alpha/2)\%}$
$\chi^2_2 = \chi^2_{\phi=n,(\alpha/2)\%}$

$$P\left\{\chi^2_1 \leq \frac{\sum_{i=1}^{n}(x_i - \mu)^2}{\sigma^2} \leq \chi^2_2\right\} = 1-\alpha$$

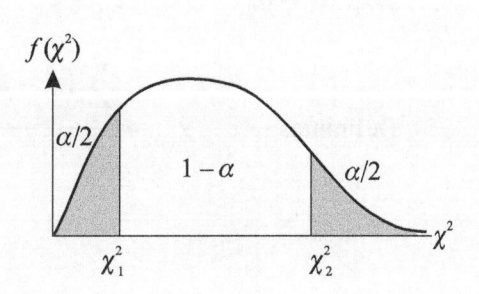

$$\chi_1^2 \leq \frac{\sum_{i=1}^{n}(x_i - \mu)^2}{\sigma^2} \to \sigma^2 \cdot \chi_1^2 \leq \sum_{i=1}^{n}(x_i - \mu)^2$$

$$\sigma^2 \leq \frac{\sum_{i=1}^{n}(x_i - \mu)^2}{\chi_1^2}$$

Também $\dfrac{\sum_{i=1}^{n}(x_i - \mu)^2}{\sigma^2} \leq \chi_2^2$ ∴

$$\frac{\sum_{i=1}^{n}(x_i - \mu)^2}{\chi_2^2} \leq \sigma^2 \quad \therefore$$

$$P\left\{ \frac{\sum_{i=1}^{n}(x_i - \mu)^2}{X_2^2} \leq \sigma^2 \leq \frac{\sum_{i=1}^{n}(x_i - \mu)^2}{X_1^2} \right\} = 1 - \alpha \qquad \mathbf{1}$$

Como $\sum_{i=1}^{n}(x_i - \mu)^2 = ns^2$, temos:

$$P\left\{ \frac{ns^2}{\chi_2^2} \leq \sigma^2 \leq \frac{ns^2}{\chi_1^2} \right\} = 1 - \alpha \qquad \mathbf{2}$$

Teste de hipóteses

$$\begin{cases} H_0: \sigma^2 = \sigma_0^2 \\ H_1: \sigma^2 \neq \sigma_0^2 \end{cases} \quad \text{ou} \quad \sigma^2 > \sigma_0^2 \quad \text{ou} \quad \sigma^2 < \sigma_0^2$$

Definimos $\quad \chi_{calc}^2 = \dfrac{\sum_{i=1}^{n}(x_i - \mu)^2}{(\sigma_0^2)_{H_0}} \quad$ ou

$$\chi_{calc}^2 = \frac{ns^2}{(\sigma_0^2)_{H_0}}$$

Exemplos

1. Sabe-se que o tempo de vida de certa lâmpada tem distribuição aproximadamente normal, com média de 500 horas e variância desconhecida. Uma amostra de 25 lâmpadas forneceu $\sum_{i=1}^{25}(x_i - \mu)^2 = 62.500$. Construir um IC para σ^2 ao nível de 5%.

$n = 25 \qquad \phi = 25$

$\chi_1^2 = \chi_{25;97,5\%}^2 = 13,1197$

$\chi_2^2 = \chi_{25;2,5\%}^2 = 40,6465$

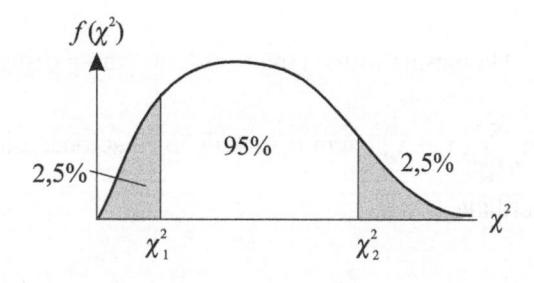

Usando a fórmula 1 do IC, temos:

$$P\left(\frac{62.500}{40,6465} \leq \sigma^2 \leq \frac{62.500}{13,1197}\right) = 0,95$$

$$P(1.537,65 \leq \sigma^2 \leq 4.763,82) = 0,95$$

2. De uma população normal com média 300, levantou-se uma amostra de 26 elementos, obtendo-se:

$$\sum_{i=1}^{26}(x_i - \mu)^2 = 129.000$$

Ao nível de 5%, testar as hipóteses:

$$\begin{cases} H_0: \sigma^2 = 3.600 \\ H_1: \sigma^2 < 3.600 \end{cases}$$

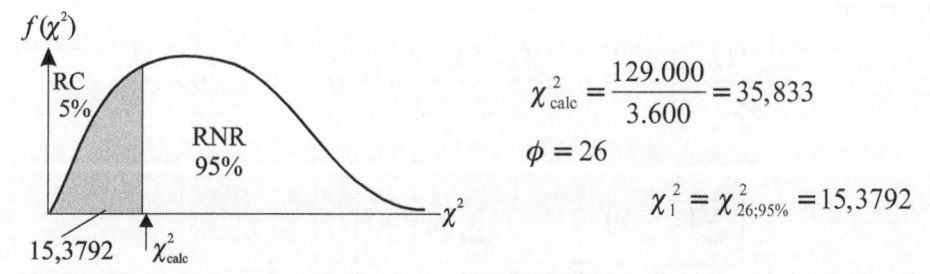

$\chi_{calc}^2 = \dfrac{129.000}{3.600} = 35,833$

$\phi = 26$

$\chi_1^2 = \chi_{26;95\%}^2 = 15,3792$

Como $\chi_{calc}^2 > \chi_\alpha^2$, não se rejeita H_0, isto é, ao nível de 5% não é significativo que a variância seja diferente de 3.600.

16.3 IC e TH para a σ^2 de população normal com μ desconhecida

Distribuição de $\sum_{i=1}^{n}(x_i - \bar{x})^2$

Da mesma forma como foi feito para a distribuição de $\sum_{i=1}^{n}(x_i - \mu)^2$, demonstra-se que $\sum_{i=1}^{n}(x_i - \bar{x})^2$ tem distribuição relacionada à distribuição χ^2 com $(n-1)$ graus de liberdade, isto é:

$$\sum_{i=1}^{n}(x_i - \bar{x})^2 \cong \sigma^2 \chi^2_{\phi=n-1}$$

$$\therefore \chi^2_{\phi=n-1} = \frac{\sum_{i=1}^{n}(x_i - \bar{x})^2}{\sigma^2}$$

Como $s^2 = \frac{1}{n-1}\sum(x_i - \bar{x})^2$,

$$\sum_{i=1}^{n}(x_i - \bar{x})^2 = (n-1)s^2 \therefore \sigma^2 \chi^2_{\phi=n-1} = (n-1)s^2$$

$$\chi^2_{\phi=n-1} = \frac{(n-1)s^2}{\sigma^2}$$

IC para σ^2

$$P\left\{\frac{(n-1)s^2}{\chi^2_2} \leq \sigma^2 \leq \frac{(n-1)s^2}{\chi^2_1}\right\} = 1 - \alpha \qquad \text{ou}$$

$$P\left\{\frac{\sum_{i=1}^{n}(x_i - \bar{x})^2}{\chi^2_2} \leq \sigma^2 \leq \frac{\sum_{i=1}^{n}(x_i - \bar{x})^2}{\chi^2_1}\right\} = 1 - \alpha$$

TH para σ^2

$$\begin{cases} H_0: \sigma^2 = \sigma_0^2 \\ H_1: \sigma^2 \neq \sigma_0^2 \end{cases} \quad \text{ou } \sigma^2 > \sigma_0^2 \text{ e } \sigma^2 < \sigma_0^2$$

$$\chi^2_{calc} = \frac{\sum_{i=1}^{n}(x_i - \bar{x})^2}{(\sigma_0^2)_{H_0}} \quad \text{ou}$$

$$\chi^2_{calc} = \frac{(n-1)s^2}{(\sigma_0^2)_{H_0}}$$

Exemplos

1. Sabe-se que o tempo de vida de certo tipo de válvula tem distribuição aproximadamente normal. Uma amostra de 25 válvulas forneceu $\bar{x} = 500$h e $s = 50$h. Construir um IC para σ^2, ao nível de 2%.
   $n = 25$
   $s^2 = 2.500$
   $\phi = 24$

   $$\chi_1^2 = \chi_{24;99\%}^2 = 10,8563$$
   $$\chi_2^2 = \chi_{24;1\%}^2 = 42,9798$$

   $$\therefore P\left(\frac{242.500}{42,9798} \leq \sigma^2 \leq \frac{242.500}{10,8563}\right) = 0,98$$

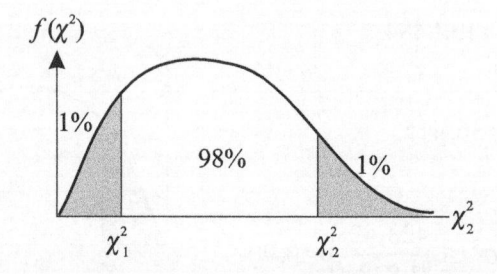

   $$P(1.396 \leq \sigma^2 \leq 5.526,74) = 0,98$$

2. Avaliou-se em 240 kg o desvio padrão das tensões de ruptura de certos cabos produzidos por uma fábrica. Depois de ter sido introduzida uma mudança no processo de fabricação desses cabos, as tensões de ruptura de uma amostra de 8 cabos apresen-

taram o desvio padrão de 300 kg. Investigar a significância do aumento aparente da variância, ao nível de 5%.

$\begin{cases} H_0: \sigma^2 = 57.600 \\ H_1: \sigma^2 > 57.600 \end{cases}$

$n = 8 \quad \phi = 7$

$s^2 = (300)^2 = 90.000$

$\chi^2_{calc} = \dfrac{(n-1)s^2}{(\sigma^2)_{H_0}} = \dfrac{7 \cdot 90.000}{57.600}$

$\chi^2_{calc} = 10,938$

$\chi^2_2 = \chi^2_{7,5\%} = 14,0671$

Não se rejeita H_0. Ao nível de 5%, o aumento aparente da variância não é significativo.

Exercícios resolvidos

1. De uma população normal com média $\mu = 20$, levantou-se uma amostra de 24 elementos, obtendo-se $\sum_{i=1}^{24}(x_i - \mu)^2 = 423,42$. Ao nível de 10%, construir um IC para a variância populacional.

Resolução:

$\phi = 24$

$\chi^2_1 = \chi^2_{24;95\%} = 13,8484$

$\chi^2_2 = \chi^2_{24;5\%} = 36,415$

$P\left(\dfrac{423,42}{36,415} \leq \sigma^2 \leq \dfrac{423,42}{13,8484}\right) = 0,90$

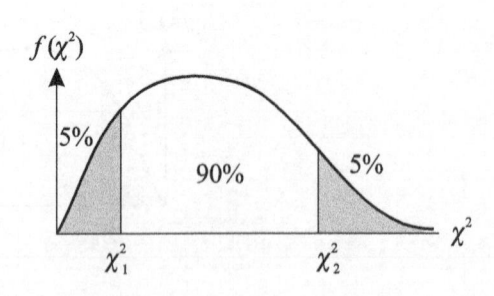

$P(11,628 \leq \sigma^2 \leq 30,5754) = 0,90$

2. De uma população normal X com média 1.000, levanta-se uma amostra de 15 elementos, obtendo-se $\sum(x_i - \mu)^2 = 200$. Ao nível de 1%, testar.

$$\begin{cases} H_0: \sigma^2 = 8 \\ H_1: \sigma^2 > 8 \end{cases}$$

$\phi = 15$

$\chi^2_{calc} = \dfrac{200}{8} = 25$

$\chi^2_2 = \chi^2_{15;1\%} = 30,5780$

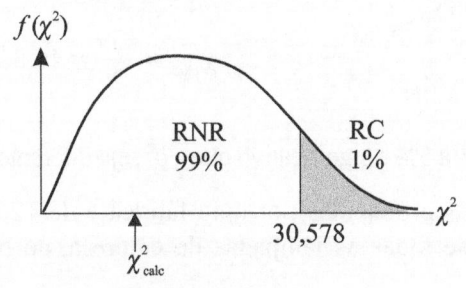

∴ não se rejeita H_0, isto é, ao nível de 1% é significativo que $\sigma^2 = 8$.

3. De uma população normal levantou-se uma amostra de 10 observações, obtendo-se os seguintes valores: 10, 8, 15, 11, 13, 19, 21, 13, 15 e 14. Sabendo-se que a população tem média $\mu = 14$, construir um IC para a σ^2 populacional ao nível de 5% e, ao mesmo nível, testar:

$$\begin{cases} H_0: \sigma^2 = 3 \\ H_1: \sigma^2 \neq 3 \end{cases}$$
$\sum_{i=1}^{10}(x_i - \mu)^2 = (10-14)^2 + (8-14)^2 + ... + (14-14)^2 = 139$

Resolução:

a)

$\phi = 10$

$\chi^2_1 = \chi^2_{10;97,5\%} = 3,247$

$\chi^2_2 = \chi^2_{10;2,5\%} = 20,483$

$P\left\{\dfrac{139}{20,483} \leq \sigma^2 \leq \dfrac{139}{3,247}\right\} = 0,95$

$\boxed{P(6,786 \leq \sigma^2 \leq 12,809) = 0,95}$

b) $\begin{cases} H_0: \sigma^2 = 3 \\ H_1: \sigma^2 \neq 3 \end{cases}$

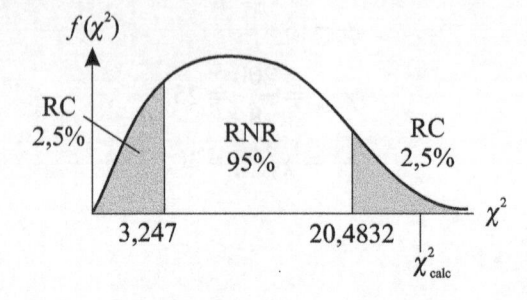

$\chi_1^2 = 3,247$

$\chi_2^2 = 20,4832$

$\chi_{calc}^2 = \dfrac{139}{3} = 46,333$

Como $\chi_{calc}^2 \in RC$, rejeita-se H_0, isto é, a 5% é significativo que a σ^2 seja diferente de 3.

4. A variância de 10 lâmpadas elétricas produzidas por uma fábrica é de 120 horas. Construir um IC para a variância de todas as lâmpadas da empresa, ao nível de 90%.

Resolução:

$n = 10 \quad \phi = 9 \quad \alpha = 10\%$

$s^2 = 120^2 = 14.400$

$\chi_1^2 = \chi_{9;95\%}^2 = 3,3251$

$\chi_2^2 = \chi_{9;5\%}^2 = 16,9190$

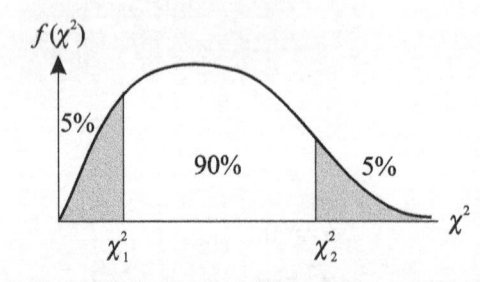

$P\left(\dfrac{9 \cdot 14.400}{16,9190} \leq \sigma^2 \leq \dfrac{9 \cdot 14.400}{3,3251}\right) = 0,90$

$P\left(8.004,94 \leq \sigma^2 \leq 38.976,27\right) = 0,90$

5. Observou-se durante vários anos a produção mensal de uma indústria, verificando-se que essa produção se distribuía normalmente com variância 300. Foi adotada uma nova técnica e, durante 24 meses, verificou-se a produção mensal, constatando-se que $\bar{x} = 10.000$ e $s^2 = 400$. Há razões para se acreditar que a qualidade da produção piorou, ao nível de 10%?

Resolução:

$$\begin{cases} H_0: \sigma^2 = 300 \\ H_1: \sigma^2 > 300 \end{cases} \qquad n = 24 \qquad \phi = 23 \qquad s^2 = 400$$

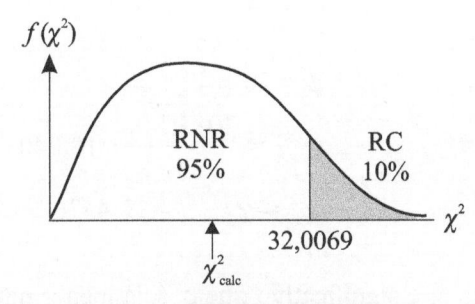

$f(\chi^2)$

RNR 95%   RC 10%

32,0069
χ^2_{calc}

$$\chi^2_{calc} = \frac{23 \cdot 400}{300}$$

$\chi^2_{calc} = 30,667$

$\chi^2_2 = \chi^2_{23;10\%} = 32,0069$

Como $\chi^2_{calc} < \chi^2_\alpha \to$ não se rejeita H_0, isto é, não é significativa a queda da qualidade da produção com a nova técnica apresentada, ao nível de 10%.

6. De uma população normal com média desconhecida, levantou-se uma amostra casual de 21 elementos:

1, 2, 2, 3, 3, 3, 3, 4, 4, 4, 4, 4, 4, 5, 5, 5, 5, 5, 6, 6, 7.

a) ao nível de 10%, construir um IC para σ^2;

b) e, ao mesmo nível, testar se a variância populacional é menor que 4.

Resolução:

a) $n = 21$

$$\sum_{i=1}^{21} x_i = 85 \qquad \sum_{i=1}^{21} x_i^2 = 387 \qquad s^2 = \frac{1}{20}\left(387 - \frac{85^2}{21}\right) \qquad s^2 = 2,148$$

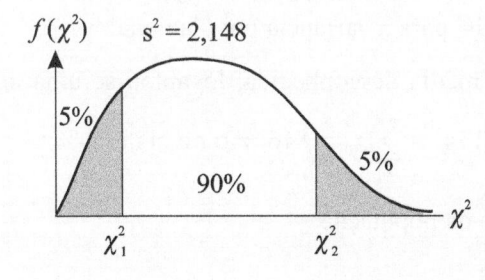

$f(\chi^2) \qquad s^2 = 2,148$

5%   90%   5%

$\chi^2_1 \qquad \chi^2_2$

$\phi = 20$

$\chi^2_1 = \chi^2_{20;95\%} = 10,8508$

$\chi^2_2 = \chi^2_{20;5\%} = 31,4104$

$$P\left(\frac{20 \cdot 2,148}{31,4104} \le \sigma^2 \le \frac{20 \cdot 2,148}{10,8508}\right) = 0,90$$

$$P(1,368 \le \sigma^2 \le 3,959) = 0,90$$

b) $\begin{cases} H_0: \sigma^2 = 4 \\ H_1: \sigma^2 < 4 \end{cases}$

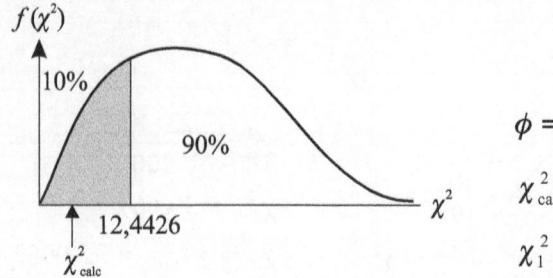

$\phi = 20$

$\chi^2_{calc} = \dfrac{20 \cdot 2{,}148}{4} = 10{,}740$

$\chi^2_1 = \chi^2_{20;90\%} = 12{,}4426$

Como $\chi^2_{calc} < \chi^2_{\alpha}$, rejeita-se H_0, isto é, é significativo que σ^2 seja menor que 4, ao nível de 10%.

Exercícios propostos

1. O tempo de vida das lâmpadas da marca X tem distribuição aproximadamente normal, com média de 1.200 horas. Uma amostra de 16 lâmpadas forneceu os dados:

   1.200, 1.100, 900, 1.250, 1.300, 1.290, 1.100, 1.060, 1.180, 1.120, 1.160, 1.140, 1.190, 1.110, 1.100 e 1.220 horas. Fazer um IC para a variância da população normal de 10%.

2. De uma população normal com média 4, levantou-se uma amostra casual de 21 elementos, obtendo-se 1, 2, 2, 3, 3, 3, 3, 4, 4, 4, 4, 4, 4, 5, 5, 5, 5, 5, 6, 6, 7. Ao nível de 10%, construir um IC para a variância σ^2 da população. Ao mesmo nível, testar que a variância seja menor que 3.

3. Queremos estimar σ^2 de uma população normal, da qual desconhece-se a média. Para isso, usamos uma amostra casual de 5 observações: $-1{,}33$; $1{,}28$; $0{,}62$; $0{,}70$ e $0{,}10$. Ao nível de 2%, construir um IC para a variância populacional.

4. De uma população normal X com média desconhecida, levantou-se uma amostra de tamanho 20, obtendo-se $\sum_{i=1}^{20} x_i = 114$ e $\sum_{i=1}^{20} x_i^2 = 846$. Ao nível de 10%:

   a) construir um IC para a variância da população;
   b) testar as hipóteses $\begin{cases} H_0: \sigma^2 = 18 \\ H_1: \sigma^2 > 18 \end{cases}$

5. De uma população normal com média desconhecida, levantaram-se 24 observações, obtendo-se $\sum x_i = 480$ e $\sum x_i^2 = 10.060$. Ao nível de 10%, construir um IC para σ^2 da população. Ao nível de 5%, testar que a variância populacional seja diferente de 16.

16.4 Resumo

1. IC para a média de populações normais com variância conhecida e para proporções:

   a) $P(\bar{x} - Z_\alpha \sigma_{\bar{x}} < \mu < \bar{x} + Z_\alpha \cdot \sigma_{\bar{x}}) = 1 - \alpha$

   b) $P(\hat{p} - Z_\alpha \sigma_{\hat{p}} < \mu < \hat{p} + Z_\alpha \sigma_{\bar{x}}) = 1 - \alpha$

2. IC para a média de populações normais com variância desconhecida:

   a) $n \leq 30$, usa-se t de Student com $\phi = n - 1$.

   $$P\{|\bar{x} \pm t_\alpha \cdot s_{\bar{x}}| < \mu\} = 1 - \alpha$$

   b) $n > 30$, usa-se a distribuição normal.

   $$P(|\bar{x} \pm Z_\alpha \cdot s_{\bar{x}}| < \mu) = 1 - \alpha$$

3. IC para σ^2 de populações normais: uso da χ^2:

   a) μ conhecida: $\phi = n$.

   $$P\left\{\frac{ns^2}{\chi_2^2} < \sigma^2 < \frac{ns^2}{\chi_1^2}\right\} = 1 - \alpha$$

   b) μ desconhecida: $\phi = n - 1$.

   $$P\left\{\frac{(n-1)s^2}{\chi_2^2} < \sigma^2 < \frac{(n-1)s^2}{\chi_1^2}\right\} = 1 - \alpha$$

17 Testes de aderência e tabelas de contingência

17.1 Testes de aderência

Consideremos um experimento aleatório onde:

k – categoria de provas ou classes;

o_i – frequência absoluta observada da i-ésima categoria;

e_i – frequência absoluta esperada da i-ésima categoria.

Definimos $\chi^2_{\phi=(k-1)-P} = \sum_{i=1}^{k} \dfrac{(o_i - e_i)^2}{e_i}$, onde p é o número de parâmetros a serem estimados.

$$\therefore \chi^2 = \sum_{i=1}^{k} \frac{(o_i - e_i)^2}{e_i} = \sum_{i=1}^{k} \left(\frac{o_i^2}{e_i} - \frac{2 o_i e_i}{e_i} + \frac{e_i^2}{e_i} \right) = \sum_{i=1}^{k} \frac{o_i^2}{e_i} - 2\sum_{i=1}^{k} o_i + \sum_{i=1}^{k} e_i$$

Como necessariamente $\sum_{i=1}^{k} e_i = \sum_{j=1}^{k} o_i = n$, temos:

$$\chi^2 = \sum_{i=1}^{k} \frac{(o_i - e_i)^2}{e_i} = \sum_{i=1}^{k} \frac{o_i^2}{e_i} - n$$

Por meio dessa expressão, podemos realizar testes que permitam verificar se os resultados práticos obtidos em um experimento aleatório seguem uma determinada distribuição.

No teste, só há uma região de rejeição *à direita*, pois quanto mais próximo for o_i de e_i, portanto mais próximo ao zero (à esquerda do χ^2), mais perfeita será a aderência testada.

Faremos testes de aderência para verificar se determinados dados seguem uma distribuição de probabilidade, como binominal, Poisson ou normal. Podemos verificar também se há distribuição de famílias por classes de renda, por exemplo.

Ajustamentos e testes de aderência

Apresentamos um procedimento para efetuarmos um ajustamento e o teste de aderência desse ajustamento:

1. realiza-se um levantamento da amostra e ordenam-se os dados;
2. observa-se o tipo de distribuição e propõe-se um modelo para a distribuição: binominal, Poisson, normal etc.
3. estimam-se os parâmetros de que dependem essa distribuição proposta;
4. com estas estimativas, executa-se o ajustamento, verificando quais seriam os valores esperados, com base nessa estimativa, isto é, testa-se a aderência, verificando-se se é possível admitir que os valores observados seguem a distribuição proposta.

EXEMPLO

Um dado é lançado 120 vezes, obtendo-se os resultados:

faces	o_i
1	25
2	17
3	15
4	23
5	24
6	26

Testar a hipótese de que os dados sejam perfeitos, ao nível de 5%.

$$\begin{cases} H_0: \text{O dado é perfeito (honesto).} \\ H_1: \text{O dado não é perfeito} \end{cases}$$

Nota-se que as hipóteses são qualitativas.

Como por H_0 o dado é perfeito, deveremos ter como e_i = valor esperado de cada face 20 vezes, pois as faces são equiprováveis e $p = \dfrac{1}{6}$ ∴ $120 \cdot \dfrac{1}{6} = 20$ vezes cada face.

Faremos a tabela para determinar o $\chi^2_{calc} = \sum_{i=1}^{n} \dfrac{o_i}{e_i} - n$ usando H_0 e $n = 120$:

o_i	e_i	o_i^2	o_i^2/e_i
25	20	625	31,25
17	20	289	14,45
15	20	225	11,25
23	20	529	26,45
24	20	576	28,80
16	20	256	12,80
Σ 120	120		125,00

$\chi^2_{calc} = 125 - 120$ $\chi^2_{calc} = 5$

$\alpha = 5\%$
$\phi = (k - 1) - P$
$k = 6$ classes
$P = 0$ (não é calculado nenhum estimador)
$\phi = 6 - 1 - 0$ $\phi = 5$
$\chi^2_\alpha = \chi^2_{5;5\%} = 11,0705$

Como $X^2_{calc} < X_\alpha$, não se rejeita H_0, isto é, ao nível de 5%, podemos concluir que o dado é perfeito, honesto.

Também podemos verificar se duas amostras são de uma mesma população, ou seja, se seguem uma mesma lei (a lei específica não está em jogo).

EXEMPLO

A distribuição percentual de famílias segundo classes de renda de um certo país, em 1960, foi dada no quadro a seguir. Em 1970, foi tomada uma amostra de 200 famílias, cuja distribuição pelas classes de renda foi: 14, 24, 20, 22, 24, 52 e 44, respectivamente. Verificar se, ao nível de 10%, houve mudança na distribuição de famílias por classes de renda.

Classes	%
0 ⊢ 1.000	13
1.000 ⊢ 2.000	15
2.000 ⊢ 3.000	18
3.000 ⊢ 4.000	18
4.000 ⊢ 5.000	15
5.000 ⊢ 7.500	14
7.500 ⊢ 10.000	07

$\begin{cases} H_0: \text{a distribuição das famílias por classes de renda não mudou de 1960 a 1970.} \\ H_1: \text{houve mudança na distribuição de famílias por classes de renda.} \end{cases}$

Com H_0 constrói-se e_i.
$e_i = \%$ de 200

O_i	e_i	O_i^2	O_i^2/e_i
14	26	196	7,5385
24	30	576	19,2000
20	36	400	11,1111
22	36	484	13,4444
24	30	576	19,2000
52	28	2.704	96,5714
44	14	1.936	138,2857
Σ 200	200		305,3511

$$\chi^2_{calc} = \sum_{i=1}^{7} \frac{o_i^2}{e_i} - n = 305,3511 - 200$$

$\chi^2_{calc} = 105,35$

$k = 7 \quad p = 0$

$\phi = k - 1 - p = 7 - 1 - 0$

$\phi = 6$

$\alpha = 10\%$

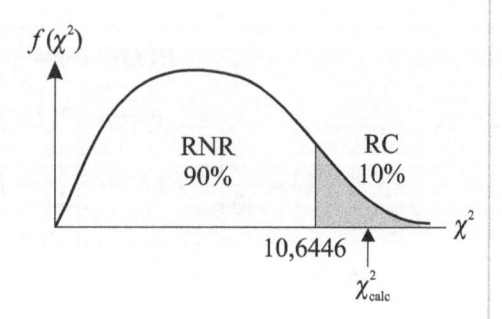

$X^2_{calc} = X^2_{calc} = 10,6446$

Como $\chi^2_{calc} > \chi^2_\alpha$, rejeita-se H_0, isto é, a 10%, é significativo que houve mudança na distribuição de famílias por classes de rendas.

17.2 Tabelas de contingência

São tabelas de dupla entrada construídas com o propósito de estudar a relação entre as duas variáveis de classificação. Em particular, pode-se desejar saber se as duas variáveis são relacionadas de algum modo.

Por meio do teste χ^2, é possível verificar se as variáveis são independentes.

Se r = número de linhas e c = número de colunas, então o número de graus de liberdade é $\phi = (r-1)(c-1)$.

EXEMPLO

No Congresso Americano, grupos de democratas e republicanos votaram em um projeto de interesse nacional como está na tabela abaixo. Ao nível de 5%, testar a hipótese de não haver diferença entre os dois partidos, com relação a esse projeto.

Partido \ Votos	A favor	Contra	Indecisos	Total
Democratas	85	78	37	200
Republicanos	118	61	25	204
Total	203	139	62	404

$\begin{cases} H_0: \text{As variáveis são independentes (votação e partido).} \\ H_1: \text{Não são independentes.} \end{cases}$

Os valores do quadro anterior são os observados: o_i.

Determinação dos e_i:

$P(D) = \dfrac{200}{404} \qquad P(F) = \dfrac{203}{404}$ se são independentes por H_0.

$$P(D \cap F) = \dfrac{203}{404} \cdot \dfrac{203}{404} = 0,2488$$

$$e_i = n \cdot P(D \cap F) = 404 \cdot 0,2488 = 100,495$$

$P(R) = \dfrac{204}{404} \qquad P(F) = \dfrac{203}{404} \rightarrow P(R \, e \, F) = \dfrac{204}{404} \cdot \dfrac{203}{404} = 0,2537$

$$e_i = 404 \cdot 0,2537 = 102,505$$

$P(C) = \dfrac{139}{404} \qquad P(I) = \dfrac{62}{404}$

$P(D \cap C) = \dfrac{203}{404} \cdot \dfrac{139}{404} = 0,1729 \qquad e_i = 404 \cdot 0,1729 = 69,844$

$P(D \, e \, C) = \dfrac{204}{404} \cdot \dfrac{139}{404} = 0,1737 \qquad e_i = 404 \cdot 0,1737 = 70,188$

$P(D \, e \, I) = \dfrac{203}{404} \cdot \dfrac{62}{404} = 0,0771 \qquad e_i = 404 \cdot 0,0771 = 31,154$

$P(R \, e \, I) = \dfrac{204}{404} \cdot \dfrac{62}{404} = 0,0775 \qquad e_i = 404 \cdot 0,0775 = 31,307$

De posse desses valores, formamos o quadro que se segue, com os devidos ajustes de arredondamento:

P \ V	F	C	I	Total
D	100	69	31	200
R	103	70	31	204
T	203	139	62	404

o_i	e_i	$(o_i - e_i)$	$(o_i - e_i)^2$	$\dfrac{(o_i - e_i)^2}{e_i}$
85	100	−15	225	2,2500
78	69	9	81	1,1739
37	31	6	36	1,1613
118	103	15	225	2,1845
61	70	−9	81	1,1571
25	31	−6	36	1,1613
Σ 404	404			9,0881

$r = 2$ ∴ $X^2_{calc} = 9,0881$
$c = 3$
$\phi = (2 - 1)(3 - 1) = 2$
$\alpha = 5\%$ $\chi^2_\alpha = \chi^2_{2,5\%} = 5,9915$

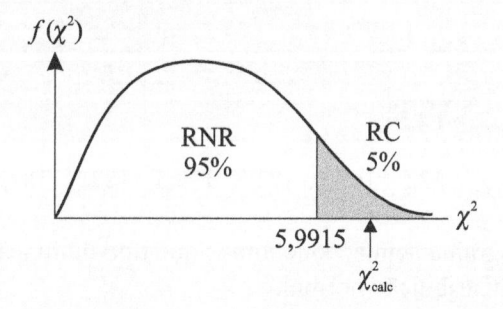

Rejeitando-se H_0 ∴ ao nível de 5%, podemos afirmar que os políticos não votaram independentemente da orientação de seus partidos.

Obs.: Quando $\phi = 1$, o teste não é tão eficiente como nos outros casos. Yates sugeriu que fosse feita uma correção de continuidade:

$$X^2_{calc} = \sum^k \frac{\{|o_i - e_i| - 0,5\}^2}{e_i}.$$

Exercícios resolvidos

1. Levantou-se uma amostra de tamanho 100 em que se observava a altura das pessoas. Realizar um ajustamento desses dados a uma distribuição conveniente e testar a aderência, ao nível de 2,5%.

Classes	o_i
150 ⊢— 155	1
155 ⊢— 160	2
160 ⊢— 165	5
165 ⊢— 170	13
170 ⊢— 175	20
175 ⊢— 180	23
180 ⊢— 185	19
185 ⊢— 190	11
190 ⊢— 195	4
195 ⊢— 200	2
$\sum$	100

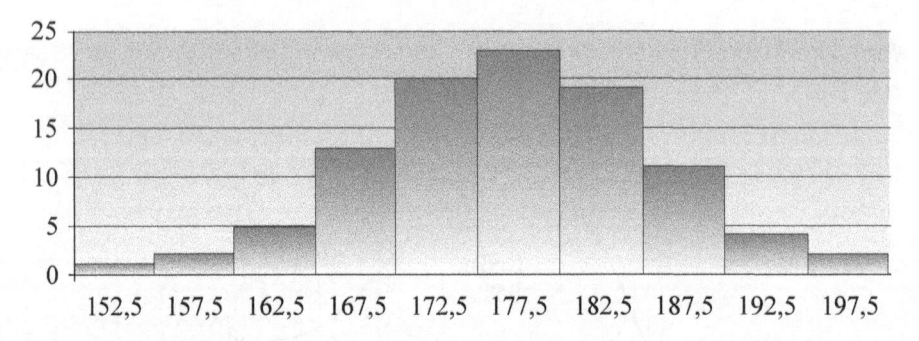

Analisando o histograma acima, concluímos que tipo de função se ajusta aos dados. Ajustaremos uma distribuição normal.

$\begin{cases} H_0: \text{os dados seguem uma distribuição normal.} \\ H_1: \text{os dados não possuem distribuição normal.} \end{cases}$

Como H_0 não especifica quais são os parâmetros μ e σ^2, é necessário estimá-los.

x_i	o_i	$x_i \, o_i$	$x_i^2 \cdot o_i$
152,5	1	152,5	23.256,25
157,5	2	315,0	49.612,50
162,5	5	812,5	132.031,25
167,5	13	2.177,5	364.731,25
172,5	20	3.450,0	595.125,00
177,5	23	4.082,5	724.643,75
182,5	19	3.467,5	632.818,75
187,5	11	2.062,5	386.718,75
192,5	4	770,0	148.225,00
197,5	2	315,0	62.212,50
$\sum$	100	17.605,0	3.119.375,00

$$\bar{x} = \frac{\sum x_i o_i}{n} = \frac{17.605}{100} = 176,05 \text{ cm}$$

$$s^2 = \frac{1}{n-1}\left\{\sum x_i^2 o_i - \frac{(\sum x_i o_i)^2}{n}\right\} = \frac{1}{99}\left\{3.119 \cdot 375,00 - \frac{(17.605)^2}{00}\right\}$$

$$s^2 = 202{,}1692 \rightarrow s = 14{,}2186 \text{ cm} \qquad s = 0{,}142186 \text{ m}$$

Verificaremos se os dados têm aproximadamente uma distribuição normal com média 1,76 m e desvio 0,14 m. Verificaremos quais são as frequências sob H_0, X: $N(1{,}76; (0{,}14)^2)$.

$$Z_{1,50} = \frac{1{,}5 - 1{,}76}{0{,}14} = -1{,}86 \qquad Z_{1,55} = \frac{1{,}55 - 1{,}76}{0{,}14} = -1{,}5$$

$$Z_{1,60} = -1{,}14 \qquad Z_{1,65} = -0{,}79 \qquad Z_{1,70} = -0{,}43$$

$$Z_{1,75} = -0{,}071 \qquad Z_{1,80} = 0{,}29 \qquad Z_{1,85} = 0{,}64$$

$$Z_{1,90} = 1{,}00 \qquad Z_{1,95} = 1{,}36 \qquad Z_{2,00} = 1{,}71$$

$P(150 \vdash 155) = P(-1{,}86 \leq Z \leq -1{,}5) = 0{,}468557 - 0{,}433193 = 0{,}035364$

Devemos calcular da mesma forma as probabilidades de todas as classes, o que está lançado no quadro seguinte:

Classes	Prob	$e_i = n \cdot \text{prob}$	o_i	$e_i/\Sigma e_i = \Sigma o_i$	$(o_i - e_i)^2$	$(o_i - e_i)^2/e_i$
150 ⊢ 155	0,035364	4	1	4	9	2,2500
155 ⊢ 160	0,060336	6	3	7	16	2,2857
160 ⊢ 165	0,087621	9	8	9	1	0,1111
165 ⊢ 170	0,118834	12	14	12	4	0,3333
170 ⊢ 175	0,138499	14	19	14	25	1,7857
175 ⊢ 180	0,141995	14	21	15	36	2,4000
180 ⊢ 185	0,124822	12	17	13	16	1,2308
185 ⊢ 190	0,102431	10	10	11	1	0,0909
190 ⊢ 195	0,71740	7	5	8	9	1,1250
195 ⊢ 200	0,043282	4	2	5	9	1,800
Σ		92	100	98		13,4125

$$\therefore \chi^2_{\text{calc}} = \sum_{i=1}^{10} \frac{(o_i - e_i)^2}{e_i} = 13{,}4125$$

Calculamos $\bar{x}$ e $sp = 2$

$k = 10$

$\phi = 10 - 1 - 2 \quad \therefore \quad \phi = 7$

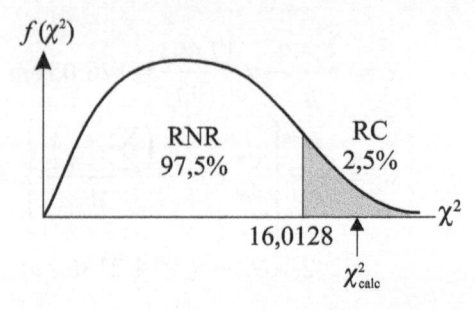

$\chi_\alpha^2 = \chi_{7;2,5\%}^2 = 16,0128$

[Gráfico: distribuição $f(\chi^2)$ com RNR 97,5% e RC 2,5%, ponto 16,0128 = χ_{calc}^2]

Como $\chi_{calc}^2 < \chi_\alpha^2$ ∴ não se rejeita H_0, isto é, a 2,5% podemos aceitar que os dados sigam uma distribuição normal com média $\mu = 1,76$ cm e desvio padrão $\sigma = 0,14$ m.

2. A tabela dá a frequência do número de erros de impressão por página de determinado livro:

Número de erros por página: x	0	1	2	3	4	Total
Número de páginas: o_i	500	340	120	30	10	1.000

Ajustar essa distribuição a uma distribuição de Poisson e testar a aderência do ajustamento, ao nível de 1%.

Devemos estudar como se apresentará a distribuição teórica de Poisson com média $\lambda = \bar{x}$.

$$\bar{x} = \frac{\sum o_i \cdot x_i}{\sum o_i} = (0,500 + 1,340 + 2,120 + 3,30 + 4,10) / 1.000$$

$$\bar{x} = \frac{710}{100} = 0,71 \qquad P(X = x) = \frac{e^{-\lambda} \cdot \lambda^x}{x!} \qquad \lambda = 0,71$$

$e^{-0,71} = 0,491644 = 0,492$

Calcularemos as probabilidades de X: número de erros por páginas. Assumir os valores 0, 1, 2, 3 ou 4.

$$P(X = 0) = \frac{e^{-0,71} (0,71)^0}{0!} = 0,492$$

$$P(X = 1) = \frac{e^{-0,71} \cdot (0,71)^1}{1!} = 0,34932$$

$$P(X = 2) = \frac{e^{-0,71} \cdot (0,71)^2}{2!} = 0,124$$

$$P(X = 3) = \frac{e^{-0,71} \cdot (0,71)^3}{3!} = 0,0293487$$

$$P(X = 4) = \frac{e^{-0,71} \cdot (0,71)^4}{4!} = 0,005$$

X	o_i	$e_i = n \cdot P(X=x)$	$(o_i - e_i)^2$	$\dfrac{(o_i - e_i)^2}{e_i}$
0	500	492	64	0,13008
1	340	349	81	0,2309
2	120	124	16	0,12903
3	30	30	0	0,00000
4	10	5	25	5,00000
Σ	1.000	1.000		5,49120

$\therefore \;\; \chi^2_{calc} = 5{,}4912$

Como calculamos $\bar{x}$, então $p = 1$.

$k = 5 \quad \therefore \quad \phi = 5 - 1 - 1 = 3$

$\chi^2_\alpha = \chi^2_{3;1\%} = 11{,}3449$

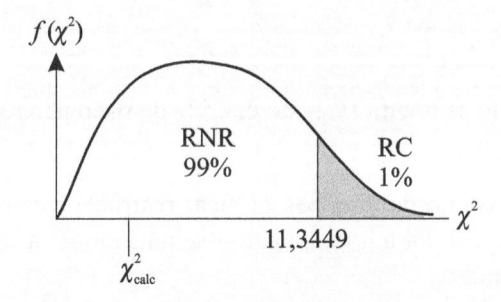

Podemos não rejeitar H_0, isto é, os dados observados, o número de erros por páginas seguem uma distribuição de Poisson com $\lambda = 0{,}71$.

3. Resolver o mesmo problema, testando H_0: a distribuição dos valores observados segue uma distribuição de Poisson com $\lambda = 1$.

4. Uma moeda é lançada 50 vezes, fornecendo os resultados:

Categoria	o_i
c	22
r	28

Ao nível de 5%, testar a hipótese de que a moeda não é viciada.

$\begin{cases} H_0: \; p(\text{face}) = 0{,}5 \text{ a moeda é honesta, não viciada.} \\ H_1: \; p \neq 0{,}5 \text{ a moeda não é honesta (é viciada).} \end{cases}$

Classe	o_i	$e_i = n \cdot P_{H_0}$	$\|o_i - e_i\| - 0{,}5$	$\{\|o_i - e_i\| - 0{,}5\}^2 / e_i$
c	22	25	2,5	0,25
r	28	25	2,5	0,25
$\sum$	50	50		0,5

∴ $\chi^2_{calc} = 0{,}5$ $k = 2$

$\phi = 2 - 1 = 1$

Como $\phi = 1$, usamos a correção

$$\chi^2_{calc} = \sum_{i=1}^{k} \frac{\{|o_i - e_i| - 0{,}5\}^2}{e_i}$$

$$\chi^2_\alpha = \chi^2_{1{,}5\%} = 3{,}8415$$

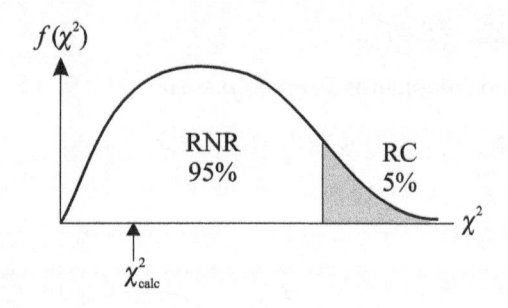

Como $\chi^2_{calc} < \chi^2_\alpha$, não se rejeita H_0, isto é, a 5% de risco não rejeitamos que a moeda é honesta, não viciada.

5. Deseja-se saber se o fato de uma pessoa ficar resfriada está relacionado ao fato de tomar uma certa vacina. Para isso, levantou-se uma amostra casual de 100 indivíduos, obtendo-se o quadro.

Ser vacinado \ Ficar resfriado	Resfriado	Não resfriado
Vacinado	15	20
Não vacinado	25	40

Ao nível de 5%, testar as hipóteses de independência entre as danificações: ser vacinado e ficar resfriado.

Sob H_0: com independência entre as duas classificações, construiremos a tabela teórica de valores esperados.

$$P(V) = \frac{35}{100} \qquad P(\bar{V}) = \frac{65}{100} \qquad P(R) = \frac{40}{100} \qquad P(\bar{R}) = \frac{60}{100}$$

$$P(V \text{ e } R) = \frac{35}{100} \cdot \frac{40}{100} = 0{,}14$$

$$P(V \text{ e } \bar{R}) = \frac{35}{100} \cdot \frac{60}{100} = 0,21$$

$$P(\bar{V} \text{ e } R) = \frac{65}{100} \cdot \frac{40}{100} = 0,26$$

$$P(\bar{V} \text{ e } \bar{R}) = \frac{65}{100} \cdot \frac{60}{100} = 0,39$$

Independentes	R	$\bar{R}$
V	0,14	0,21
$\bar{V}$	0,26	0,39

A tabela anterior refere-se aos valores esperados, que são obtidos $e_i = n \cdot P(X = i)$.

e_i	R	$\bar{R}$	Total
V	14	21	35
$\bar{V}$	26	39	65
Total	40	60	100

$n = 100$

Calculamos

$$\chi^2_{\text{calc}} = \sum_{i=1}^{4} \frac{\{|o_i - e_i| - 0,5\}^2}{e_i} = \frac{(|14-15| - 0,5)^2}{14} + \frac{(|20-21| - 0,5)^2}{21} +$$

$$+ \frac{(|25-26| - 0,5)^2}{26} + \frac{(|40-39| - 0,5)^2}{39} = 0,0178 + 0,0119 +$$

$$+ 0,0096 + 0,0064 = 0,0457$$

$$\therefore \chi^2_{\text{calc}} = 0,0457$$

$$\phi = (c-1) \cdot (r-1) = (2-1) \cdot (2-1) = 1$$

$$\chi^2_\alpha = \chi^2_{1;5\%} = 3,8415$$

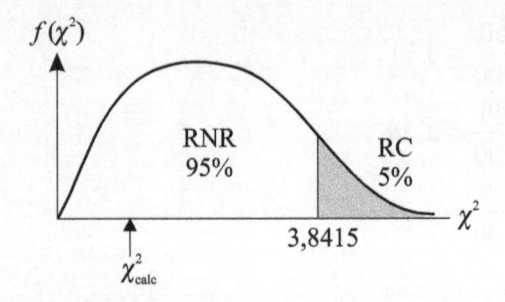

Como $\chi^2_{calc} < \chi^2_\alpha$, não se rejeita H_0, isto é, a 5% não rejeitamos a independência entre as duas classificações. Pode-se dizer que estar resfriado e ser vacinado são independentes.

Exercícios propostos

1. Ajustar uma curva normal aos dados da tabela abaixo e, a 5%, testar a aderência do ajustamento.

Alturas	o_i
151 ⊢— 159	5
159 ⊢— 167	18
167 ⊢— 175	42
175 ⊢— 183	27
183 ⊢— 191	8

2. Durante longo período de tempo, os conceitos dados por um grupo de instrutores de um curso foram em média:

   A — 12%

   B — 18%

   C — 40%

   D — 18%

   E — 12%

   Um novo instrutor atribuiu 22%, 20%, 30%, 16%, respectivamente, de A, B, C, D e E, durante dois semestres. Determinar ao nível de 5% se o novo instrutor está agindo segundo o padrão de conceitos estabelecidos pelos demais instrutores ou não.

3. A tabela a seguir mostra a distribuição em toneladas das cargas máximas suportadas por certos cabos produzidos por uma empresa. Ajustar uma distribuição teórica conveniente e testar, ao nível de 5%, a aderência do ajustamento.

Carga máxima (toneladas)	o_i
9,3 a 9,7	2
9,8 a 10,2	5
10,3 a 10,7	12
10,8 a 11,2	17
11,3 a 11,7	14
11,8 a 12,2	6
12,3 a 12,7	3
12,8 a 13,2	1

4. Dois grupos, A e B são formados cada um por 100 pessoas que têm a mesma enfermidade. É ministrado um soro ao grupo A, mas não ao B (grupo de controle). Nos demais cuidados, os dois grupos são tratados de modo idêntico. Determina-se que 75 e 65 pessoas dos grupos A e B, respectivamente, curaram-se da enfermidade. Testar a hipótese de que o soro auxilia na cura da enfermidade, ao nível de 5%.

5. Na tabela a seguir, testar a hipótese de que não há relação entre o nível educacional de um indivíduo e o êxito no seu casamento, isto é, ao nível de 5%, testar a hipótese da independência entre as classificações.

Nível educacional \ Ajustamento no casal	Muito baixo	Baixo	Alto	Muito alto
Universitário	18	29	70	115
Ensino médio	17	28	30	41
Ensino fundamental	11	10	11	20

6. A um grupo de doentes foram ministrados soníferos e, a um outro grupo, pílulas de açúcar (placebo). Foi perguntado depois aos doentes se os soníferos tinham ajudado ou não a dormir melhor. O quadro de respostas é apresentado abaixo:

Pílulas \ Dormir	Dormiram melhor	Não dormiram melhor
Sonífero	26	14
Placebo	32	28

Testar, ao nível de 5%, a hipótese de não haver diferença entre o fato do doente tomar sonífero e dormir melhor.

7. A tabela abaixo mostra a relação entre o aproveitamento dos alunos em física e em matemática. Testar a hipótese de que o aproveitamento em física é independente ao de matemática, ao nível de 5%.

Física \ Matemática	Grau alto	Grau médio	Grau baixo
Grau alto	56	71	12
Grau médio	47	163	38
Grau baixo	14	42	85

8. Deseja-se saber se a audiência de quatro emissoras A, B, C e D não depende de suas programações, divididas em três tipos: musical, noticiosa e esportiva. Para isso, levantou-se uma amostra de 200 ouvintes, obtendo-se o quadro abaixo. Ao nível de 2,5%, testar a independência entre a escolha da emissora pelos ouvintes e sua programação.

Emissora \ Programa	Musical	Noticioso	Esportivo
A	10	10	5
B	25	20	15
C	15	10	10
D	30	20	30

CAPÍTULO 18

Distribuição de F de Fisher-Snedecor, IC e TH para quociente de variâncias

18.1 Distribuição F de Fisher-Snedecor

DEFINIÇÃO

Denomina-se variável F com ϕ_1, ϕ_2 graus de liberdade e indica-se por F_{ϕ_1,ϕ_2} ou $F(\phi_1, \phi_2)$ a função definida por:

$$F(\phi_1, \phi_2) = \frac{\chi_1^2/\phi_1}{\chi_2^2/\phi_2} = \frac{\chi_1^2}{\chi_2^2} \cdot \frac{\phi_2}{\phi_1},$$

onde ϕ_1 e ϕ_2 são os graus de liberdade de χ_1^2 e χ_2^2, respectivamente, e as duas χ^2 são independentes.

Como $s^2 = \dfrac{1}{n-1}\sum_{i=1}^{n}(x_i - \bar{x})^2$ e

$\chi^2_{\phi=n-1} = \dfrac{1}{\sigma^2}\sum_{i=1}^{n}(x_i - \bar{x})^2$, temos

$\phi s^2 = \sigma^2 \cdot \chi^2_\phi \therefore \dfrac{s^2}{\sigma^2} = \dfrac{\chi^2}{\phi}.$

Substituindo-se na definição, temos:

$$F(\phi_1, \phi_2) = \frac{s_1^2/\sigma_1^2}{s_2^2/\sigma_2^2} \therefore \boxed{F(\phi_1, \phi_2) = \frac{s_1^2}{s_2^2} \cdot \frac{\sigma_2^2}{\sigma_1^2}}$$

onde s_1^2 e s_2^2 são estimativas independentes de σ_1^2 e σ_2^2, respectivamente.

Obs.: Se $X_{11}, X_{12}, ..., X_{1n_1}$ e $X_{21}, X_{22}, ..., X_{2n_2}$ são independentes com

$$X_{ij} \sim N(\mu_i, \sigma_i^2) \quad \text{e} \quad s_i^2 = \frac{\sum_{j=1}^{n_i}(X_{ij} - \bar{x}_i)^2}{n_i - 1},$$

então $\dfrac{s_1^2/\sigma_1^2}{s_2^2/\sigma_2^2} \sim F(n_1 - 1, n_2 - 1)$.

Como $F(\phi_1, \phi_2) = \dfrac{s_1^2}{s_2^2} \cdot \dfrac{\sigma_2^2}{\sigma_1^2}$,

então $F(\phi_1, \phi_2) = \dfrac{1}{\dfrac{s_2^2}{s_1^2} \cdot \dfrac{\sigma_1^2}{\sigma_2^2}}$, o que resulta

$$F(\phi_1, \phi_2) = \frac{1}{F(\phi_2, \phi_1)}$$

A função densidade de probabilidade de F é:

$$f(F) = \frac{\Gamma\left(\dfrac{\phi_1 + \phi_2}{2}\right)}{\Gamma\left(\dfrac{\phi_1}{2}\right)\Gamma\left(\dfrac{\phi_2}{2}\right)} \cdot \left(\dfrac{\phi_1}{\phi_2}\right)^{\left(\frac{\phi_1}{2}\right)} \cdot F^{\frac{\phi_1}{2}-1} \cdot \left(1 + \dfrac{\phi_1}{\phi_2}F\right)^{\frac{-(\phi_1+\phi_2)}{2}}, \quad F > 0.$$

Demonstra-se que:

$$F_{máx} = \frac{\phi_2}{\phi_1} \cdot \frac{(\phi_1 - 2)}{(\phi_2 + 2)}$$

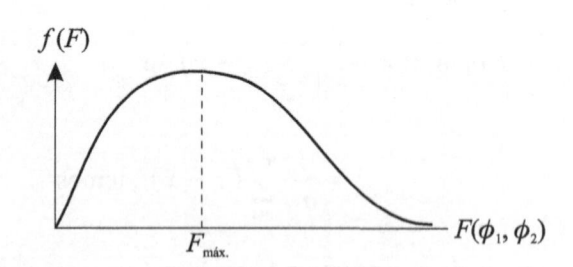

A média e a variância da distribuição F são:

$$E(F) = \mu_F = \frac{\phi_2}{\phi_2 - 2}, \quad \text{se} \quad n > 2.$$

$$\text{VAR}(F) = \sigma^2(F) = \frac{2\phi_2^2(\phi_1 + \phi_2 - 2)}{\phi_1(\phi_2 - 2)^2(\phi_2 - 4)}, \quad \text{se} \quad n > 4.$$

Uso de tabelas

Para cada nível α, temos uma tabela da distribuição F. A entrada na tabela é dupla e leva em consideração os graus de liberdade do numerador (ϕ_1) e denominador (ϕ_2).

A tabela nos dá F_α, fixados α, ϕ_1 e ϕ_2 nesta ordem:
$P(F(\phi_1, \phi_2) \geq F_\alpha) = \alpha$

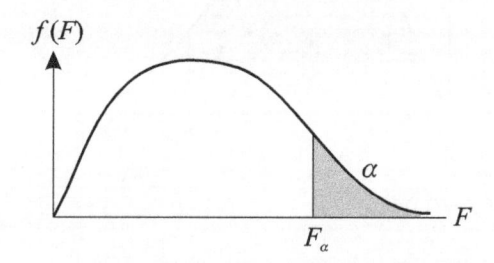

Exemplos

1. Determinar F_α, tal que
   $P\{F(6, 20) \geq F_\alpha\} = 5\%$.

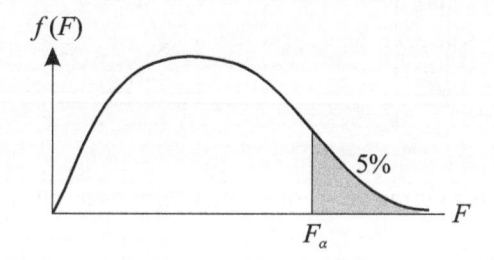

   $F_\alpha = F_{6,20}^{5\%} = 2{,}5990$

2. Determinar F_α, tal que
   $P\{F(6,15) \geq F_\alpha\} = 0{,}05\%$.

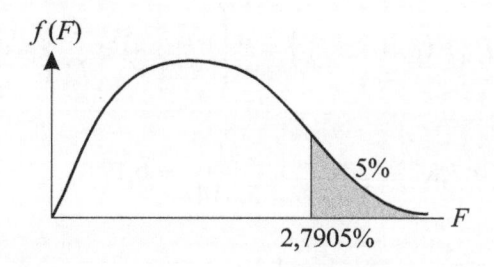

   $F_\alpha = F_{6,15}^{5\%} = 2{,}7905$

3. Determinar F_α, tal que
   $P\{F(10,20) \geq F_\alpha\} = 0{,}95\%$.

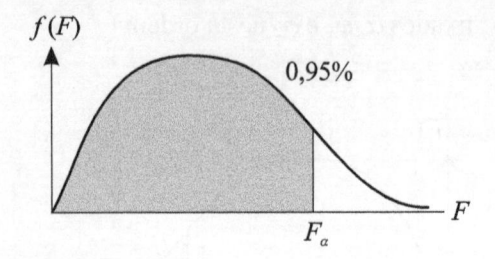

$P\{F(10,20) \geq F_\alpha = 0,05\%$

$F_\alpha = F^{5\%}_{10,20} = 2,3437$

4. Determinar F_α, tal que $P\{F(8,10) \leq F_\alpha = 0,01\%$.

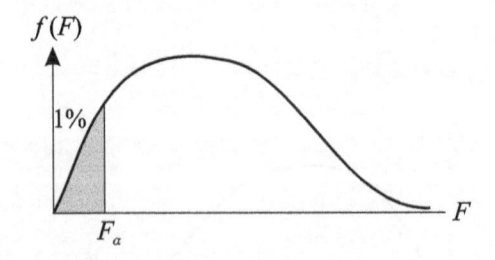

$F(8,10) \leq F_\alpha$. Os valores de F_α que satisfazem esta relação satisfazem também

$$\frac{1}{F(8,10)} \geq \frac{1}{F_\alpha}$$

$$F(10,8) \geq \frac{1}{F_\alpha}$$

$$\therefore P\{F(8,10) \leq F_\alpha\} = P\left\{F(10,8) \geq \frac{1}{F_\alpha}\right\} = 0,01$$

$$F^{1\%}_{10,8} = 5,81 \quad \therefore \quad F_\alpha = \frac{1}{5,8143} = 0,17$$

$$P\{F(8,10) < 0,17\} = 0,01$$

18.2 Intervalos de confiança para um quociente de variâncias

1. $P\{F_1 \leq F(\phi_1, \phi_2) \leq F_2\} = 1 - \alpha$

onde:

$$F_1: P\{F(\phi_1,\phi_2) \le F_1\} = \frac{\alpha}{2}$$

$$F_2: P\{F(\phi_1,\phi_2) > F_2\} = \frac{\alpha}{2}$$

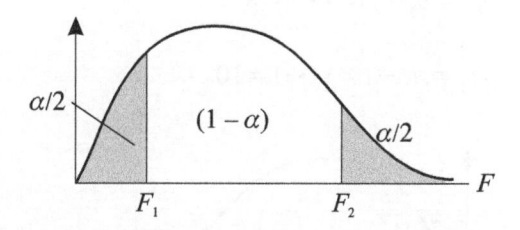

Da relação 1 obteremos a expressão do IC para σ_1^2/σ_2^2:

$$F_1 \le \frac{s_1^2}{s_2^2} \cdot \frac{\sigma_2^2}{\sigma_1^2} \le F_2$$

$$\frac{s_2^2}{s_1^2} \cdot F_1 \le \frac{\sigma_2^2}{\sigma_1^2} \le \frac{s_2^2}{s_1^2} \cdot F_2$$

Invertendo-se a relação, temos:

$$\frac{s_1^2}{s_2^2} \cdot \frac{1}{F_2} \le \frac{\sigma_1^2}{\sigma_2^2} \le \frac{s_1^2}{s_2^2} \cdot \frac{1}{F_1}$$

logo, a expressão para o IC para $\dfrac{\sigma_1^2}{\sigma_2^2}$ é:

$$P\left\{\frac{s_1^2}{s_2^2} \cdot \frac{1}{F_2} \le \frac{\sigma_1^2}{\sigma_2^2} \le \frac{s_1^2}{s_2^2} \cdot \frac{1}{F_1}\right\} = 1 - \alpha$$

com $s_1^2 \ge s_2^2$ e $\begin{cases} \phi_1 \to s_1^2 \\ \phi_2 \to s_2^2 \end{cases}$

Aplicações

1. De duas populações normais levantaram-se amostras de tamanhos 9 e 11, respectivamente, obtendo-se $s_1^2 = 7,14$ e $s_2^2 = 3,21$. Construir um IC para o quociente das variâncias das duas populações ao nível de 10%.

Temos:

$$s_1^2 = 7,14 \quad \therefore \quad s_1^2 \geq s_2^2 \quad \frac{s_1^2}{s_2^2} = \frac{7,14}{3,21} = 2,22$$

$$s_2^2 = 3,21$$

$$\phi_1 = n_1 - 1 = 9 - 1 = 8$$

$$\phi_2 = n_2 - 1 = 11 - 1 = 10$$

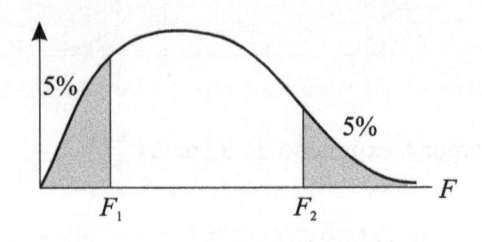

$$F_1 : P\{F(8,10) \leq F_1\} = 0,05$$

$$P\left\{\frac{1}{F(8,10)} \geq \frac{1}{F_1}\right\} = 0,05$$

$$P\left\{F(10,8) \geq \frac{1}{F_1}\right\} = 0,05$$

$$F_{10,8}^{5\%} = \frac{1}{F_1} \quad \frac{1}{F_1} = 3,3472$$

$$F_2 : P\{F(8,10) \geq F_2\} = 0,05$$

$$F_2 = F_{8,10}^{5\%} = 3,0717 \rightarrow \frac{1}{F_2} = 0,33$$

$$P\left(2,22 \cdot 0,33 \leq \frac{\sigma_1^2}{\sigma_2^2} \leq 2,22 \cdot 3,3472\right) = 0,90$$

$$P\left(0,73 \leq \frac{\sigma_1^2}{\sigma_2^2} \leq 7,43\right) = 0,90$$

2. De duas populações normais, I e II, levantaram-se amostras de tamanhos 10 e 16, respectivamente, obtendo-se $s_1^2 = 5,22$ e $s_2^2 = 1,69$, respectivamente. Ao nível de 5%, construir um IC para o quociente das variâncias populacionais.

Consideramos: $s_1^2 = 16,9$ \qquad $n_1 = 16$

$s_2^2 = 5,22$ \qquad $n_2 = 10$

$\dfrac{s_1^2}{s_2^2} = \dfrac{16,9}{5,22} = 3,23$ \qquad $\phi_1 = 15$

$\phi_2 = 9$

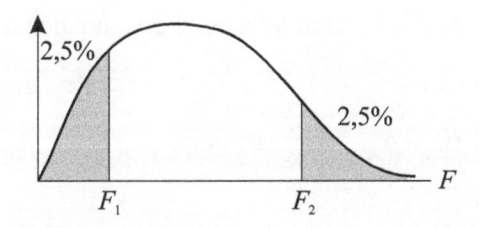

$F_1 = P(F_1(15,9) \leq F_1) = 0,025$

$P\left\{F(9,5) \geq \dfrac{1}{F_1}\right\} = 0,025$

$F_{9,15}^{2,5\%} = \dfrac{1}{F_1} \quad \therefore \quad \dfrac{1}{F_1} = 3,1227$

$F_2 = P\{F(15,9) \geq F_2\} = 0,025$

$F_2 = F_{15,9}^{2,5\%} = 3,7693 \quad \therefore \quad \dfrac{1}{F_2} = \dfrac{1}{3,7693} = 0,27$

$P\left\{3,23 \cdot 0,27 \leq \dfrac{\sigma_1^2}{\sigma_2^2} \leq 3,23 \cdot 3,12\right\} = 0,95$

$P\left\{0,87 \leq \dfrac{\sigma_1^2}{\sigma_2^2} \leq 10,08\right\} = 0,95$

18.3 Testes de hipóteses para quociente de variâncias

$$\begin{cases} H_0: \dfrac{\sigma_1^2}{\sigma_2^2} = k \\ H_1: \dfrac{\sigma_1^2}{\sigma_2^2} \neq k; \quad \dfrac{\sigma_1^2}{\sigma_2^2} > k \quad \text{ou} \quad \dfrac{\sigma_1^2}{\sigma_2^2} < k \end{cases}$$

onde $k = \left(\dfrac{\sigma_1^2}{\sigma_2^2}\right)_{H_0}$ $\qquad F_{calc} = \dfrac{s_1^2}{s_2^2} \cdot \left(\dfrac{\sigma_2^2}{\sigma_1^2}\right)_{H_0} = \dfrac{s_1^2}{s_2^2} \cdot \dfrac{1}{k}$

Em particular, quando $k = 1$, estaremos testando a igualdade de variâncias.

$$\begin{cases} H_0: \sigma_1^2 = \sigma_2^2 \\ H_1: \sigma_1^2 \neq \sigma_2^2; \quad \sigma_1^2 > \sigma_2^2 \quad \text{ou} \quad \sigma_1^2 < \sigma_2^2 \end{cases}$$

Aplicações

1. De duas populações normais levantaram-se amostras com as seguintes características:

População A	População B
$n = 21$	$n = 9$
$\Sigma x = 100$	$\Sigma x = 45$
$\Sigma x^2 = 496$	$\Sigma x^2 = 273$

Ao nível de 10%, testar as hipóteses:

$$\begin{cases} H_0: \dfrac{\sigma_1^2}{\sigma_2^2} = 1 \\ H_1: \dfrac{\sigma_1^2}{\sigma_2^2} \neq 1 \end{cases}$$

$s_B^2 = \dfrac{1}{8}\left\{273 - \dfrac{(45)^2}{9}\right\} = 6 \therefore s_B^2 = 6 \therefore s_1^2 = 6$

$s_A^2 = \dfrac{1}{20}\left\{496 - \dfrac{(100)^2}{21}\right\} = 0,99 \therefore s_A^2 = 0,99 \therefore s_2^2 = 0,99$

$\dfrac{s_1^2}{s_2^2} = \dfrac{6}{0,99} = 6,06 \qquad F_{calc} = 6,06 \cdot \dfrac{1}{1} = 6,06$

$\phi_1 = 8$ e $\phi_2 = 20$

$F_1 = P(F_{8,20} \le F_1) = 0,05$

$F_1 = P\left(F_{20,8} \ge \dfrac{1}{F_1}\right) = 0,05$

$F_{20,8}^{5\%} = \dfrac{1}{F_1} \therefore \dfrac{1}{F_1} = 3,1503$

$F_2 = F_{8,20}^{5\%} = 2,4471 \quad F_1 = 0,32$

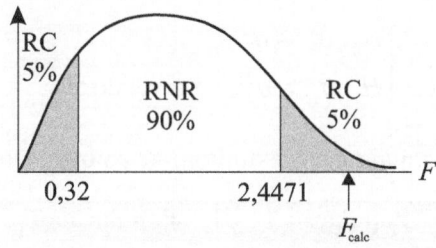

Como $F_{calc} > F_\alpha$, rejeita-se H_0, isto é, é significativa a diferença entre as variâncias ($\sigma_1^2 \ne \sigma_2^2$), a 10%.

2. Deseja-se testar ao nível de 5% se duas populações têm as mesmas variâncias. Os dados obtidos nas amostras são:

$n_1 = 10 \quad\quad s_1^2 = 5,22$
$n_2 = 21 \quad\quad s_2^2 = 16,9$. Qual a conclusão fornecida pelos dados?

$\begin{cases} H_0: \sigma_1^2 = \sigma_2^2 \\ H_1: \sigma_1^2 \ne \sigma_2^2 \end{cases}$ ou $\begin{cases} H_0: \dfrac{\sigma_1^2}{\sigma_2^2} = 1 \\ H_1: \dfrac{\sigma_1^2}{\sigma_2^2} \ne 1 \end{cases}$ $\quad \alpha = 5\%$

$\dfrac{s_1^2}{s_2^2} = \dfrac{16,9}{5,22} = 3,23$

$F_{calc} = 3,23 \cdot 1 = 3,23$

$\phi_1 = 9 \quad \phi_2 = 20$

$F_1 = P(F_{9,20} \le F_1) = 0,025$

$F_1 = P\left(F_{20,9} \ge \dfrac{1}{F_1}\right) 0,025$

$F_{20,9}^{2,5\%} = \dfrac{1}{F_1} \therefore \dfrac{1}{F_1} = 3,669$

$F_1 = 0,27$

$F_2 = F_{9,20}^{2,5\%} = 2,8365$

Como $F_{calc} \in RC$, rejeita-se H_0, isto é, a diferença entre as variâncias das duas populações é significativa, ao nível de 5%.

Exercícios propostos

1. A variabilidade no levantamento de impurezas de uma certa substância depende da duração do processo usado. Usando dois processos, um químico melhorou o segundo, esperando com isso reduzir essa variabilidade. Levantaram-se duas amostras, uma utilizando o primeiro processo e outra utilizando o segundo, de tamanhos 26 e 13, respectivamente, obtendo-se $s_1^2 = 1,04$ e $s_2^2 = 0,51$.

   a) Determinar um IC para o quociente das variâncias, ao nível de 10%.

   b) Testar as hipóteses:

   $$\begin{cases} H_0: \sigma_1^2 = \sigma_2^2 \\ H_1: \sigma_1^2 > \sigma_2^2 \end{cases}, \text{ ao nível de 5\%}$$

2. De duas populações normais A e B extraíram-se amostras, obtendo-se:

População A	População B
$n_A = 13$	$n_B = 9$
$\Sigma x_A = 91$	$\Sigma x_B = 63$
$\Sigma x_A^2 = 697$	$\Sigma x_B^2 = 497$

   a) Determinar um IC para o quociente das variâncias das duas populações, ao nível de 2%.

   b) Ao mesmo nível, testar as hipóteses:

   $$\begin{cases} H_0: \sigma_1^2 = \sigma_2^2 \\ H_1: \sigma_1^2 \neq \sigma_2^2 \end{cases}$$

3. Deseja-se comparar dois analistas quanto à precisão na análise de uma certa substância que contém carbono. O analista A é experiente, e o B é novo no serviço, sendo, portanto, de experiência desconhecida. Os resultados obtidos foram os seguintes:

   A: –10, 16, –8, 9,5, –5, 5, –11, 25, 25, 22, 16, –3, 40, 0, –5, 16, 30, 14, 22, 22.
   B: –8, –3, 20, 22, 3, 5, 10, 14, –21, 22, 8.

   Em vista desses resultados, pode-se concluir que os dois analistas têm a mesma experiência no trabalho, ao nível de 10%?

   Obs.: O teor de carbono da substância analisada é conhecido, porém não foi informado aos analistas antes da experiência. Com base nesse teor, foram calculados os desvios que permitiram medir a precisão de ambos (usar $s^2 = \dfrac{1}{n}\sum(x_i - \mu)^2$).

18.4 Resumo

Variável	Calcula-se	Condições	ϕ
Z	IC e TH para μ e $\mu_1 - \mu_2$	σ^2 conhecida	
t	IC e TH para μ e $\mu_1 - \mu_2$	σ^2 desconhecida ($\mu_1 - \mu_2$ com variâncias desconhecidas e iguais)	$n-1$ $n_1 + n_2 - 2$
χ^2	IC e TH para σ^2 Teste de aderência Tabelas de contingência	Se μ conhecido Se μ desconhecido $\Sigma o_i = \Sigma e_i$ (estimam-se p parâmetros) $\Sigma o_i = \Sigma e_i$	n $n-1$ $k - 1 - p$ (k: nº de classes) $(C-1)(L-1)$
F	IC e TH para o quociente de variâncias (teste de igualdade de medidas)	μ_1 e μ_2 desconhecidas $s_1^2 > s_2^2$	$\phi_1 = n_1 - 1$ $\phi_2 = n_2 - 1$

Tabelas

Tabelas de distribuições:

Normal: $N(0, 1)$

Poisson

Binomial

t de Student

χ^2 de qui-quadrado

F de Fisher-Snedecor

Tabelas

Tabelas de distribuições

Distribuição normal: $N(0, 1)$

$P(0 < Z < Z_\alpha) = \alpha$

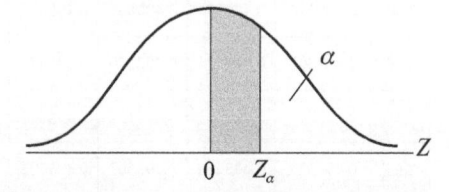

Z_α	0,00	0,01	0,02	0,03	0,04	0,05	0,06	0,07	0,08	0,09	Z_α
0,00	–0,000000	0,003989	0,007978	0,011967	0,015953	0,019939	0,023922	0,027903	0,031881	0,035856	0,00
0,10	0,039828	0,043795	0,047758	0,051717	0,055670	0,059618	0,063559	0,067495	0,071424	0,075345	0,10
0,20	0,079260	0,083166	0,087064	0,090954	0,094835	0,098706	0,102568	0,106420	0,110261	0,114092	0,20
0,30	0,117911	0,121719	0,125516	0,129300	0,133072	0,136831	0,140576	0,144309	0,148027	0,151732	0,30
0,40	0,155422	0,159097	0,162757	0,166402	0,170031	0,173645	0,177242	0,180822	0,184386	0,187933	0,40
0,50	0,191462	0,194974	0,198468	0,201944	0,205402	0,208840	0,212260	0,215661	0,219043	0,222405	0,50
0,60	0,225747	0,229069	0,232371	0,235653	0,238914	0,242154	0,245373	0,248571	0,251748	0,254903	0,60
0,70	0,258036	0,261148	0,264238	0,267305	0,270350	0,273373	0,276373	0,279350	0,282305	0,285236	0,70
0,80	0,288145	0,291030	0,293892	0,296731	0,299546	0,302338	0,305106	0,307850	0,310570	0,313267	0,80
0,90	0,315940	0,318589	0,321214	0,323814	0,326391	0,328944	0,331472	0,333977	0,336457	0,338913	0,90
1,00	0,341345	0,343752	0,346136	0,348495	0,350830	0,353141	0,355428	0,357690	0,359929	0,362143	1,00
1,10	0,364334	0,366500	0,368643	0,370762	0,372857	0,374928	0,376976	0,378999	0,381000	0,382977	1,10
1,20	0,384930	0,386860	0,388767	0,390651	0,392512	0,394350	0,396165	0,397958	0,399727	0,401475	1,20
1,30	0,403199	0,404902	0,406582	0,408241	0,409877	0,411492	0,413085	0,414656	0,416207	0,417736	1,30
1,40	0,419243	0,420730	0,422196	0,423641	0,425066	0,426471	0,427855	0,429219	0,430563	0,431888	1,40
1,50	0,433193	0,434478	0,435744	0,436992	0,438220	0,439429	0,440620	0,441792	0,442947	0,444083	1,50

z_α	0,00	0,01	0,02	0,03	0,04	0,05	0,06	0,07	0,08	0,09	z_α
1,60	0,445201	0,446301	0,447384	0,448449	0,449497	0,450529	0,451543	0,452540	0,453521	0,454486	1,60
1,70	0,455435	0,456367	0,457284	0,458185	0,459071	0,459941	0,460796	0,461636	0,462462	0,463273	1,70
1,80	0,464070	0,464852	0,465621	0,466375	0,467116	0,467843	0,468557	0,469258	0,469946	0,470621	1,80
1,90	0,471284	0,471933	0,472571	0,473197	0,473810	0,474412	0,475002	0,475581	0,476148	0,476705	1,90
2,00	0,477250	0,477784	0,478308	0,478822	0,479325	0,479818	0,480301	0,480774	0,481237	0,481691	2,00
2,10	0,482136	0,482571	0,482997	0,483414	0,483823	0,484222	0,484614	0,484997	0,485371	0,485738	2,10
2,20	0,486097	0,486447	0,486791	0,487126	0,487455	0,487776	0,488089	0,488396	0,488696	0,488989	2,20
2,30	0,489276	0,489556	0,489830	0,490097	0,490358	0,490613	0,490863	0,491106	0,491344	0,491576	2,30
2,40	0,491802	0,492024	0,492240	0,492451	0,492656	0,492857	0,493053	0,493244	0,493431	0,493613	2,40
2,50	0,493790	0,493963	0,494132	0,494297	0,494457	0,494614	0,494766	0,494915	0,495060	0,495201	2,50
2,60	0,495339	0,495473	0,495603	0,495731	0,495855	0,495975	0,496093	0,496207	0,496319	0,496427	2,60
2,70	0,496533	0,496636	0,496736	0,496833	0,496928	0,497020	0,497110	0,497197	0,497282	0,497365	2,70
2,80	0,497445	0,497523	0,497599	0,497673	0,497744	0,497814	0,497882	0,497948	0,498012	0,498074	2,80
2,90	0,498134	0,498193	0,498250	0,498305	0,498359	0,498411	0,498462	0,498511	0,498559	0,498605	2,90
3,00	0,498650	0,498694	0,498736	0,498777	0,498817	0,498856	0,498893	0,498930	0,498965	0,498999	3,00
3,10	0,499032	0,499064	0,499096	0,499126	0,499155	0,499184	0,499211	0,499238	0,499264	0,499289	3,10
3,20	0,499313	0,499336	0,499359	0,499381	0,499402	0,499423	0,499443	0,499462	0,499481	0,499499	3,20
3,30	0,499517	0,499533	0,499550	0,499566	0,499581	0,499596	0,499610	0,499624	0,499638	0,499650	3,30
3,40	0,499663	0,499675	0,499687	0,499698	0,499709	0,499720	0,499730	0,499740	0,499749	0,499758	3,40
3,50	0,499767	0,499776	0,499784	0,499792	0,499800	0,499807	0,499815	0,499821	0,499828	0,499835	3,50
3,60	0,499841	0,499847	0,499853	0,499858	0,499864	0,499869	0,499874	0,499879	0,499883	0,499888	3,60
3,70	0,499892	0,499896	0,499900	0,499904	0,499908	0,499912	0,499915	0,499918	0,499922	0,499925	3,70
3,80	0,499928	0,499930	0,499933	0,499936	0,499938	0,499941	0,499943	0,499946	0,499948	0,499950	3,80
3,90	0,499952	0,499954	0,499956	0,499958	0,499959	0,499961	0,499963	0,499964	0,499966	0,499967	3,90
4,00	0,499968	0,499970	0,499971	0,499972	0,499973	0,499974	0,499975	0,499976	0,499977	0,499978	4,00

Distribuição de Poisson

$$P(X=k) = \frac{e^{-\lambda}\lambda^k}{k!}$$

λ\x	0,1	0,2	0,5	1,0	1,5	2,0	2,5	3,0	3,5	4,0	4,5	5,0	6,0	7,0	8,0	9,0	10,0	x\λ
0	904837	818731	606531	367879	223130	135335	082085	049787	030197	018316	011109	006738	002479	000912	000336	000123	000045	0
1	090484	163746	303265	367879	334695	270671	205212	149361	105691	073263	049990	033690	014873	006383	002684	001111	000454	1
2	004524	016375	075816	183940	251021	270671	256516	224042	184959	146525	112479	084224	044618	022341	010735	004998	002270	2
3	000151	001091	012636	061313	125511	180447	213763	224042	215786	195367	168718	140374	089235	052129	028626	014994	007567	3
4	000004	000055	001580	015329	047067	090224	133602	168031	188812	195367	189808	175467	133853	091226	057252	033737	018917	4
5	000000	000002	000158	003066	014120	036089	066801	100819	132169	156293	170827	175467	160623	127718	091603	060727	037833	5
6	000000	000000	000013	000511	003530	012030	027834	050409	077098	104196	128120	146223	160623	149003	122138	091090	063055	6
7	000000	000000	000001	000073	000756	003437	009941	021604	038549	059540	082363	104445	137677	149003	139587	117116	090079	7
8	000000	000000	000000	000009	000142	000859	003106	008102	016865	029770	046330	065278	103258	130377	139587	131756	112599	8
9	000000	000000	000000	000001	000024	000191	000863	002701	006559	013231	023165	036266	068838	101405	124077	131756	125110	9
10	000000	000000	000000	000000	000004	000038	000216	000810	002296	005292	010424	018133	041303	070983	099261	118580	125110	10
11	000000	000000	000000	000000	000001	000007	000049	000221	000731	001925	004264	008242	022529	045171	072190	097020	113736	11
12	000000	000000	000000	000000	000000	000001	000010	000055	000213	000642	001599	003434	011265	026350	048127	072765	094780	12
13	000000	000000	000000	000000	000000	000000	000002	000013	000057	000197	000553	001321	005199	014188	029616	050376	072908	13
14	000000	000000	000000	000000	000000	000000	000000	000003	000014	000056	000178	000472	002228	007094	016924	032384	052077	14
15	000000	000000	000000	000000	000000	000000	000000	000001	000003	000015	000053	000157	000891	003311	009026	019431	034718	15
16	000000	000000	000000	000000	000000	000000	000000	000000	000001	000004	000015	000049	000334	001448	004513	010930	021699	16
17	000000	000000	000000	000000	000000	000000	000000	000000	000000	000001	000004	000015	000118	000596	002124	005786	012764	17
18	000000	000000	000000	000000	000000	000000	000000	000000	000000	000000	000001	000004	000039	000232	000944	002893	007091	18
19	000000	000000	000000	000000	000000	000000	000000	000000	000000	000000	000000	000001	000012	000086	000397	001371	003732	19
20	000000	000000	000000	000000	000000	000000	000000	000000	000000	000000	000000	000000	000004	000030	000159	000617	001866	20
21	000000	000000	000000	000000	000000	000000	000000	000000	000000	000000	000000	000000	000001	000010	000061	000264	000889	21
22	000000	000000	000000	000000	000000	000000	000000	000000	000000	000000	000000	000000	000000	000003	000022	000108	000404	22
23	000000	000000	000000	000000	000000	000000	000000	000000	000000	000000	000000	000000	000000	000001	000008	000042	000176	23
24	000000	000000	000000	000000	000000	000000	000000	000000	000000	000000	000000	000000	000000	000000	000002	000016	000073	24
25	000000	000000	000000	000000	000000	000000	000000	000000	000000	000000	000000	000000	000000	000000	000001	000006	000029	25
26	000000	000000	000000	000000	000000	000000	000000	000000	000000	000000	000000	000000	000000	000000	000000	000002	000012	26
27	000000	000000	000000	000000	000000	000000	000000	000000	000000	000000	000000	000000	000000	000000	000000	000001	000004	27
28	000000	000000	000000	000000	000000	000000	000000	000000	000000	000000	000000	000000	000000	000000	000000	000000	000002	28
29	000000	000000	000000	000000	000000	000000	000000	000000	000000	000000	000000	000000	000000	000000	000000	000000	000001	29
30	000000	000000	000000	000000	000000	000000	000000	000000	000000	000000	000000	000000	000000	000000	000000	000000	000000	30

Distribuição binomial

$$P(X=k) = \binom{n}{k} p^k q^{n-k}$$

5
6
10

X \ P	0,01	0,05	0,10	0,20	0,25	0,30	0,40	0,50	N = 5
0	95099	77378	59049	32768	23730	16807	07776	03125	05
1	04803	20363	32805	40960	39551	36015	25920	15625	04
2	00097	02143	07290	20480	26367	30870	34560	31250	03
3	00001	00113	00810	05120	08789	13230	23040	31250	02
4	00000	00003	00045	00640	01465	02835	07680	15625	01
5	00000	00000	00001	00032	00098	00243	01024	03125	00
N = 5	0,99	0,95	0,90	0,80	0,75	0,70	0,60	0,50	X \ P

X \ P	0,01	0,05	0,10	0,20	0,25	0,30	0,40	0,50	N = 6
0	94148	73509	53144	26214	17798	11765	04666	01563	06
1	05706	23213	35429	39322	35596	30253	18662	09375	05
2	00144	03055	09842	24576	29663	32413	31104	23437	04
3	00002	00214	01458	08192	13184	18522	27648	31250	03
4	00000	00009	00122	01536	03296	05953	13824	23437	02
5	00000	00000	00005	00154	00439	01021	03686	09375	01
6	00000	00000	00000	00006	00024	00073	00410	01563	00
N = 6	0,99	0,95	0,90	0,80	0,75	0,70	0,60	0,50	X \ P

X \ P	0,01	0,05	0,10	0,20	0,25	0,30	0,40	0,50	N = 10
0	90438	59874	34868	10737	Q5631	02825	00605	00098	10
1	09135	31513	38742	26844	18771	12106	04031	00977	09
2	00415	07463	19371	30199	28157	23347	12093	04394	08
3	00011	01048	05739	20133	25028	26683	21499	11719	07
4	00001	00096	01116	08808	14600	20012	25082	20508	06
5	00000	00006	00149	02642	05840	10292	20066	24608	05
6	00000	00000	00014	00551	01622	03676	11148	20508	04
7	00000	00000	00001	00079	00309	00900	04247	11719	03
8	00000	00000	00000	00007	00039	00144	01062	04394	02
9	00000	00000	00000	00000	00003	00014	00157	00977	01
10	00000	00000	00000	00000	00000	00001	00010	00098	00
N = 10	0,99	0,95	0,90	0,80	0,75	0,70	0,60	0,50	X \ P

Distribuição binomial

$$P(X = k) = \binom{n}{k} p^k q^{n-k}$$

9
15

X \ P	0,01	0,05	0,10	0,20	0,25	0,30	0,40	0,50	N = 9
0	91352	63025	38742	13422	07509	04035	01008	00196	09
1	08305	29854	38742	30199	22525	15565	06047	01758	08
2	00335	06285	17219	30199	30034	26683	16124	07031	07
3	00008	00772	04464	17616	23360	26683	25082	16406	06
4	00000	00061	00744	06606	11680	17153	25082	24609	05
5	00000	00003	00083	01652	03893	07351	16722	24609	04
6	00000	00000	00006	00275	00865	02101	07432	16406	03
7	00000	00000	00000	00029	00124	00386	02123	07031	02
8	00000	00000	00000	00002	00010	00041	00354	01758	01
9	00000	00000	00000	00000	00000	00002	00026	00196	00
N = 9	0,99	0,95	0,90	0,80	0,75	0,70	0,60	0,50	X \ P

X \ P	0,01	0,05	0,10	0,20	0,25	0,30	0,40	0,50	N = 15
0	86006	46329	20589	03519	01336	00475	00047	00003	15
1	13031	36576	34315	13194	06682	03052	00470	00046	14
2	00922	13476	26690	23090	15591	09156	02194	00320	13
3	00040	03073	12851	25014	22520	17004	06339	01389	12
4	00001	00485	04283	18760	22520	21862	12678	04166	11
5	00000	00056	01047	10318	16514	20613	18594	09164	10
6	00000	00005	00194	04299	09175	14724	20660	15274	09
7	00000	00000	00028	01382	03932	08113	17708	19638	08
8	00000	00000	00003	00346	01311	03477	11806	19638	07
9	00000	00000	00000	00067	00340	01159	06121	15274	06
10	00000	00000	00000	00010	00068	00298	02449	09164	05
11	00000	00000	00000	00001	00010	00058	00742	04166	04
12	00000	00000	00000	00000	00001	00008	00165	01389	03
13	00000	00000	00000	00000	00000	00001	00025	00320	02
14	00000	00000	00000	00000	00000	00000	00002	00046	01
15	00000	00000	00000	00000	00000	00000	00000	00003	00
N = 15	0,99	0,95	0,90	0,80	0,75	0,70	0,60	0,50	X \ P

Distribuição binomial

$$P(X=k) = \binom{n}{k} p^k q^{n-k}$$

	7
	20

X \ P	0,01	0,05	0,10	0,20	0,25	0,30	0,40	0,50	N = 7
0	93207	69834	47830	20972	13348	08235	02800	00781	7
1	06590	25728	37201	36700	31146	24706	13064	05469	6
2	00200	04062	12400	27525	31146	31765	26127	16406	5
3	00003	00356	02296	11469	17304	22690	29030	27344	4
4	00000	00019	00255	02867	05768	09724	19354	27344	3
5	00000	00001	00017	00430	01154	02501	07741	16406	2
6	00000	00000	00001	00036	00128	00357	01720	05469	1
7	00000	00000	00000	00001	00006	00022	00164	00781	0
N = 7	0,99	0,95	0,90	0,80	0,75	0,70	0,60	0,50	P \ X

X \ P	0,01	0,05	0,10	0,20	0,25	0,30	0,40	0,50	N = 20
0	81791	35849	12158	01153	00317	00079	00003	00000	20
1	16523	37735	27017	05765	02114	00684	00049	00002	19
2	01586	18868	28518	13691	06695	02785	00309	00018	18
3	00096	05958	19012	20536	13390	07160	01235	00109	17
4	00004	01333	08978	21820	18969	13042	03499	00462	16
5	00000	00224	03192	17456	20233	17886	07465	01479	15
6	00000	00030	00887	10910	16861	19164	12441	03696	14
7	00000	00003	00197	05455	11241	16426	16588	07393	13
8	00000	00000	00035	02216	06089	11440	17970	12013	12
9	00000	00000	00005	00739	02706	06537	15974	16018	11
10	00000	00000	00001	00203	00992	03082	11714	17620	10
11	00000	00000	00000	00046	00301	01201	07100	16018	09
12	00000	00000	00000	00009	00075	00386	03550	12013	08
13	00000	00000	00000	00001	00015	00102	01456	07393	07
14	00000	00000	00000	00000	00002	00022	00485	03696	06
15	00000	00000	00000	00000	00000	00003	00130	01479	05
16	00000	00000	00000	00000	00000	00001	00027	00462	04
17	00000	00000	00000	00000	00000	00000	00004	00109	03
18	00000	00000	00000	00000	00000	00000	00001	00018	02
19	00000	00000	00000	00000	00000	00000	00000	00002	01
20	00000	00000	00000	00000	00000	00000	00000	00000	00
N = 20	0,99	0,95	0,90	0,80	0,75	0,70	0,60	0,50	P \ X

Tabelas de distribuições 343

Distribuição binomial

$$P(X=k) = \binom{n}{k} p^k q^{n-k}$$

X \ P	0,01	0,05	0,10	0,20	0,25	0,30	0,40	0,50	N = 8
0	92274	66342	43047	16777	10011	05765	01680	00390	8
1	07457	27933	38264	33554	26697	19765	08958	03125	7
2	00264	05146	14880	29360	31146	29648	20902	10938	6
3	00005	00542	03307	14680	20764	25412	27869	21875	5
4	00000	00036	00459	04587	08652	13614	23224	27344	4
5	00000	00001	00041	00917	02307	04667	12386	21875	3
6	00000	00000	00002	00115	00385	01000	04129	10938	2
7	00000	00000	00000	00008	00037	00122	00786	03125	1
8	00000	00000	00000	00002	00001	00007	00066	00390	0
N = 8	0,99	0,95	0,90	0,80	0,75	0,70	0,60	0,50	P \ X

Distribuição binomial

$$P(X = k) = \binom{n}{k} p^k q^{n-k}$$

N = 25

X \ P	0,01	0,05	0,10	0,20	0,25	0,30	0,40	0,50	N = 25
0	77782	27739	07179	00378	00075	00013	00000	00000	25
1	19642	36499	19942	02361	00627	00144	00005	00000	24
2	02381	23052	26589	07084	02508	00739	00038	00001	23
3	00184	09302	22650	13577	06410	02428	00194	00007	22
4	00010	02692	13841	18668	11753	05723	00710	00038	21
5	00001	00595	06459	19602	16454	10302	01989	00158	20
6	00000	00104	02392	16335	18282	14717	04420	00528	19
7	00000	00015	00722	11084	16541	17119	07999	01433	18
8	00000	00002	00180	06235	12406	16508	11998	03223	17
9	00000	00000	00038	02944	07811	13364	15109	06088	16
10	00000	00000	00007	01178	04166	09164	16116	09742	15
11	00000	00000	00001	00401	01894	05355	14651	13284	14
12	00000	00000	00000	00117	00736	02678	11395	15498	13
13	00000	00000	00000	00029	00245	01148	07597	15498	12
14	00000	00000	00000	00006	00070	00421	04341	13284	11
15	00000	00000	00000	00001	00017	00133	02122	09742	10
16	00000	00000	00000	00000	00004	00035	00884	06088	09
17	00000	00000	00000	00000	00001	00008	00312	03223	08
18	00000	00000	00000	00000	00000	00001	00091	01433	07
19	00000	00000	00000	00000	00000	00000	00023	00528	06
20	00000	00000	00000	00000	00000	00000	00005	00158	05
21	00000	00000	00000	00000	00000	00000	00001	00038	04
22	00000	00000	00000	00000	00000	00000	00000	00007	03
23	00000	00000	00000	00000	00000	00000	00000	00001	02
24	00000	00000	00000	00000	00000	00000	00000	00000	01
25	00000	00000	00000	00000	00000	00000	00000	00000	00
N = 25	0,99	0,95	0,90	0,80	0,75	0,70	0,60	0,50	X \ P

Distribuição binomial

$$P(X=k) = \binom{n}{k} p^k q^{n-k}$$

N = 30

X \ P	0,01	0,05	0,10	0,20	0,25	0,30	0,40	0,50	N = 30
0	73970	21464	04239	00124	00018	00002	00000	00000	30
1	22415	33890	14130	00929	00179	00029	00000	00000	29
2	03283	25864	22766	03366	00863	00180	00004	00000	28
3	00310	12705	23609	07853	02685	00720	00027	00000	27
4	00021	04514	17707	13252	06042	02084	00120	00002	26
5	00001	01235	10231	17228	10473	04644	00415	00013	25
6	00000	00271	04736	17946	14546	08293	01152	00055	24
7	00000	00049	01804	15382	16624	12185	02634	00190	23
8	00000	00007	00576	11056	15931	15014	05049	00545	22
9	00000	00001	00157	06756	12981	15729	08227	01333	21
10	00000	00000	00037	03547	09086	14156	11519	02798	20
11	00000	00000	00007	01612	05507	11031	13962	05088	19
12	00000	00000	00001	00638	02906	07485	14738	08055	18
13	00000	00000	00000	00221	01341	04442	13604	11154	17
14	00000	00000	00000	00067	00543	02312	11013	13544	16
15	00000	00000	00000	00018	00193	01057	07831	14446	15
16	00000	00000	00000	00004	00060	00425	04894	13544	14
17	00000	00000	00000	00001	00017	00150	02687	11154	13
18	00000	00000	00000	00000	00004	00046	01294	08055	12
19	00000	00000	00000	00000	00001	00012	00545	05088	11
20	00000	00000	00000	00000	00000	00003	00200	02798	10
21	00000	00000	00000	00000	00000	00001	00063	01333	09
22	00000	00000	00000	00000	00000	00000	00017	00545	08
23	00000	00000	00000	00000	00000	00000	00004	00190	07
24	00000	00000	00000	00000	00000	00000	00001	00055	06
25	00000	00000	00000	00000	00000	00000	00000	00013	05
26	00000	00000	00000	00000	00000	00000	00000	00002	04
27	00000	00000	00000	00000	00000	00000	00000	00000	03
28	00000	00000	00000	00000	00000	00000	00000	00000	02
29	00000	00000	00000	00000	00000	00000	00000	00000	01
30	00000	00000	00000	00000	00000	00000	00000	00000	00
N = 30	0,99	0,95	0,90	0,80	0,75	0,70	0,60	0,50	P \ X

Distribuição binomial

$$P(X=k) = \binom{n}{k} p^k q^{n-k}$$

$p = \dfrac{1}{6}$

N\X	5	6	7	8	9	10	15	20	25	30
0	40188	33490	27908	23257	19381	16150	06491	02609	01048	00421
1	40188	40188	39071	37211	34885	32301	19472	10434	05241	02528
2	16075	20094	23443	26048	27908	29071	27260	19824	12579	07330
3	03215	05358	07814	10419	13024	15505	23626	23789	19288	13683
4	00322	00804	01563	02605	03907	05427	14175	20220	21217	18472
5	00012	00064	00188	00417	00781	01302	06237	12941	17822	19211
6		00002	00013	00041	00104	00217	02079	06471	11881	16009
7			00000	00002	00009	00025	00535	02588	06450	10978
8				00000	00001	00002	00107	00841	02903	06312
9					00000	00000	00016	00224	01097	03086
10						00000	00002	00049	00351	01296
11							00000	00009	00096	00471
12							00000	00001	00022	00149
13							00000	00000	00004	00041
14							00000	00000	00001	00010
15							00000	00000	00000	00002
16								00000	00000	00001
17								00000	00000	00000
18								00000	00000	00000
19								00000	00000	00000
20								00000	00000	00000
21									00000	00000
22									00000	00000
23									00000	00000
24									00000	00000
25									00000	00000
26										00000
27										00000
28										00000
29										00000
30										00000

Distribuição *t* de Student

$$P(t > t_\alpha) = \alpha$$

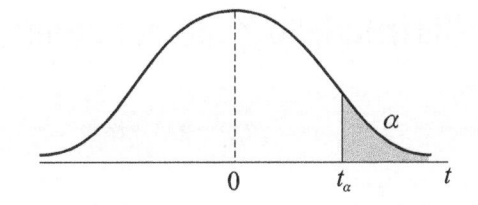

φ/α	0,1	0,05	0,025	0,01	0,005	α/φ
1	3,0777	6,3137	12,7062	31,8210	63,559	1
2	1,8856	2,9200	4,3027	6,9645	9,9250	2
3	1,6377	2,3534	3,1824	4,5407	5,8408	3
4	1,5332	2,1318	2,7765	3,7469	4,6041	4
5	1,4759	2,0150	2,5706	3,3649	4,0321	5
6	1,4398	1,9432	2,4469	3,1427	3,7074	6
7	1,4149	1,8946	2,3646	2,9979	3,4995	7
8	1,3968	1,8595	2,3060	2,8965	3,3554	8
9	1,3830	1,8331	2,2622	2,8214	3,2498	9
10	1,3722	1,8125	2,2281	2,7638	3,1693	10
11	1,3634	1,7959	2,2010	2,7181	3,1058	11
12	1,3562	1,7823	2,1788	2,6810	3,0545	12
13	1,3502	1,7709	2,1604	2,6503	3,0123	13
14	1,3450	1,7613	2,1448	2,6245	2,9768	14
15	1,3406	1,7531	2,1315	2,6025	2,9467	15
16	1,3368	1,7459	2,1199	2,5835	2,9208	16
17	1,3334	1,7396	2,1098	2,5669	2,8982	17
18	1,3304	1,7341	2,1009	2,5524	2,8784	18
19	1,3277	1,7291	2,0930	2,5395	2,8609	19
20	1,3253	1,7247	2,0860	2,5280	2,8453	20
21	1,3232	1,7207	2,0796	2,5176	2,8314	21
22	1,3212	1,7171	2,0739	2,5083	2,8188	22
23	1,3195	1,7139	2,0687	2,4999	2,8073	23
24	1,3178	1,7109	2,0639	2,4922	2,7970	24
25	1,3163	1,7081	2,0595	2,4851	2,7874	25
26	1,3150	1,7056	2,0555	2,4786	2,7787	26
27	1,3137	1,7033	2,0518	2,4727	2,7707	27
28	1,3125	1,7011	2,0484	2,4671	2,7633	28
29	1,3114	1,6991	2,0452	2,4620	2,7564	29
30	1,3104	1,6973	2,0423	2,4573	2,7500	30
35	1,3062	1,6896	2,0301	2,4377	2,7238	35
40	1,3031	1,6839	2,0211	2,4233	2,7045	40
45	1,3007	1,6794	2,0141	2,4121	2,6896	45
50	1,2987	1,6759	2,0086	2,4033	2,6778	50
60	1,2958	1,6706	2,0003	2,3901	2,6603	60
70	1,2938	1,6669	1,9944	2,3808	2,6479	70
80	1,2922	1,6641	1,9901	2,3739	2,6387	80
90	1,2910	1,6620	1,9867	2,3685	2,6316	90
100	1,2901	1,6602	1,9840	2,3642	2,6259	100
1000	1,2824	1,6464	1,9623	2,3301	2,5807	1000

Distribuição χ^2 de qui-quadrado

$$P(\chi^2 > \chi^2_\alpha) = \alpha$$

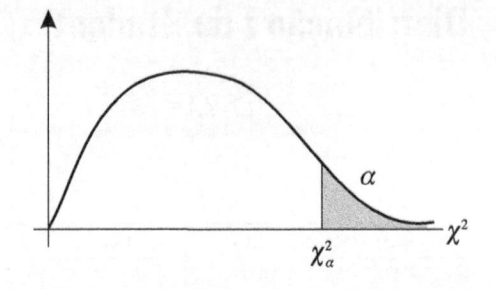

φ/α	0,995	0,99	0,975	0,95	0,9	0,8	0,75	0,25	0,2	0,1	0,05	0,025	0,01	0,005	α/φ
1	3,927E-5	0,0002	0,0010	0,0039	0,0158	0,0642	0,1015	1,3233	1,6424	2,7055	3,8415	5,0239	6,6349	7,8794	1
2	0,0100	0,0201	0,0506	0,1026	0,2107	0,4463	0,5754	2,7726	3,2189	4,6052	5,9915	7,3778	9,2104	10,5965	2
3	0,0717	0,1148	0,2158	0,3518	0,5844	1,0052	1,2125	4,1083	4,6416	6,2514	7,8147	9,3484	11,3449	12,8381	3
4	0,2070	0,2971	0,4844	0,7107	1,0636	1,6488	1,9226	5,3853	5,9886	7,7794	9,4877	11,1433	13,2767	14,8602	4
5	0,4118	0,5543	0,8312	1,1455	1,6103	2,3425	2,6746	6,6257	7,2893	9,2363	11,0705	12,8325	15,0863	16,7496	5
6	0,6757	0,8721	1,2373	1,6354	2,2041	3,0701	3,4546	7,8408	8,5581	10,6446	12,5916	14,4494	16,8119	18,5475	6
7	0,9893	1,2390	1,6899	2,1673	2,8331	3,8223	4,2549	9,0371	9,8032	12,0170	14,0671	16,0128	18,4753	20,2777	7
8	1,3444	1,6465	2,1797	2,7326	3,4895	4,5936	5,0706	10,2189	11,0301	13,3616	15,5073	17,5345	20,0902	21,9549	8
9	1,7349	2,0879	2,7004	3,3251	4,1682	5,3801	5,8988	11,3887	12,2421	14,6837	16,9190	19,0228	21,6660	23,5893	9
10	2,1558	2,5582	3,2470	3,9403	4,8652	6,1791	6,7372	12,5489	13,4420	15,9872	18,3070	20,4832	23,2093	25,1881	10
11	2,6032	3,0535	3,8157	4,5748	5,5778	6,9887	7,5841	13,7007	14,6314	17,2750	19,6752	21,9200	24,7250	26,7569	11
12	3,0738	3,5706	4,4038	5,2260	6,3038	7,8073	8,4384	14,8454	15,8120	18,5493	21,0261	23,3367	26,2170	28,2997	12
13	3,5650	4,1069	5,0087	5,8919	7,0415	8,6339	9,2991	15,9839	16,9848	19,8119	22,3620	24,7356	27,6882	29,8193	13
14	4,0747	4,6604	5,6287	6,5706	7,7895	9,4673	10,1653	17,1169	18,1508	21,0641	23,6848	26,1189	29,1412	31,3194'	14
15	4,6009	5,2294	6,2621	7,2609	8,5468	10,3070	11,0365	18,2451	19,3107	22,3071	24,9958	27,4884	30,5780	32,8015	15
16	5,1422	5,8122	6,9077	7,9616	9,3122	11,1521	11,9122	19,3689	20,4651	23,5418	26,2962	28,8453	31,9999	34,2671	16
17	5,6973	6,4077	7,5642	8,6718	10,0852	12,0023	12,7919	20,4887	21,6146	24,7690	27,5871	30,1910	33,4087	35,7184	17
18	6,2648	7,0149	8,2307	9,3904	10,8649	12,8570	13,6753	21,6049	22,7595	25,9894	28,8693	31,5264	34,8052	37,1564	18
19	6,8439	7,6327	8,9065	10,1170	11,6509	13,7158	14,5620	22,7178	23,9004	27,2036	30,1435	32,8523	36,19.08	38,5821	19
20	7,4338	8,2604	9,5908	10,8508	12,4426	14,5784	15,4518	23,8277	25,0375	28,4120	31,4104	34,1696	37,5663	39,9969	20
21	8,0336	8,8972	10,2829	11,5913	13,2396	15,4446	16,3444	24,9348	26,1711	29,6151	32,6706	35,4789	38,9322	41,4009	21
22	8,6427	9,5425	10,9823	12,3380	14,0415	16,3140	17,2396	26,0393	27,3015	30,8133	33,9245	36,7807	40,2894	42,7957	22
23	9,2604	10,1957	11,6885	13,0905	14,8480	17,1865	18,1373	27,1413	28,4288	32,0069	35,1725	38,0756	41,6383	44,1814	23
24	9,8862	10,8563	12,4011	13,8484	15,6587	18,0618	19,0373	28,2412	29,5533	33,1962	36,4150	39,3641	42,9798	45,5584	24
25	10,5196	11,5240	13,1197	14,6114	16,4734	18,9397	19,9393	29,3388	30,6752	34,3816	37,6525	40,6465	44,3140	46,9280	25
26	11,1602	12,1982	13,8439	15,3792	17,2919	19,8202	20,8434	30,4346	31,7946	35,5632	38,8851	41,9231	45,6416	48,2898	26
27	11,8077	12,8785	14,5734	16,1514	18,1139	20,7030	21,7494	31,5284	32,9117	36,7412	40,1133	43,1945	46,9628	49,6450	27
28	12,4613	13,5647	15,3079	16,9279	18,9392	21,5880	22,6572	32,6205	34,0266	37,9159	41,3372	44,4608	48,2782	50,9936	28
29	13,1211	14,2564	16,0471	17,7084	19,7677	22,4751	23,5666	33,7109	35,1394	39,0875	42,5569	45,7223	49,5878	52,3355	29
30	13,7867	14,9535	16,7908	18,4927	20,5992	23,3641	24,4776	34,7997	36,2502	40,2560	43,7730	46,9792	50,8922	53,6719	30
35	17,1917	18,5089	20,5694	22,4650	24,7966	27,8359	29,0540	40,2228	41,7780	46,0588	49,8018	53,2033	57,3420	60,2746	35
40	20,7066	22,1642	24,4331	26,5093	29,0505	32,3449	33,6603	45,6160	47,2685	51,8050	55,7585	59,3417	63,6908	66,7660	40

Distribuição F de Fisher-Snedecor

$P(F > F_\alpha) = 0{,}01$

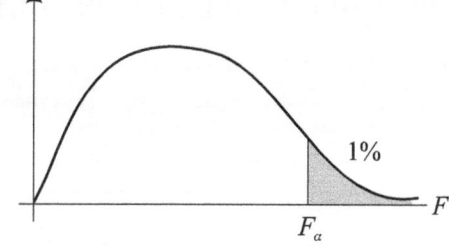

D/N	1	2	3	4	5	6	7	8	9	10	11	12	13	N/D
1	4052,18	4999,34	5403,53	5624,26	5763,96	5858,95	5928,33	5980,95	6022,40	6055,93	6083,40	6106,68	6125,77	1
2	98,5019	99,0003	99,1640	99,2513	99,3023	99,3314	99,3568	99,3750	99,3896	99,3969	99,4078	99,4187	99,4223	2
3	34,1161	30,8164	29,4567	28,7100	28,2371	27,9106	27,6714	27,4895	27,3449	27,2285	27,1320	27,0520	26,9829	3
4	21,1976	17,9998	16,6942	15,9771	15,5219	15,2068	14,9757	14,7988	14,6592	14,5460	14,4523	14,3737	14,3064	4
5	16,2581	13,2741	12,0599	11,3919	10,9671	10,6722	10,4556	10,2893	10,1577	10,0511	9,9626	9,8883	9,8248	5
6	13,7452	10,9249	9,7796	9,1484	8,7459	8,4660	8,2600	8,1017	7,9760	7,8742	7,7896	7,7183	7,6575	6
7	12,2463	9,5465	8,4513	7,8467	7,4604	7,1914	6,9929	6,8401	6,7188	6,6201	6,5381	6,4691	6,4100	7
8	11,2586	8,6491	7,5910	7,0061	6,6318	6,3707	6,1776	6,0288	5,9106	5,8143	5,7343	5,6667	5,6089	8
9	10,5615	8,0215	6,9920	6,4221	6,0569	5,8018	5,6128	5,4671	5,3511	5,2565	5,1779	5,1115	5,0545	9
10	10,0442	7,5595	6,5523	5,9944	5,6364	5,3858	5,2001	5,0567	4,9424	4,8491	4,7716	4,7058	4,6496	10
11	9,6461	7,2057	6,2167	5,6683	5,3160	5,0692	4,8860	4,7445	4,6315	4,5393	4,4624	4,3974	4,3416	11
12	9,3303	6,9266	5,9525	5,4119	5,0644	4,8205	4,6395	4,4994	4,3875	4,2961	4,2198	4,1553	4,0998	12
13	9,0738	6,7009	5,7394	5,2053	4,8616	4,6203	4,4410	4,3021	4,1911	4,1003	4,0245	3,9603	3,9052	13
14	8,8617	6,5149	5,5639	5,0354	4,6950	4,4558	4,2779	4,1400	4,0297	3,9394	3,8640	3,8002	3,7452	14'
15	8,6832	6,3588	5,4170	4,8932	4,5556	4,3183	4,1416	4,0044	3,8948	3,8049	3,7299	3,6662	3,6115	15
16	8,5309	6,2263	5,2922	4,7726	4,4374	4,2016	4,0259	3,8896	3,7804	3,6909	3,6162	3,5527	3,4981	16
17	8,3998	6,1121	5,1850	4,6689	4,3360	4,1015	3,9267	3,7909	3,6823	3,5931	3,5185	3,4552	3,4007	17
18	8,2855	6,0129	5,0919	4,5790	4,2479	4,0146	3,8406	3,7054	3,5971	3,5081	3,4338	3,3706	3,3162	18
19	8,1850	5,9259	5,0103	4,5002	4,1708	3,9386	3,7653	3,6305	3,5225	3,4338	3,3596	3,2965	3,2422	19
20	8,0960	5,8490	4,9382	4,4307	4,1027	3,8714	3,6987	3,5644	3,4567	3,3682	3,2941	3,2311	3,1769	20
21	8,0166	5,7804	4,8740	4,3688	4,0421	3,8117	3,6396	3,5056	3,3982	3,3098	3,2359	3,1729	3,1187	21
22	7,9453	5,7190	4,8166	4,3134	3,9880	3,7583	3,5866	3,4530	3,3458	3,2576	3,1837	3,1209	3,0667	22
23	7,8811	5,6637	4,7648	4,2635	3,9392	3,7102	3,5390	3,4057	3,2986	3,2106	3,1368	3,0740	3,0199	23
24	7,8229	5,6136	4,7181	4,2185	3,8951	3,6667	3,4959	3,3629	3,2560	3,1681	3,0944	3,0316	2,9775	24
25	7,7698	5,5680	4,6755	4,1774	3,8550	3,6272	3,4568	3,3239	3,2172	3,1294	3,0558	2,9931	2,9389	25
26	7,7213	5,5263	4,6365	4,1400	3,8183	3,5911	3,4210	3,2884	3,1818	3,0941	3,0205	2,9578	2,9038	26
27	7,6767	5,4881	4,6009	4,1056	3,7847	3,5580	3,3882	3,2558	3,1494	3,0618	2,9882	2,9256	2,8715	27
28	7,6357	5,4529	4,5681	4,0740	3,7539	3,5276	3,3581	3,2259	3,1195	3,0320	2,9585	2,8959	2,8418	28
29	7,5977	5,4205	4,5378	4,0449	3,7254	3,4995	3,3303	3,1982	3,0920	3,0045	2,9311	2,8685	2,8144	29
30	7,5624	5,3903	4,5097	4,0179	3,6990	3,4735	3,3045	3,1726	3,0665	2,9791	2,9057	2,8431	2,7890	30
40	7,3142	5,1785	4,3126	3,8283	3,5138	3,2910	3,1238	2,9930	2,8876	2,8005	2,7273	2,6648	2,6107	40
50	7,1706	5,0566	4,1994	3,7195	3,4077	3,1864	3,0202	2,8900	2,7850	2,6981	2,6250	2,5625	2,5083	50
100	6,8953	4,8239	3,9837	3,5127	3,2059	2,9877	2,8233	2,6943	2,5898	2,1793	2,4302	2,3676	2,3132	100

Distribuição F de Fisher-Snedecor
(continuação)

$$P(F > F_\alpha) = 0{,}01$$

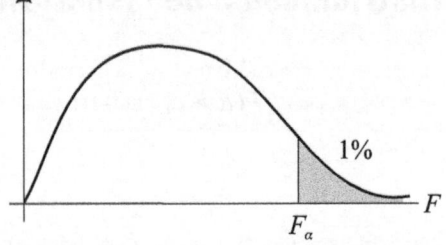

D/N	14	15	16	17	18	19	20	25	30	40	50	100	N/D
1	6143,00	6156,97	6170,01	6181,19	6191,43	6200,75	6208,66	6239,86	6260,35	6286,43	6302,26	6333,92	1
2	99,4260	99,4332	99,4369	99,4405	99,4442	99,4478	99,4478	99,4587	99,4660	99,4769	99,4769	99,4914	2
3	26,9238	26,8719	26,8265	26,7864	26,7510	26,7191	26,6900	26,5791	26,5045	26,4108	26,3544	26,2407	3
4	14,2486	14,1981	14,1540	14,1144	14,0794	14,0481	14,0194	13,9107	13,8375	13,7452	13,6897	13,5769	4
5	9,7700	9,7223	9,6802	9,6429	9,6095	9,5797	9,5527	9,4492	9,3794	9,2912	9,2377	9,1300	5
6	7,6050	7,5590	7,5186	7,4826	7,4506	7,4219	7,3958	7,2960	7,2286	7,1432	7,0914	6,9867	6
7	6,3590	6,3144	6,2751	6,2400	6,2089	6,1808	6,1555	6,0579	5,9920	5,9084	5,8577	5,7546	7
8	5,5588	5,5152	5,4765	5,4423	5,4116	5,3841	5,3591	5,2631	5,1981	'5,1156'	5,0654	4,9633	8
9	5,0052	4,9621	4,9240	4,8902	4,8599	4,8327	4,8080	4,7130	4,6486	4,5667	4,5167	4,4150	9
10	4,6008	4,5582	4,5204	4,4869	4,4569	4,4299	4,4054	4,3111	4,2469	4,1653	4,1155	4,0137	10
11	4,2933	4,2509	4,2135	4,1802	4,1503	4,1234	4,0990	4,0051	3,9411	3,8596	3,8097	3,7077	11
12	4,0517	4,0096	3,9724	3,9392	3,9095	3,8827	3,8584	3,7647	3,7008	3,6192	3,5692	3,4668	12
13	3,8573	3,8154	3,7783	3,7452	3,7156	3,6889	3,6646	3,5710	3,5070	3,4253	3,3752	3,2723	13
14	3,6976	3,6557	3,6187	3,5857	3,5561	3,5294	3,5052	3,4116^	3,3476	3,2657	3,2153	3,1118	14
15	3,5639	3,5222	3,4852	3,4523	3,4228	3,3961	3,3719	3,2782	3,2141	3,1319	3,0814	2,9772	15
18	3,4506	3,4090	3,3721	3,3392	3,3096	3,2829	3,2587	3,1650	3,1007	3,0182	2,9675	2,8627	16
17	3,3533	3,3117	3,2748	3,2419	3,2124	3,1857	3,1615	3,0676	3,0032	2,9204	2,8694	2,7639	17
18	3,2689	3.2273	3,1905	3,1575	3,1280	3,1013	3,0771	2,9831	2,9185	2,8354	2,7841	2,6779	18
19	3,1949	3,1533	3,1165	3,0836	3,0541	3,0274	3,0031	2,9089	2,8442	2,7608	2,7092	2,6023	19
20	3,1296	3,0880	3,0512	3,0183	2,9887	2,9620	2,9377	2,8434	2,7785	2,6947	2,6430	2,5353	20
21	3,0715	3,0300	2,9931	2,9602	2,9306	2,9038	2,8795	2,7850	2,7200	2,6359	2,5838	2,4755	21
22	3,0195	2,9779	2,9411	2,9082	2,8786	2,8518	2,8274	2,7328	2,6675	2,5831	2,5308	2,4218	22
23	2,9727	2,9311	2,8942	2,8613	2,8317	2,8049	2,7805	2,6857	2,6202	2,5355	2,4829	2,3732	23
24	2,9303	2,8887	2,8519	2,8189	2,7892	2,7624	2,7380	2,6430	2,5773	2,4923	2,4395	2,3291	24
25	2,8917	2,8502	2,8133	2,7803	2,7506	2,7238	2,6993	2,6041	2,5383	2,4530	2,3999	2,2888	25
26	2,8566	2,8150	2,7781	2,7451	2,7154	2,6885	2,6640	2,5686	2,5026	2,4170	2,3637	2,2519	26
27	2,8243	2,7827	2,7458	2,7127	2,6830	2,6561	2,6316	2,5360	2,4699	2,3840	2,3304	2,2180	27
28	2,7946	2,7530	2,7160	2,6830	2,6532	2,6263	2,6018	2,5060	2,4397	2,3535	2,2997	2,1867	28
29	2,7672	2,7256	2,6886	2,6555	2,6257	2,5987	2,5742	2,4783	2,4118	2,3253	2,2713	2,1577	29
30	2,7418	2,7002	2,6632	2,6301	2,6002	2,5732	2,5487	2,4526	2,3860	2,2992	2,2450	2,1307	30
40	2,5634	2,5216	2,4844	2,4511	2,4210	2,3937	2,3689	2,2714	2,2034	2,1142	2,0581	1,9383	40
50	2,4609	2,4190	2,3816	2,3481	2,3178	2,2903	2,2652	2,1667	2,0976	2,0066	1,9490	1,8248	50
100	2,2654	2,2230	2,1852	2,1511	2,1203	2,0923	2,0666	1,9651	1,8933	1,7972	1,7353	1,5977	100

Distribuição F de Fisher-Snedecor

$$P(F > F_a) = 0,025$$

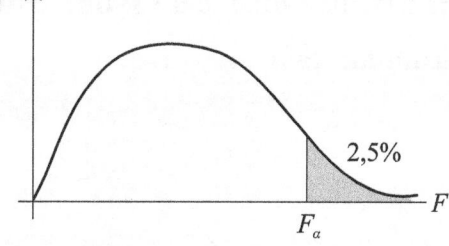

2,5%

D/N	1	2	3	4	5	6	7	8	9	10	11	12	13	N/D
1	647,7931	799,4822	864,1509	899,5994	921,8347	937,1142	948,2028	956,6429	963,2786	968,6337	973,0284	976,7246	979,8387	1
2	38,5062	39,0000	39,1656	39,2483	39,2984	39,3311	39,3557	39,3729	39,3866	39,3984	39,4066	39,4148	39,4211	2
3	17,4434	16,0442	15,4391	15,1010	14,8848	14,7347	14,6244	14,5399	14,4730	14,4189	14,3741	14,3366	14,3045	3
4	12,2179	10,6490	9,9792	9,6045	9,3645	9,1973	9,0741	8,9796	8,9046	8,8439	8,7936	8,7512	8,7150	4
5	10,0069	8,4336	7,7636	7,3879	7,1464	6,9777	6,8530	6,7572	6,6810	6,6192	6,5678	6,5245	6,4876	5
6	8,8131	7,2599	6,5988	6,2271	5,9875	5,8197	5,6955	5,5996	5,5234	5,4613	5,4098	5,3662	5,3290	6
7	8,0727	6,5415	5,8898	5,5226	5,2852	5,1186	4,9949	4,8993	4,8232	4,7611	4,7095	4,6658	4,6285	7
8	7,5709	6,0595	5,4160	5,0526	4,8173	4,6517	4,5285	4,4333	4,3572	4,2951	4,2434	4,1997	4,1622	8
9	7,2093	5,7147	5,0781	4,7181	4,4844	4,3197	4,1970	4,1020	4,0260	3,9639	3,9121	3,8682	3,8306	9
10	6,9367	5,4564	4,8256	4,4683	4,2361	4,0721	3,9498	3,8549	3,7790	3,7168	3,6649	3,6210	3,5832	10
11	6,7241	5,2559	4,6300	4,2751	4,0440	3,8806	3,7586	3,6638	3,5879	3,5257	3,4737	3,4296	3,3917	11
12	6,5538	5,0959	4,4742	4,1212	3,8911	3,7283	3,6065	3,5118	3,4358	3,3735	3,3215	3,2773	3,2393	12
13	6,4143	4,9653	4,3472	3,9959	3,7667	3,6043	3,4827	3,3880	3,3120	3,2497	3,1975	3,1532	3,1150	13
14	6,2979	4,8567	4,2417	3,8919	3,6634	3,5014	3,3799	3,2853	3,2093	3,1469	3,0946	3,0502	3,0119	14
15	6,1995	4,7650	4,1528	3,8043	3,5764	3,4147	3,2934	3,1987	3,1227	3,0602	3,0078	2,9633	2,9249	15
16	6,1151	4,6867	4,0768	3,7294	3,5021	3,3406	3,2194	3,1248	3,0488	2,9862	2,9337	2,8891	2,8506	16
17	6,0420	4,6189	4,0112	3,6648	3,4379	3,2767	3,1556	3,0610	2,9849	2,9222	2,8696	2,8249	2,7863	17
18	5,9781	4,5597	3,9539	3,6083	3,3820	3,2209	3,0999	3,0053	2,9291	2,8664	2,8137	2,7689	2,7302	18
19	5,9216	4,5075	3,9034	3,5587	3,3327	3,1718	3,0509	2,9563	2,8801	2,8172	2,7645	2,7196	2,6808	19
20	5,8715	4,4612	3,8587	3,5147	3,2891	3,1283	3,0074	2,9128	2,8365	2,7737	2,7209	2,6758	2,6369	20
21	5,8266	4,4199	3,8188	3,4754	3,2501	3,0895	2,9686	2,8740	2,7977	2,7348	2,6819	2,6368	2,5978	21
22	5,7863	4,3828	3,7829	3,4401	3,2151	3,0546	2,9338	2,8392	2,7628	2,6998	2,6469	2,6017	2,5626	22
23	5,7498	4,3492	3,7505	3,4083	3,1835	3,0232	2,9023	2,8077	2,7313	2,6682	2,6152	2,5699	2,5308	23
24	5,7166	4,3187	3,7211	3,3794	3,1548	2,9946	2,8738	2,7791	2,7027	2,6396	2,5865	2,5411	2,5019	24
25	5,6864	4,2909	3,6943	3,3530	3,1287	2,9685	2,8478	2,7531	2,6766	2,6135	2,5603	2,5149	2,4756	25
26	5,6586	4,2655	3,6697	3,3289	3,1048	2,9447	2,8240	2,7293	2,6528	2,5896	2,5363	2,4909	2,4515	26
27	5,6331	4,2421	3,6472	3,3067	3,0828	2,9228	2,8021	2,7074	2,6309	2,5676	2,5143	2,4688	2,4293	27
28	5,6096	4,2205	3,6264	3,2863	3,0626	2,9027	2,7820	2,6872	2,6106	2,5473	2,4940	2,4484	2,4089	28
29	5,5878	4,2006	3,6072	3,2674	3,0438	2,8840	2,7633	2,6686	2,5919	2,5286	2,4752	2,4295	2,3900	29
30	5,5675	4,1821	3,5893	3,2499	3,0265	2,8667	2,7460	2,6513	2,5746	2,5112	2,4578	2,4120	2,3724	30
40	5,4239	4,0510	3,4633	3,1261	2,9037	2,7444	2,6238	2,5289	2,4519	2,3882	2,3343	2,2882	2,2481	40
50	5,3403	3,9749	3,3902	3,0544	2,8326	2,6736	2,5530	2,4579	2,3808	2,3168	2,2627	2,2162	2,1758	50
100	5,1786	3,8284	3,2496	2,9166	2,6961	2,5374	2,4168	2,3215	2,2439	2,1793	2,1245	2,0773	2,0363	100

Distribuição F de Fisher-Snedecor
(continuação)

$$P(F > F_\alpha) = 0{,}025$$

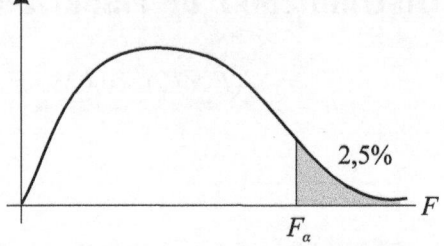

D/N	14	15	16	17	18	19	20	25	30	40	50	100	N/D
1	982,5453	984,8736	986,9109	988,7153	990,3451	991,8003	993,0809	998,0868	1001,4046	1005,5955	1008,0985	1013,1625	1
2	39,4266	39,4311	39,4357	39,4393	39,4421	39,4457	39,4475	39,4575	39,4648	9,4662	39,4775	39,4875	2
3	14,2768	14,2527	14,2315	14,2127	14,1961	14,1808	14,1674	14,1154	14,0806	5,1597	14,0099	13,9562	3
4	8,6837	8,6566	8,6326	8,6113	8,5923	8,5753	8,5599	8,5010	8,4613	3,8036	8,3808	8,3195	4
5	6,4556	6,4277	6,4032	6,3814	6,3619	6,3444	6,3285	6,2678	6,2269	3,1573	6,1436	6,0800	5
6	5,2968	5,2686	5,2439	5,2218	5,2021	5,1844	5,1684	5,1069	5,0652	2,7812	4,9804	4,9154	6
7	4,5961	4,5678	4,5428	4,5206	4,5008	4,4829	4,4668	4,4045	4,3624	2,5351	4,2763	4,2101	7
8	4,1297	4,1012	4,0761	4,0538	4,0338	4,0158	3,9994	3,9367	3,8940	2,3614	3,8067	3,7393	8
9	3,7980	3,7693	3,7441	3,7216	3,7015	3,6833	3,6669	3,6035	3,5604	2,2320	3,4719	3,4034	9
10	3,5504	3,5217	3,4963	3,4736	3,4534	3,4351	3,4185	3,3546	3,3110	2,1317	3,2214	3,1517	10
11	3,3588	3,3299	3,3044	3,2816	3,2612	3,2428	3,2261	3,1616	3,1176	2,0516	3,0268	2,9561	11
12	3,2062	3,1772	3,1515	3,1286	3,1081	3,0896	3,0728	3,0077	,2963	1,9861	2,8714	2,7996	12
13	3,0819	3,0527	3,0269	3,0039	2,9832	2,9646	2,9477	2,8821	2,8373	1,9315	2,7443	2,6715	13
14	2,9786	2,9493	2,9234	2,9003	2,8795	2,8607	2,8437	2,7777	2,7324	1,8852	2,6384	2,5646	14
15	2,8915	2,8621	2,8360	2,8128	2,7919	2,7730	2,7559	2,6894	2,6437	1,8454	2,5488	2,4739	15
16	2,8170	2,7875	2,7614	2,7380	2,7170	2,6980	2,6808	2,6138	2,5678	1,8108	2,4719	2,3961	16
17	2,7526	2,7230	2,6968	2,6733	2,6522	2,6331	2,6158	2,5484	2,5020	1,7805	2,4053	2,3285	17
18	2,6964	2,6667	2,6403	2,6168	2,5956	2,5764	2,5590	2,4912	2,4445	1,7537	2,3468	2,2692	18
19	2,6469	2,6171	2,5907	2,5670	2,5457	2,5264	2,5089	2,4408	2,3937	1,7298	2,2952	2,2167	19
20	2,6030	2,5731	2,5465	2,5228	2,5014	2,4821	2,4645	2,3959	2,3486	1,7083	2,2493	2,1699	20
21	2,5638	2,5338	2,5071	2,4833	2,4618	2,4424	2,4247	2,3558	2,3082	1,6890	2,2081	2,1280	21
22	2,5285	2,4984	2,4717	2,4478	2,4262	2,4067	2,3890	2,3198	2,2718	1,6714	2,1710	2,0901	22
23	2,4966	2,4665	2,4396	2,4156	2,3940	2,3745	2,3566	2,2871	2,2389	1,6554	2,1374	2,0556	23
24	2,4677	2,4374	2,4105	2,3865	2,3648	2,3452	2,3273	2,2574	2,2090	1,6407	2,1067	2,0243	24
25	2,4413	2,4110	2,3840	2,3599	2,3381	2,3184	2,3005	2,2303	2,1816	1,6272	2,0787	1,9955	25
26	2,4171	2,3867	2,3597	2,3355	2,3137	2,2939	2,2759	2,2054	2,1565	1,6147	2,0530	1,9691	26
27	2,3949	2,3644	2,3373	2,3131	2,2912	2,2713	2,2533	2,1826	2,1334	1,6032	2,0293	1,9447	27
28	2,3743	2,3438	2,3167	2,2924	2,2704	2,2505	2,2324	2,1614	2,1121	1,5925	2,0073	1,9221	28
29	2,3554	2,3248	2,2976	2,2732	2,2512	2,2313	2,2131	2,1419	2,0923	1,5825	1,9870	1,9011	29
30	2,3378	2,3072	2,2799	2,2554	2,2334	2,2134	2,1952	2,1237	2,0739	1,5732	1,9681	1,8816	30
40	2,2130	2,1819	2,1542	2,1293	2,1068	2,0864	2,0677	1,9943	1,9429	1,5056	1,8324	1,7405	40
50	2,1404	2,1090	2,0810	2,0558	2,0330	2,0122	1,9933	1,9186	1,8659	1,4648	1,7520	1,6558	50
100	2,0001	1,9679	1,9391	1,9132	1,8897	1,8682	1,8486	1,7705	1,7148	1,3817	1,5917	1,4833	100

Distribuição F de Fisher-Snedecor

$$P(F > F_\alpha) = 0{,}05$$

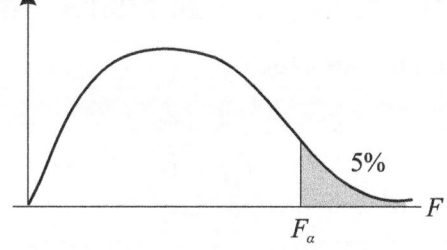

D/N	1	2	3	4	5	6	7	8	9	10	11	12	13	N/D
1	161,4462	199,4995	215,7067	224,5833	230,1604	233,9875	236,7669	238,8842	240,5432	241,8819	242,9806	243,9047	244,6905	1
2	18,5128	19,0000	19,1642	19,2467	19,2963	19,3295	19,3531	19,3709	19,3847	19,3959	19,4050	19,4125	19,4188	2
3	10,1280	9,5521	9,2766	9,1172	9,0134	8,9407	8,8867	8,8452	8,8123	8,7855	8,7633	8,7447	8,7286	3
4	7,7086	6,9443	6,5914	6,3882	6,2561	6,1631	6,0942	6,0410	5,9988	5,9644	5,9358	5,9117	5,8911	4
5	6,6079	5,7861	5,4094	5,1922	5,0503	4,9503	4,8759	4,8183	4,7725	4,7351	4,7040	4,6777	4,6552	5
6	5,9874	5,1432	4,7571	4,5337	4,3874	4,2839	4,2067	4,1468	4,0990	4,0600	4,0274	3,9999	3,9764	6
7	5,5915	4,7374	4,3468	4,1203	3,9715	3,8660	3,7871	3,7257	3,6767	3,6365	3,6030	3,5747	3,5503	7
8	5,3176	4,4590	4,0662	3,8379	3,6875	3,5806	3,5005	3,4381	3,3881	3,3472	3,3129	3,2839	3,2590	8
9	5,1174	4,2565	3,8625	3,6331	3,4817	3,3738	3,2927	3,2296	3,1789	3,1373	3,1025	3,0729	3,0475	9
10	4,9646	4,1028	3,7083	3,4780	3,3258	3,2172	3,1355	3,0717	3,0204	2,9782	2,9430	2,9130	2,8872	10
11	4,8443	3,9823	3,5874	3,3567	3,2039	3,0946	3,0123	2,9480	2,8962	2,8536	2,8179	2,7876	2,7614	11
12	4,7472	3,8853	3,4903	3,2592	3,1059	2,9961	2,9134	2,8486	2,7964	2,7534	2,7173	2,6866	2,6602	12
13	4,6672	3,8056	3,4105	3,1791	3,0254	2,9153	2,8321	2,7669	2,7144	2,6710	2,6346	2,6037	2,5769	13
14	4,6001	3,7389	3,3439	3,1122	2,9582	2,8477	2,7642	2,6987	2,6458	2,6022	2,5655	2,5342	2,5073	14
15	4,5431	3,6823	3,2874	3,0556	2,9013	2,7905	2,7066	2,6408	2,5876	2,5437	2,5068	2,4753	2,4481	15
16	4,4940	3,6337	3,2389	3,0069	2,8524	2,7413	2,6572	2,5911	2,5377	2,4935	2,4564	2,4247	2,3973	16
17	4,4513	3,5915	3,1968	2,9647	2,8100	2,6987	2,6143	2,5480	2,4943	2,4499	2,4126	2,3807	2,3531	17
18	4,4139	3,5546	3,1599	2,9277	2,7729	2,6613	2,5767	2,5102	2,4563	2,4117	2,3742	2,3421	2,3143	18
19	4,3808	3,5219	3,1274	2,8951	2,7401	2,6283	2,5435	2,4768	2,4227	2,3779	2,3402	2,3080	2,2800	19
20	4,3513	3,4928	3,0984	2,8661	2,7109	2,5990	2,5140	2,4471	2,3928	2,3479	2,3100	2,2776	2,2495	20
21	4,3248	3,4668	3,0725	2,8401	2,6848	2,5727	2,4876	2,4205	2,3661	2,3210	2,2829	2,2504	2,2222	21
22	4,3009	3,4434	3,0491	2,8167	2,6613	2,5491	2,4638	2,3965	2,3419	2,2967	2,2585	2,2258	2,1975	22
23	4,2793	3,4221	3,0280	2,7955	2,6400	2,5277	2,4422	2,3748	2,3201	2,2747	2,2364	2,2036	2,1752	23
24	4,2597	3,4028	3,0088	2,7763	2,6207	2,5082	2,4226	2,3551	2,3002	2,2547	2,2163	2,1834	2,1548	24
25	4,2417	3,3852	2,9912	2,7587	2,6030	2,4904	2,4047	2,3371	2,2821	2,2365	2,1979	2,1649	2,1362	25
26	4,2252	3,3690	2,9752	2,7426	2,5868	2,4741	2,3883	2,3205	2,2655	2,2197	2,1811	2,1479	2,1192	26
27	4,2100	3,3541	2,9603	2,7278	2,5719	2,4591	2,3732	2,3053	2,2501	2,2043	2,1655	2,1323	2,1034	27
28	4,1960	3,3404	2,9467	2,7141	2,5581	2,4453	2,3593	2,2913	2,2360	2,1900	2,1512	2,1179	2,0889	28
29	4,1830	3,3277	2,9340	2,7014	2,5454	2,4324	2,3463	2,2782	2,2229	2,1768	2,1379	2,1045	2,0755	29
30	4,1709	3,3158	2,9223	2,6896	2,5336	2,4205	2,3343	2,2662	2,2107	2,1646	2,1256	2,0921	2,0630	30
40	4,0847	3,2317	2,8387	2,6060	2,4495	2,3359	2,2490	2,1802	2,1240	2,0773	2,0376	2,0035	1,9738	40
50	4,0343	3,1826	2,7900	2,5572	2,4004	2,2864	2,1992	2,1299	2,0733	2,0261	1,9861	1,9515	1,9214	50
100	3,9362	3,0873	2,6955	2,4626	2,3053	2,1906	2,1025	2,0323	1,9748	1,9267	1,8857	1,8503	1,8193	100

Distribuição F de Fisher-Snedecor
(continuação)

$P(F > F_a) = 0{,}05$

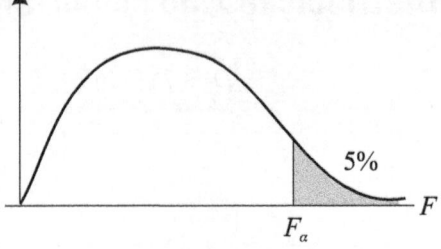

D/N	14	15	16	17	18	19	20	25	30	40	50	100	N/D
1	245,3635	245,9492	246,4658	246,9169	247,3244	247,6881	248,0156	249,2598	250,0965	251,1442	251,7736	253,0433	1
2	19,4243	19,4291	19,4332	19,4370	19,4402	19,4432	19,4457	19,4557	19,4625	19,4707	19,4757	19,4857	2
3	8,7149	8,7028	8,6923	8,6829	8,6745	8,6670	8,6602	8,6341	8,6166	8,5944	8,5810	8,5539	3
4	5,8733	5,8578	5,8441	5,8320	5,8211	5,8114	5,8025	5,7687	5,7459	5,7170	5,6995	5,6640	4
5	4,6358	4,6188	4,6038	4,5904	4,5785	4,5678	4,5581	4,5209	4,4957	4,4638	4,4444	4,4051	5
6	3,9559	3,9381	3,9223	3,9083	3,8957	3,8844	3,8742	3,8348	3,8082	3,7743	3,7537	3,7117	6
7	3,5292	3,5107	3,4944	3,4799	3,4669	3,4551	3,4445	3,4036	3,3758	3,3404	3,3189	3,2749	7
8	3,2374	3,2184	3,2016	3,1867	3,1733	3,1612	3,1503	3,1081	3,0794	3,0428	3,0204	2,9747	8
9	3,0255	3,0061	2,9890	2,9737	2,9600	2,9477	2,9365	2,8932	2,8637	2,8259	2,8028	2,7556	9
10	2,8647	2,8450	2,8276	2,8120	2,7980	2,7854	2,7740	2,7298	2,6996	2,6609	2,6371	2,5884	10
11	2,7386	2,7186	2,7009	2,6851	2,6709	2,6581	2,6464	2,6014	2,5705	2,5309	2,5066	2,4566	11
12	2,6371	2,6169	2,5989	2,5828	2,5684	2,5554	2,5436	2,4977	2,4663	2,4259	2,4010	2,3498	12
13	2,5536	2,5331	2,5149	2,4987	2,4841	2,4709	2,4589	2,4123	2,3803	2,3392	2,3138	2,2614	13
14	2,4837	2,4630	2,4446	2,4282	2,4134	2,4000	2,3879	2,3407	2,3082	2,2663	2,2405	2,1870	14
15	2,4244	2,4034	2,3849	2,3683	2,3533	2,3398	2,3275	2,2797	2,2468	2,2043	2,1780	2,1234	15
16	2,3733	2,3522	2,3335	2,3167	2,3016	2,2880	2,2756	2,2272	2,1938	2,1507	2,1240	2,0685	16
17	2,3290	2,3077	2,2888	2,2719	2,2567	2,2429	2,2304	2,1815	2,1477	2,1040	2,0769	2,0204	17
18	2,2900	2,2686	2,2496	2,2325	2,2172	2,2033	2,1906	2,1413	2,1071	2,0629	2,0354	1,9780	18
19	2,2556	2,2341	2,2149	2,1977	2,1823	2,1682	2,1555	2,1057	2,0712	2,0264	1,9986	1,9403	19
20	2,2250	2,2033	2,1840	2,1667	2,1511	2,1370	2,1242	2,0739	2,0391	1,9938	1,9656	1,9066	20
21	2,1975	2,1757	2,1563	2,1389	2,1232	2,1090	2,0960	2,0454	2,0102	1,9645	1,9360	1,8761	21
22	2,1727	2,1508	2,1313	2,1138	2.0980	2,0837	2,0707	2,0196	1,9842	1,9380	1,9092	1,8486	22
23	2,1502	2,1282	2,1086	2,0910	2,0751	2,0608	2,0476	1,9963	1,9605	1,9139	1,8848	1,8234	23
24	2,1298	2,1077	2,0880	2,0703	2,0543	2,0399	2,0267	1,9750	1,9390	1,8920	1,8625	1,8005	24
25	2,1111	2,0889	2,0691	2,0513	2,0353	2,0207	2,0075	1,9554	1,9192	1,8718	1,8421	1,7794	25
26	2,0939	2,0716	2,0518	2,0339	2,0178	2,0032	1,9898	1,9375	1,9010	1,8533	1,8233	1,7599	26
27	2,0781	2,0558	2,0358	2,0179	2,0017	1,9870	1,9736	1,9210	1,8842	1,8361	1,8059	1,7419	27
28	2,0635	2,0411	2,0210	2,0030	1,9868	1,9720	1,9586	1,9057	1,8687	1,8203	1,7898	1,7251	28
29	2,0500	2,0275	2,0073	1,9893	1,9730	1,9581	1,9446	1,8915	1,8543	1,8055	1,7748	1,7096	29
30	2,0374	2,0148	1,9946	1,9765	1,9601	1,9452	1,9317	1,8782	1,8409	1,7918	1,7609	1,6950	30
40	1,9476	1,9245	1,9038	1,8851	1,8682	1,8529	1,8389	1,7835	1,7444	1,6928	1,6600	1,5892	40
50	1,8949	1,8714	1,8503	1,8313	1,8141	1,7985	1,7841	1,7273	1,6872	1,6337	1,5995	1,5249	50
100	1,7919	1,7675	1,7456	1,7259	1,7079	1,6915	1,6764	1,61.63	1,5733	1,5151	1,4772	1,3917	100

Distribuição *F* de Fisher-Snedecor

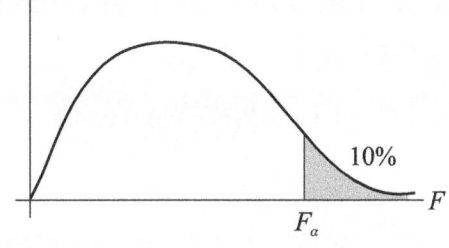

$$P(F > F_a) = 0{,}10$$

D/N	1	2	3	4	5	6	7	8	9	10	11	12	13	N/D
1	39,8636	49,5002	53,5933	55,8330	57,2400	58,2045	58,9062	59,4391	59,8575	60,1949	60,4728	60,7051	60,9025	1
2	8,5263	9,0000	9,1618	9,2434	9,2926	9,3255	9,3491	9,3668	9,3805	9,3916	9,4006	9,4082	9,4145	2
3	5,5383	5,4624	5,3908	5,3427	5,3091	5,2847	5,2662	5,2517	5,2400	5,2304	5,2224	5,2156	5,2098	3
4	4,5448	4,3246	4,1909	4,1072	4,0506	4,0097	3,9790	3,9549	3,9357	3,9199	3,9067	3,8955	3,8859	4
5	4,0604	3,7797	3,6195	3,5202	3,4530	3,4045	3,3679	3,3393	3,3163	3,2974	3,2816	3,2682	3,2567	5
6	3,7760	3,4633	3,2888	3,1808	3,1075	3,0546	3,0145	2,9830	2,9577	2,9369	2,9195	2,9047	2,8920	6
7	3,5894	3,2574	3,0741	2,9605	2,8833	2,8274	2,7849	2,7516	2,7247	2,7025	2,6839	2,6681	2,6545	7
8	3,4579	3,1131	2,9238	2,8064	2,7264	2,6683	2,6241	2,5893	2,5612	2,5380	2,5186	2,5020	2,4876	8
9	3,3603	3,0064	2,8129	2,6927	2,6106	2,5509	2,5053	2,4694	2,4403	2,4163	2,3961	2,3789	2,3640	9
10	3,2850	2,9245	2,7277	2,6053	2,5216	2,4606	2,4140	2,3771	2,3473	2,3226	2,3018	2,2841	2,2687	10
11	3,2252	2,8595	2,6602	2,5362	2,4512	2,3891	2,3416	2,3040	2,2735	2,2482	2,2269	2,2087	2,1930	11
12	3,1766	2,8068	2,6055	2,4801	2,3940	2,3310	2,2828	2,2446	2,2135	2,1878	2,1660	2,1474	2,1313	12
13	3,1362	2,7632	2,5603	2,4337	2,3467	2,2830	2,2341	2,1953	2,1638	2,1376	2,1155	2,0966	2,0802	13
14	3,1022	2,7265	2,5222	2,3947	2,3069	2,2426	2,1931	2,1539	2,1220	2,0954	2,0730	2,0537	2,0370	14
15	3,0732	2,6952	2,4898	2,3614	12,2730	2,2081	2,1582	2,1185	2,0862	2,0593	2,0366	2,0171	2,0001	15
16	3,0481	2,6682	2,4618	2,3327	2,2438	2,1783	2,1280	2,0880	2,0553	2,0281	2,0051	1,9854	1,9682	16
17	3,0262	2,6446	2,4374	2,3077	2,2183	2,1524	2,1017	2,0613	2,0284	2,0009	1,9777	1,9577	1,9404	17
18	3,0070	2,6239	2,4160	2,2858	2,1958	2,1296	2,0785	2,0379	2,0047	1,9770	1,9535	1,9333	1,9158	18
19	2,9899	2,6056	2,3970	2,2663	2,1760	2,1094	2,0580	2,0171	1,9836	1,9557	1,9321	1,9117	1,8940	19
20	2,9747	2,5893	2,3801	2,2489	2,1582	2,0913	2,0397	1,9985	1,9649	1,9367	1,9129	1,8924	1,8745	20
21	2,9610	2,5746	2,3649	2,2333	2,1423	2,0751	2,0233	1,9819	1,9480	1,9197	1,8956	1,8750	1,8570	21
22	2,9486	2,5613	2,3512	2,2193	2,1279	2,0605	2,0084	1,9668	1,9327	1,9043	1,8801	1,8593	1,8411	22
23	2,9374	2,5493	2,3387	2,2065	2,1149	2,0472	1,9949	1,9531	1,9189	1,8903	1,8659	1,8450	1,8267	23
24	2,9271	2,5383	2,3274	2,1949	2,1030	2,0351	1,9826	1,9407	1,9063	1,8775	1,8530	1,8319	1,8136	24
25	2,9177	2,5283	2,3170	2,1842	2,0922	2,0241	1,9714	1,9292	1,8947	1,8658	1,8412	1,8200	1,8015	25
26	2,9091	2,5191	2,3075	2,1745	2,0822	2,0139	1,9610	1,9188	1,8841	1,8550	1,8303	1,8090	1,7904	26
27	2,9012	2,5106	2,2987	2,1655	2,0730	2,0045	1,9515	1,9091	1,8743	1,8451	1,8203	1,7989	1,7802	27
28	2,8938	2,5028	2,2906	2,1571	2,0645	1,9959	1,9427	1,9001	1,8652	1,8359	1,8110	1,7895	1,7706	28
29	2,8870	2,4955	2,2831	2,1494	2,0566	1,9878	1,9345	1,8918	1,8568	1,8274	1,8024	1,7808	1,7620	29
30	2,8807	2,4887	2,2761	2,1422	2,0492	1,9803	1,9269	1,8841	1,8490	1,8195	1,7944	1,7727	1,7538	30
40	2,8353	2,4404	2,2261	2,0909	1,9968	1,9269	1,8725	1,8289	1,7929	1,7627	1,7369	1,7146	1,6950	40
50	2,8087	2,4120	2,1967	2,0608	1,9660	1,8954	1,8405	1,7963	1,7598	1,7291	1,7029	1,6802	1,6602	50
100	2,7564	2,3564	2,1394	2,0019	1,9057	1,8339	1,7778	1,7324	1,6949	1,9267	1,6360	1,6124	1,5916	100

Distribuição F de Fisher-Snedecor
(continuação)

$$P(F > F_\alpha) = 0{,}10$$

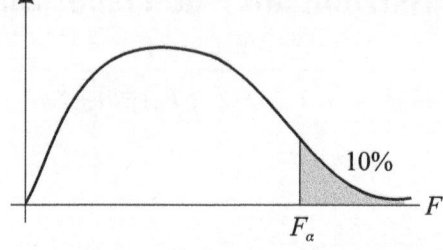

10%

F_α

D/N	14	15	16	17	18	19	20	25	30	40	50	100	N/D
1	61,0726	61,2204	61,3500	61,4646	61,5664	61,6578	61,7401	62,0548	62,2649	62,5291	62,6878	63,0071	1
2	9,4200	9,4247	9,4288	9,4325	9,4358	9,4387	9,4413	9,4513	9,4579	9,4662	9,4713	9,4813	2
3	5,2047	5,2003	5,1964	5,1929	5,1898	5,1870	5,1845	5,1747	5,1681	5,1597	5,1546	5,1443	3
4	3,8776	3,8704	3,8639	3,8582	3,8531	3,8485	3,8443	3,8283	3,8174	3,8036	3,7952	3,7782	4
5	3,2468	3,2380	3,2303	3,2234	3,2172	3,2117	3,2067'	3,1873	3,1741	3,1573	3,1471	3,1263	5
6	2,8809	2,8712	2,8626	2,8550	2,8481	2,8419	2,8363	2,8147	2,8000	2,7812	2,7697	2,7463	6
7	2,6426	2,6322	2,6230	2,6148	2,6074	2,6008	2,5947	2,5714	2,5555	2,5351	2,5226	2,4971	7
8	2,4752	2,4642	2,4545	2,4458	2,4380	2,4310	2,4246	2,3999	2,3830	2,3614	2,3481	2,3208	8
9	2,3510	2,3396	2,3295	2,3205	2,3123	2,3050	2,2983	2,2725	2,2547	2,2320	2,2180	2,1892	9
10	2,2553	2,2435	2,2330	2,2237	2,2153	2,2077	2,2007	2,1739	2,1554	2,1317	2,1171	2,0869	10
11	2,1792	2,1671	2,1563	2,1467	2,1380	2,1302	2,1230	2,0953	2,0762	2,0516	2,0364	2,0050	11
12	2,1173	2,1049	2,0938	2,0839	2,0750	2,0670	2,0597	2,0312	2,0115	1,9861	1,9704	1,9379	12
13	2,0658	2,0532	2,0419	2,0318	2,0227	2,0145	2,0070	1,9778	1,9576	1,9315	1,9153	1,8817	13
14	2,0224	2,0095	1,9981	1,9878	1,9785	1,9701	1,9625	1,9326	1,9119	1,8852	1,8686	1,8340	14
15	1,9853	1,9722	1,9605	1,9501	1,9407	1,9321	1,9243	1,8939	1,8728	1,8454	1,8284	1,7929	15
16	1,9532	1,9399	1,9281	1,9175	1,9079	1,8992	1,8913	1,8603	1,8388	1,8108	1,7934	1,7570	16
17	1,9252	1,9117	1,8997	1,8889	1,8792	1,8704	1,8624	1,8309	1,8090	1,7805	1,7628	1,7255	17
18	1,9004	1,8868	1,8747	1,8638	1,8539	1,8450	1,8368	1,8049	1,7827	1,7537	1,7356	1,6976	18
19	1,8785	1,8647	1,8524	1,8414	1,8314	1,8224	1,8142	1,7818	1,7592	1,7298	1,7114	1,6726	19
20	1,8588	1,8449	1,8325	1,8214	1,8113	1,8022	1,7938	1,7611	1,7382	1,7083	1,6896	1,6501	20
21	1,8412	1,8271	1,8146	1,8034	1,7932	1,7840	1,7756	1,7424	1,7193	1,6890	1,6700	1,6298	21
22-	1,8252	1,8111	1,7984	1,7871	1,7768	1,7675	1,7590	1,7255	1,7021	1,6714	1,6521	1,6113	22
23	1,8107	1,7964	1,7837	1,7723	1,7619	1,7525	1,7439	1,7101	1,6864	1,6554	1,6358	1,5944	23
24	1,7974	1,7831	1,7703	1,7587	1,7483	1,7388	1,7302	1,6960	1,6721	1,6407	1,6209	1,5788	24
25	1,7853	1,7708	1,7579	1,7463	1,7358	1,7263	1,7175	1,6831	1,6589	1,6272	1,6072	1,5645	25
26	1,7741	1,7596	1,7466	1,7349	1,7243	1,7147	1,7059	1,6712	1,6468	1,6147	1,5945	1,5513	26
27	1,7638	1,7492	1,7361	1,7243	1,7137	1,7040	1,6951	1,6602	1,6356	1,6032	1,5827	1,5390	27
28	1,7542	1,7395	1,7264	1,7146	1,7039	1,6941	1,6852	1,6500	1,6252	1,5925	1,5718	1,5276	28
29	1,7454	1,7306	1,7174	1,7055	1,6947	1,6849	1,6759	1,6405	1,6155	1,5825	1,5617	1,5169	29
30	1,7371	1,7223	1,7090	1,6970	1,6862	1,6763	1,6673	1,6316	1,6065	1,5732	1,5522	1,5069	30
40	1,6778	1,6624	1,6486	1,6362	1,6249	1,6146	1,6052	1,5677	1,5411	1,5056	1,4830	1,4336	40
50	1,6426	1,6269	1,6128	1,6000	1,5884	1,5778	1,5681	1,5294	1,5018	1,4648	1,4409	1,3885	50
100	1,5731	1,5566	1,5418	1,5283	1,5160	1,5047	1,4943	1,4528	1,4227	1,3817	1,3548	1,2934	100

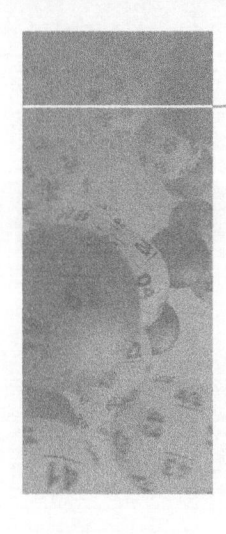

Respostas

Capítulo 1
Exercícios propostos

1. $\Omega = \{(ccc),(ccr),(crc),(crr),(rcc),(rcr),(rrc),(rrr)\}$.

    a) $A = \{(ccc),(rrr)\}$.

    b) $B = \{(ccc),(ccr),(crc),(crr)\}$.

    c) $C = \{(crr),(rrr)\}$.

2. $\Omega = \{(hhh),(hhm),(hmh),(hmm),(mhh),(mhm),(mmh),(mmm)\}$.

    a) $A = \{(hhm),(hmh),(mhh)\}$.

    b) $B = \Omega - \{(mmm)\}$.

    c) $C = \Omega - \{(mmm)\}$.

3. a) $A = \{x = y\} = \{(5,5),(10,10),(15,15),(20,20),(25,25),(30,30)\}$.

    b) $B = \{y < x\} = \{(10,5),(15,5),(20,5),(25,5),(30,5),(15,10),$
    $(20,10),(25,10),(30,10),(20,15),(25,15),(30,15),(25,20),$
    $(30,20),(30,25)\}$.

    c) $C = \{x = y - 10\} = \{(5,15),(10,20),(15,25),(20,30)\}$.

    d) $D = \left\{\dfrac{x+y}{2} < 10\right\} = \{(5,5),(5,10),(10,5)\}$.

4. a) $A \cap \bar{B} \cap \bar{C}$.

    b) $A \cap C \cap \bar{B}$.

c) $A \cap B \cap C$.

d) $A \cup B \cup C$.

e) $(A \cap \bar{B} \cap \bar{C}) \cup (\bar{A} \cap B \cap \bar{C}) \cup (\bar{A} \cap \bar{B} \cap C)$.

f) $\bar{A} \cap \bar{B} \cap \bar{C}$.

g) $(A \cap B \cap \bar{C}) \cup (A \cap \bar{B} \cap C) \cup (\bar{A} \cap B \cap C)$.

h) $(A \cap B \cap \bar{C}) \cup (A \cap \bar{B} \cap C) \cup (\bar{A} \cap B \cap C) \cup (A \cap B \cap C)$.

i) $\overline{(A \cap B \cap C)}$.

Capítulo 2
Exercícios propostos

1. Demonstrar que $(A \cap \bar{B})$ e $(\bar{A} \cap B)$ são mutuamente exclusivos e depois aplicar o Teorema 4 (página 13).

2. a) $\dfrac{37}{124}$. b) $\dfrac{21}{124}$.

3. a) 0,19. b) 0,49.

   c) 0,32.

4. a) 0,65. b) 0,02.

   c) 1.

5. a) $\dfrac{4}{65}$. b) $\dfrac{3}{91}$.

6. a) $\dfrac{2}{n}$. b) $\dfrac{2(n-1)}{n^2}$.

7. $\dfrac{53}{105}$.

8. a) $\dfrac{11}{850}$. b) $\dfrac{22}{425}$.

   c) $\dfrac{169}{425}$.

9. a) $\dfrac{3}{8}$.   b) $\dfrac{1}{2}$.

    c) $\dfrac{1}{2}$.

10. a) $\dfrac{1}{6}$.   b) $\dfrac{29}{30}$.

11. $\dfrac{20}{429}$.

12. $\dfrac{19}{55}$.

13. a) 0,1296.   b) 0,1944.
    c) 0,1681.

14. $\dfrac{5}{16}$.

15. 0,488.

16. $\dfrac{5}{16}$.

17. a) 0,89783.   b) 0,36326.
    c) 0,88338.

18. $\dfrac{4}{7}$ e $\dfrac{3}{7}$.

19. $\dfrac{19}{21}$.

20. $x = 3$.

21. a) $\dfrac{1}{6}$.   b) $\dfrac{1}{3}$.

    c) $\dfrac{1}{2}$.

22. a) 0,00856.   b) 0,91854.
    c) 0,0729.   d) 0,40951.

23. a) 0,357307.   b) 0,162562
    c) 0,870279.

24. $\dfrac{23}{50}$.

25. a) a_1) 0,01498. a_2) 0,14985.
    b) b_1) 0,33333. b_2) 0,71429.

26. a) $\dfrac{3}{4}$.   b) $\dfrac{1}{5}$.

27. 0,06788.

28. $\dfrac{31}{70}$.

29. $\dfrac{2}{9}$.

30. a) $\dfrac{143}{315}$.   b) $\dfrac{172}{315}$.

31. a) 0,80.   b) 0,68.
    c) 0,24.   d) 0,75.

32. A: 7,84%, B: 3,92% e C: 0,98%.

33. $\dfrac{7}{72}$.

34. $\dfrac{219}{1.400}$.

35. 0,954.

36. a) 0,380.   b) 0,120.
    c) 0,036.

37. a) 0,00127.   b) 0,999999.
    c) 0,531441.

38. $\dfrac{86}{175}$.

39. $\dfrac{16}{65}$.

40. 20%.

41. $x = 4$.

42. 0,14286.

43. 2%, 2% e 1%.

Capítulo 3
Exercícios propostos

1.
X	P(X)
0	1/35
1	12/35
2	18/35
3	4/35

2.
X	P(X)
0	27/343
1	108/343
2	144/343
3	64/343

3. a) $\dfrac{1}{3}$.　　b) $\dfrac{4}{9}$ e $\dfrac{2}{9}$.

   c) $\dfrac{7}{9}$.

4. 3,15 pessoas; 126.000 pessoas.

5. −230,00.

6. a) 0,003619.　　b) 73 pacotes.
   c) 47,69.

7. −64,00

8. b) −0,74.

c) 73,99.

9. $\dfrac{n+1}{2}$ e $\dfrac{n^2-1}{12}$.

10. a) 38.

b) 18.

11. 2.

12. R$ 10,00.

13. R$ 75.600,00.

14. 3 e 2,5.

15. 0 e 2.

16. a) 2,8 e 1,9.

b) 0,56 e 0,49.

c) 0,28.

d) 0,533.

17. 0,4694.

18. 0,97 e $Y = 2X$.

19. a) 0,68.

b) 0,53.

20. a) −5,5.

b) 8,18.

c) 0.

d) 1.

21. b) 0,6; 0,6; 0,24; e 0,24.

c) 1,2 e 0,36.

d) −0,25.

22. 5,4 e 0,4.

23. a) 7,0.

b) 0,059.

c) $\dfrac{17}{36}$.

24. 5,22 e 3,012.

25. a) 3,85 e 1,48.

b) 3,78 e 5,41.

26. 1,40.

27. a) 4, usar $E(X + Y) = E(X) + E(Y)$.

b) 4.

28. b) $\dfrac{41}{19}$. c) $\dfrac{3}{16}$.

29. a) 0,2; 0,4; e 0,4. b) 4,68.
    c) 22,40.

30. a) 1 e 9. b) 22 e 51.

31. 23 e 77.

32. a) 18 e 10,2. b) Não são independentes: $\rho = -0,3333$.

34. a) Usar $P(x_i, y_j) = P(x_i) \cdot P(y_j)$, para todo par (x_i, y_j), $i = 1, 2, 3$ e $j = 2, 3, 4$.
    b) 3,3. c) $-2,3$ e 16,53.

Capítulo 4
Exercícios propostos

1. a) 0,21499. b) 0,16729.
   c) 0,61772. d) 0,16729.
   e) 0,37623. f) 0,45148.
   g) 0,41326. h) 4 e 2,4.
   i) 0 e 1.

2. 18, $\dfrac{2}{3}$, 2 e $\dfrac{4}{9}$.

3. 0,39175.

4. 0,00364.

5. 0,499071.

6. 0,184737.

7. a) 0,90438. c) 0,09562.
   c) 0.

8. a) 0,99237. b) 0,76360.

9. a) 0,006738. b) 0,999501.

10. a) 0,199148. b) 0,223130.

11. a) 0,07463. b) 0,19371.

12. a) 0,39072. b) 0,13484.
    c) $\dfrac{4}{3}$. d) $\dfrac{10}{9}$.

13. a) 0,08984. b) 0,7461.
    c) 0,07031.

14. a) 0,000045. b) 0,124652.

15. Aplicar as propriedades da esperança e da variância.

16. a) 0,018316. b) 0,761896: 6,6 dias.

17. a) 0,265026. b) 0,112599.

18. a) 0,168031. b) 0,800852.
    c) 0,616115.

19. a) 0,32307. b) 0,53710.

20. a) 0,559507. b) 0,175467.
    c) 0,124652. d) 0,084224.

21. a) 0,20233. b) 0,90874.
    c) 0,00317. d) 0,41485.

22. a) 0,000123. b) 0,006232.
    c) 0,268933.

23. a) 0,018316. b) 0,647232.

24. a) 0,222363. b) 0,688265.

25. a) 0,16729. b) 0,21499.

26. a) 0,190120. b) 0,015562.
    c) 0,038742. d) 0,062105.
    e) 0,440493.

27. a) 3. b) 0,134566.
    c) R$ 1.026,00.

Capítulo 5
Exercícios propostos

1. a) $\dfrac{3}{8}, \dfrac{3}{2}, \dfrac{3}{20}$. b) $\dfrac{2}{3}, \dfrac{4}{9}, \dfrac{13}{162}$.

   c) $2, \dfrac{1}{2}, \dfrac{1}{4}$.

2. a)

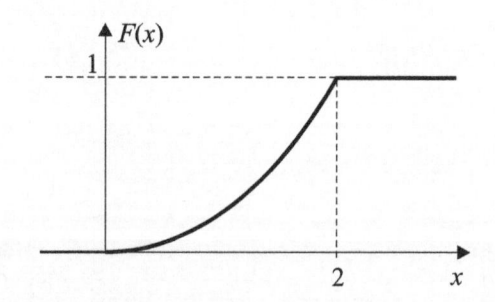

   b)

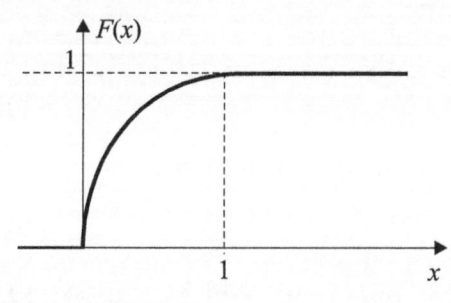

   c)

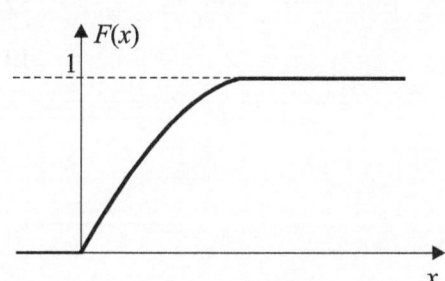

3. $\dfrac{5}{6}, \dfrac{5}{252}$.

4. $\dfrac{1}{6}$ e $\dfrac{22}{9}$.

5. $k = 2, m = 1,17$.

6. $1,38629; 0,0782$.

7. a) $\dfrac{3}{8}$. b) $\dfrac{5}{8}$.

   c) $\dfrac{2}{3}$.

8. 0,6174.

9. a) 0,632. b) 0,148.

10. 0 e $\dfrac{1}{48}$.

11. 0 e 1.

12. $a = e^{-k}$.

13. a) 0,999570. b) 0,676677.

14. a) 0,76600. b) 0,16335.

15. a) 99,73%. b) 0,02%.

16. a) 0,040059. b) 0,68269. c) 0,52869.

17. a) 0,62%. b) 97,59%.

18. a) 87,16%. b) 0,14%. c) 0,07%.

19. a) 1,4. b) 841,3.

   c) 120,8.

20. 1,5.

21. 0,151205.

Capítulo 6
Exercícios propostos

1. a) 0,561838. b) 0,102640.
    c) 0,883584.

2. a) 0,038364. b) 0,993431.
    c) 0,999800.

3. a) 0,176186. b) 0,031443

4. 0,134990.

5. a) 1. b) 1.
   c) 066807. d) 0,073552.
   e) 0,903200.

6. 0,026190.

7. a) 0,355691. b) 0,088508.

8. a) 0,057053. b) 0,919882.
   c) 0,546746. d) 0,004940.

9. a) 0,994220. b) 0,068112.
   c) 0,028524. d) 0,055806.

10. a) 147,26. b) 0,908519.

11. a) 0,999908. b) 0,166023.

12. a) 0,000046. b) 0,994297.

13. a) 0,974412. b) 0,015792.

14. 0,456205.

Capítulo 8
Exercícios propostos

1. d) 652,22.
   e) 278,75.

2. $\bar{x} = 44,9168$; $s = 3,0916$; $Mo = 45,6722$; $Md = 44,95$.
   $Q_3 = 46,825$, $P_{48} = 44,7786$.

3. b) $A = 22$.
   c) $k = 8$.
   h) $\bar{x} = 30,39$.
   i) $s^2 = 14,8464$ e $s = 3,853$.
   j) $Mo = 30,0682$.
   k) $Md = 30,2143$.
   l) $Q_3 = 32,804$.
   m) $D_6 = 31,0714$.
   n) $P_{74} = 32,6739$.

Capítulo 9
Exercícios propostos

1. a) 0,096801.
    b) 0,54726.
    c) 0,9973.

2. a) 0,458138.
    b) $P(1.183,91 \leq x \leq 1.216,09) = 0,90$.

3. $n \geq 54$.

4. $n \geq 779$.

5. 11,7%.

Capítulo 11
Exercícios propostos

1. IC(μ, 98%) = (39,874; 50,126).

2. IC(μ, 80%) = (224,88; 235,12).
    IC(μ, 90%) = (223,4; 236,56).

3. a) IC(μ, 95%) = (R$ 33.985,50; R$ 34.642,50).
    b) IC(μ, 99%) = (R$ 33.881,60; R$ 34.746,41).
    c) Em 1%.

4. a) IC(μ, 99%) = (974,2h; 1.025,76h).
    b) 25,8h.
    c) $n \cong 10.651$ lâmpadas.

5. $n \geq 139$.

6. IC(μ, 85%) = (51,72 min.; 57,56 min.).

7. IC(p, 95%) = [21,02%; 38,98%].

8. a) IC(p, 98%) = [51,94%; 68,06%].
    b) 8,06%.
    c) $n \geq 521$ (Se usar $\sigma_{\hat{p}} = \sqrt{\dfrac{1}{4n}}$, então $n \geq 543$).

9. IC(p, 95%) = [24,12%; 35,88%],
    $e = 5,88\%$.

10. a) IC(p, 98%) = [38,86%; 41,14%].
    b) 1,14%.

11. IC(μ, 90%) = (29,34; 30,66).

12. a) IC(μ, 95%) = (64,723; 69,277).
    b) $n \geq 139$.

Capítulo 12
Exercícios propostos

1. Rejeita-se H_0 ($z_{calc} = 10,0$).

2. Rejeita-se H_0 ($z_{calc} = -3.467$).

3. a) Não se rejeita H_0 ($z_{calc} = 2,002$).
   b) Rejeita-se H_0 ($z_{calc} = 2,002$).
   c) Não se rejeita H_0 ($z_{calc} = 2,002$).

4. Rejeita-se H_0, isto é, a amostra não é formada por indivíduos daquele país ($z_{calc} = -3,795$).

5. A moeda não é honesta, ao nível de 5% ($z_{calc} = -2$).

6. A indústria paga salários inferiores, ao nível de 5% ($z_{calc} = -2,7999$).

7. A ênfase dada mudou o resultado do teste, ao nível de 5% ($z_{calc} = 2,143$).

8. A pretensão do fabricante não é legítima ($z_{calc} = -7,075$).

9. O metal não é puro ($z_{calc} = 5$).

10. A qualidade dos blocos tem se deteriorado ($z_{calc} = -5$).

11. A tensão de ruptura realmente aumentou ($z_{calc} = 3,536$).

12. $n = 16$: não é significativa a diminuição da resistência da corrente ($z_{calc} = -1,50$).
    $n = 64$: é significativa a diminuição da resistência da corrente à ruptura ($z_{calc} = -3,00$).

Capítulo 13

1. $\bar{x} \in (-\infty; 47,2279) \cup (52,7721; +\infty)$,
   $\beta = 0,44696$.

2. $\alpha = 5{,}48\%$.

3. a) Não se rejeita que o metal é puro ($z_{calc} = -1$).
   b)

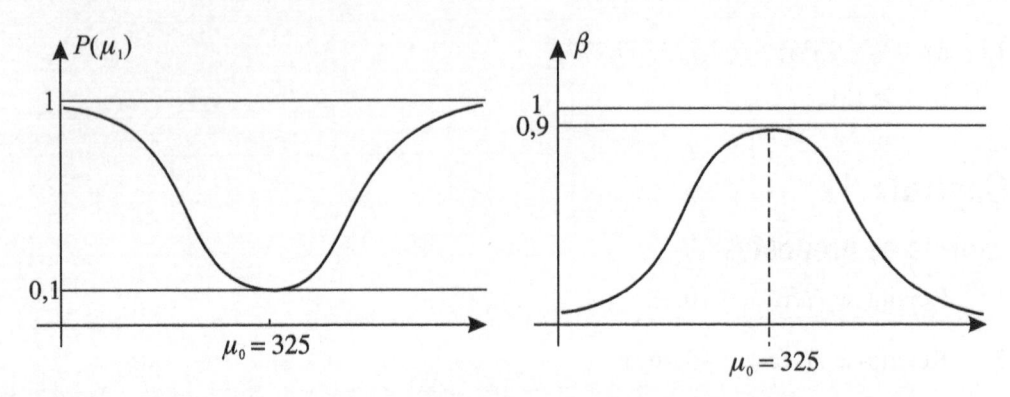

4. Não se rejeitaria que o metal é puro ($\mu = 325$) em 22,36 vezes.

5. a) $P(I) = 0$.
   b) $\beta = 0{,}0797$.

Capítulo 14

Exercícios propostos 1

1. $IC(\mu, 95\%) = (7{,}211;\ 32{,}789)$

2. $IC(\mu, 90\%) = (15{,}062;\ 16{,}138)$

3. $IC(u, 90\%) = (141{,}586;\ 158{,}414)$

4. $IC(\mu, 95\%) = (6{,}592;\ 8{,}168)$
   $IC(\mu, 99\%) = (6{,}268;\ 8{,}492)$

5. $IC(\mu, 98\%) = (19{,}289;\ 24{,}711)$

6. O aumento da média é superior a 0,3 g, ao nível de 5% ($t_{calc} = 1{,}825$).

7. Não há razões para crer que a porcentagem de nitrato não seja 10% ($t_{calc} = 1{,}078$).

8. $IC(\mu, 99\%) = (0{,}248;\ 0{,}347)$

9. Não se rejeita H_0, não é significativo que a média seja diferente de 10, ao nível de 2% ($t_{calc} = -2$).

10. A ração especial aumenta o ganho médio de peso nos três primeiros meses de vida, ao nível de 5% ($t_{calc} = 2{,}323$).

Exercícios propostos 2

1. Rejeita-se H_0, isto é, é significativo que a média seja inferior a 100, ao nível de 5% ($z_{calc} = -7$).

2. a) $IC(\mu, 95\%) = (7,229; 8,771)$.

   b) Rejeita-se H_0, isto é, a média é diferente de 7, ao nível de 5% ($t_{calc} = 2,608$).

3. Concluímos que a máquina não é precisa, ao nível de 1% ($z_{calc} = -2,582$).

4. $IC(\mu; 99,7\%) = (59,851; 60,1495)$,

   $n \geq 224$.

5. a) $IC(\mu, 95\%) = (40,326; 45,734)$ usando t de Student

   $\{IC(\mu, 95\%) = (40,423; 45,637)$ usando normal$\}$.

   b) Não é significativo que $\mu > 42$.

6. a) $IC(\mu, 95\%) = (40,614; 43,386)$.

   b) $n = 384,16$.

7. a) $IC(\mu, 99\%) = (100,016; 102,984)$ usando t de Student

   $\{IC(\mu, 99\%) = (100,094; 100,906)$ usando normal$\}$.

   b) É significativo que $\mu < 105$, ao nível de 5% (usando normal ou t de Student) ($n = 36$, $t_{calc} = -6,42$ ou $z_{calc} = -6,42$).

Capítulo 15

Exercícios propostos

1. Não é significativo o aumento do nível médio do aprendizado, a 5% ($t_{calc} = -1,5$).

2. A 10% não é significativo que haja diferença entre os níveis de aproveitamento ($t_{calc} = -0,6$).

3. A 2,5% não é significativo que a média da primeira população seja inferior à média da segunda população ($t_{calc} = -1,41$).

4. A 5% não rejeitamos que a primeira amostra é originária de uma população cuja média seja inferior à segunda ($t_{calc} = -1,78$).

5. Concluímos, ao nível de 10%, que os alunos da faculdade A não são melhores que os alunos da faculdade B ($t_{calc} = 0,199$).

6. Podemos dizer que as vidas médias das duas marcas de lâmpadas são diferentes, ao nível de 10% ($z_{calc} = 17,677$).

7. Não há diferença entre os dois distritos, ao nível de 5% ($z_{calc} = 1,759$).

8. A 5% concluímos que as médias não são diferentes ($z_{calc} = 1,712$).

9. A 10% é significativo que a porcentagem de motoristas adolescentes descuidados seja 10% maior que a de motoristas adultos descuidados ($z_{calc} = -5,034$).

10. É significativa a diferença entre os níveis de aproveitamento das duas classes, ao nível de 5% ($z_{calc} = -2,497$).

11. A vida média dos componentes elétricos são diferentes, ao nível de 5% ($z_{calc} = 5,5249$).

12. A 5% podemos supor que as probabilidades de sucessos sejam idênticas em ambas as populações ($z_{calc} = -1,34$).

Capítulo 16

Exercícios propostos

1. IC(σ^2, 90%) = (6.875,518; 22.709,003).

2. IC(σ^2, 90%) = (1,3162; 3,7097).

   Não é significativo, ao nível de 10%, que a variância seja menor que 3 ($\chi^2_{calc} = 14,333$).

3. IC(σ^2, 98%) = (0,295; 13,182).

4. a) IC(σ^2, 90%) = (6,5089; 19,393).

   b) Não é significativo que VAR(X) > 18, ao nível de 10% ($\chi^2_{calc} = 10,90$).

5. IC(σ^2, 90%) = (13,078; 35,140).

   Não é significativo que a variância populacional seja diferente de 16, ao nível de 5% ($\chi^2_{calc} = 28,75$).

Capítulo 17

Exercícios propostos

1. Os dados seguem uma distribuição normal com média 171,7 e desvio padrão 7,83, ao nível de 5%.

2. A 5% concluímos que o novo instrutor não está seguindo o padrão de conceitos dos demais instrutores ($\chi^2_{calc} = 11,27$).

3. Os dados seguem uma distribuição normal com média 11,092 e desvio padrão 0,739, com 95% de confiabilidade ($\chi^2_{calc} = 1,5625$).

4. Não é significativo o auxílio do soro na cura da enfermidade, ao nível de 5% ($\chi^2_{calc} = 1,93$).

5. Não é significativa a independência entre as classificações, isto é, ao nível de 5% o nível educacional do indivíduo não influi no êxito de seu casamento ($\chi^2_{calc} = 18,408$).

6. Ao nível de 5%, concluímos que não há relação entre o fato de o indivíduo tomar pílula e o fato de dormir melhor (são independentes) ($\chi^2_{calc} = 1,069$).

7. É significativo o grau de dependência entre os aproveitamentos de física e de matemática, ao nível de 5% ($\chi^2_{calc} = 145,72$).

8. Ao nível de 2,5% podemos concluir que é significativa a independência entre a escolha da emissora e a sua programação ($\chi^2_{calc} = 4,80$).

Capítulo 18
Exercícios propostos

1. a) IC (σ_1^2/σ_2^2, 90%) = (0,8243; 4,4571).

    b) Não se rejeita H_0. Não é significativo que o segundo processo seja melhor que o primeiro (tenha variância menor), ao nível de 5% ($F_{calc} = 2,059$).

2. a) IC(σ_1^2/σ_2^2, 98%) = (0,3112; 7,9334).

    b) As duas populações têm as mesmas variâncias, ao nível de 2% ($F_{calc} = 1,4$).

3. Não se rejeita H_0, isto é, os dois analistas têm a mesma precisão, ao nível de 10% ($F_{calc} = 1,5289$)

    {São dados $(x_i - u)$; usar $s^2 = \dfrac{1}{n}\Sigma(x_i - u)^2$ }.

Referências bibliográficas

ALLEN, R. G. D. *Estatística para economistas*. Rio de Janeiro: Editora Fundo de Cultura, 1970.

BLACKWELL, D. *Estatística básica*. São Paulo: McGraw-Hill, 1973.

BOWKER, A. H. & LIEBERMAN, G. J. *Engineering Statistics*. Englewood Cliffs: PrenticeHall. Inc., 1959.

COSTA NETO, P. L. O. *Estatística*. São Paulo: Edgard Blucher, 1977.

HOEL, P. G. *Estatística elementar*. São Paulo: Atlas, 1977.

KARMEL, P. H. & POLASEK, M. *Estatística geral e aplicada para economistas*. São Paulo: Atlas, 1974.

KAZMIER, L. J. *Estatística aplicada à economia e à administração*. São Paulo: McGraw-Hill, 1982.

KMENTA, J. *Elementos de econometria*. São Paulo: Atlas, 1978.

LINDGREN, B. W & MCELRATH, G. W. *Introdução à estatística*. Rio de Janeiro: Livros Técnicos e Científicos, 1972.

LINDGREN, B. W. *Statistical Theory*. London: The McMillan Company, 1968.

MATHER, K. *Elementos de biometria*. São Paulo: Editora Polígono/Edusp, 1969.

MERRILL, W. C. & FOX, K. A. *Estatística econômica: uma introdução*. São Paulo: Atlas, 1977.

MEYER, P. L. *Probabilidade: aplicações à estatística*. Rio de Janeiro: Livros Técnicos e Científicos, 1983.

MORETTIN, P. A. & BUSSAB, W. O. *Estatística básica*. São Paulo: Atual, 1987.

NOETHER, G. E. *Introdução à estatística: uma abordagem não paramétrica*. Rio de Janeiro: Guanabara Dois, 1983.

SALVATORE, D. *Estatística e econometria*. São Paulo: McGraw-Hill, 1983.

SANDERS, D. H.; MURPH, A. F. & ENG, R. J. *Statisitics: A Fresh Approach*. Tokyo: McGraw-Hill, 1976.

SIEGEL, S. *Estatística não paramétrica.* São Paulo: McGraw Hill, 1975.

SPIEGEL, M. R. *Estatística.* São Paulo: Makron *Books,* 1994.

_____. *Probabilidade e estatística.* São Paulo: McGraw-Hill, 1978.

STEVENSON, W. J. *Estatística aplicada à administração.* São Paulo: Harper & Row, 1981.

WOLF, F. L. *Elements of Probability and Statistics.* Tokyo: McGraw-Hill, 1974.

WONNACOTT, T. H. & WONNACOTT, R. J. *Introdução à estatística.* Rio de Janeiro: Livros Técnicos e Científicos, 1980.

_____. *Fundamentos de estatística.* Rio de Janeiro: Livros Técnicos e Científicos, 1985.

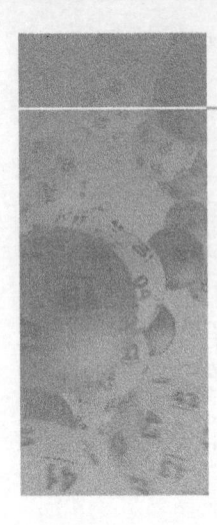

Sobre o autor

Professor Luiz Gonzaga Morettin é bacharel e licenciado em Matemática pela USP, pós-graduado em Estatística pelo Instituto de Matemática e Estatística da USP e doutor em Matemática pela Universidade Mackenzie. Trabalha na área didática como professor do Departamento de Matemática do Centro Universitário da FEI. É também professor do Departamento de Atuária e Métodos Quantitativos da Faculdade de Economia e Administração da Pontifícia Universidade Católica de São Paulo – FEA/PUC-SP.